中华文明历史长卷

马美惠◎编著

今朝放歌须纵酒

酒文化卷

JINZHAOFANGGEXUZONGJIU

JIUWENHUA JUAN

从文化的意义上说，酒是物质文化与精神文化的结合体。一方面，酒是物质的饮料，另一方面，酒承载了人精神的、心理的诉求，成为民族文化的基本要素。

U0222395

北京工业大学出版社

图书在版编目（CIP）数据

今朝放歌须纵酒：酒文化卷 / 马美惠编著 . —北京：
北京工业大学出版社，2013.1
（中华文明历史长卷）
ISBN 978-7-5639-3322-8

Ⅰ . ①今… Ⅱ . ①马… Ⅲ . ①酒—文化—中国
Ⅳ . ① TS971

中国版本图书馆 CIP 数据核字（2012）第 276946 号

今朝放歌须纵酒——酒文化卷

编　　著	马美惠
责任编辑	常　松
封面设计	宋双成
出版发行	北京工业大学出版社
	（北京市朝阳区平乐园 100 号　100124）
	010-67391722（传真）bgdcbs@sina.com
出 版 人	郝　勇
经销单位	全国各地新华书店
承印单位	三河市元兴印务有限公司
开　　本	787 mm × 1092 mm　1/16
印　　张	25
字　　数	420 千字
版　　次	2013 年 1 月第 1 版
印　　次	2021 年 1 月第 2 次印刷
标准书号	ISBN 978-7-5639-3322-8
定　　价	58.80 元

总　　序

在世界文明的历史长河中，中华文明作为最浩浩荡荡的一条支脉，曾为世界注入过滚滚洪流。至少3000年以前，中华文明就已经开始对周边地区产生主导性的影响，带动周边广大地区逐渐走上高等文明之路。马克思关于"四大发明"对世界历史进程影响的论述，仍然是可以成立的："火药把骑士阶层炸得粉碎，指南针打开了世界市场并建立了殖民地，而印刷术则变成了新教的工具……"在这个文明中，读书写字被上升到审美的高度，于是汉字拥有了这世界上独一无二的头衔——书法艺术。在这个文明中，家不仅是安身立命的居所，也是寄情抒怀的天地，于是胸中丘壑化为园林楼台，虽由人作，宛自天开。在这个文明中，人们从艰难到从容地活在每一方水土之上，于是点土成金，向世界奉献了瓷器这朵绚烂的花……无数事实证明，中华文明在诸古代文明中堪称绝无仅有。

正因如此，我们精心编写了这套"中华文明历史长卷"丛书，它包括：《人间巧艺夺天工——发明创造卷》、《挥毫落纸如云烟——书法卷》、《淡墨挥毫暗生香——绘画卷》、《巧剜明月染春水——陶瓷卷》、《书卷多情似故人——经典名著卷》、《人间有味是清欢——饮食卷》、《今朝放歌须纵酒——酒文化卷》、《至精至好且不奢——手工艺卷》、《多少楼台烟雨中——古迹卷》、《一尘一刹一楼台——寺庙卷》、《自是林泉多蕴藉——园林卷》、《淡妆浓抹总相宜——山水卷》、《宫阙并随烟雾散——墓葬卷》、《龙章凤姿照鱼鸟——图腾卷》共十四卷。这些辉煌灿烂的古代文明让我们如数家珍，每个领域的每一项成就，如同人类文明天空中的璀璨明星，透射出中华民族耀眼夺目的卓越华魂。

作为炎黄子孙，传承并发扬这些文明成果，是我们光荣而神圣的历史使命。虽然有那一百年的备受欺凌，但我们用今天崭新的面貌告诉世界：我们的文明没有中断，智慧仍在传承，这个持续了五千年的古老文明依然具有强盛的生命力！

前　言

在传统文化源远流长的中国，追根溯源，酒的存在已经相当久远。中国的一些文化与世界同类文化有着难以想象的相似之处，酒神精神以道家哲学为源头，西方的酒神精神以葡萄种植业和酿酒业之神狄奥尼苏斯为典型的象征，到古希腊悲剧中，西方酒神精神因此逐渐上升到更高层次的理论高度。

事实上，酒的酿造历史十分悠久，酒文化在不断的发展创新中，吸收了很多优秀的成分，进而形成了一套独具特色的酒史、酒类、酒品、酒礼、酒器、酒俗等。了解酒的历史，体会酒的各种好处。同时，酒与人类生活密不可分，在一定程度上还承担了一定意义上的社会作用。当然，酒的一些辅助作用也值得肯定。

在现实生活中，酒无处不在，酒的作用绝对不能小视，因醉酒而获得艺术的自由状态，这是古老中国的艺术家解脱束缚获得艺术创造力的重要途径之一。"志气旷达，以宇宙为狭"的魏晋名士、第一"醉鬼"刘伶在《酒德颂》中就曾经这样说道："有大人先生，以天地为一朝，万期为须臾，日月有扃牖，八荒为庭衢。""幕天席地，纵意所如。""兀然而醉，豁尔而醒，静听不闻雷霆之声，熟视不睹泰山之形。不觉寒暑之切肌，利欲之感情。俯观万物，扰扰焉如江汉之载浮萍。"由此可以看出，这种"至人"境界就是中国酒神精神的集中体现和完美升华。

类似这样的名家名篇在中国历史上数不胜数，例如，"李白斗酒诗百篇，长安市上酒家眠，天子呼来不上船，自称臣是酒中仙。"（杜甫《饮中八仙歌》）"醉里从为客，诗成觉有神。"（杜甫《独酌成诗》）"俯仰各有志，得酒诗自成。"（苏轼《和陶渊明〈饮酒〉》）酒醉而成传世诗作，这样的鲜活例子在中国诗史中简直可以信手拈来。

不仅作诗是这样，在其他艺术领域里也不乏这样的真实例子，绘画和中国文化特有的艺术书法中，酒神的精灵更是发挥了其妙不可言的奇效。在那些知名的画家中，郑板桥的字画一般人是轻易得不到的，于是求者拿狗肉与美酒款待，借机在郑板桥的醉意中求得字画。郑板桥其实心里也明白求画者的把戏，但他实在是难以拒绝美酒狗肉的吸引，只好无奈写诗自嘲："看月不妨人去尽，对月只恨酒来迟。笑他缣素求书辈，又要先生烂醉时。"更有"书圣"王羲之醉时挥毫而作《兰亭序》，"遒媚劲健，绝代更无"，而至酒醒时"更书数十本，终不能及之"。

综上所述，特别编写了本书，旨在以书的形式传播和弘扬酒文化，同时希望各位读者朋友在适量饮酒的同时，能够保持身体健康！在此，一并感谢在本书编辑、出版过程中，提供帮助的各位业界专家、学者，我们共同的努力都是为了本书能够赢得读者的一致好评。

目　　录

今
朝
放
歌
须
纵
酒
—
酒
文
化
卷

酒　史

中国酒的历史源远流长

【概述】

中国是世界著名的文明古国之一，中国酒与汉字及陶瓷是中华民族的杰出创造。在六千年的历史长河中，中国酒不断推陈出新，以品种之多、产量之大、声誉之高，在世界酒史上一直名列榜首。

【谷物酿酒古已有之】

中国酒的历史源远流长。含糖野果自然发酵酿成酒的现象，在新石器时代之前就已经被先人们发现和利用了。在仰韶文化早期的出土文物中，已有彩陶一类的酒器，这充分表明在距今六千年以前便有了用发酵的谷物酿制酒醴的工艺，先民认为酒是一种含有极大魔力的液体，主要是用来祭祀祖先神灵，医病驱魔，只能被极少先民享用。到了龙山文化后期（距今约4000年前），酿酒和饮酒已经成为人们生活中的平常之事。在《战国策》中记载："昔者，帝女令仪狄作酒。进之禹，禹饮而甘之。"

【商周时期酿酒业的发展】

商代，酒成了奴隶主的享乐品，加之民间饮酒的普及，于是促进了酿酒业的发展。从殷墟遗址来看，酿酒已经从农业中分离出来，成为一种独立的手工业。《尚书·说命篇》载有"若做酒醴，尔唯曲蘖"，这反映出商代已经成熟地利用曲和蘖酿成醴、酒、鬯等品种。曲、蘖的出现，是对世界酿酒技术的一大贡献，而且为我国酒类的发展打下了基础。

到了周代，酿酒已有一套比较完善与符合科学的工艺，而且设置了专门的管酒官员，在《周礼》《礼记》中均有"酒正"、"酇人"、"郁人"、"大酋"等记载，他们不仅掌管有关酒的政令，还直接组织或监督奴隶们从事酿酒。《诗经》《楚辞》等古代书籍中载有"旨酒"、"吴醴"、"椒浆"等美酒，这说明在当时已能酿制各种黄酒、果酒和配制酒。

【秦汉以后我国酿酒业的发展】

秦汉之后，随着农业和手工业的不断发展，我国传统酒逐渐步入成熟期，《酒诰》《齐民要术》《北山酒经》等酿酒巨著先后问世，它们详尽地记载了制曲酿酒的工艺技术，为后人留下了宝贵经验，对我国的酿酒业产生巨大深远的影响。直至19世纪末，西方才以"阿米诺法"解决了酿酒不用麦芽、谷芽的问题，这远比我国落后了4000多年。

唐宋时期，中国传统酒的发展进入繁荣的黄金时代，在文化名人李白、杜甫、白居易、苏轼、陆游等饮酒、颂酒的诗词中有着充分的反映。因为汉唐盛世，促进了中国经济、文化的交流与互相渗透，同时也促进了中国酒的蓬勃发展。

宋代，誉满天下的"中国白酒"问世，成为酒中佳品，而且黄酒、果酒、葡萄酒、药酒等酒品也竞相发展，各有千秋，使中国酒达到历史上的鼎盛时期。

中国酒历经六千年的发展变化，不仅在世界上别具一格，而且种类繁多，品种齐全，并在国际上享有盛誉。早在1915年巴拿马运河开航时举办的万国博览会上，中国酒便荣获了大奖章5枚、名誉奖章2枚、金牌奖章23枚、银牌奖章21枚、铜牌奖章3枚。近些年来，我国的一些酒品在各种国际博览会上也都是多次获奖。

中国酒主要分为白酒、黄酒、葡萄酒、果酒、配制酒（露酒、保健滋补酒）、啤酒六大类。至于品种，可以说是琳琅满目，风格各异。比如白酒，因为原料、糖化发酵剂、设备、工艺不同，用水和气候的差异，使得各厂生产的每一种酒都保持独自的特点。

"酒为百药之长"，以药入酒是中华民族的又一伟大创举。药酒、滋补保健酒在我国已有悠久的历史，近年来发展尤为迅速。随着人民生活水平的日益提高，既有饮料酒风味，又有防病祛病、滋补健身功效的配制酒，越来越受到人们的欢迎。目前祖国各地均有许多传统配制酒及创新配制酒面世并畅销海内外。

酒 的 起 源

【上天造酒说】

一向有"诗仙"之称的李白，在其《月下独酌·其二》一诗中有"天若不爱酒，酒星不在天"的诗句；东汉末年素以"座上客常满，樽中酒不空"而自诩的孔融，在《与曹操论酒禁书》中有"天垂酒星之耀，地列酒泉之郡"的记载；经常喝得大醉，被誉为"鬼才"的诗人李贺，在《秦王饮酒》中亦有"龙头泻酒邀酒星"的诗句。除此之外，如"吾爱李太白，身是酒星魂"，"酒泉不照九泉下"，"仰酒旗之景曜"，"拟酒旗于元象"，"囚酒星于天岳"，等等，都经常出现"酒星"或"酒旗"这样的词句。窦苹所撰《酒谱》中，也有酒"酒星之作也"的话，大意就是自古以来，我国祖先就有酒是天上"酒星"所造的说法。只是这连《酒谱》的作者自己也不相信这样的传说。

酒旗星的记载，最早出现在《周礼》一书中，距今已经有近三千年的历史了。二十八宿的说法，始于殷代而确立于周代，是我国古代天文学的伟大创举之一。在当时科学仪器非常简陋的情况下，我们的祖先能够在浩渺的星汉中观察到这几颗并不怎么明亮的"酒旗星"，并且留下关于酒旗星的各种记载，这不能不说是一种奇迹。至于为什么被命名为"酒旗星"，一度认为它"主宴飨饮食"，那不仅说明我们的祖先具有丰富的想象力，而且也证明酒在当时的社会活动与日常生活中，的确占有至关重要的位置。然而，酒自"上天造"之说，既无立论之理，也没有科学论据，此乃附会之说，文学渲染夸张而已。姑且录之，仅供鉴赏。

在《晋书》里面也有关于酒旗星座的记载："轩辕右角南三星曰酒旗，酒官之旗也，主宴飨饮食。"

【杜康造酒说】

此外，还有一种说法是杜康"有饭不尽，委之空桑，郁结成味，久蓄气芳，本出于代，不由奇方"。是说杜康把没有吃完的剩饭，放置在桑园的树洞里，剩饭在洞中发酵后，有芳香的气味传出。这就是酒的做法，并没有什么奇特。由一点生活中偶尔的机会作契机，启发创造发明的灵感，这是非常符合一些发明创造的规律的，这段记载在后世广为流传，于是杜康便成了能够留心周围的小事，并能及时启动创作灵感的发明家了。

魏武帝乐府曰："何以解忧，唯有杜康。"自此开始，认为酒就是杜康所创的说法似乎更多了。宋朝人窦苹考据了"杜"姓的起源及沿革，指出"杜氏本出于刘，累在商为豕韦氏，武王封之于杜，传至杜伯，为宣王所诛，子孙奔晋，遂有杜氏者，士会和言其后也"。杜姓到杜康的时候，已经是在禹之后很久的事情了，在此前古时期，就已经有"尧酒千钟"之说了。如果说酒是由杜康所创，那么尧喝的是什么人创造的酒呢？

在历史上的确有杜康其人。古籍中如《世本》《吕氏春秋》《战国策》《说文解字》等书，对杜康都有过记载自不必多说。在清乾隆十九年重修的《白水县志》中，对杜康也有过详尽的记载。白水县，地处于陕北高原南缘与关中平原交接处。因为流经县治的一条河水底多白色头而得名。白水县，系"古雍州之城，周末为彭戏，春秋为彭衙"，"汉景帝建粟邑衙县"，"唐建白水县于今治"，可以说历史非常悠久了。白水因有所谓"四大贤人"遗址而闻名遐迩。四大贤人其一是黄帝的史官、创造文字的仓颉，出生在本县的阳武村；其二是死后被封为彭衙土神的雷祥，生前善制瓷器；其三是我国"四大发明"之一的造纸术发明者东汉人蔡伦，不知什么原因也在此地留有坟墓；此外就是相传为酿酒的鼻祖杜康的遗址了。一个黄土高原上的小小县城，一下子出现了仓颉、雷祥、蔡伦、杜康这四大贤人的遗址，那显赫程度自然就显而易见了。

杜康，字仲宁，据说是白水县康家卫人，善造酒。康家卫是一个至今还存在的小村庄，西距县城七八公里。村边有一道大沟，长约十公里，最宽的地方有一百多米，最深处也将近百米，人们称它"杜康沟"。沟的起源处有一眼泉，周围绿树环绕，草木丛生，名"杜康泉"。县志上记载"俗传杜康取此水造酒"，"乡民谓此水至今有酒味"。有酒味不能确定，可是这个泉水质清洌甘爽却是事实。清流从泉眼中汩汩涌出，沿着沟底流淌，最后汇入白水河，人们把它称为"杜康河"。在杜康泉旁边的土坡上，有个直径约五六米的大土包，用砖墙围护着，相传是杜康埋骸之所。杜康庙就在坟墓左侧，凿壁为室，供奉杜康造像。遗憾的是庙与像均已毁坏了。据县志记载，往日，乡民每逢正月二十一日，都会带着供品，到此处来祭祀，组织"赛享"活动。这一天热闹非常，搭台演戏，商贩云集，人来人往，直至日落西山人们方尽兴而散。如今，杜康墓和杜康庙均在修整，杜康泉上已经建好了一座凉亭。亭呈六角形，红柱绿瓦，五彩飞檐，楣上绘着"杜康醉刘伶"、"青梅煮酒论英雄"等故事情节。尽管杜康的出生地等均系"相传"，可是据考古工作者在这一带发现的残砖断瓦考定，商、周之时，这里的确有建筑物。此处产酒的历史也颇为悠久。唐代大诗人杜甫于安史之乱时，曾来到这里投奔崔少府，并留下了《白水舅宅喜雨》等诗多首，诗句中有"今日醉弦歌"、"生开桑落酒"等饮酒的记载。酿酒专家们也曾经对杜康泉水作过化验，认为水质确实适于造酒。1976 年，白水县人在距杜康泉不远处建立了一家现代化酒厂，定名为"杜康酒厂"，并以该泉之水酿酒，产品名"杜康酒"，曾荣获国家轻工业部全国酒类大赛的铜杯奖。

　　无独有偶，清朝道光十八年重修的《伊阳县志》和道光二十年修的《汝州全志》里，也都记载过杜康遗址。《伊阳县志》中《水》条里，有"杜水河"一语，释曰"俗传杜康造酒于此"。《汝州全志》中书有"杜康叭"，"在城北五十里"处。今天，这里倒真是有一个叫"杜康仙庄"的小村，人们说此处就是杜康叭。"叭"，本义是指石头的破裂声，而杜康仙庄一带的土壤也正是由山石风化而成的。从地隙中涌出很多股清洌的泉水，汇入旁村流过的一小河里，人们说这段河就是杜水河。让人觉得有趣的是在这段河道中，生长着一种长大约一厘米的小虾，周身澄黄，蜷腰横行，为别处所少见。另外，生长在这段河套上的鸭子所生的蛋，蛋黄泛红，远较他处的颜色深。此地村民因为饮用这段河水，居然没有患胃病的人。在距杜康仙庄北约十多公里的伊川县境内，有一眼名为"上皇古泉"的泉眼，据说也是杜康取过水的泉。如今在伊川县和汝阳县，已经分别建立了颇具规模的杜康酒厂，所产之酒都叫杜康酒。伊川的产品、汝阳的产品连同白水的产品合在一起，年产量多达一万多吨，这可能是杜康当年无法想象的。

　　史籍中还有少康酿酒的记载。少康就是杜康，不过是不同年代的称谓罢了。那么，酒之源到底在何处呢？窦苹认为"予谓智者作之，天下后世循之而莫能废"这是很有道理的。劳动人民在天长日久的劳动实践中，积累了制造酒的方法，经过有知识、有远见的"智者"归纳总结，后代人根据先祖传下来的办法一代代相袭相循，流传至今。这个说法比较接近事实，也是符合唯物主义认识论的。

【仪狄造酒说】

据说夏禹时期的仪狄发明了酿酒。公元前二世纪史书《吕氏春秋》中记载："仪狄作酒"。汉代刘向所著的《战国策》则进一步说明："昔者，帝女令仪狄作酒而美，进之禹，禹饮而甘之，曰：'后世必有饮酒而之国者。'遂疏仪狄而绝旨酒（禹乃夏朝帝王）。"

史籍里面有多处提及仪狄"作酒而美"、"始作酒醪"的记载，似乎仪狄乃是制酒之始祖。这是否属实，有待进一步考证。还有这样一种说法"仪狄作酒醪，杜康作秫酒"。此处并没有时代先后之分，似乎是讲他们作的是不同的酒。"醪"，又叫"醪糟"是一种糯米通过发酵加工而成的。"醪糟"性温软，味微甜，多产于江浙一带。现在的很多家庭中，还有自制醪糟。醪糟洁白细腻，稠状的糟糊可做主食，上面的清亮汁液颇近似于酒。"秫"，是高粱的别称。杜康作秫酒，即杜康酿酒所使用的原材料是高粱。如果非要把仪狄或杜康确定为酒的创始人的话，那么，只能说仪狄是黄酒的创始人，而杜康则是高粱酒的创始人。

另一种说法是"酒之所兴，肇自上皇，成于仪狄"。这就是说，自上古三皇五帝的时候，就有各种各样的酿酒的方式流行于民间，是仪狄把这些酿酒的方法归纳总结出来，流传于后世的。能够做出这种总结推广工作的，自然不是普通平民，因此有的书中指出仪狄是司掌造酒的官员，这恐怕也不是没有道理的。有书记载仪狄作酒之后，禹曾经"绝旨酒而疏仪狄"，也指出仪狄是很接近禹的"官员"。

仪狄是什么时代的人呢？比起杜康来，古籍中的记载要比较一致些，比如《世本》《吕氏春秋》《战国策》里都记载他是夏禹时代的人。他究竟是从事什么职务人呢？是司酒造业的"工匠"，还是夏禹手下的臣属？他生于哪里、葬于哪里？都没有确凿的史料可考。那么，他是如何创造酿酒的呢？《战国策》中有云："昔者，帝女令仪狄作酒而美，进之禹，禹钦而甘之，遂疏仪狄，绝旨酒，曰：'后世必有以酒亡其国者。'"这一段记载，与其他古籍中关于杜康造酒的记载比起来，要详细得多。这段记载的具体详情是这样的：夏禹的女人，令仪狄去监造酿酒，仪狄通过一番努力，做出来的酒味道很好，于是进献给夏禹品尝。夏禹喝了之后，感到的确很美味。可是这位被后世人奉为"圣明之君"的夏禹，不但没有奖励造酒有功的仪狄，反而因此疏远他，对他不但不再信任和重用了，而且自己也和美酒绝了缘。还说：后世必然会因为饮酒无度而误国的君王。这段记载流传于世的后果是，很多人对夏禹倍加尊崇，推崇他为廉洁开明的君主；因为"禹恶旨酒"，居然使仪狄的形象变成了专事谄媚进奉的小人。这真是修史者始料未及的。

那么，仪狄究竟是不是酒的"始创"者呢？有的古籍中还有与《世本》相矛盾的记载。比如孔子八世孙孔鲋，说帝尧、帝舜都是酒量非常大的君王。黄帝、尧、舜，都早于夏禹，早于夏禹的尧、舜都善于饮酒，那么，他们饮的是谁制造的酒呢？由此可见，说夏禹的臣属仪狄"始作酒醪"是不太准确的。事实上用粮食酿酒是一件程序、工艺都非常复杂的事，只凭个人力量是很难完成的。仪狄再有能耐，首先发明造酒，似不太可能。若说他是位善酿美酒的匠人、大师，或是监督酿酒的官员，他归纳了前人的经验，完善了酿造方法，终于酿出了质地优良的酒醪，这种可能性还是很大的。因此，郭沫若说，"相传禹臣仪狄开始造酒，这是指比原始社会时代的酒更甘美浓烈的旨酒。"这一说法应该更加可信。

【猿猴造酒说】

在唐人李肇所撰《国史补》一书中，对人类怎样捕捉聪明伶俐的猿猴，有一段极为精彩的记载。猿猴是非常机敏的动物，它们居于深山野林中，在巉岩林木间跳跃攀缘，出没无常，很难活捉到它们。经过细致的观察，人们观察到并掌握了猿猴的一个致命弱点，那就是"嗜酒"。于是，人们在猿猴经常出没的地方，摆几缸香甜浓郁的美酒。猿猴闻香而至，先是在酒缸前踌躇不前，然后就小心翼翼地用指蘸酒吮尝，时间长了，感觉没什么可疑之处，终于经受不住香甜美酒的诱惑，开怀畅饮起来，直到酩酊大醉，乖乖地被人捉住。这种捕捉猿猴的方法并不是我国独有，东南亚一带的群众和非洲的土著民族捕捉猿猴或大猩猩，也都采取相似的方法。这表明猿猴是经常和酒联系在一起的。

猿猴不但嗜酒，而且还会"造酒"，这在我国大量的典籍中都有记载。清代文人李调元在他的著作中这样记叙道："琼州（今海南岛）多猿……尝于石岩深处得猿酒，盖猿以稻米杂百花所造，一石六辄有五六升许，味最辣，然极难得。"清代的另一种笔记小说中亦有："粤西平乐（今广西壮族自治区东部，西江支流桂江中游）等府，山中多猿，善采百花酿酒。樵子入山，得其巢穴者，其酒多至娄石。饮之，香美异常，名曰猿酒。"看来人们在广东和广西都曾经发现过猿猴所"造"的酒。无独有偶，早在明朝时期，就有这种猿猴"造"酒的传说。明代文人李日华在他的著述中，也有过相似的记载："黄山多猿猱，春夏采杂花果于石洼中，酝酿成酒，香气溢发，闻娄百步。野樵深入者或得偷饮之，不可多，多即减酒痕，觉之，众猱伺得人，必嬲死之。"由此可见，这种猿酒是不能偷饮的。

这些不同时代、不同人的记载，至少能够证明这样的事实，即在猿猴的聚居处，多有发现类似"酒"的东西。至于这种类似"酒"的东西，究竟是怎样产生的，是纯属生物学适应的本能性活动，还是猿猴有意识、有计划的生产活动，倒是值得研究的。如果要解释这种现象，还得从酒的生成原理说起。

酒属于一种发酵食品，它是由一种叫酵母菌的微生物分解糖类生成的。酵母菌是一种分布非常广泛的菌类，在广袤的大自然原野中，特别在一些含糖分较高的水果中，这种酵母菌更容易繁衍滋长。含糖的水果，是猿猴的主要食物。当成熟的野果坠落下来后，因为受到果皮上或空气中酵母菌的作用而生成酒，此为一种自然现象。我们的日常生活中，在腐烂的水果摊床附近，在垃圾堆旁边，都能常常嗅到因为水果腐烂而散发出来的阵阵酒味儿。猿猴在水果成熟的季节，会收贮很多水果在"石洼中"，堆积的水果受到自然界中酵母菌的作用而发酵，在石洼中把"酒"的液体析出，这样的结果，一是并没有影响水果的食用，而且析出液体——"酒"，还有一种与众不同的香味供享用，习以为常，猿猴竟能在不自觉中"造"出酒来，这是既合乎逻辑又合乎情理的事情。当然，猿猴从最初品尝到发酵的野果到"酝酿成酒"，是一个极为漫长的过程，到底漫长到多少年代，那是谁也无法说清楚的事情了。

【考古资料对酿酒起源的佐证】

　　谷物酿酒的两个前提条件是酿酒原料和酿酒容器。下面这几个典型的新石器文化时期的情况对酿酒的起源具有一定的参考作用。

（1）裴李岗文化时期（公元前 6000—前 5000 年）与河姆渡文化时期（公元前 4000—前 500 年）

这两个文化时期，均有陶器和农作物遗存，都具有酿酒的物质条件。

（2）磁山文化时期

磁山文化时期距今已有 7000 多年，有发达的农业经济。据有关专家统计：在遗址中出土了"粮食堆积为 100 立方米，折合重量 5 万公斤"，还发现了一些形状类似于现在酒器的陶器。有人认为磁山文化时期，谷物酿酒的可能性是非常大的。

（3）三星堆遗址

这个遗址位于四川省广汉，埋藏物是公元前 4800 年至公元前 2870 年之间的遗物。该遗址中发现了很多的陶器和青铜酒器，器形有杯、觚、壶等。其形状之大也是史前文物所少见的。

（4）山东莒县陵阴河大汶口文化墓葬

1979 年，考古工作者在山东莒县陵阴河大汶口文化墓葬中出土了大量的酒器。格外引人注意的是其中有一组合酒器，包括酿造发酵所用的大陶尊，滤酒所用的漏缸，贮酒所用的陶瓮，用来煮熟物料所用的炊具陶鼎。而且还有各种类型的饮酒器具 100 多件。据考古人员分析，墓主生前大概是一职业酿酒者（王树明："大汶口文化晚期的酿酒"，《中国烹饪》，1987.9）。在出土的陶缸壁上还刻有一幅图，据分析是滤酒图。

（5）龙山文化时期

龙山文化距今三四千年，在龙山文化时期，酒器就更多了。国内专家学者普遍认为龙山文化时期酿酒是较为发达的行业。

这些考古得到的资料都证实了古代传说中的黄帝时期和夏禹时代的确有酿酒这一行业。

酒

史

汉代以前的酿酒技术

【概述】

因为年代久远，汉代以前的酿酒技术究竟是怎样发展的，恐怕难以还其真实面貌，只能从零星文字资料和考古资料中加以推测。

【从远古时期酿酒器具看酿酒】

在有文字记载之前的酿造技术，只能从当时的酿造器具加以分析。幸运的是，1979 年，我国考古工作者在山东莒县陵阴河大汶口文化墓葬中出土了距今五千年的成套酿酒器具，为揭开当时的酿酒技术之谜提供了非常有价值的资料。这套酿酒器具中包括煮料用的陶鼎，发酵用的大口尊，滤酒用的漏缸，贮酒用的陶瓮，而且还发现了饮酒器具，如单耳杯、觯形杯、高柄杯等，共计 100 余件。

1974 年和 1985 年，考古人员在河北藁城台西商代遗址中发现了一处比较完整的商代中期的酿酒作坊。里面的设施情况也与大汶口文化时期很类似。

从酿酒具器的配置情况来看，在远古时期，酿酒的基本过程可分为谷物的蒸煮，发酵，过滤，贮酒。经过蒸熟的原料，具有便于微生物的作用，制成酒曲，也便于被酶所分解，发酵成酒，再经过滤，滤去酒糟，得出酒液（也不排除制成的酒醪直接食用）。这一过程及这些简陋的器具是酿酒最基本的组成要素。这与古埃及第五王朝国王墓中壁画上所描绘的器具类型基本相同。因为酿酒器具的组合中，全都有供煮料用的用具（陶鼎或将军盔），因此说明酿酒原料是煮熟后才酿造的，进一步可推测在五千年前，用酒曲酿酒大概是酿酒的方式之一。因为煮过的原料基本上都不能再发芽，使其培养成酒曲则是完全可能的。按照酿酒器具的组合，当然也不能排除用蘖法酿醴这种方式。

在《黄帝内经·灵枢》中有一记载，也说明远古时代酿酒，煮熟原料是其中的一个步骤。这段原文是："酒者，……熟谷之液也。"在《黄帝内经·素问》里记载的"汤液醪醴论"中，"黄帝问曰：'为五谷汤液及醪醴奈何？'岐伯对曰：'必以稻米，炊之稻薪，稻米则完，稻薪则坚'"。这也体现出酿造醪醴，要用稻薪去蒸煮稻米。总之，用煮熟的原料酿酒，说明用曲是非常普遍的。曲法酿酒后来是我国酿酒的主要方式之一。当然《黄帝内经》是后人所作，其中一些说法是不是真的可以反映出远古时期的情况，还很难确认。

【商周的酿酒】

(1) 商代

商代贵族饮酒非常盛行，已经出土的大量青铜酒器可以证实。当时的酒精饮料分别有酒、醴和鬯。

用蘖法酿醴（啤酒）在远古时期也可能是我国的酿造技术之一，而且商代甲骨文中对醴和蘖也都有记载。

(2) 周代

西周王朝建立了一整套机构对酿酒、用酒进行严格的管理。首先是在这套机构中，有专门的技术人才，有固定的酿酒式法，有酒的质量标准。就像《周礼·天官》中记载："酒正，中士四人，下士八人，府二人，史八人。""酒正掌酒之政令，以式法授酒材……辨五齐之名，一曰泛齐，二曰醴齐，三曰盎齐，四曰醍齐，五曰沈齐。辨三酒之物，一曰事酒，二曰昔酒，三曰清酒。""五齐"可以理解为酿酒过程的五个阶段，在某些场合下，也可理解为五种不同规格的酒。

"三酒"，是指事酒、昔酒、清酒。应该是西周时期王宫内酒的分类。事酒是专门为祭祀而准备的酒，因为是有事时临时酿造的，故酿造期较短，酒酿成后，立即就使用，不需要经过储藏。昔酒则是经过储藏的酒。清酒可能是最高档的酒，大概经过过滤、澄清等步骤。这表明酿酒技术较为完善。因为在远古很长一段时期内，酒和酒糟是不经过分离就直接食用的。

【最古老的酿酒工艺记载】

尽管商代的甲骨文中有关酒的字很多，但从中很难找到完整的酿酒过程的记载。对于周朝的酿酒技术，也只能按照只言片语加以推测。

从长沙马王堆西汉墓中发掘的帛书《养生方》和《杂疗方》中可以看到我国

迄今为止发现的最早的酿酒工艺记载。

这其中有一例"醪利中"的制法一共包括了十道工序。

因为这是我国最早的一个比较完整的酿酒工艺技术文字记载，而且书中反映的事全都是先秦时期的情况，所以具有很高的研究价值。其大致过程如下：

药材→切碎→浸泡（煮）取汁→浸曲←（水）
                                    ↓
              混合←米饭←蒸煮←米
                                    ↓
              发酵
                                    ↓
              酒醪←药材
                                    ↓
    好酒→继续发酵
                                    ↓
              药酒

由此可以发现，先秦时期的酿酒有如下特点：运用了两种酒曲，酒曲要先浸泡，然后得曲汁用于酿酒。发酵后期，在酒醪中分为三次加入好酒，这就是古代所说的"三重醇酒"，也就是"酎酒"的特有工艺技术。

汉朝至隋朝的酿酒技术

【汉代酿酒技术】

秦汉以来，因为政治上的统一，社会生产力获得了迅速发展，农业生产水平得到了大幅度提升，为酿酒业的繁荣提供了物质基础。

山东诸城凉台发掘的一幅汉代的画像石有一幅庖厨图，图中有一部分是酿酒情形的描绘，把当时酿酒的整个过程全都表现出来了。一人跪着正在捣碎曲块，一旁有一口陶缸应是曲末的浸泡，一人正在加柴烧饭，另一个人正在劈柴，一人在甑旁拨弄着米饭，还有一个将曲汁过滤到米饭中去，并把发酵醪拌匀的操作。有两人负责酒的过滤，还有一人拿着勺子，可能是要将酒液装入酒瓶。下面是发酵用的大酒缸，全都安放在酒垆之中。有一人也许偷喝了酒，被人发现了，正在挨揍。酒的过滤大概是用绢袋，并用手挤干。过滤后的酒放进小口瓶，进一步陈酿。

根据这个图可以整理出东汉时期酿酒的工艺程序：

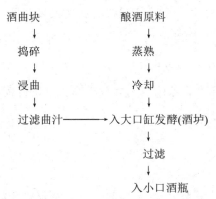

这一酿酒工艺程序，应该说是汉代及其之前很长一段历史时期酿酒的主要操作法。

王莽当权时，恢复西汉时期酒的专卖，而且为此制定出了详细的酿酒原料的配比，也就是一酿用粗米二斛、曲一斛，得成酒六斛六斗。出酒率220%，这个比例和现在的也很接近。从中也能够看出，酒曲的用量非常大（占酿酒用米的50%），这表明酒曲的糖化发酵力不高。

在东汉末期，曹操发现家乡已故县令的家酿法（九酝春酒法）与众不同，所酿的酒醇厚无比。于是，将此方献给汉献帝。这个方法是酿酒史上，甚至应该说是发酵史上具有重要意义的补料发酵法。这种方法，现代称其为"喂饭法"。在发酵工程上被归为"补料发酵法"。后来，补料发酵法成为我国黄酒酿造的最主要的加料方法。《齐民要术》中所记载的酿酒法就普遍采用了这种方法。

"九酝春酒法"即在一个发酵周期中，原料并不是一次性都加入进去的，而是分为九次投入。《齐民要术》收录了这种方法，该法先浸曲，第一次加一石米，然后每隔三天加入一石米，一共加九次。曹操自称用此法酿成的酒质量非常好。故向当时的皇帝推荐此法。

《齐民要术》中的补料法除了这里记载的"递减补料法"之外，还有"递增补料法"。如"法酒第六十七"国的"米酒法"，第一次应该加料三斗三升，第二次要加入六斗六升，第三次加一石三斗二升，第四次加料二石六斗四升。最关键的是要根据曲热强盛程度决定加料量。

从汉代开始便采用喂饭法，从酒曲的功能来看，这表明酒曲的质量提高了。这可能与当时普遍使用块曲有关。块曲中根霉菌和酵母菌的数量比散曲中的相对要多。因为这两类微生物可以在发酵液中繁殖，所以，曲的用量没有必要太多，只要逐级扩大培养就可以了。因此喂饭法在本质上来说也具有逐级扩大培养的功能。《齐民要术》中神曲的用量非常少，也正说明了这一点。

根据《西京杂记》中载有的汉制："宗庙八月饮酎，用九酝太牢，皇帝侍祠，以正月做酒，八月成，名曰酎，一曰九酝，一名醇酎。"

【《齐民要术》中的酿酒技术】

北魏时期的贾思勰写下了不朽名著《齐民要术》，这是一部经典的农业技术专著，作为农副业产品之一的酒的生产技术占有一定的篇幅。其中有八例制曲法、四十多例酿酒法。所收录的其实是汉代以来各地区（以北方为主）的酿酒法，是我国历史上第一部系统的酿酒技术总结。酿酒技术路线和前文所总结的汉代酿酒路线基本相同。但是更为可贵的是《齐民要术》中总结了大量酿酒技术的原理，这些原理在现代仍然起着指导意义。

（1）用曲的方法

用酒曲酿酒是我国的特色，古人是怎样用曲值得研究。曲是糖化发酵剂，在古代，将其作为发酵的引物。在古时，酿酒的主要步骤之一就是先将酒曲制成这种引物，酒曲的使用是否得当往往决定着酿酒的成败。这是因为古代的酒曲都是天然接种微生物的，极易污染杂菌。

古代用曲的方法一共有两种。其一是先将酒曲泡在水中，待酒曲发动后（即待曲中的酶制剂都溶解出来并活化后），过滤出曲汁，然后再投入米饭开始发酵，这称为浸曲法；另外一种是将酒曲捣碎成细粉后，直接与米饭混合在一起，这不妨称为"曲末拌饭法"。浸曲法可能比曲末拌饭法更为古老。浸曲法可能是由蘖（谷芽）浸泡糖化发酵转变而来的。浸曲法在汉代甚至在北魏时期都是最常应用的用曲方法，这可以从《齐民要术》中广泛使用浸曲法得出这一结论。

古代懂得浸曲之水要按照不同的季节而分别处理。冬季酿酒取来的水可以直接浸曲；春天过后，气温比较高，水不干净，需要将水煮沸，沸水也不能直接浸曲，需冷却后才能够浸曲（沸水会将曲中的微生物烫死，酶也会失活）。

今朝放歌须纵酒——酒文化卷

浸曲，也是极有讲究的，要根据季节，水温确定浸曲时间，以保证浸曲的效果。

（2）酸浆的使用

酿酒酵母菌喜欢在较酸的环境中生长，其生长最适合在 pH4.2 至 5.0 之间。有些微生物如细菌则喜欢在中性的 pH 环境生长。在较低的 pH 环境下会受到抑制。米饭加入水后，其 pH 往往不在 4.2 至 5.0 的范围之内。为了克服这一矛盾，古人除了选择酿酒时间多在温度较低的冬季进行之外，而且还采用了既大胆，又明智的"以酸治酸"的策略——酸浆法。本来酿酒所忌讳的就是酒变酸了。但是古人非常巧妙地利用先酸化后酿酒的办法，使酒醪中的酸性环境能够有利于酵母菌生长，不利于腐败菌（细菌）的生长，反而可以抑制酒的酸败。这种方法最早见文于《齐民要术》，《齐民要术》，中有三例酿酒法均采取了酸浆法。

（3）固态及半固态发酵法

我国黄酒酿造的重要特点之一是发酵醪液中含有固体物质的浓度比较高。与国外的葡萄酒发酵和啤酒发酵比起来，这一特点就更加明显。啤酒也是采取谷物做原料，其糖化醪中麦芽和水的比例是 1:4.3 左右。而威士忌的糖化醪则为 1:5 左右。

在《汉书·平当传》中如淳注："稻米一斗得酒一斗为上尊，黍米一斗得酒一斗为中尊，粟米一斗得酒一斗为下尊。"一斗米能出酒一斗，由此可见，酿酒时原料米在发酵醪液中的浓度肯定是非常高的。

新汉王莽时期规定的酿酒米曲酒之间的比例是 2:1:6.6。这一比例在我国是比较常见的。而且发酵醪中的固体物质浓度也大大高于啤酒的发酵醪。

《齐民要术》中的酿酒法的发酵醪液的固体物浓度基本可以分为三种类型，一种是浓度极高的，如：米酎酒和米酒。固体物质与水的比例是 1:0.7 至 0.8，居中的约为 1:1。最清淡的则是夏鸡鸣酒，为 1:3 左右，这种酒发酵时间不到 24 小时，晚间下酿，次日早晨出售。但无论怎样，绝大多数酒都要比啤酒浓。

从《齐民要术》中的记载来看，用水量最少的酒应该是"米酒"，可是实际上加水量最少，浓度最高的则是几种酎酒。酎酒酿造的特点，并不是采用常见的浸曲法，原料也不是采取常见的蒸煮方式，而是先磨成粉末，再蒸熟。曲末与蒸米粉搅拌均匀后，入缸发酵，基本接近于固态发酵。酎酒酿法的又一特点是酿造时间长达七八个月，而且几乎是在密闭的条件下进行发酵的，也就是当米粉加曲末用少量的水调匀后，即装入瓮中，更加以密封，不使漏气。因为基本上隔绝了外来氧气的介入，发酵一直处于厌氧状态，有利于酒精发酵。用这种方法酿造的酒，酒的颜色如麻油一般浓厚，有文字记载"先能饮好酒一斗者，唯禁得升半，饮三升大醉，不浇，必死，凡人大醉酩酊无知……一斗酒，醉二十人。得者无不传饷。"

（4）温度的控制

古人与现代人在温度这个物理量的表述上无非是表达方式的差别，准确地说，古人不是用数值表示的，而是用人的体温或沸水的温度作为参照，来大致确定酿造时应该控制在什么温度的范围内。我国人民在酿酒过程中已经掌握了每个关键环节的温度控制要点，这在《齐民要术》中得到了较完整的表现，即：浸曲时温度的控制；摊饭时温度的控制；维持适当的发酵温度。

（5）酿酒的最后几道处理工序

北魏时期，酿酒的最后几道工艺处理仍然是比较简单的。从东汉的画像石上的"庖厨图"上可以看出，酒的过滤是采取绢袋自然过滤后再加上用手挤压。

《齐民要术》中提到了"押酒"法。但究竟怎样"押"则不甚清楚。如在"粳米法酒"中是这样记载的："令清者，以盆盖，密泥封之，经七日，便极清澄，接取清者，然后押之。"也就是先任酒液自然澄清，取上清酒液后，下面的酒糟则用押的方法进一步取其酒液。在古汉字中，"押"与"压"相通，应是用重物由上往下压，才能将酒糟压干。大概会使用压板和某种过滤介质作为配合，把酒糟压下去，稍清的酒液才会再显示出来。只是不知当时是否有专用的木质压榨工具。

唐宋期间的酿酒技术

【文献资料简述】

唐代和宋代是我国黄酒酿造工艺最为辉煌的时期。酿酒行业在经过了数千年的实践之后，传统的酿造经验获得了升华，形成了传统的酿造理论，传统的黄酒酿酒工艺程序、技术措施及主要的工艺设备最迟在宋代基本定型。唐代留传下来完整的酿酒技术文献资料比较少，只是散见于其他史籍中的零星资料。宋代的酿酒技术文献资料不但数量很多，而且内容颇丰，具有较高的理论水平。

北宋末期朱肱所著的《北山酒经》是我国古代酿酒历史上，学术水平最高，最能完整表现出我国黄酒酿造科技精华，在酿酒实践中最有指导价值的著作。

《北山酒经》一共包括三卷。上卷为"经"，里面总结了历代酿酒的重要理论，并且对全书的酿酒、制曲作了提纲挈领的叙述。中卷阐述制曲技术，而且收录了十几种酒曲的配方及制法。而下卷论述的是酿酒技术。《北山酒经》与《齐民要术》中关于制曲酿酒部分的内容比起来，显然更进了一步，不仅罗列了制曲酿酒的方法，更重要的是对其中的道理进行了分析，因而更加具有理论指导作用。

如果说《北山酒经》是记载较大规模酿酒作坊的酿酒技术的典范，那么与朱肱同一时期的苏轼的《酒经》则是阐述家庭酿酒的佳作。苏轼的《酒经》言简意赅，将他所学到的酿酒方法在只有数百字的《酒经》中完整地体现出来。苏轼还有许多关于酿酒的诗词，如"蜜酒歌"、"真一酒"、"桂酒"。

北宋年间田锡所作的《麴本草》中，收录了大量的酒曲和药酒方面的资料，尤为宝贵的是书中记载了当时暹罗（今泰国所在）的烧酒，为研究蒸馏烧酒的起源提供了珍贵的史料。

可能因为酒在宋代的特殊地位，社会上迫切需要一本关于酒的百科全书方面的书，北宋时期的窦苹撰著了《酒谱》一书，其中引用了很多与酒有关的历史资料，从酒的由来、酒之名、酒之事、酒之功、温克（指饮酒有节）、乱德（指酗酒无度）、诫失（诫酒）、神异（与酒有关的一些奇异古怪之事）、异域（外国的酒）、性味、饮器和酒令这十几个方面对酒及与酒相关的内容进行了多方位的阐述。

大概成书于南宋的《酒名记》则比较全面地记载了北宋时期全国各地一百多种较有名气的酒名，这些酒有出自于皇亲国戚的，有出自于名臣的，有出自著名酒店、酒库的，也有出自民间的，尤为有趣的是这些酒名大多非常雅致。

【《北山酒经》中的酿酒理论】

《北山酒经》中引用了"五行"学说来阐述谷物转变成酒的过程。

"五行"即金木水火土五种物质。中国古代思想家企图用平时生活中常见的上述五种物质来解释世界万物的起源和多样性的统一。在《北山酒经》中，朱肱则用

"五行"学说阐述了谷物转变成酒的过程。朱肱指出："酒之名以甘辛为义，金木间隔，以土为媒，自酸之甘，自甘之辛，而酒成焉（酴米所以要酸也，投者所以要甜也）。所谓以土之甘，合水作酸，以水之酸，合土作辛，然后知投者，所以作辛也。"

"土"就是谷物生长的所在地，"以土为媒"，可以理解成用土为介质生产谷物，这里的"土"也可代指谷物。"甘"代表有甜味的物质，以土之甘，即表示由谷物转变成糖。"辛"代表着有酒味的物质，"酸"表示着酸浆，是酿酒过程中必加的物质之一。总结朱肱的观点，可发现当时人们关于酿酒的过程可以用下面的示意图表示之：

$$土 \rightarrow 谷物 \rightarrow 甘 \rightarrow 辛$$
$$\downarrow \qquad \uparrow \quad \uparrow$$
$$水 \text{———} 酸$$

在这一过程中能够明显地看到酿酒分成两个阶段，即先是由谷物变成糖（甘），再从糖转变成酒（甘变成辛）。

现代酿酒理论阐明了谷物酿酒过程的机理和详尽环节。从大的方面来说分为两个阶段，其中一点是由淀粉转变成糖的阶段，由淀粉酶，糖化酶等完成；另一点是由糖发酵成酒精（乙醇）的阶段，由一系列的酶（也称为酒化酶）完成。

现代理论与古代理论两者是相通的，只不过前者是由分子水平和酶作用机理来阐述的，后者是从酒的口感推断出来的。

【《北山酒经》中的酿酒技术】

《北山酒经》中记载的黄酒酿造技术是比较完善的。一方面，它传承并完善了远古的古遗六法（《礼记》中的"六必"），并继承了北魏《齐民要术》中酿酒科技的精华；另一方面，在通过广大劳动人民数百年的实践之后，又发明创造了许多新的技术，《北山酒经》对这些做了全面的总结。尽管《北山酒经》记载了一些酿酒的配方、方法，但这部著作的可贵之处在于阐述传统酿酒理论。不但说明怎样做，更为重要的是阐明了为什么要这样做。

根据《北山酒经》的记载，可以把主要的酿酒过程整理如下：

浸米，烫米，蒸煮
↓
合酵，酒曲→酴米（主发酵）←酸浆
↓
甜醅（酒曲）→投米（喂饭发酵）
↓
压榨→酒糟→再次发酵（冷泉酒）
↓
澄清
↓
煮酒（或火迫酒）
↓
成品酒

《北山酒经》在阐述古代酿酒传统技术的同时，还表现出宋代酿酒的一些显著特点及技术进步：

（1）酸浆的普遍使用

《齐民要术》中的四十例酿酒法，仅仅只有三例提到了酸浆的使用。这说明当时酸浆的应用并不是很普遍。人们在认知上也没有把酸浆放在重要的位置上。《北山酒经》中，将酸浆的使用看做是酿酒的首要大事。酸浆的制法也有多种形式。《北山酒经》中归纳了三种酸浆的制法。其中效果最好的一种是用小麦煮粥而成的；还有一种是用水稀释醋制成的；但最常用的是用浸米水煮沸后加入葱椒煎熬后得到的。

（2）"酴米"、"合酵"和微生物的扩大培养技术

"酴米"与"合酵"是《北山酒经》中记载的两个专门术语。用现代的话来说，"合酵"即菌种的扩大培养，等同于现在的一级种子培养和二级种子培养；"酴米"即酒母，也就是三级种子。从《北山酒经》中的记述看来，这样精细的菌种扩大培养技术，早在八百多年前，就已经达到了炉火纯青的程度。但人们对微生物却仍然是浑然无知。

综合上文酵制造及使用步骤可以用下图表示全过程：

酒
史

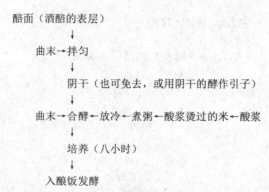

《北山酒经》中记载的酴米酿造过程是：

```
卧浆→煎浆→浓浆              曲  合酵
  ↓                          ↓    ↓
淘米→汤（烫）米→蒸煮→摊冷→加曲，混合→酴米
```

由上述过程可以看出酴米的制造过程也等同于一个完整的酿酒过程，但其特点是突出了一个"酸"字。卧浆用来烫米，而且一直留在米中，使米粒内部也吸透酸浆。因此酴米的酸度非常大。杂菌繁殖的可能性大大降低。酴米酿造过程中的第二个特点是用曲量比较大。有时候，酒曲会全部加在酴米酿造中，有时一部分曲是在补料时加入。

（3）投料

东汉时期盛行的九酿法，到了宋代，并不强调这么多的投料次数。通常是 2 至 3 次，投料依据与《齐民要术》中的"曲力相及"的理论，控制投料次数以及投料数量。《北山酒经》中记载的两点是：补料要及时和补料的比例要恰当。

（4）压榨技术的新发展

在北魏及其之前的时期，酿酒的后道工序是比较简单的。因为社会的发展进步，酿酒的专用器具种类增加，对于提升黄酒的品质起到了重要的作用。

至迟在唐代，已出现了压榨酒用的专用设备。到了宋代，因为压榨设备的改进，压榨工艺技术的逐步完善，压榨酒技术就基本成熟了。压榨设备有家庭用的，较为简单，也有较为复杂的，用于大型酒坊。

《北山酒经》中有"上槽"一节。专门论述压酒操作过程。对榨酒设备虽没有作详细的描述，可是从所叙述的榨酒操作过程中可以了解到当时所采用的榨酒设备的一些基本结构。

榨具也叫"槽"或"榨"，主体结构是榨箱。酒醪置于其中。辅助工具包括"压板"、"砧"（捣衣石）、"簟"（竹席）。酒醅可能是直接装入榨箱内，当时还未使用布袋盛酒醪。也有可能使用滤布。

在《北山酒经》中对榨酒工艺技术进行了解释。这在酿酒技术史上是极为少见的。其要点有：酒醪的成熟度要适当。在不同季节，酒的成熟度应有所不同。如在天寒时，酒必须过熟；温凉并热时，则要合熟便压。

但在压榨过程中可能会发热，造成酒的酸败。

在压酒的时候，装料要均匀，压板上"砧"的位置要放正，压得均干，并无箭（溅）失。这样能够最大限度地提高出酒率，减少损失。

压榨得出的酒，先装入经过热汤洗涤过的酒瓮，然后再经过数天的自然澄清，并除去酒脚，直至澄澈为宜，即酒味倍佳。

【煮酒灭菌技术】

黄酒属于低度酿造酒，不适合长时间保藏。古代一般选用冬天酿酒储藏。夏天酿造的酒尽快饮掉或者卖掉。在商品经济并不发达的古代，加热杀菌技术并不是迫切需要的。

古代加热杀菌技术的采用，大概经历了"温酒"、"烧酒"，再发展到目的明确的"煮酒"。可能在汉代之前，人们就习惯将酒温热以后再饮，在汉代，已经出现了温酒樽这种酒器。温酒在一定程度上也有加热灭菌的作用。

"烧酒"一词，最早出现在唐人的诗句中。因为诗句中并没有说明烧酒的具体制法，具体含义不清，故留下了千古之谜。唐朝房千里所著的《投荒杂录》和刘恂的《岭表录异记》亦提到烧酒，并讲述了其制法。实际上所谓的"烧酒"就是一种直接加热的方式，而并不是蒸馏的方式。这两本书中所记载的大同小异，也就是"实酒满瓮，泥其上，以火烧方熟，不然不中饮"。

"火迫酒"的制作方法与上述的烧酒相同，在《北山酒经》中叙述得比较详细，其过程是在酒瓮底侧部钻一孔，先塞住，酒入内后，加上些许黄蜡，密闭酒瓮，置于一小屋内，用砖垫起酒瓮，底部放上一些木炭，点火后，关闭小屋，使酒在文火加热的情况下放置七天。停火取出后，从底侧孔洞放出酒脚（混浊之物），然后供饮用。

唐代的烧酒和宋代的火迫酒，全都不是蒸馏酒，人们采取这种做法的目的是通过加热，促使酒的成熟，促进酒的酯化增香，从而提升酒的质量。这种技术其实还有加热杀菌，促进酒中凝固物沉淀，加热杀酶，固定酒的成分的功能。火迫酒的技术关键是文火缓慢加热，如果火力太猛，酒精就会挥发。火力太弱，又起不到上述所提的作用。从酒的质量来看，火迫酒胜于煮酒。书中说这种酒"耐停不损，全胜于煮酒也"。

尽管说火迫酒质量优良，可是制作时较为麻烦，时间也较长（七天）。作为大规模生产，火迫酒的这一套做法显然不大合适。相比之下煮酒较为简便易行。

煮酒，大概是从唐代的"烧酒"发展过来的。两者的主要区别是唐代的烧酒是采取明火加热，宋代的煮酒是隔水煮。明确所记载的煮酒工艺早在《北山酒经》问世之前就已经被采用了。在《宋史》"食货志"中有此记载。

《北山酒经》中比较详尽地记载了煮酒技术，其方法是：把酒灌入酒坛，并加上一定量的蜡及竹叶等物，密封坛口，放在甑中，加热，直至酒煮沸。

煮酒的全套设备就是锅、甑和酒瓶。这表明是隔水蒸煮的。这种配合是比较原始的。可是与唐代的"烧酒"方式相比又有了进步。酒的加热总是在100℃的温度下进行，不至于突然升温，而造成酒的突然涌出。就算有酒涌出，也是少量的。

《北山酒经》中关于煮酒的目的是非常明确的，即为了更长时间地保藏酒，以防酒的酸败。虽然当时人们并不了解是什么原因导致的酸败。煮酒技术的采用，为酒的大规模生产，为防止酒的酸败损失，提供了技术保障。对于生产环节和流通环节，其意义都是巨大的。

我国煮酒加热技术的采用比西方各国都要早七百多年。西方的啤酒和葡萄酒的存储，也存在类似发生酸败的问题，在古代一直没有获得解决。十九世纪中叶后，因为一些微生物学家的不懈努力，特别是经过巴斯德的大量研究，发现引起酒酸败的根本原因是酒中除了可以引起发酵的酵母菌外，还有杂菌存在。正是这些杂菌使得酒发生酸败。通过多次试验，巴斯德发现只要把酒加热到60℃左右，并在这个温度下维持一段时间，酒就不会酸败。这种方法用在啤酒上也得到了同样的结果。此法后流行于各国，被称为巴氏低温灭菌法。

宋代时人们还意识到热杀菌并不是避免酒酸败、长期保存酒的唯一可行办法。《北山酒经》中记载："大抵酒澄得清，更满装，虽不煮，夏月也可存留。"这个结论至今仍具有现实意义。如现代所采用的超滤技术，用孔径极细微的膜，能够把酒中的细菌过滤去除，从原理上来讲，与古人是相同的。

《北山酒经》中记载的煮酒工艺中还有一些至今仍有价值的技术，如加入黄蜡（也称为蜂蜡）。其目的是消泡，酒液冷却后，蜡会在酒的表面形成一层薄膜，具有隔绝空气的作用。

【黄酒的勾兑技术】

所谓的勾兑技术，就是把几种风格不同的酒按一定的比例混合，从而得出一种风味更佳的酒。南宋罗大经在《鹤林玉露》中记载着一篇短文，"酒有和劲"，是目前已知最早论述黄酒勾兑技术的文章。虽只是寥寥数语，却将黄酒的勾兑技术描述得生动而具体。

这是因为用于勾兑的原酒各有特色，但又都有所缺陷。合而为之，才能完美无缺。用比较柔和的酒，与酒度较高、口味较辛辣的酒混合在一起，就得到了口味适中的酒。并且，两种原酒要按一定的比例配合。

元明清时期的酿酒技术

【史料综述】

传统的黄酒生产工艺技术自宋代之后，有所发展，设备有所改进，以绍兴酒为代表的黄酒酿造技术更是精益求精，其工艺路线基本固定，方法没有较大的改动。因为黄酒酿造仍然局限在传统思路之中，在理论上还是处于知其然不知其所以然的状况中，因此一直到了近代，都没有太大的改观。

元明清时期，酿酒的文献资料较多，大部分记载于医书、烹饪饮食书籍、日用百科全书、笔记中，比较具有代表性的著作有：成书于 1330 年的《饮膳正要》，成书于元代的《居家必用事类全集》，成书于元末明初的《易牙遗意》和《墨娥小录》。《本草纲目》中有关酒的内容比较丰富，书中把酒分成了米酒、烧酒、葡萄酒三大类，而且还收录了很多的药酒方；对红曲比较详尽地介绍了其制作方法。明代的《天工开物》中制曲酿酒部分较为宝贵的内容是有关红曲的制造方法，而且书中还提到了红曲制造技术的插图。而清代的《调鼎集》则较为全面地记载了黄酒酿造技术。《调鼎集》本是一本手抄本，主要内容是烹饪饮食方面的内容，关于酒的内容多达上百条以上，有关绍兴酒的内容最为珍贵，其中的"酒谱"，阐述了清代时期绍兴酒的酿造技术。"酒谱"中设有40多个专题，内容涵盖与酒有关的所有内容。如酿法、用具、经济。在酿造技术上主要的内容包括：论水、论米、论麦、制曲、浸米、酒酿、发酵、发酵控制技术、榨酒、作糟烧酒、煎酒、酒糟的再次发酵、酒糟的综合利用、医酒、酒坛的泥头、酒坛的购置、修补、酒的储藏、酒的运销、酒的蒸馏、酒的品种、酿酒用具等，书中所罗列出来和酿酒有关的全套用具一共有106件，大的有榨酒器、蒸馏器、灶，小的有扫帚、石块，可以说是应有尽有，无一遗漏。有蒸饭用具系列，有发酵，贮酒用的陶器系列，有榨具系列，有煎酒器具系列，还有蒸馏器系列等。

清代许多笔记小说中都保留了很多与酒有关的历史资料，如《闽小记》中记载了清初福建省内的地方名酒，《浪迹丛谈续谈三谈》中有关酒的内容多达十五条。

明清有些小说中，提到过很多酒名，这些酒应是当时的名酒，因为在许多史籍中都获得了证实。如《金瓶梅词话》中提到次数最多的就是"金华酒"。《红楼梦》中有"绍兴酒"、"惠泉酒"。清代小说《镜花缘》中作者借酒保之口，罗列了七十多种酒名，而汾酒、绍兴酒等都名列其中。因此有理由相信所列的酒都是当时有名的酒。

【传统黄酒的酿制】

传统的黄酒，包括四大类，以绍兴酒为例，有代表干酒的元红酒；有代表半干酒的加饭酒；有代表半甜酒的善酿酒；还有代表甜酒的香雪酒。元红酒是最为常见的加饭酒，是在配料中加大了投料量的比例，酒质比较醇厚，香气浓郁。善酿酒，相当于国外的强化酒，是在发酵过程中加入了黄酒（所谓以酒代水冲缸），所以酒度较高，因为酒精度的提高，发酵受到抑制，故残糖比较高，因而为半甜酒。而香雪酒则是在发酵过程中加进小曲白酒，酒度比善酿酒更高，残糖浓度也更高。

（1）元红酒的酿造工艺流程（干黄酒类型）

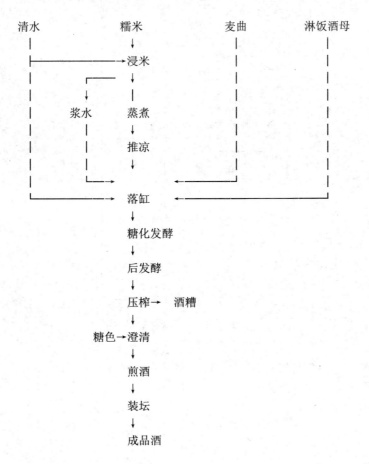

（2）福建红曲酒的传统酿造工艺（甜型黄酒）

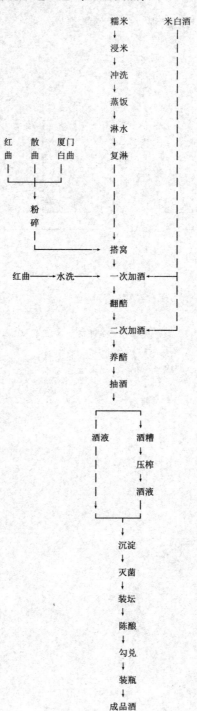

今朝放歌须纵酒——酒文化卷

中国古代蒸馏酒的酿造

【概述】

因为酵母菌在高浓度酒精下无法继续发酵，所得到的酒醪或酒液酒精浓度一般不会超过20%。采用蒸馏器，利用酒液中的物质不同、挥发性不同的特点，可以将易挥发的酒精（乙醇）蒸馏出来，蒸馏出来的酒气气中酒精含量很高，酒气经过冷凝，收集，便成为浓度为65%至70%左右的蒸馏酒。蒸馏器的采用是酿酒工业具有划时代意义的大事。而且蒸馏技术还能够用于其他行业。特别是现代的石油工业广泛使用蒸馏器，这些全都为现代文明立下了汗马功劳。

【蒸馏酒的传统发酵技术】

（1）发酵容器

发酵容器的多样性也是导致烧酒香型不同的主要原因之一。传统的发酵容器包括陶缸和地窖两大类型。陶缸细分为地缸（将缸的大部分埋入地面之下）和一般置放在室内的缸。

自古以来，酒的发酵一直都离不开容器，黄酒发酵的容器多数为陶质容器，有的烧酒仍传承了陶质容器发酵的办法。如南方的烧酒发酵容器几乎全都是采用陶器，即使是像糟烧酒也是这样。但自从出现蒸馏酒后，这一传统观念发生了变化，地窖这一特殊的容器应运而生。所谓的地窖发酵，即掘地为窖，把原料堆积其中，让其自然发酵。此法创于何时，现在仍无公认的答案。四川省有的地区，据说有长达五六百年的老窖。如果属实，那么地窖的挖筑就是在明代之初（此资料来自四川省宜宾博物馆所提供的考古资料）。地窖有泥窖、碎石窖和条石窖等多种类型。

（2）发酵工艺

蒸馏酒的发酵工艺脱胎于黄酒发酵工艺。可是因为蒸馏酒本身的特点，也形成了独特的发酵工艺技术。

①与黄酒类似的米烧酒发酵工艺

明代李时珍在《本草纲目》中简单地记载了当时蒸馏酒的生产方法，可以认为这是一种与黄酒相似的发酵方法，有所不同的只是增加了一道蒸馏工艺。该书记载的具体办法是："用浓酒和糟入甑蒸，令气上，用器承取滴露。凡酸坏之酒，皆可蒸烧。近时唯唯以糯米或粳米，或黍或秫或大麦蒸熟，和曲酿瓮中，七日，以甑蒸取，其清如水，味极浓烈，盖酒露也。"简单来说，即用黄酒发酵常用的一些原料，在酒瓮中发酵 7 天，然后装入甑蒸馏。所以说，这是类似于黄酒的发酵工艺。

成书于明末清初的《沈氏农书》中记载了一例用大麦烧酒的方法，从中可知当时南方的烧酒酿制方法类似于黄酒的酿造方法。发酵是在陶缸中进行，采用固态发酵。发酵的时间为 7 天，只是最后增加了一道蒸馏工艺。

南方的米烧酒，如著名的桂林三花酒，一直到 20 世纪上半叶，还是基本上采用上述方式，前期是固态，主要进行扩大培菌与糖化过程，入缸 1 天左右，加水进行半液态发酵。发酵时间约 7 天，其工艺具体流程是：

水　　　　　　　　药小曲粉
↓　　　　　　　　↓
大米→淋→蒸煮→摊冷→加曲拌料→下缸→加水，发酵→蒸馏→陈酿→包装

现在称为"清渣法"的酿造技术直接继承了以上工艺，稍有不同的是采用二次发酵，也就是第一次将发酵成熟的酒醅从缸中挖出，不加新粮，只加入少许清蒸辅料，单独蒸酒，蒸馏后的酒糟经过冷却，加曲后入缸再次发酵，发酵约 28 天，再出缸蒸馏，酒糟作饲料用，发酵容器依然是陶缸。在清代，汾酒可能就是采取这种工艺，才使汾酒成为清代时期烧酒中的佼佼者。

②混蒸续渣法发酵工艺

续渣法也可称为循环发酵法，这种方法的特点是酒醅或酒糟经过蒸馏后，一部分仍入窖（或瓮）发酵，同时加入一定数量的新料和酒曲；另有一部分则丢弃不用。开始采用这种方法的目的也许是为了节约粮食，同时反复发酵的酒质量也较好。

可是续渣法究竟起源于何时，至今未有定论。前面所提到的四川宜宾地区的杂粮酒秘方中，最后一句是"糟糠拌料天锅蒸"。这句话明确体现当时采用了酒糟、糠和原料三部分混合起来进行蒸馏和蒸煮。这是比较典型的混蒸混烧的续渣法。采用续渣法的主要优点是原料通过多次发酵，提升了原料的利用率，经过多次发酵，也有益于积累酒香物质。在蒸馏的同时，又对原料加以蒸煮，可将新鲜原料中的香气成分带入酒中。加入谷糠作填充剂，能够使酒醅保持疏松，有利于蒸汽流通，在发酵时，谷糠也起到了稀释淀粉浓度，冲淡酸度，吸收酒精，以便保持浆水的作用。加入谷糠作填充剂的做法至少在明末清初就采用了，最早的文字记载见《沈氏农书》。在《调鼎集》记载的"糟烧"生产过程中，也有类似的做法。

③茅台酒工艺

在烧酒中最著名的是茅台酒。1936 年编修的《续遵义府志》中记载："茅台酒，出仁怀县茅台村，黔省称第一。法纯用高粱作沙，煮熟和小麦曲三分，纳粮地窖中，经月而出蒸烤之，即烤而复酿。必经数回然后成，初曰生沙，三四轮曰燧沙，六七轮曰大回沙，以次概曰小回沙，终乃得酒可饮。"

尽管上文记载的很简单，可是茅台酒所特有酿造工艺却跃然纸上。近代对茅台酒的生产工艺进行了总结归纳，其过程如下所述：

茅台酒生产，选取高粱为原料，并且称为"沙"。一年一个周期，仅投两次料，第一次谓之下沙投料，第二次为糙沙，各占投料量的50%。

第一次投料，首先要经过热水润料后，加入5%至7%的母糟（上一年最后一轮发酵出窖未经蒸酒的优质酒醅），然后进行混蒸（蒸粮蒸酒同时进行），冷却之后堆积发酵，入窖发酵一个月。

第二次原料要经过粉碎，润料后，加入等量的上述酒糟进行混蒸，蒸馏后所得出的第一次酒称为"生沙酒"，全部都倒回原酒醅中，摊冷后，加上一批蒸馏得到的尾酒，再加曲入窖发酵一个月。

发酵成熟的酒醅经过蒸馏，得出第二次的蒸馏酒，谓之"糙沙酒"。酒头部分单独储存，用来勾兑，而酒尾则仍泼回酒醅中重新发酵。酒醅经过摊冷，加酒尾，酒曲，堆积这一过程后再入窖发酵一个月，蒸馏，从此周而复始，再分别发酵，蒸馏。一共要经过八次发酵，八次蒸酒，第三次蒸馏得出的酒谓之"生沙酒"，第四、五、六次所蒸馏得到的酒统称为"大回酒"，第七次蒸馏所得出的酒称为"小回酒"，而第八次蒸馏得到的称为"追糟酒"。其中最后七次蒸馏得出的酒作为产品分别入库，再进行勾兑。

酒史

【传统的蒸馏器】

在前文讨论蒸馏酒的起源时，曾经简单地谈到我国初期的蒸馏器。我国的蒸馏器具有鲜明的民族特征。其主要结构总共有四大部分：即釜体部分，用于加热，产生蒸汽。甑体部分，用于酒醅的装载。在早期的蒸馏器中，也许釜体和甑体本是连在一起的，比较适用于液态蒸馏。冷凝部分，在古代称为天锅，用来盛冷水，酒气则盛水锅的另一侧被冷凝。酒液收集部分，是天锅的底部，依照天锅的形状不同，酒液的收集位置也有所差异。如果天锅是凹形，则酒液汇集器在天锅的正中部位之下方；如果天锅是凸形（穹状顶），那么酒液汇集器在甑体的环形边缘的内侧。

(1) 东汉的蒸馏器

这是一种青铜所制的容器，通高 53.9 厘米，分为甑体和釜体两部分。而甑体又细分为储料室和凝露室，还有一导流管。从器形结构来看，应属于蒸馏器，上海博物馆的研究人员还用这种蒸馏器蒸出了酒度为 26.6% 至 20.4% 的酒。

我国的蒸馏器的基本结构特点可以由东汉的这一青铜蒸馏器得到体现。基本可分为釜体（加热或装料部分），甑体（装料或蒸汽挥发），冷凝器部分，冷凝液收集部分和冷凝液导出部分。这种器形结构一直延续到现在。与外国的蒸馏器有较明显的区别。

(2) 宋代的蒸馏器

有关宋代蒸馏器的史料一共有三条，分别记述了两种不同的器形。在《丹房须知》中记载的蒸馏器"抽汞器"，下面是加热用的炉，上部分有一盛药物的密闭容器，在下面加热炉的作用下，上部分密闭容器内的物质挥发成蒸汽。在这个容器上有一旁通管，能够使内部的水银蒸汽流入旁边的冷凝罐中。

南宋周去非在 1178 年所著的《岭外代答》中记载了一种广西人提炼"银朱"的器具。从记载文字中可以对其结构作出推测。这种蒸馏器的基本结构与《丹房须知》中的基本是相同的，所不同的则在于顶部安一管子。南宋张世南在《游宦纪闻》卷五中记载了一例蒸馏器，用来蒸馏花露，可推测出花露在器内就冷凝成液态了。说明在甑内还配置有冷凝液收集装置，冷却装置可能包括在这套装置中。

今朝放歌须纵酒——酒文化卷

（3） 金元时期的蒸馏器

1975 年在河北承德地区青龙县出土的金代铜制蒸馏器结构与元代朱德润在《轧赖机酒赋》中描述的一种蒸馏器，结构是一样的。

（4） 明清以来的蒸馏器

明清以来的蒸馏器的结构如何，大概能够从民国时期的资料中获得一些启示。基本结构与宋金元时代的并没有什么太大的变化，主要是蒸馏器的容积增大了，适用于固态蒸馏的蒸馏器发展得更加完善。

广西一带用来蒸馏小曲酒的"土甑"，酒蒸汽引出蒸馏器后在另外的冷却器内冷却。其实这是由天锅、甑体和地锅所组成的蒸馏器。所谓天锅，是盛冷却水的锅，位于最顶部，甑体内置酒醅，地锅内盛水。

【蒸馏工艺技术】

（1） 液态蒸馏和固态蒸馏

最早用来蒸馏的方式可能是液态蒸馏。也可能是固态蒸馏法。可是在元代的《饮膳正要》《轧赖机酒赋》及《居家必用事类全集》中所记载的蒸馏方式全都是液态法。液态法是最为简单的方法。元代时期的葡萄烧酒、马奶烧酒都是液态蒸馏这一类型。固态法蒸馏烧酒的历史情况不详，但固态法蒸馏花露的最早记载则是在南宋的《游宦纪闻》中。另外据考古工作者分析，出土的金代铜烧酒锅就是采用固态蒸馏。

（2） 冷却和酒液的收集

蒸馏过程中，酒气的冷却及蒸馏酒液的收集是最重要的环节。我国传统的蒸馏器分为两种冷却方式。一种是把蒸馏出来的酒蒸汽引至蒸馏器外面的冷却器中冷却后收集。或者是让蒸馏出来的酒气在蒸馏器上部内壁自然冷却。最古老的冷却方法是在元代《居家必用事类全集》中的"南番烧酒法"，另一种是在蒸馏锅上部的冷凝器（古称天锅，天湖）中冷却，酒液在蒸馏锅内的汇酒槽中聚集，排出后收集。如《调鼎集》中有："天湖之水，每蒸二放，三放不等，看流酒之长短，时候之冷热，大约花散而味淡即止。"

(3) 看酒花与分段取酒

我国人民在十六世纪时就懂得在蒸馏时，蒸馏出来的酒的质量是随蒸馏时间产生变化的。在《本草纲目》中有记载："烧酒，面有细花者为真，小便清者，以头烧酒饮之，即止。"此处所说的"酒花"并不是酿造啤酒时所用的香料植物酒花，而是在蒸馏的过程中或烧酒经摇晃后，在酒的表面所形成的泡沫。由于酒度不同，或因为酒液中其他一些成分的种类含量差异，酒的表面张力也有所不同。这会通过起泡性能的差异而体现出来。古人通过看酒花就可以基本确定烧酒的质量，从而决定馏出物的舍取。在商业上则用酒花的性状来决定酒的价钱。所以酒花成了衡量酒度酒质的客观标准。《调鼎集》中归纳道："烧酒，碧清堆细花者顶高，花粗而疏者次之（名曰'朝奉花'），无花而浑者下之。"传统的茅台酒的酒花主要有鱼眼花、堆花、满花、碎米花和圈花。而汾酒的酒花则包括大花、小花、云花、水花和油花。虽然名称各异，但有一些内容实际上是相同的。在古代，还没有酒精度的概念，直到民国时，因为当时科技并不发达，酒度计的使用不普遍，为了方便民间烧酒作坊统一看酒花的标准，当时的黄海化学工业研究社的方心芳先生发明创造了一种方法，力图能将酒花与酒度联系在一起。这套方法规定了酒花的定义，测验方法及单位，并明确了测量时的标准条件，由此得出了计算公式。

古代因为掌握了看酒花的方法，分段取酒便有了较为可靠的依据。《本草纲目》中所提到的"头烧酒"就是蒸馏时首先流出来的酒。"头烧酒"的概念和如今所说的"酒头"稍有不同。古代取酒，主要是二段取酒。头烧酒质量较好，第二段取的酒，质量明显较差。头烧酒和第二次取酒的数量比是3∶1。如《沈氏农书》中的大麦烧酒，头烧酒是15斤，而二次酒是5斤。现代一般分为三段，中间所取的部分作为成品酒，酒头、酒尾一般不作为成品酒。这就是所谓的"掐头去尾，中间取酒"。酒头可作为调味酒或重新发酵。酒尾也重新发酵。

【风格多样的蒸馏酒】

从历史资料的角度来分析，古代的蒸馏酒分为南北两大类型，如在明代，蒸馏酒就起码分为两大流派，一类是北方烧酒，另一类是南方烧酒。在《金瓶梅词话》中提到的烧酒种类除了有"烧酒"（未注明产地）之外，还有"南烧酒"这一名称。可是实际情况却是在北方除了粮食原料酿造的蒸馏酒之外，还有西北的葡萄烧酒，内蒙古的马乳烧酒；在南方可以细分为西南（以四川，贵州为中心）及中南和东南（包括广西，广东）两种类型。这样的分类只是粗略的，并没有统一的划分标准。

因为烧酒的主要特点是酒精浓度高，很多芳香成分在酒中的浓度是随着酒精度而提升的，酒的香气成分及其浓淡成为判断烧酒质量的标准之一。我国风格多样的烧酒，主要是由于酿造原料的不同而自然形成的。其次是酿造技术等因素。

北方盛产小麦、高粱，南方盛产稻米，广西地区出产玉米，新疆盛产葡萄，蒸馏烧酒的酿造原料因地制宜，不同原料用来酿造烧酒是非常自然的事。在蒸馏酒发展的初期，人们可能并不清楚到底哪种原料最适于酿造烧酒。经过长时间的对比，人们有机会品尝比较各种原料酿造的烧酒之后，对于不同原料酿造的烧酒的特点有了比较一致的看法。

（1）高粱酒

在古时候，高粱烧酒受到了交口称赞。清代中后期成书的《浪迹丛谈续谈三谈》在评论各地的烧酒时认为："今各地皆有烧酒，而以高粱所酿为最正。北方之沛酒、潞酒、汾酒皆高粱所为。"清代中后期直至民国时期，高粱酒基本成了烧酒的专用名称。这是因为高粱原料的特性所决定的。

（2）杂粮酒

西南地区的烧酒在选料方面可能传承了其饮食特点，为强调酒香及酒体的丰富，采用各种原料，根据一定的比例搭配发酵酿造。据四川博物馆的有关资料，四川宜宾的五粮液酒，在明代隆庆至万历年间（1567—1619 年）就被叫做"杂粮酒"，所选取的混合原料中有高粱、大米、糯米、荞麦、玉米。当地文物部门所收集到的一例祖传秘方中这样记载："饭米酒米各两成，荞子成半添半成，川南红粱溱足数，糟糠拌料天锅蒸，此方传子不传女，儿孙务必深藏之。"

（3）米烧酒

在东南地区，米烧酒较为盛行，如明末清初成书的《沈氏农书》中曾提到，米烧酒和大麦烧酒比起来，后者的口味"粗猛"，但质量不及前者。

酒史

33

（4）糟烧酒

大多盛产于南方黄酒产区，用黄酒压榨后的糟粕为原料，通过进一步发酵后经蒸馏而成。在《沈氏农书》中记载了黄酒糟用来酿造糟烧酒的方法。

通过长期的品尝对比，人们意识到不同的原料所酿造的烧酒各有其特点，总结得出："高粱香，玉米甜，大米净，大麦冲。"

从元代开始，蒸馏酒在文献中已经有了明确的记载。通过数百年的发展，我国蒸馏酒逐渐形成了几大流派：清蒸清烧二遍清的清香型酒（以汾酒为代表）；混蒸混烧续糟法老窖发酵的浓香型酒（以泸州老窖为代表）；酿造周期长达一年之久，数次发酵、数次蒸馏而得出的酱香型酒（以茅台酒为代表）；大小曲并用，采用独特的串香工艺酿造得出的董酒；先培菌糖化后发酵，液态蒸馏的三花酒；富含广东特色的玉冰烧和黄酒糟再次发酵蒸馏得出的糟烧酒等。除此之外，还有葡萄烧酒，马乳酒烧酒等。这些香型独特的蒸馏酒是怎样形成、发展、定型的，从目前所掌握的古代资料来看，还很难得出全面而准确的答案。比较系统地总结我国传统蒸馏酒的资料主要是民国期间及新中国成立后所出版的一些专著。

中国古代啤酒的酿造

【啤酒定义】

啤酒生产主要是采取发芽的谷物做原料，经由磨碎、糖化、发酵等工序制得。根据现行国家产品标准规定，啤酒的定义是："啤酒是以麦芽为主要原料，加酒花，经酵母发酵酿制而成的，含有二氧化碳气、起泡的低酒精度饮料。"在古代中国，也有类似于啤酒的酒精饮料，古人将其称为醴。大约在汉代后，醴逐渐被酒曲酿造的黄酒所淘汰。清代末期开始，国外的啤酒生产工艺被引入我国。新中国成立后，特别是20世纪80年代以来，啤酒工业获得了突飞猛进的发展，而现在中国已经成为世界第二啤酒生产大国。

【中国古代啤酒】

醴是中国古代的啤酒。正如远古时期的美索不达米亚人和古埃及人一样，我国远古时期的醴也是选取谷芽酿造的，即所谓的蘖法酿醴。在《黄帝内经》中记载有醪醴，商代的甲骨文中亦记载着不同种类的谷芽酿造的醴。《周礼·天官·酒正》中有"醴齐"，醴和啤酒在远古时代应该是同一类型的含酒精量非常低的饮料。因为时代的变迁，用谷芽酿造的醴渐渐消失了，但口味类似于醴，用酒曲酿造的甜酒却保留了下来。在古代，人们也称为醴。所以人们普遍认为中国自古以来就没有啤酒，但是，依照古代的资料，我国很早就掌握了蘖的制造方法，而且也掌握了自蘖制造饴糖的方法。酒和醴在我国都存在，只是醴后来被酒所取代。在这里我们进行一些考证来说明这个问题。

【中国原始的谷物酒到底是哪种类型】

首先一定要弄明白，在历史上，古代外国的啤酒也好，中国的啤酒也好，啤酒的最基本特征是什么？显而易见，啤酒的最基本特征应是用谷物发芽后的谷芽作为主要原料。啤酒中加入酒花，人工加入酵母菌是后来才出现的。

毋庸置疑，含淀粉的原料都可能用来酿酒，问题是采用哪种方式酿造。不同方式酿造的酒其类型不同。从世界范围来看，谷物酿造酒包括啤酒和米酒两大类。啤酒是采用发芽的谷物酿造的，发芽的谷物既是糖化剂，而且自身也是酿酒原料。而米酒则不同，需要从外部加入糖化发酵剂（酒曲）。远古时期著名的古埃及与美索不达米亚时期的酿酒，已经有证据表实当时的酒是属于啤酒类型。而对于中国远古时期的谷物酒，到底属于哪一种类型，还没有彻底了解清楚。主要的观点有：中国最早的谷物酒是醴和酒，这两种饮料酒根据不同的方法酿造，醴相当于啤酒，是用麦芽酿成，酒是用酒曲酿成。第二种观点是原始的饮料和酒是不分开的，全都是用发霉或发芽的谷料酿造的，还有一种观点是酒与醴全都是用酒曲酿造的。

（1）曲造酒，蘖造醴

第一种也是比较普遍的看法是：酒与醴一直都是两种不同方法酿造的酒精饮料。

在中国的最古老的文字甲骨文中，出现了酒和醴这两个字。而且醴与酒是分别叙述，互不混淆的。有专家认为这是不同的两种方式酿造的酒精饮料（温少峰等：《殷墟卜辞研究——科学技术篇》，四川省社会科学院出版社，1983 年）。可是持有不同意见者也大有人在。

周朝所著的《书经·说命篇》一书中有"若作酒醴，尔唯曲糵"。从文字对应关系来看，可以理解成为曲酿酒，糵作醴。明代的李时珍也持有同样的看法。

明代宋应星的《天工开物》中提到："古来曲造酒，糵造醴，后世厌醴味薄，遂至失传，则并糵法亦亡。"西方的啤酒，酒精度一般约4%，而我国黄酒的酒精浓度则可达15%至20%。这是黄酒取代原始啤酒的主要原因。

西汉时期，糵的生产尚未停止，醴仍是酒精类饮料的一部分。《史记·货殖列传》中有"糵曲盐豉千合"之记载。汉代因为和匈奴发生战事，汉败，故要向匈奴贡奉糵（见《史记·匈奴列传》）。在《汉书》中记载：有一个人叫穆生的人，不会饮酒，每逢被邀请参加酒宴时，主人都为他准备醴这种酒度低的饮料，后来穆生受到了冷落，就不再为其设醴了。由此可以看出，醴是一种酒度很低的酒精饮料，适合于不会饮酒的人。

现代酿酒专家朱宝镛先生认为：我国用谷芽酿造醴酒，和巴比伦人用麦芽做啤酒，几乎同时出现于新石器时代，彼此之间是否有联系却难以考证（朱宝镛："酿酒工业的变迁"）。对这个既有趣，又有科学研究价值的问题，看来还需要一些时间才能获得充分的证实。酒类品种的变化及酿酒技术的变迁，很可能会从一个侧面体现不同民族人们之间的相互交往。谷物酿酒的由来，这一问题的考察应当放在更加宽广的历史和地理的环境中。

另外还有一些观点，如日本的山崎百治先生则认为：曲与糵一直都是两种不同的东西。但曲是块状的饼曲，后来逐渐发展成为大曲、酒药（小曲）等；糵则为散曲，后又发展成黄衣曲（用于酱油，豉的生产）和女曲（用于清酒生产）。

（2）曲糵是发芽发霉的谷物

第二种观点则是由现代方心芳先生提出的，他认为："曲糵是由发霉发芽的谷粒得来的，即酒曲。也就是说在远古时代，曲糵是不分的。后来才分化为谷芽、酒曲和黄衣曲。"这样可理解为，曲糵是不分的，酒醴在远古应该是同一种东西。

（3）醴也是酒曲酿造的

第三种观点也是认为醴用酒曲酿造的。其酿造时间极短，或汁渣相将的酒醪。醴的基本特点是糖度比较高而酒度低，酿造时间很短。如《释名》中把醴解释为是酿造时间仅一天，是一种口味很淡的酒。东汉成书的《说文解字》也是这样记载，郑玄在注释《周礼》中的醴时，指出醴是一种酒液和酒糟混合在一起的甜酒。根据众多的历史资料加以分析，都并未证实醴就一定是用蘖所酿成的。用酒曲酿造的可能性还是存在的。例如《周礼》中所记载的"五齐"中有"醴齐"，其实就是用来描述发酵过程第二个阶段的酒醪。又如西汉邹阳在《酒赋》中提出：清澈透明的是酒，混浊的是醴，它们都是谷米为原料用麦曲酿成的，尽管都来自相同的原料，但口味却大有不同。这里更能说明汉代时的醴是用曲酿造而成的。

【中国远古时期已经能生产啤酒的论据】

(1) 商代的谷芽——蘖和原始的啤酒——醴

殷商的卜辞中出现了蘖（谷芽）和醴这两个字，而且出现的频率非常高。综合卜辞中的有关条文，能够看出蘖和醴的生产过程。这一过程与啤酒生产过程几乎是相同的。首先是蘖的生产，卜辞中有蘖粟、蘖黍、蘖来（麦）等的记载。这表明用于发芽的谷物种类是比较丰富的。其次是"作醴"。可能是把谷芽浸泡在水中，使其进行糖化，酒化。然后是过滤，卜辞中还有"新醴"与"旧醴"之分，新醴是刚刚酿成的，而旧醴则是经过储藏的（以上资料由《殷墟卜辞研究——科学技术篇》中的有关资料综合而成）。

(2) 古代的谷芽和饴糖出现——原始啤酒生产的旁证

另外我国古代蘖及饴糖的生产都有明确详细的记载，而且生产方法非常成熟。尽管蘖法酿醴的方法在古代文献中尚未发现，可是这并不等于在远古的时代没有这种实践活动。由大麦到啤酒，要经过发芽、粉碎、糖化、发酵这四个主要阶段，前三个阶段我们的祖先都掌握了，糖化醪发酵成酒应该不是问题。

在《齐民要术》中有关制蘖（麦芽）的方法非常成熟，整个过程分为三个阶段。第一阶段，在渍麦阶段，每天都要换水一次；第二阶段，待麦芽根长出后，即进行发芽，对厚度作了明确的规定，为维持水分，每天还要浇以一定量的水；第三阶段，是干燥阶段。抑止过分生长，特别是不让麦芽缠结成块。这例小麦蘖的制造工艺，和啤酒酿造所用麦芽的制造是完全一样的。

起码在春秋战国时代，人们已经开始使用饴糖。《礼记·内则》有"枣粟饴蜜以甘之"的记载。到了北魏时期，蘖的用途主要是用来制作饴糖。作饴糖会涉及麦芽的糖化，这与麦芽蘖酿造醴是很类似的。《齐民要术》中详细记载了小麦麦芽及饴糖的制作方法，麦芽的制造过程与现代啤酒工业的麦芽制造过程几乎相同。还详细叙述了糖化过程。我国古代既然精通麦芽的糖化，至少能够表现出，在五六世纪之前，用蘖来酿造醴（啤酒）是完全有可能的。

（3）浸曲法酿酒——用蘖酿醴的遗法

从古代酿酒最先使用渍曲法也能够看出我国古代用蘖酿醴的可能性。古代外国的啤酒酿造过程中，分为两道工序，其一是浸麦（促使其发芽），其二是麦芽的浸渍（使其糖化）。在我国古代，就算是采用酒曲法酿酒，也有一道工序是浸曲，这种浸曲法比唐宋之后的干曲末直接加入米饭中的方法更加古老，在北魏时极为盛行，也就是先将酒曲浸泡在水中若干天，然后再加入米饭开始发酵。现在就出现一个值得注意的问题：用曲酿酒，浸曲法大概是传承了啤酒麦芽的浸泡的传统制作方法，也就是说两者是一脉相承的。我国用蘖酿醴可能先是用水浸渍蘖。让其自然发酵。后来研制了酒曲，酒曲也用同样的方法浸泡，原始的酒曲糖化发酵力不强，大概酒曲本身就是发酵原料；后来，因为提升了酒曲的糖化发酵能力，就可加入新鲜的米饭，酿成酒的度数也就能提高。如此一来，曲法酿酒就淘汰了蘖法酿醴。可以相信，蘖法酿醴这种方式在我国的酿酒业中曾经占据过很重要的位置，甚至其历史跨度还超过了现在的酒曲法。

中国古代葡萄酒的酿造

【我国葡萄酒的起源】

据考古资料证实，古埃及的人们是最早种植葡萄和酿造葡萄酒的。从五千年前的一幅墓壁画中能够看出当时的古埃及人在葡萄的栽培、葡萄酒的酿造及葡萄酒的贸易方面的生动情形。

我国的葡萄酒到底起源于何时，这一直未有很有说服力的证据。近年有作者认为，在三千多年前的商代，我国就已经出现了葡萄酒。据有关资料，1980 年在河南省发掘的一个商代后期的古墓中，发现了一个密闭的铜卣。通过北京大学化学系分析，铜卣中的酒就是葡萄酒（"保藏三千年的葡萄酒"，《酿酒》，1987.5）。至于当时酿酒所选取的葡萄是人工栽培的还是野生的尚不清楚。另有考古资料证实，在商代中期的一个酿酒作坊遗址中，有一陶瓮中还残留着桃、李、枣等果物的果实和种仁（唐云明等专家"试论河北酿酒资料的考古发现和我国酿酒的起源"，《水的外形，火的性格——中国酒文化研究文集》，广东人民出版社，1987.11）。虽然没有充足的文字证据，可是从以上考古资料，我们的确可以相信在商周时期，除谷物原料酿造的酒之外，以水果酿造的酒也占有一席之地。

【古代葡萄酒史料】

一般而言，在古代中国，葡萄酒并不是主要的酒类品种，可是在一些地区，如在现在的新疆等地，葡萄酒却几乎是主要的酒类品种。在一些历史时期，如元朝，葡萄酒也曾经大力普及过。历代文献中对葡萄酒的记载仍是比较丰富的。

葡萄酒最早的文字记载见于司马迁著名的《史记》中。公元前138年，张骞奉汉武帝之命出使西域，见到"宛左右以蒲陶为酒，富人藏酒至万余石，久者数十岁不败。俗嗜酒，马嗜苜蓿。汉使取其实来，于是天子始种苜蓿，蒲陶肥饶地。及天马多，外国使来众，则离宫别观旁尽种蒲陶，苜蓿极望"（《史记·大宛列传》第六十三）。大宛是古西域的一个国家，位于中亚费尔干纳盆地。这一例史料充分证实我国在西汉时期，便已经从邻国学习并掌握了葡萄种植和葡萄酿酒技术。西域自古以来一直都是我国葡萄酒的主要产地。《吐鲁番出土文书》（现代根据出土文书汇编而成的）中有很多史料均阐述了公元4至8世纪期间吐鲁番地区葡萄园种植、经营、租让以及葡萄酒买卖的情况。从这一史料能够看出在那一历史时期葡萄酒生产的规模是比较大的。

东汉时，葡萄酒仍十分珍贵，据《太平御览》卷972引《续汉书》云："扶风孟佗以葡萄酒一斗遗张让，即以为凉州刺史。"这足以证明当时葡萄酒的稀罕。

葡萄酒的酿造过程要比黄酒酿造简单，但是因为葡萄原料的生产有季节性，终究不如谷物原料那么方便，所以葡萄酒的酿造技术并没有大面积推广。在历史上，内地的葡萄酒，一直都是断断续续传承下来的。唐朝和元朝从外地将葡萄酿酒方法引入内地。其中以元朝时的规模最大，而且生产主要是集中在新疆一带。在元朝，在山西太原一带也有过规模比较大的葡萄种植和葡萄酒酿造的历史。而汉民族对葡萄酒的生产技术几乎是不得要领的。

尽管汉代曾引入了葡萄及葡萄酒生产技术，但却始终未使之传播开来。汉代之后，中原地区大概就不再种植葡萄。一些边远地区经常用贡酒的方式向后来的历代皇室进贡葡萄酒。唐代时期，中原地区对葡萄酒已经是一无所知了。唐太宗从西域引入葡萄，《南部新书》丙卷中有记载："太宗破高昌，收马乳葡萄种于苑，并得酒法，仍自损益之，造酒成绿色，芳香酷烈，味兼醍醐，长安始识其味也。"在宋代类书《册府元龟》卷970中记载高昌故址在今天的新疆吐鲁番东约二十公里处，当时其归属一直不明确。唐朝时，葡萄酒在内地有较大的影响力，由高昌学来的葡萄栽培法以及葡萄酒酿法在唐代大概延续了较长的历史时期，以致在唐代的不少诗句中，葡萄酒的芳名均屡屡出现。如脍炙人口的著名诗句："葡萄美酒夜光杯，欲饮琵琶马上催。"（王翰《凉州词》）刘禹锡（772—842年）亦曾经作诗赞美葡萄酒，诗云"我本是晋人，种此如种玉，酿之成美酒，尽日饮不足"。这表明当时山西早就已经种植了葡萄，并酿造葡萄酒。白居易、李白等都有吟葡萄酒的诗。而且当时的胡人还在长安开设了酒店，经营西域的葡萄酒。

元朝统治者对葡萄酒十分喜爱，规定祭祀太庙必须用葡萄酒，并在山西的太原，江苏的南京设立葡萄园。至元二十八年（1291年）在宫中建造葡萄酒室。

因为蒸馏技术的发展，元朝开始生产葡萄烧酒（白兰地），在《饮膳正要》中对此有记载。明朝李时珍在《本草纲目》中也提到了西域的葡萄烧酒。

而在明代徐光启的《农政全书》卷30中曾记载了我国栽培的葡萄品种有：

水晶葡萄，晕色带白，犹如着粉形大而长，味甘。

紫葡萄，紫黑色，分为大小两种，酸甜两味。

绿葡萄，产自蜀中，熟时色绿，至若西番之绿葡萄，名兔睛，味胜甜蜜，无核则异品也。

琐琐葡萄，产自西番，实小如胡椒，云南者，大如枣，味尤长。

【中国古代葡萄酒的酿法】

中国古代的葡萄酒的酿造技术主要分为自然发酵法和加曲发酵法。后一种有画蛇添足之嫌，体现了中国酒曲法酿酒的影响根深蒂固。

（1）自然发酵法

葡萄酒不需要酒曲也可以自然发酵成酒的。从西域学来的葡萄酿酒法应是自然发酵法。唐代苏敬所著的《新修本草》云："凡作酒醴须曲，而蒲桃、蜜等酒独不用曲。"葡萄皮表面原本就生长有酵母菌，可以把葡萄发酵成酒。

元代诗人曾经写过一首诗，描述了当时的自然发酵法。

> 翠虬天桥飞不去，颔下明珠脱寒露。
>
> 垒垒千斛昼夜春，列瓮满浸秋泉红。
>
> 数宵酝月清光转，浓腴芳髓蒸霞暖。
>
> 酒成快泻宫壶香，春风吹冻玻璃光。
>
> 甘逾瑞露浓欺乳，曲生风味难通谱。

（2）加曲发酵法

因为我国人民长期以来用曲酿酒，在中国人的传统观念中，酿酒时必须要加入酒曲，再加上技术传播上的障碍，有些地方还不懂葡萄自然发酵酿酒的原理。所以在一些记载葡萄酒酿造技术的史料中，能够看到一些画蛇添足，让人捧腹的做法。如北宋的著名酿酒专著《北山酒经》中所列举的葡萄酒法，却带着极深黄酒酿造法的烙印。其记载的是："酸米入甑蒸，气上，用杏仁五两（去皮尖）。葡萄二斤半（浴过，干，去皮，子），与杏仁同于砂盆内一处，用熟浆三斗，逐旋研尽为度，以生绢滤过，其三半熟浆泼，饭软，盖良久，出饭摊于案上，依常法候温，入曲搜拌。"这种办法中的葡萄经过洗净，去皮及子，却正好将酵母菌都去掉了，而且葡萄只是作为一种配料。故不能称为真正的葡萄酒。葡萄和米同酿的做法甚至在元代的一些地区还在采用。如元代诗人元好问在《蒲桃酒赋》的序言中指出："刘邓州光甫为予言：'吾安邑多蒲桃，而人不知有酿酒法，少日尝与故人许仲祥，摘其实并米饮之，酿虽成，而古人所谓甘而不饴，冷而不寒者，固已失之矣。'"

【近代中国的葡萄酒】

1892 年，华侨张弼士在烟台创建了葡萄园与葡萄酒公司——张裕葡萄酿酒公

酒史

司，从西方引进了优良的葡萄品种，而且还引入了机械化的生产方式，从此我国的
葡萄酒生产技术上了一个新台阶。

新中国成立后，50 年代末 60 年代初，我国又先后从保加利亚、匈牙利、苏联
引入了适合酿酒的葡萄品种。我国自己也进行了葡萄品种的选育工作。目前，我国
在新疆、甘肃的干旱地区，在渤海沿岸平原、黄河故道、黄土高原干旱地区以及淮
河流域、东北长白山地区都建立了葡萄园和葡萄酒生产基地。新建的葡萄酒厂在这
些地区也获得了长足的发展。

酿造啤酒的工序

酿造啤酒，其实就是把淀粉转换成被称为"麦汁"的含糖液体，然后再利用酵
母把麦汁发酵成含有酒精的啤酒。啤酒酿造通常分为以下 5 道工序。主要是体现糖
化、发酵、贮酒后熟 3 个过程。

【原料粉碎】

把麦芽、大米分别用粉碎机粉碎到适于糖化操作的粉碎度。

【糖化】

把粉碎的麦芽和淀粉质辅料用温水分别在糊化锅、糖化锅中混合起来，调节温
度。糖化锅先保持在适合蛋白质分解酶作用的温度（45 至 52℃）（蛋白休止）。将
糊化锅中液化完全的醪液兑入糖化锅后，将温度保持在适于糖化酶（β-淀粉酶和α-
淀粉酶）作用的温度（62 至 70℃）（糖化休止），来制造麦醪。麦醪温度的升高的
方法有浸出法和煮出法两种。蛋白、糖化休止时间及温度上升方法，依照啤酒的性
质、使用的原料、设备等决定用过滤槽或者是过滤机滤出麦汁后，在煮沸锅中煮
沸，然后添加酒花，调整成适当的麦汁浓度后，进入回旋沉淀槽中将热凝固物分离
出来，澄清的麦汁进入冷却器中冷却到 5 至 8℃。

【发酵】

将冷却后的麦汁添加酵母放进发酵池或圆柱锥底发酵罐中进行发酵，利用蛇管

或夹套冷却并控制温度。进行下面发酵的时候，最高温度应该控制在 8 至 13℃ 之间，发酵过程有起泡期、高泡期、低泡期，一般发酵期为 5 至 10 日。发酵成的啤酒称为嫩啤酒，苦味较浓，口味粗糙，二氧化碳含量低，不适合饮用。

【后酵】

为了能够使嫩啤酒后熟，因此将其送入储酒罐中或继续在圆柱锥底发酵罐中冷却到 0℃ 左右，并调节罐内压力，使二氧化碳溶入到啤酒中。储酒期需要 1 至 2 个月，在此期间残存的酵母、冷凝固物等逐渐沉淀，啤酒逐渐澄清，二氧化碳在酒内饱和，口味醇厚，适于饮用。

【过滤】

为了能使啤酒澄清透明成为商品，啤酒在 −1℃ 下进行澄清过滤。对过滤的要求是：过滤能力大、质量好，酒和二氧化碳的损失少，不会影响到酒的风味。过滤方式分为硅藻土过滤、纸板过滤、微孔薄膜过滤等。

中国古代酒的种种别称

【概述】

自古以来，酒与人类一直结有不解之缘，在人们生活中占有十分重要的位置。酒是一种神奇的饮品，它可以让人如痴如迷。李白是诗仙，也是酒仙；杜甫是诗圣，也是酒圣；白居易留下的两千首诗中饮酒诗就有九百首。酒能够抒发灵感，有谓"李白斗酒诗百篇"；酒可以助兴，唐代书法家张旭，草书逸势奇状，连绵回绕。据说他往往在大醉后呼喊狂走乃落笔，世人称为"张颠"。古代骚人墨客常在酒兴来时，给酒起了各种别称，有雅称，有贬义，还有隐谓；有依照酒的性状取名，有以造酒者为名，还有官衔，甚至圣贤也被列入，并把它融入到他们的诗词作品之中，形成了绚烂多彩的中华酒文化。

酒史

【三酉】

酒的造字，在《说文解字》中有："酒，就也，所以就人性之善恶。从水、从酉，酉亦声。"亦有："古者仪狄作酒醪，禹尝之而美，逐疏仪狄；杜康造秫酒。"《说文解字》："酉与酒训略同，本为一字。"隶书的"水"旁写成"三"，所以"三酉"构成酒的隐语。明田艺蘅的《留青札·酒名》中记载："今人称酒曰三酉，皆言三点水加酉也。"周作人在《谈酒》中有："我既是酒乡的一个土著，又这样喜欢谈酒，好像一定是个与'三酉'结下了不解之缘的酒徒了。"

【琼浆】

琼浆指美酒，《楚辞·招魂》中有："华酌即陈，有琼浆些。"宋杨万晨诗："偷将缺吻吸琼浆，蜕尽毛骨作仙子。"在元白朴的《阳春曲·题情》中有："慵拈粉扇闲金缕，懒酌琼浆冷玉壶。"明史谨的《雪酒为金粟公赋》中有："碧落无声散玉尘，片时盈尺拥离根。扫归银瓮浑同色，酿出琼浆不见痕。"在《镜花缘》第二回中有："登时歌停舞罢，王母都赏赐果品琼浆。"

【琼液】

琼液即美酒。唐温庭筠的《兰塘词》中有："东沟劳回首，欲寄一杯琼液酒。"元王沂的《次吴产晖望月寄张孟功韵》记载："螟珠看欲湿，琼液饮还曛。"清汪懋麟《绮罗香·七夕前一日爱园夜集》亦有："劈新鲜，菱角鸡心，抵多少，霞觞琼液。"

【玉液】

玉液即美酒。南朝梁刘潜的《谢晋安王赐宜城酒启》中记载："忽值瓶泻椒芳，壶开玉液。"唐白居易《效陶潜体诗》之四："开瓶泻樽中，玉液黄金脂。"在《警世通言·假神仙大闹华光庙》中也有："玉液斟来晶影动，珠玑赋就峡云收。"

【流霞】

流霞泛指美酒。在北周庾信的《卫王赠桑落酒奉答》中有："愁人坐狭邪，喜得送流霞。"明徐祚《投梭记·叙饮》中记载："雪花酿流霞满壶，烹葵韭香浮朝露。"

【琥珀】

琥珀即美酒。唐李贺《残丝曲》中有："绿鬓年少金钗客，缥粉壶中沉琥珀。"宋赵令畤《侯鲭录》卷一："张文潜：诗'尊酒且倾浓琥珀，泪痕更著薄胭脂'。"在清康王宣的《拟将进酒》中有记载："何如小槽滴沥琥珀红，浇胸顿使金垒空。"

【绿蚁】

绿蚁也称"绿虫岂"，借指酒。《文选·谢朓，〈在郡卧病呈沈尚书〉》中有："嘉鲂聊可荐，绿蚁方独持。"张铣注："绿蚁，酒也。"在唐白居易《问刘十九》中有记载："绿蚁新醅酒，红泥小火炉。"亦有《雪庭对酒招客》："帐小青毡暖，杯香绿蚁新。"宋李清照《渔家傲》："共赏金尊沉绿蚁，莫辞醉，此花不与群花比。"明沈采《千金记·践别》中有："再进杯盘，重斟绿蚁。"清唐孙华的《时世公子行》中有："翠蛾十样流苏帐，绿蚁千杯琥珀醪。"

【浮蚁】

浮蚁也称"浮虫岂"，借指酒。唐郑谷《自适》："浮蚁一杯难暂舍，贯珠一曲莫辞听。"在唐刘禹锡的《酬乐天衫酒见寄》中记载："动摇浮蚁香浓甚，装束轻鸿意态生。"宋黄公度《好事近》："还家应有荔枝天，浮蚁要人酌。"在元仇远的《题溧阳市》中有："欲是旗亭浮蚁美，杖头能费几青蚨。"

【素蚁】

素蚁借指酒。在三国魏曹植的《酒赋》中有："或云拂潮涌，或素蚁浮萍。"晋张华《轻薄篇》有："浮醪随觞转，素蚁自跳波。"唐岑参《送张献心充副使归河西杂句》："玉瓶素蚁蜡酒香，金鞭白马紫游缰。"

上述"绿蚁"、"浮蚁"、"素蚁"均是指漂浮在古代酒浆中的渣滓，状如蚂蚁，非常形象。

【杜康】

在《书·酒诰》中记载："唯天降命，肇我民唯元祀。"孔颖达疏引汉应劭《世本》："杜康造酒。"唐皎然的《诗式·语似用事义非用事》中有："如魏开呼'杜康'为酒。"元伊世珍《琅记》卷中："杜康造酒，因称酒为杜康。"三国魏曹操的《短歌行》中有："何以解忧，唯有杜康。"明许时泉《写风情》有云："你道是杜康传下瓮头春，我道貌岸然是嫦娥挤出胭脂泪。"清方文《梅季升招饮天逸阁因吊亡友朗三孟璇景山》："追念平生肠欲结，杜康何以解吾忧。"

【欢伯】

欢伯也是酒的别名。汉焦赣《易林·坎之兑》："酒为欢伯，除忧来乐。"唐陆龟蒙《对酒》："后代称欢伯，前贤号圣人。"宋杨万里《题湘中馆》有云："愁边正无奈，欢伯一相开。"清钱谦益的《次韵徐曳文虹七十自寿》中亦有："浮生作伴皆欢伯，白眼看人即睡香。"

【白堕】

在北魏杨衒之《洛阳伽蓝记·法云寺》中有云："河东人刘白堕，善能酿酒。饮之香美而醉，经月不醒。京师朝贵多出郡登藩，远相饷馈，喻于千里。"后来亦将"白堕"作为酒的代称。宋苏辙《次韵子瞻病中大雪》："殷勤赋黄竹，自欢饮白堕。"

【曲生】

唐代《开天传信记·曲秀才》描述的是秀才曲生化酒的故事，后世遂将"曲生"作为酒的别称。宋陆游的《初春怀成都》中："病来几与曲生绝，禅榻茶烟双鬓丝。"

【青州从事与平原督邮】

在南朝宋刘义庆的《世说新语·术解》中有云："恒公有主簿善别酒，有酒辄令先尝。好者谓'青州从事'，恶者谓'平原督邮'。青州有齐郡，平原有鬲县。从事，言到齐（脐）；督邮，言到鬲（膈）上住。"意思是好酒的酒气能够达到脐部，差劲酒的酒气只能停留在黄膈之上。从事、督邮都是官衔，后以"青州从事"与"平原督邮"代称好酒与劣酒。唐皮日休的《醉中寄鲁望一壶并一绝》中记载："醉中不得亲相倚，故遣青州从事来。"宋苏轼《真一酒》："人间真一东坡老，与作青州从事名。"亦有《次韵周开祖长官见寄》："从今更踏青州曲，薄酒知君笑督邮。"在清钱谦益的《方生行送尔止还金陵》中记载："冯君鉴我区区意，却寄青州从事来。"

【圣人】

圣人亦是清酒的别称。《太平御览》卷八四四引三国魏鱼豢《魏略》："太祖时禁酒，而人窃饮之，故难言酒，以白酒为贤人，以清酒为圣人。"《三国志·魏志·徐邈传》中记载有："时科禁区酒，而邈私饮至于沉醉。校事赵达问以曹事，邈曰：'中圣人'。"这里的"中圣人"为酒醉的隐语。唐陆龟蒙《添酒中六咏》之五："尝作酒家语，自言中圣人。"

【贤人】

贤人指的是浊酒。唐柳宗元《从崔丞过卢少府郊居》："昔药闲庭延国老，开樽虚室值贤人。"在宋陆游的《对酒》中有云："气衰成小户，醅浊号贤人。"唐杜甫《对雨书怀走邀许主簿》："座对贤人酒，门听长者车。"宋王安石《春日》诗亦有相似的佳句："室有贤人酒，门无长者车。"元吕止庵《后庭花·怀古》："儒冠两鬓皤，青衫老泪多。满酌贤人酒，相扶越女歌。"

中国古代宫廷贡酒

【古井贡酒】

东汉建安年间（196—219 年），曹操把家乡的"九酝春酒"（古井贡酒）与酿制方法进献给汉献帝刘协，自此"九酝春酒"成为历代贡品。

古井贡酒的商标注册颇费一番周折：1960年2月26日，古井酒厂按级申请注册古井牌古井贡酒商标的时候，在3月18日，中国工商行政管理局却致函回复，古井酒厂申请注册的古井牌商标可以使用，可是最好将"古井贡酒"改为"古井酒"，也就是"贡"字不能用。后经据理力争，又经过中央工商行政管理局同意使用古井牌古井贡酒的注册商标和产品简介。古井贡酒在1960年5月被评为安徽省的名酒，1963年11月，在全国第二届评酒会上，被评为中国八大名酒第二名。自此，古井贡酒进入中国名酒行列，名字也越叫越响。

十年浩劫期间，文化界与中国传统文化均受到了最严重的摧残。带有中国传统文化色彩最浓的"古井贡酒"自然也难逃劫难。1967年古井贡酒的"贡"字被冠上了"四旧"的帽子惨遭迫害，几十万套"古井贡酒"的商标被一举焚之，简易新商标"古井酒"则以"革命"身份流入到"革命者"手中。然而，文化的魅力是无法消退的。应消费者的强烈要求，古井酒厂在1973年上报安徽省轻工业局请求能够恢复使用古井贡酒商标。安徽省革命委员会轻工业局在1973年9月1日下发文件批复，同意恢复古井贡酒名称。

从此之后，古井贡酒这个历经政治、经济、文化沧桑的品牌才被固定下来，并为人们所钟爱。

【鹤年贡酒】

创建于明朝永乐三年（1405年）的北京鹤年堂，在明、清两朝时便因专门为皇宫配制御用养生酒、养生茶等而享誉海内外，被称为"京城养生老字号历史悠久第一家"！现专供于中央国家机关的《1405鹤年贡》系列养生酒是采取鹤年堂世传六百年御用养生酒酿制工艺精制而成，色泽瑰丽、口味醇香，酒性温和，富含营养，养人养生，是中老年养生保健的上好佳品。

鹤年堂将岐黄之术融入酒茶之道，擅长以佛手、桂花、金橘、茵陈、玫瑰等配以多种中药炮制成佳酿，制成后，酒的色泽瑰丽，红、绿、黄、紫全都晶莹剔透，花果之香浓郁、醇甘，回味悠久，极符合文人雅士所追求的浪漫意境；而且具有解郁理气、保胆利肝、补气养血的作用，少饮养性，多饮微醺怡情，有酒意而无酒醉，且体无酒攻脾胃肝之害，人无酒后少德行之象，由永乐皇帝起，便将此酒列为皇宫御饮，永乐徐皇后，清朝慈安、慈禧等均以"金瑰酒"作为养生养颜常用的饮品。此方曾经被列为宫廷秘方，1927年曾依据传承之方重新配制金佛酒、金橘酒、金茵酒、金瑰酒，深受京城名流雅士喜欢，甚至外宾也争相饮用。

鹤年堂重又按古方及工艺研发生产，《1405鹤年贡》系列养生酒，一经推出，马上受到追求健康完美的人士的青睐，成为名流聚饮、亲朋馈赠的上等佳品，日本、韩国、东南亚等也有人闻讯而至，尚未等到上市，就订购一空。

鹤年堂最负盛名的"鹤年寿酒"等功能性养生酒，更是具有十分传奇的色彩。明嘉靖四年（1525年），当时仅有25岁的严嵩出任南京翰林院侍读，文章书法已负盛名，来京公干时住在菜市口南边的江苏会馆，距鹤年堂非常近。此时的鹤年堂已经由丁家转到浙江药商曹蒲飒的手中。当时人们将他称为"曹菩萨"，口碑极好。一日严嵩偶染小恙来到鹤年堂，"曹菩萨"亲自为他开方配药，相谈甚欢，"曹菩萨"知道严嵩书法极好，就请他为药铺写个牌匾，据说严嵩当时便欣然提笔写下了"鹤年堂"三个字，从此，围绕这块牌匾，衍生出许多传说。据说此匾一挂上去，便吸引了过往的行人，人们对这三个雄浑大字称赞不已，认为京师独一无二。

后来，有一位山西的老举子，曾经站在匾下端详许久，点点头又摇摇头，说：字是好字，有功底，有韵味，遗憾的是笔锋转折处，时时透出一股奸气。后来严嵩果然成为权臣，当然，这也仅仅是后人的附会。

严嵩题匾之后，便与鹤年堂来往了起来。后来严嵩于嘉靖十五年（1536年）入京为礼部尚书，费尽心机，攀爬仕途，终于位至首辅，因为过于工于心计，官场明争暗斗错综复杂，如履薄冰，太过劳神，一过花甲之年，就已经老态龙钟。他到鹤年堂讨教调养之方，鹤年堂的幼主曹永利用融合祖先之法，以培植中气、调节气血运行的原理为他配制了"鹤年长生不老酒"，用了年余，居然使白发变黑，脸色红润。于是，严嵩和他的家人一直都在使用鹤年堂配制的中草药，而"鹤年长生不老酒"更是每日必饮，身体慢慢调养得十分健康，严嵩一生在政治斗争的旋涡中竟然活到了八十九岁高龄。严嵩喝鹤年长生不老酒而神爽体健之事，后来被传入了隆庆皇帝的耳朵里，他是又喜又怒，喜的是世上居然有这样妙方，怒的是"严嵩有此秘方，未尝呈录，可见人心是难料啊！"于是传旨命令太医院到鹤年堂依方配酒，遂将此方改名为"鹤年寿酒"，列为宫廷秘方，严令不可外传。此方也秘传至今，鹤年堂福、禄、寿、禧贡酒，就是用这一系列配方配制而成，功效强，效果好，一直非常受欢迎。

【枣集美酒】

枣集镇是我国有名的传统酒乡，是道教鼻祖老子的诞生地。其酿酒历史悠久，上可追溯至春秋，盛行于隋唐，酿制出的酒被宋真宗赵恒钦定为"宫廷贡酒"，有"天赐名酒，地赐名泉"、"枣集美酒，名不虚传"之美句流传于民间。公元前518年，我国历史上著名的思想家、教育家、儒学祖师孔子问礼拜谒道教祖师——老子（李耳），老子便用枣集酿制的美酒款待孔子，孔子饮后遂留下"唯酒无量不及乱"的千古名言。宋真宗赵恒于在中祥符七年（1012年）来到鹿邑，夜宿老君台前"明道宫"，饮用枣集酒后才思大发，提笔写下"先天太后赞碑"立于太清宫门前，并下令地方每年都要进贡两万斤枣集酒作为宫廷之用。

【酃酒】

酃酒也称湖之酒。在北魏时期就成为宫廷的贡酒，而且还被历代帝王作为祭祀祖先的最佳祭酒。湖之酒起初是酃湖一带农民自制的"家作酒"，后逐步进入市场，民国24年上海版的《中国实业杂志》中记载：清末民初，衡阳城内有酿酒作坊179家，每年产酒达32600担。古城衡阳酒店星罗棋布遍及大街小巷，有"青草桥头酒百家"之赞。今衡阳四乡，每家每户均会酿制。逢年过节、红白喜事，都要用湖之酒来待客。湖之酒用途广泛，除了作为饮料酒外，还用来作烹调作料，除腐去腥，添色加香。其酒糟加淀粉冲蛋，甜酒糟煮汤圆等美味可口。

【鸿茅酒】

鸿茅酒始创于清代康熙年间，距今已有三百多年的生产历史。它产自内蒙古凉城县的鸿茅古镇。

独有的地域风貌、独有的气候环境、独有的原料宝藏、独有的上乘水质、独有的酿制技术，造就了鸿茅基酒绵爽清冽、香醇宜人。

清乾隆四年，山西榆次县王家堡的著名中医王吉天行医来到鸿茅古镇，见此等上乘好酒，便果断地收买了鸿茅基酒（当时叫鸿茅白酒或称鸿茅酒）酿制缸坊，然后把自家历代秘传的中草药秘方用该酒浸提，研制出了功效卓著的鸿茅药酒。自此，王吉天便停止了这种酒的销售，专用作鸿茅药酒的基酒使用，故而使得此酒更加神秘，外界极少见得到。后道光年间，与鸿茅药酒一同被选为宫廷贡酒。抗日战争期间，贺龙元帅在凉城工作时，常饮用此酒，以御塞外严寒。

【羊羔美酒】

羊羔美酒配方独特，选料考究，采用优质黍米、嫩羊肉、鲜水果及名贵中药材酿制而成，酒液呈现琥珀色，酒浓度17%，集酯香、奶香、果香、药香于一体，酸甜适度，独具特色，有滋阴润肺、增补元气、壮腰益肾、开胃健脾、养肝明目及乌发美容的作用。

三国时期诸葛亮用羊羔酒犒赏三军，《空城计》中，在司马懿兵临城下时，诸葛亮便在城楼上唱道："大开城门将您迎，我用羊羔美酒犒赏你的三军。"唐代羊羔美酒作为贡品进入宫廷，专供皇帝享用，唐玄宗李隆基在为杨贵妃过二十岁生日时，由"沉香亭"贡酒中特意为杨贵妃选中了"羊羔美酒"以示祝贺，贵妃醉酒后，轻舞飞扬，跳起了"霓裳羽衣舞"，玄宗酒兴起排击奏乐。宋朝大文豪苏东坡在与客人畅饮羊羔美酒时，提笔书下了"试开云梦羊羔酒，快泻钱唐药王船"的精美诗句；明代医药学家李时珍在名著《本草纲目》中亦有："羊羔美酒健脾胃、益腰身、大补元气"的滋补保健用品；清朝学者李汝珍在《镜花缘》中描述羊羔美酒为栾城所产，并将羊羔美酒列为当时55种名酒之中。

【杏花村汾酒】

根据《北齐书》中的记载，杏花村汾酒早在1500年前的南北朝时期便已经成为宫廷贡酒了。唐代大诗人杜牧"借问酒家何处有，牧童遥指杏花村"的千古诗句更使杏花村和汾酒名扬四海，众所周知。唐李肇的《唐国史补》，北宋朱翼中（朱肱字翼中）的《北山酒经》，窦苹的《酒谱》，张能臣的《酒名记》，元朝宋伯仁的《酒小史》，明代王世贞的《酒品》，清代袁枚的《随园食单》全都有关于杏花村美酒是历代名酒的记载。20世纪初的1915年，汾酒在巴拿马万国博览会上获得甲等金质大奖章，成为我国民族工业的杰出代表。

【五加皮酒】

五加皮酒堪称最古老的贡酒。五加皮酒是用很多种中药材配制而成，有关它的配制有一段段优美动人的传说。

相传，东海龙王的五公主佳婢下凡来到人间，与凡人致中和相爱。由于生活维艰，五公主便提出要酿造一种既可健身又能治病的酒，致中和感到为难。五公主让致中和按她的方法酿造，并依据一定的比例投放中药。在投放中药的过程中，五公主唱出一首歌："一味当归补心血，去瘀化湿用姜黄。甘松醒脾能除恶，散滞和胃广木香。薄荷性凉清头目，木瓜舒络精神爽。独活山楂镇湿邪，风寒顽痹屈能张。五加树皮有奇香，滋补肝肾筋骨壮，调和诸药添甘草，桂枝玉竹不能忘。凑足地支十二数，增增减减皆妙方。"原来这个歌词中含有十二种中药，也就是五加皮酒的配方。五公主为了避嫌，遂将酒取名为"致中和五加皮酒"。据秦汉时期的《神农本草经》中记载，"鲁定公母单服五加皮酒，以致不死"。

【菊花酒】

在东晋葛洪的《西京杂记沂》中有云，汉高祖时，宫中"九月九日佩茱萸，食莲饵，饮菊花酒。云令人长寿"。据南朝梁关均所著的《续齐谐记》记载，"九月九日……饮菊酒，祸可消"。这是旧俗重九为重阳节，需要饮菊花酒的开始。

古代各种酒名及酒

【女儿红】

十八年佳酿天下红。由历史典故而得名的女儿红酒，色如琥珀，橙黄透明；味比琼浆，醇厚甘鲜；酒体协调，口感很好，更具有半干型绍兴酒特有的馥郁芳香。这种酒是用精白优等糯米、生麦曲和鉴湖水为主要原料，采用独特酿造工艺，多年陈化而成，滴滴入口，唇齿留香！所以用陈、醇、真来形容女儿红酒，陈以炼香，醇赋酒格，真以放心！

含有二十多种丰富氨基酸的女儿红酒，其营养成分为酒中之罕见，每日适量饮用，既活血又养体，所以也成为过节访友时独具东方特色的馈赠佳品，香港特区首任行政长官董建华先生最喜欢女儿红酒，曾经谈及：女儿红酒很好，我最喜欢喝，喝后活血，睡眠也好。

现在，女儿红酒已经远销美国、日本、澳大利亚、西欧、东南亚等国家和地区。

女儿红酒的命名，来自江浙一带地方风俗：民间生女之时会酿酒数坛，以喻望女成凤之意，而且在坛外雕绘有我国民族风格的彩图，泥封窖藏，待到女儿长大至十八岁出嫁时，将酒取出来招待宾客，以示喜庆吉祥。

古有诗词这样赞美女儿红：

笑语盈香佳人遇，岁送十八余。芙蓉未出水已红，望斯成凤、都藏窖洞中。琼瑶玉浆自高手，心愿坛中酒。谁言佳酿只须眉，蕴含千情、尽在心醉时。

岁岁冬去又秋雨，谁藏得春住？杜鹃俏红不留愁。无尽祈愿都酵窖酒中。不言十八春日远，借喻花消遣。出阁情含杯酒干。朦胧醉看花儿红透边。

【绍兴花雕】

绍兴花雕，是因酒坛外面的五彩雕塑描绘而得其名，这种五彩雕塑的内容色彩斑斓，图案瑰丽，题材多样，四时花卉，灵禽神兽，历史典故，无所不有。她不但为绍兴黄酒添加了诱人的装潢，而且也为古城绍兴镶了一道独特的光环，融合着绍兴浓郁的民俗，展示出一幅令人神往的风情画卷。

绍兴花雕是从我国古代女儿酒演变而来。

明清时期，女儿酒坛上出现了很多彩墨绘画，于是"画坛酒坛"应运而生，酒坛外面施以色块装饰及平面绘画，颇受人们喜爱。翻开清代的《浪迹续谈》，其中便有"最佳著名女儿酒，相传富家养女，初弥月，开酿数坛，直至此女出门，即以此酒陪嫁。其坛常以彩绘，名曰花雕"的记载，可见最迟至清代，已将画花酒坛正名为"花雕"。

【竹叶青酒】

据史料记载，竹叶青是我国历代以来都酿造的名酒。这种酒色泽金黄带绿，纯净透明，香甜适中，柔和爽口，略带淡淡的苦味而无强烈的刺激性，回味中有汾酒和药材浸液产生的特殊感觉。适当饮用有调和腑脏、疏气养血等良好效用。

竹叶青的酿造方法最初只是在酒液中浸泡嫩竹叶，以此取得淡绿清香的色味。自从白酒普遍生产和饮用之后，配入竹叶青的酒基多以白酒为主。配入的原料更是品类繁多。如今，国内各地都有竹叶青出产，尤以山西汾阳杏花村汾酒厂的产品为最佳。

竹叶青酒质醇厚，饮用时，可以依照个人口味适量添加清水、汽水等兑饮，有不同的风味。就算饮量稍过，也仅有醉意却不会头晕。

据说很早以前，山西酒行每年都要举行一次酒会。逢酒会这天，大小酒坊的老板都将自己作坊里当年酿制的新酒抬一坛来到会上，由酒会会长主持，让众人逐一品尝，排列出名次来。

当时有家酒坊，尽管说是祖传几代的老作坊，但每年酿出的酒总不见得有多少起色，每逢酒会评比，都是名落孙山。

这一年，又要举办酒会了，老板只好吩咐两个小伙计备好一坛新酒抬去应景。老板自己先走一步，让伙计们随后就跟上来。这两个送酒的伙计早就摸透了老板的心思，知道自家酒不好，不想早早送到会上露丑现眼，因此，直磨蹭到日起三竿，才抬着酒坛子出门上路。

当时天气特别热，头顶上的太阳像一团火，两个伙计抬着一坛酒，走着，走着，汗水不断地由头发梢淌到脚趾尖了。两个人走得又热又渴，赶到正晌，恰巧来到一片竹林子边，一商量，决定先将担子放置在竹林里凉快一下，找个人家喝口水再赶路。两人放好酒坛子，前坡转，后坡找，唉！这前不靠村、后不着店的地方，不要说找个人家，即便想找条小河沟喝口水也难呀！

伙计俩回到竹林里，四只眼睛全都落在了酒坛子上，找不到水，那就喝口酒吧！可是一掀开坛盖，又伤脑筋了：满满一坛子酒，没勺没瓢，捧不起，放不下，咋喝法呀？

"嘿！有了！"小伙计一眼看到了旁边的竹子，顺手从一株成竹上扯了两片大竹叶，说，"咱俩捻个竹叶杯吧！"说着，将竹叶捻成了两个小酒杯，然后就你一杯、我一盏地喝起来了。

做酒人喝酒，那可真像喝水。这伙计俩不知不觉就将酒喝去了小半坛。喝完酒，汗消了，嗓子眼也不冒烟了，但看看坛里的酒，这伙计俩傻眼了：只剩下半坛儿酒，怎么去交差呢？还是年长的伙计心眼儿比较多："我说兄弟，咱哥俩还是抬着赶路吧，反正咱家酒不好，等走到有水的地方，掺上点水，你不说，我不说，混过去就是了。"

小伙计一听也只能这样了，便和年长的伙计抬起坛子就走。走不多远，看到一丛翠绿翠绿的大青竹，竹丛旁边有几块大石头，石头缝里不断地渗出一滴一滴的清水，滴滴落在石根底下一个巴掌大小的水湾湾里。这伙计俩如同遇到救命泉一样，急忙将酒坛子放下，然后又摘了两片竹叶捻成杯状，蹲在小水湾边，你一下，我一下，向坛子里加水。说也奇怪，别看这小水湾湾只有巴掌大，可是无论他俩怎样舀，湾里的水总是不见少，很快，就将坛子灌满了，他们又趁便喝了几口，觉得这泉水又凉又甜。两个人看看时候不早了，赶紧抬起酒坛子上路。

再说在酒会上，酒会会长和各家酒坊老板推杯换盏，逐一品尝各家的新酒。眼看快要品尝完了，才看见两个伙计满头大汗地抬着坛子走进会场，老板亲自揭开坛盖，舀了一碗酒，毕恭毕敬地捧到酒会会长面前。

酒会会长端起碗，看了看老板笑着说："好戏压轴，好酒封顶，今天酒会最后得尝尝贵老板的这碗酒了，想必是独占鳌头喽！"说完哈哈又是一阵大笑，满座的酒老板也随着嘻笑了一番。

老板明知道大家在打趣他，也只能红着脸说："惭愧，惭愧，水酒村醪，还望诸位赏光指教。"酒会会长又哈哈一笑："哎，哪里，哪里，我先领教了。"边说边将酒碗放在嘴边，轻轻喝了一口。

"唔？"酒会会长吧嗒吧嗒嘴，抬头看了看酒老板，又瞅了瞅碗中的酒，半晌才对众家酒坊老板说，"来来来，各位都尝尝！"这碗酒在众老板手中传来传去，只见这个尝了一口伸伸舌头，那个尝了一口瞪瞪眼睛，但谁也没有说话。伙计俩看了，怕露馅，吓得直往后面退。老板看着这个场面，不知发生了什么事，心里发毛，身子哆嗦起来，急忙向坛里一瞧，这才发觉酒色绿晶晶，青澄澄，而且还有一股说不出的浓味儿直冲鼻子眼哩！他忐忑不安地舀了半碗，自己尝了一口。不由得呆住了：呵！这是我家的酒吗？

老板还没弄明白是怎么回事，就见酒会会长站起身，朝会场里巡视了一眼，问道："诸位，这碗酒如何呀？"

"好酒，好酒！"会场如同开锅水一样沸腾起来。酒会会长笑吟吟地离席来到老板面前，说："恭喜，恭喜啦！老兄真是一鸣惊人，酿出这般琼浆玉液，该当众传传匠艺喽！"

老板如在梦中，随口回应道："不敢，不敢，初试小技，偶得新酿，且容来岁会上见教吧！"

"好！祝老兄明年更上一层楼！"酒会会长一高兴，转身大声说，"来呀，开宴畅饮，同贺今岁佳品！"说着，将老板让到上座。一时间，席上山珍海味，众人举杯碰盏，将这坛酒喝了个底朝天。自然，这年酒会上，这伙计俩送去的酒，名列第一！

在回酒坊的路上，伙计俩一高兴，就将酒坛里加泉水的事，一五一十地全都对老板说了。老板听完，取出二十吊铜钱，对他们二人说："这件事你们再也别对人乱说啦。来，天热送酒，一路辛苦，这几吊钱你们拿去买茶喝吧！"伙计俩因祸得福，当然喜上眉梢。

第二天，老板又叫他们引路，亲自来到他们歇脚的那片竹林子，又亲口尝了尝那湾泉水，知道昨天的酒之所以变得这么好喝，都是这口泉水的功劳。于是，他就买下了那块地皮，把酒坊迁到那里，在那小水湾上打了一眼井，然后又在酿造技艺上努力改进，终于酿出了别具一格、驰名中外的好酒，取名叫"竹叶青"酒。

【杜康酒】

根据史料记载，杜康是夏代仲康时用粮食酿酒的鼻祖，周宣王时杜康后人由于避难而定居在洛阳南的汝阳县。杜康当年造酒的遗址据说是在汝阳县蔡店乡杜康村，这里酿造杜康的泉水清冽碧透，味甜质纯，只因杜康为造酒者的始祖，使杜康成了今天酒的化身。

杜康酒为浓香型酒，在用优质小麦、精选糯米、高粱为酿酒原料，高中温曲混合使用，并且采用"香泥窖封、低温入池、长期发酵、精心勾兑"等先进工艺酿制而成。杜康酒久负盛名，历史文人多有赞誉，三国曹操曾经留下"何以解忧，唯有杜康"的千古佳句。

【乳酒】

狩猎，是原始人的重要生产活动。随着狩猎方法和工具的不断改进，人们可以一次捕到较多的活的野兽，一时吃不完，就以绳子缚住或者用围栏围住，留着以后宰杀。被缚或被关的野兽中完全可能有正在哺育幼兽的母兽，也可能有野兽在被缚、被关时生了幼兽，于是人们就有了尝到兽奶的机会，自然也就有了挤兽奶的条件。挤下的兽奶一时吃不完，保管不善，和含糖的野果类似，也会受到自然界的微生物的作用生成酒。人们偶然尝了这种酒，感觉味道很好，就有意识地模仿着酿造起来，这便是最早的乳酒了。所以有的学者认为，新石器时代原始畜牧业发展起来之后，就可能出现了乳酒，可见这种酒之古老。在《礼记·礼运》中提及的"醴酪"，就是指的乳酒。至于是什么动物的乳酿制的酒，那说不清了。由一些古籍中看，用马乳制的酒肯定是乳酒中很重要的一种。如汉代朝廷专设有"挏马官"，负责酿造马乳酒。宋史中也提到高昌（今新疆吐鲁番一带）"马乳酿酒，饮之亦醇"。元代诗人许有壬留下的《马酒》诗中说："味似融甘露，香疑酿醴泉。新醅撞重白，绝品挹清元。"看起来这种酒既甘甜，又醇厚。

古代的乳酒是怎么酿造的呢？拿马乳酒来说，有些古籍中说不用酒曲，是用马奶自然发酵制成。有的书上介绍制作过程中要用力拌动马奶。元代文人刘因有一首《黑马酒》诗，里面记载"仙酪谁夸有太元，汉家挏马亦空传。香来乳面人如醉，力尽皮囊味始全"。

今天，有的学者认为，马乳中含糖不多，需要经过特殊处理，方能酿成酒。中央人民广播电台在《祖国各地》节目中，曾经专门介绍过蒙古族同胞喜好的马奶酒，其制法是每年从夏伏到中秋，是酿造季节，先将牛奶制成酒曲，然后使马奶发酵。放入酒曲后，两天酿出的叫软酵酒，五到七天后酿成的叫硬曲酒。实际上马乳酒也包括好些种，例如内蒙古的鄂尔多斯市牧区的乳酒因为原料和酿制方法不同，可分四类：

一是"祈格"，这是一种用鲜马奶直接发酵而成的酸奶，一般称为马奶酒，是奶酒中最上等的。

二是"萨琳阿日何"，又称为蒙古酒，是用提炼过白酥油的牛、羊酸奶煮熬、蒸馏得出，颜色透明，味道酸甜，酒精含量较小，饮之不易醉，但醉倒又不易解。

三是"阿向日吉"，是用"萨琳阿日何"蒸馏而得出的酒。

四是"洁日吉"，是把"阿向日吉"经过再蒸馏得出的酒，质同酒精，一般人一次饮一杯就足够了。

马乳，自身就是一种具有滋补和医疗效果的食品，中医认为它有补血润燥、清热止渴、治骨蒸痨热、疗咽喉口齿诸病的作用。用马乳酿成的酒，其滋补和医疗作用也获得了现代医学的肯定，对胃病、支气管炎等都具有一定的疗效，对肺结核的疗效尤为显著，因此现在世界上有的国家都建立了现代化的马乳酒饮疗地。

【兰陵美酒】

产自山东省苍山县西南的兰陵镇。酿制历史能够追溯到春秋时代，距今已有2000多年。当时，兰陵名为东阳，故而此酒古称东阳酒，是采用重酿工艺制成。取黍米为原料，用纯净甘洌的古老深井水制糊，放入麦曲糖化，然后添加优质大曲酒，入瓷缸密封，重酿半年后启缸。酒色呈琥珀光泽，晶莹明澈；含有原料的天然混合香气，浓郁袭人；酒质纯正甘洌；口味醇厚绵软。酒精浓度一般在25%左右，含糖浓度为14%至15%，还有天冬氨酸、谷氨酸、丙氨酸等17种氨基酸，营养丰富。

经常饮用有养血补肾功能，是一种黄酒类优质滋补酒。新加坡《南洋商报》曾经载文说："兰陵美酒酒质醇厚，适合各界男女饮用。"这种酒由唐代声誉鹊起，风行于西京（今西安）、江宁（今南京）、钱塘（今杭州）等名城。唐代大诗人李白曾经赋诗赞曰："兰陵美酒郁金香，玉碗盛来琥珀光。但使主人能醉客，不知何处是他乡。"

【状元红】

女儿红就是生女儿的人家，在女儿出生当年酿制几坛酒，密封后收藏在地窖或夹墙内，一直待到女儿出嫁时取出来，或作陪嫁，或在婚宴上款待客人。由于女儿红的酿制寄托了父母希望，因此酿制时不仅选料、技艺非常精心，就连酒坛也刻意装扮，请画匠粉绘各种各样的吉祥图案和题上吉祥祝辞，如"花好月圆、万事如意、白首偕老"等，将父母心愿全都表达出来。这种酒坛后来被人称为"花雕"。

生女儿人家这样，生儿子的人家也不甘落后，于是绍兴人就有了生儿子就酿酒，并在酒坛上涂上朱红色，并也着意彩绘，这种酒被命名为状元红，寓意儿子有状元之相。

不论是女儿红、状元红，由酿造到饮用，即使是不提倡晚婚的古代，也需要等上 17 到 18 年以后，一坛酒存放 17 到 18 年以上通常会浓缩成半坛，甚至更少些，其质量肯定更佳，在女儿成亲或儿子大喜的日子里，做父母的用这种美酒来招待亲朋好友，受赞扬自然不在话下，于是更喜上加喜。

状元红是用优质高粱为原料，以大麦制曲，并采用清河泉头水为酿造之水，再加入人参、砂仁、豆蔻、川牛膝等 30 余味名贵中药，浸泡提炼，成为成品。这种酒液红润晶莹、色泽自然、芳香馥郁、醇甘可口。适量饮用具有调和血气、补中固本、强壮身体、延年益寿之功效。

【葡萄酒】

魏文帝曹丕喜欢喝酒，特别喜欢喝葡萄酒。他不但自己喜欢葡萄酒，还将自己对葡萄和葡萄酒的喜爱和见解，写入到诏书中，告之群臣。魏文帝在《诏群医》中写道："三世长者知被服，五世长者知饮食。此言被服饮食，非长者不别也。中国珍果甚多，且复为说蒲萄。当其朱夏涉秋，尚有余暑，醉酒宿醒，掩露而食。甘而不酸而不脆，冷而不寒，味长汁多，除烦解渴。又酿以为酒，甘于鞠蘖，善醉而易醒。道之固已流涎咽唾，况亲食之邪。他方之果，宁有匹之者。"

陆机在所著的《饮酒乐》中写道：

> 蒲萄四时劳醉，琉璃千钟旧宾。
>
> 夜饮舞迟销烛，朝醒弦促催人。
>
> 春风秋月桓好，欢醉日月言新。

《饮酒乐》中的"蒲萄"即葡萄酒。诗中所描绘的是当时上流社会奢侈的生活：一年四季喝着葡萄美酒，每天都是醉生梦死。当时的葡萄酒是王公贵族们享用的美酒，可是已经比较容易得到，绝不是汉灵帝时用来贿官时的价格，否则谁也不可能一年四季都喝它。

庾信在他的七言诗《燕歌行》里则写道：

> 蒲桃一杯千日醉，无事九转学神仙。
>
> 定取金丹作几服，能令华表得千年。

庾信在这首诗中表达出自己的想法：不如去饮一杯葡萄酒换来千日醉，或者为了长生去学炼丹的神仙。如果能取得金丹作几次服食，定能像千年矗立的华表般永享天年。诗中把饮用葡萄酒与服用长生不老的金丹相提并论，由此可见当时已认识到葡萄酒是一种健康饮料。

隋文帝重新统一中国后，经过短暂的过渡，迎来了唐朝的"贞观之治"及一百多年的盛唐时期。这期间，因为疆土扩大，国力强盛，文化繁荣，喝酒已经不再是王公贵族、文人名士的特权，老百姓也普遍饮酒。盛唐时期，社会风气开放，不但男人喝酒，女人也都普遍饮酒。女人丰满是那时候公认的美，女人醉酒更是一种美。唐明皇李隆基特别喜欢杨玉环醉韵残妆之美，经常戏称贵妃醉态为"岂妃子醉，是海棠睡未足耳"。

当时葡萄酒面临着的真正的发展机遇是：在国力强盛，国家不设酒禁的背景下，唐高祖李渊、唐太宗李世民都非常喜欢葡萄酒，唐太宗还喜欢自己动手酿制葡萄酒。据《太平御览》中记载："（唐）高祖（李渊）赐群医食于御前，果有蒲萄。侍中陈叔达执而不食，高祖问其故。对曰，医母患口干，求之不能得。高祖曰，卿有母可遗乎？遂流涕呜咽，久之乃止，固赐物百段。"由此能够看出，在唐初，经过战乱、葡萄种植与酿酒基本已萎缩，甚至连朝中太医的母亲病了想吃葡萄都不可得，只有在皇帝宴请大臣的国宴上方有鲜葡萄。这时葡萄与葡萄酒的价格恐怕并不低于汉末的身价。

【《酒小史》中的酒名】

元人宋伯仁在《酒小史》中列举了一百余种酒，基本都是从春秋至元代的历代名酒。这些酒分别是：春秋椒浆酒、杭城秋露白、西京金浆胶、相州碑玉、蓟州意珽仁酒、金华腑金华酒、高邮五加皮酒、长安新丰市酒、汀州谢家红、南唐脑酒、处州金盘露、广南香蛇酒、黄州茅柴酒、燕京内法酒、汉时桐马酒、关中桑落酒、平阳襄陵酒、山西蒲州酒、山西太原酒、郎孙郎筒酒、淮安苦蒿酒、云安曲米酒、成都刺麻酒、建章麻姑酒、荣阳士窟春、富平石冻春、池州池阳酒、宜城九酝酒、杭州梨花酒、博罗颢桂醹、剑南烧春、江北括酒、唐时玉练槌、灞陵崔家酒、汾州于和酒、山西羊羔酒、安阳宜春酒、路州珍珠红、魏征厅醵翠涛、阆中霹雷、岭南琼琴醉、苍梧寄生酒、唐宪宗李花酿、宋昌王桂、普阮籍步尔、曹提介寿、隋炀帝玉兹、孙思邈酴酥、王公权荔枝绿、廖致平绿荔枝、谢世昌蜜酒、肃正兰香酒、汉武兰生酒、蔡攸棣花酒、陆士卫松醒、淮南荼豆酒、华氏荡口酒、顾氏三白酒、风州清白酒、刘拾玉露春、曹成保平、宋刘后玉腴、王师约琨源、秦松表勋、宋开封瑶泉、宋高后香泉、梁简文见花、刘孝标云液、宋德隆月波、定郡王洞庭春色、东坡罗浮春、范至能万里春、段成式湘束美品、魏贾将昆仑觞、刘白坠好酒、燕昭王瑞氓膏、洪梁鼯洪梁酒、高祖菊花酒、梁孝王缥玉酒、汉武百味旨酒、扶南石榴酒、辰溪够藤、梁州诸蔗酒、兰溪河清酒。

根据《道生八陆》《本草纲目》中的记载，明代有近百种酒。《道生八陆》中的酒名分别是：桃源酒、香言酒、碧香酒、脑酒、建昌红酒、五香烧酒、山芋酒、葡萄酒、黄精酒、白术酒、地黄酒、菖蒲酒、羊羔酒、天门冬酒、松花酒、菊花酒、五加皮、三骰酒。《本草纲目》一共收录了六十九种配制药酒。

【清代酒名】

清代有多少酒名，很难统计，据"清京道人"所著的《听雨轩笔记》中有云：

"酒之种类，难以枚举。"清代著名文学家袁枚在《随园食单》中所列举的酒名有：金坛于酒、德奶虑酒、四川郎筒酒、绍兴酒、潮州浔酒、常州兰陵酒、溧阳乌饭酒、苏州陈三白酒、金华酒、山西汾酒、山东高粱烧、苏州女贞、福贞、无燥、宣州豆酒、通州枣儿红、扬州木瓜。屈大均的《广东新语》中载有清代广东的酒名：阳江春、醴泉、龙漳清、严树酒、荔枝酒、倒捻酒、甜娘酒、七香酒、龙眼之、杏之冻、蒲桃之冬白、仙茅之春红、桂之月月黄、荔枝烧春、龙江烧、百花酒等。在潘荣陛所著的《帝京岁时纪胜》和《清稗类钞》中记载有北京的酒名：中国公、黄连液、茵陈线、桔豆青、潜酒、徕酒、易酒、冬酒、木瓜、千榨、良乡酒、玫瑰雷、苹果露、山植雷、莲花白等。

在《镜花缘》一书的第九十六回中收录了五十余种酒名，基本是清朝中期的名酒：山西汾酒、江南沛酒、页定煮酒、潮州濑酒、湖南衔酒、饶州米酒、霉州甲酒、陕西权酒、湖南浔酒、巴显咋酒、贵州苗、无锡恶泉酒、苏州福贞酒、杭州三白酒、直隶东路酒、卫辉明流酒、和州苦雷酒、大名滴溜酒、济宁金波酒、云南包裹酒、四川路江酒、潮南砂仁酒、冀俐衡水酒、海宁香害酒、淮安延寿酒、乍浦郁金酒、福建枭香酒、海州辣黄酒、乐城羊羔酒、河南柿子酒、泰州枯陈酒、茂州锅疤酒、山西路安酒、芜湖五毒酒、成都薛涛酒、山阳陈坛酒、清河双辣酒、高邮签酒、嘉兴十月白酒、盐城草艳浆酒、山东谷辊子酒、广东翁头春酒、流球蜜林酊酒、长沙洞庭春色酒、太平府延春益酒。

酒的历史传说

【武松酒后打虎】

相传武松回家探望哥哥，途中经过景阳冈。在冈下酒店喝了很多酒，跟跄着向冈上走去。走了一会儿，只见一棵树上写着："近因景阳冈大虫伤人，但有过冈客商，应结伙成队过冈，请勿自误。"武松觉得，这是酒家写来吓人的，为的是让过客住他的店，竟不理它，接着向前走。太阳快落山时，武松来到一破庙前，见庙门贴了一张官府告示，武松读后，方知山上真的有老虎，想要回去住店，又怕店家笑话，于是继续向前走。因为酒力发作，便找了一块大青石，仰身躺下，朦胧之间，忽听一阵狂风呼啸，一只斑斓猛虎朝武松扑了过来，武松赶紧一闪身，躲在老虎背后。老虎一纵身，武松又躲了过去。老虎气急败坏，大吼一声，用尾巴向武松打来，武松又急忙跳开，并趁着猛虎转身的那一霎间，举起哨棒，运足力气，使劲朝虎头猛打下去。只听"咔嚓"一声，哨棒打在树枝上。老虎兽性大发，又朝武松扑了过来，武松随手扔掉半截棒，顺势骑在虎背上，左手揪住老虎头上的皮，右手猛击虎头，没多久就将老虎打得眼、嘴、鼻、耳全都流出鲜血，趴在地上纹丝不动。武松怕老虎装死，举起半截哨棒又打了一阵，见那老虎是真的没气了，才住手。从此武松威名大震。

【以酒谏酒】

在中国的酒史上，淳于髡被誉为"酒伯"，和李白、刘伶等齐名。这倒不是由于他酒量大，而是因他能够以酒制酒，成功地说服了齐王节制酒宴，居安思危，挽救了国家。

春秋战国时期，诸子百家，实际上主要有九家，排在最末的是杂家，淳于髡就是它的创始人，据说《晏子春秋》就是他的著作。

他姓淳于，曾经因为犯罪而受过髡刑，也就是被剃了光头，故而名淳于髡。刑满释放后配给私人，招为赘婿。这并不是倒插门的养老女婿，而只是农奴主为女奴招的男奴配偶，是没有人身自由的贱民。

尽管他身材短小，其貌不扬，但是博闻强记，好学不倦，能够博采众家，学无所主，广纳涓流，丰富驳杂，做到卓立不群，独树一帜，后来被齐威王所看中，"立淳于髡为上卿，赐之千金，革车百乘，与平诸侯之事"。

齐威王，是个不爱江山爱美酒的主儿，终日陶醉于酒宴，好为长夜之饮，以至于国政荒乱，沉湎不治，诸侯并侵，国且危亡，在于旦夕，群臣心急如焚，皆莫敢谏。

因为淳于髡多次以特使身份，周旋于诸侯之间，不辱国格，不负君命，他说话威王还是听的，只是无法犯颜直谏，而要发挥他巧言善辩机智幽默的本领，用隐言微语的方法。

酒史

一天，齐威王又喝酒了，约淳于髡同饮作陪。在席间，威王问："听说先生酒量很大，能饮几何而醉？"

淳于髡回答说："臣饮一斗亦醉，一石亦醉。"

齐王一听，起了兴致："别逗了，你饮一斗已经醉了，怎么还能再饮一石呢？"

淳于髡又说："大王没听说过吗，喝酒也有天时地利人和。像现在喝酒，有大王在前，执法官于侧，御史立后，臣心揣恐惧，惶惶不安，不过一斗就醉了！"

齐王感到更有趣了："那你什么时候能喝一石呢？"

"有朋自远方来，酒逢知己，推心置腹，臣可以饮六七斗，而酒不及乱，不失常态。"

"可是，你还是没有告诉我，你什么时候喝到一石，而烂醉如泥呢。"

淳于髡喝了一小口酒，步入正题："当我参加州府之会，男女杂坐，勾肩搭背，歌妓劝酒，燕舞笙歌，堂上灭烛，杯盘狼藉，君非君样，臣非臣为，似人非人，似鬼非鬼——在这种场合，臣会兴致勃勃，一饮一石。"

齐威王一听，行啊你淳于髡，在这里等着我了，这不是暗讽我在朝廷里大摆酒宴吗，我这是自己挖了坑往里跳呀。还没等他来得及说话，淳于髡又继续说了："大王啊，酒极生乱，乐极生悲，万事尽然。臣不想喝一石而烂醉如泥，大王也一定不愿因狂饮而殇国政吧。如果一日饮酒，三日寝之，国治怨乎外，左右乱乎内。上离德行，民轻赏罚，国将不国，君将不君，节制酒宴，势在必行也！"

齐威王听完，深思良久，幡然醒悟，罢彻夜之欢，除淫靡之风，命淳于髡做纪委的首领，监督酒宴之事。每宗室置酒，髡必在侧。从此之后，齐国文有淳于髡辅政，武有孙膑统军，跻身于战国列强，而淳于髡也美名传扬于世、永载史册。

【三花酒】

广西桂林三花酒驰名全国，它是选取桂林的千万株桂花酿制而成的，因此其味格外醇香，令人陶醉。

据说在桂林的桂花岛上，有一个名叫象郎的人，小时候在自家的菜园里种了一棵桂花树。象郎将这棵树看得像宝贝似的，整天跟树做伴，培土、浇水，而且还傻呆呆地对着桂花树自言自语哩。象郎倾注了十八年的心血，这棵桂花树终于长粗长高了。

一年的中秋之夜，皓月当空，象郎又来到桂花树下，摆好了月饼、糕点，备好了酒，想与桂花树一块儿过节。这时候，突然传来"象郎！象郎"的喊声，听声音像是个女人在叫他，象郎抬头一看，只见桂花树下走出一位姑娘。象郎几乎不敢相信自己的眼睛，可是，没错呀！姑娘已经来到了自己身边哩。

象郎吃惊地问："你……你是谁家女子？为何来到我的菜园？"那女子说："我是桂花仙子，感谢郎君十八年来与我朝夕相伴，若不嫌弃，愿以身相许。"原来，这棵桂花树是桂花仙子变的。桂花仙子看到象郎又勤劳又忠厚，早就爱上他了。今天中秋佳节，专门来跟象郎相见，倾诉衷肠。

象朗见到桂花仙子漂亮温柔，一片诚心，当然是十二分愿意。于是，桂花仙子搬来了自己酿制的美酒，两人花前月下，饮酒谈心，对天盟誓，订下了终身。

这件事情被龟王和蛇夫人知道了，于是在象郎和桂花仙子成亲的那天，变作老夫妻俩，前去祝贺。就在宾朋举杯，围着新郎、新娘祝贺的时候，龟王和蛇夫人突然露出了本相，指挥着龟兵蛇将蜂拥而上，抢走了桂花仙子和她酿制的美酒。

龟王将桂花仙子掳进了洞里，恐吓她说："你就在这洞里给我造长寿酒，要不然的话，嘿嘿，我就要将你活活地饿死在这儿！"

桂花仙子又气又恨，怎么可能同意给他造酒！龟王恼羞成怒，便把桂花仙子关进了牢里。尽管桂花仙子有一身好武艺，可此时她已经做了阶下之囚，纵有天大的本事也无法施展。她泪流满面，默默地想念着象郎。

再说象郎看到桂花仙子被龟王抢走，实在伤心，痛哭不已，下决心一定要将桂花仙子救出来。他到处找啊，寻啊，终于找到了龟洞。他偷偷地潜进洞去，杀死了两个看守牢门的龟兵，打开了牢门。夫妻二人相见，抱头痛哭。象郎说："这儿不是久留之地，我们得快些逃出去。"于是他们拔下了龟兵的两把宝剑，杀出了洞门。

龟王和蛇夫人得报，亲自率领龟兵蛇将追了上来。象郎一心只顾护着桂花仙子逃走，没有提防到龟王从身后掷来一支飞剑，正中后心，含恨倒在漓江之滨。桂花仙子看到象郎中箭倒地，悲愤难忍，咬紧牙关，挥舞起宝剑，杀退了龟兵蛇将。龟王与蛇夫人一看不好，正想逃命，桂花仙子哪里肯放过他们，追上前去一剑一个，杀死了妖魔，为象郎报了仇。

桂花仙子安葬了象郎后，手提着桂花篮，飞上月宫，采满了桂花，朝象郎的墓地撒去，只见满天的桂花飘飘洒洒地落在桂林的山山水水中。从此，依山带水的桂树成林，香飘万里；人们用馨香的桂花和纯质的漓江水，酿造出了三花酒，跟桂林的奇山秀水一样，久享盛名。

【女奴酒】

这是一种中国古代女酒，从有文字记载起已经有三千多年的历史。尤其是周代时期，国家以法令形式确定为礼仪之物，将女酒作为古代宫廷中的"官酒佳酿"和"百药之长"的御用之品。所谓"女酒"，是由古代女性酿造的酒而得名。从历史上的考证推论，则是上古时期部落战争中所俘的女性被强制为奴酿酒而称名的。所以，女奴酒的称谓和故事在民间也早就流传广闻了。

女奴酒的传说早在越王勾践时期就有。当时越国由于被吴国所败，在"十年生聚，十年教训"的复国强邦时期，勾践"卧薪尝胆，奋发图强"；他的夫人与奴婢，浣纱编织，而且还身临春米谷，作醪浆，为越国生聚人才作奖品。当时勾践手下有一位大臣名叫范蠡，他为护送西施入吴，曾经携带着美酒，这个酒是当时越国所酿的女酒，也就是"女奴酒"。后在途中二人私通生有一子，在就李之地，即现桐乡崇福镇暂住，寄子。灭吴后，范蠡与西施重回旧地，不见旧居故友，只有酒坛还在，遂建亭纪念取名语儿亭，后来改为"语儿乡"。这一传说在《吴越春秋》略有记述。故而女奴酒在春秋时期的流行，在绍兴民间的传说恐怕是有一定道理的。

随着历史的变迁，女酒的酿造方法渐渐流传到民间。尤其是汉以来推行酒政，实行榷酒法令，使官家造酒，沽酒，实行酒类专卖。而且禁止民间私酿沽酒。但许多皇家豪族因为当时封建的特权却是允许酿酒的。这种家族内有很多奴仆和囚徒，"男子入于罪隶，女子入于春藁"，其中有女隶即是"古时没入官家为奴"的女子，也叫奴婢，《说文解字》中称为："古之罪人。"所以，这种女奴在豪门大族中酿造的酒被谓之"女酒"，而民间称呼它为"女奴酒"。

由此朝廷对此"女奴酒"不属于禁酿的理由是民间自酿秘藏的醪酒，只可以家酿自用不允许出售经营。这在宋代一部《太平广记》中记载甚多。比如提到晋代南方酒"……南人有女数岁，即大酿酒，即漉，候冬陂池水竭时置酒罂中，密固其上，座于陂中，至春涨水满，不复发矣。候女将嫁，因决陂水，取供贺客，南人谓之女酒。味绝美，居常不可致也。"由这段文字记载能够看出，当时的女酒并非是沽酒买卖，而是自酿家酒的珍藏品。当然，晋代以酒类专卖缴税的制度已经比周代实行得全面，禁酒要宽容得很多，但在敬神、乡饮、宴客、养老省亲等不属经营盈利的用酒，依旧是不属于禁酒案例中，特别是家庭女奴酿造的酒，不属于社会商品买卖的日常用酒，也就是民间自酿的数量不多的家酿醪酒。因为女酒从开酿到"取供贺客"需要经过十多年的秘藏时间，遂使女酒品位的特殊性更为明显。故而，晋代的女酒已经成为南方江浙一带女嫁男婚中的婚俗礼品。在《晋书·苻坚载记》中有云："选阉人及女隶有聪识者，置博士以授经。"这是贵族对奴隶的一种管理方法，让他们从事舂米、制酒等繁重苦役中的技术，绝艺使其传授下来。"女酒"之所以流传后代，除了这是广大女奴的创造和流传，更重要的则是因为对民间禁酒以致隐蔽成俗，遂成为民间家庭普遍的生活食品。

到了唐宋时期，"女酒"已经成为婚俗流行中的酒名。这是因为酒税的改革，允许民间私酿自卖，只有"女奴酒"仍不属税课之列，这种情况一直沿袭到近代民国时期。所以女奴酒的传说颇多。《太平广记》卷五十九女儿者："陈市上酒妇也，作酒常美，仙人过其家饮酒。即以素书五卷质酒钱……女儿随仙人去。"《太平广记》是一部专门收录由汉代至宋初的野史小说，当时李等人奉宋太宗之命，集体编纂的，太平兴国二年（977年）至六年（981年）雕印成书，因此称为《太平广记》。虽然小说来自传闻，但在绍兴近代中有关"女奴酒"的传闻仍旧似真非实地流行过。例如南宋时期的理宗皇帝的母亲全皇后，曾先居东浦全安楼，后移居宫中，其宅的"女奴酒"后由于理宗登位遂称为"黄封酒"、"御前酒"。这种"民间传说"在20世纪五六十年代的酒乡东浦一带广为流传，常常是当时乡间人们在夏夜乘凉时的聊天故事。

过去，绍兴分为山阴、会稽二县，在酒行中又以地域不同而有东路、西路之分，以山阴县为主的谓之西路酒，以会稽县为主的谓之东路酒，按理同是鉴湖之水源的佳酿，而酿酒的传说各有不同。东路酒的民间传说有二。一说，从前有一位裁缝师傅，又称"女红"，丈夫早死，只留一女，她们寡母孤女，相依为命，日子过得非常清苦。后在大户人家作婢为生，由于为人勤劳诚实，深得主人器重。有一天，这家大户忽遭大火，家产烧尽，主人悔不痛生，得了一场大病不起，身边仆人、家奴亦都东离西散，只有这一对母女仍一如既往尽心服侍主人。这对母女在路旁结草为庐，一边为别人做"女红"，一边将主人储藏于地下的"女酒"作为"酒娘"，也就是"搭酿沽酒"，供养主人养病看医，为其主人儿子读书赶考，数年后其子果然中了"头名状元"，衣锦还乡，认其母女为"养母义姐"，将其酒命名为"状元红"，流传至今。

还有一说，即是"朱买臣五十当富贵"的故事了。朱买臣是汉时会稽的太守，年轻时由于家境贫困，曾有"借月读书"之美谈，也有因饥饿偷喝主人家储藏的"老酒"而遭欺凌。只因为如此才有了他年过五十岁方做官发迹的传说。所谓"老酒"即"女酒"也。

明末清初的文学家张岱曾经在《陶庵梦忆》卷八"龙山放灯"一文中记载有"女酒星"一说，"万历辛丑年，父叔辈张灯龙山……相传十五夜灯残人静，当垆者正收盘核，有美妇六、七人买酒、酒尽，有未开瓮者。买大一，可四斗许，出袖中蔬果，顷刻磬而去，疑是女人星，或曰酒星"。该段文字的描述为后世了解古代女酒的史源提供了民间的传闻早已有之的依据。因此"女奴酒"只是民间的口头语，而文字的考证多是以"女酒"出名。所以，对于上述的民间传说，尽管不能作为历史依据，但也不能一概斥之为虚妄不经的东西。实际上，民间传说的背后有着真实历史的影子，这就是民俗文化的基本特色的丰富性。只有在人们意识到民间传说对"女奴酒"和它在许多世纪以来失去了的无谓的幻想式的愿望和理想时，我们方能真正地理解、认识"女奴酒""女酒"的渊源和起因了。

【"酒仙娘娘"】

东浦赏曾经是绍兴古代造酒发祥地。酒的传说也很多，但只有"酒仙娘娘"的传说是出自一位年轻的"女奴"。说来年月久远，早在宋代时就流传下来，直至明末清初，这个酿酒村落居然建造"戒定寺"，里面供有一尊女性的"酒仙菩萨"，历来受当地酿酒坊主的崇敬，每年七月初三是其生日，都要举办盛大的民间"酒仙神诞会"，直到清咸丰三年曾有碑石刻于庙内，至今仍然存在。传说中的"酒仙娘娘"在十几岁的"大姑娘"时，为大户人家作奴仆。有一天出去割草，正值梅雨季节，天气闷热，忽然一阵大雨。将她带去盛饭的竹篮淋湿，于是有意无意地将割下来的一种"辣蓼草"遮在自己的饭篮上，人在树下避雨，稍息雨过天晴，她将饭篮打开，见冷饭已被雨淋湿成浆，并有一股香气扑鼻而来，并尝了一口，感觉"味甘鲜"，于是把饭浆全吃了，吃完之后感到脸发红，微有睡意，便躺在了在草地上休息，渐渐进入梦境，遇"女娲娘娘"说"汝为女酒星，为民造福，此为福水"，并送给她一颗仙丹，嘱咐她如何造酒之法，醒后见仙丹乃白药也。当她急忙回家时，家里已经面目全非，只剩下石臼、石舂、石榨而已，于是她就在七星潭附近搭建草舍，种稻作酒。从此之后，这里世世代代都是以酿酒为生。这个故事是以绍兴过去山阴地域的民间传说为主，尤为生动。

【刘伶醉酒】

杜康酒名声大振，还有一段趣闻：

相传杜康在白水康家卫开设了一个酒店。东晋"竹林七贤"之一的名士刘伶，以饮酒闻名天下。有一天，刘伶从这里经过，看见酒店门上贴着一副对联："猛虎一杯山中醉，蛟龙两盅海底眠。"横批："不醉三年不要钱。"刘伶看了，不由得哈哈大笑，心想，我这个赫赫有名的海量酒仙，什么地方的酒没吃过，从未见过这样夸海口的。且让我把你的酒统统喝干，看你还敢不敢狂？接着，刘伶进了酒店，杜康便拿出酒来叫他喝，喝了一杯还要喝，杜康就劝他不要再喝，他不肯。喝了第二杯，他还要喝，杜康说，再喝就要醉了。他不听，又要了第三杯。三杯下肚，刘伶说道："一杯酒甜如蜜，二杯酒比蜜还甜，三杯酒一下肚，只觉得天也转，地也旋，头脑发晕，眼发蓝，只感到桌椅板凳、盆盆罐罐把家搬。"他真的喝醉了，出了酒坊往家走去，一路跌跌撞撞，口里还嘟嘟囔囔说着胡话。

一回到家，刘伶就醉倒了。他交代妻子说："我要死了，把我埋在酒池内，上边埋上酒糟，把酒盅酒壶给我放在棺材里。"说完，他就闭上了眼睛。他一生好饮酒，所以他的妻子按照他说的安葬了他。

不知不觉，三年过去了。一天，杜康到村上来找刘伶。刘伶的妻子上前开门，问他有什么事情。杜康说："刘伶三年前喝了我的酒还没有给酒钱呢！"刘伶的妻子听到杜康来讨酒钱，又气又恨，上前一把揪住杜康，哭闹着要和杜康去打人命官司。杜康笑着说："刘伶没有死，只是醉过去了。"他们来到墓地，将棺材打开一看，刘伶醉意已消，渐渐苏醒过来。他睁开蒙胧的睡眼，伸开双臂，打了一个大哈欠，吹出一股喷鼻的酒香，得意地说："好酒，真香啊！"

这就是民间至今仍在广为流传的"杜康造酒醉刘伶"的故事。如今，在白水县大杨乡康家卫村杜康墓对岸，一条小溪之隔，便是刘伶之墓，以石砌而就。

古代流传下来的《杜康造酒醉刘伶》一书中记载着："天下好酒数杜康，酒量最大数刘伶……饮了杜康酒三盅，醉了刘伶三年整。"当然，这是比较夸张的民间传说。可是杜康酒确实有"开坛香十里，隔壁醉三家"的美誉。

【拐角井与轩辕酒】

上古时期，黄帝和蚩尤发生了战争。蚩尤施展了他那惯用的弥天大雾战术。转眼间天地昏暗，辨不清方向，军队无法前进。黄帝命应龙、力牧马上照着指南车所指方向快速撤退。全军战士马不停蹄，翻山越岭，逃离了迷雾阵，来到西龙山下（今黄陵店头川）。此时，正逢盛夏，太阳就像一团火般挂在人们头上。战士又渴又饿又累，兵乏马困，而且有人还昏倒在地。应龙和力牧率兵来到拐角山下，下令士兵原地休息。黄帝随后赶到。士兵们人人口干舌燥，四处找水。

有人用石刀就地挖水，有人用石斧到处砍石头寻水。但是仍然没有找到水。黄帝也急得团团转。应龙、力牧都劝黄帝坐下歇息，他们再另想办法。又一个时辰过去了，水还是没有找到。

黄帝突然猛的一下站了起来，他觉得刚才坐的这块石头特别冰凉，不但周身的汗水已经全消失了，反而冷得浑身打战。黄帝弯下腰用了平生最大力气，双手把这块大石头搬起。谁知，石头刚刚搬开一条缝，一股清澈透明的泉水从石头缝里涌出来，哗哗哗流个不停。黄帝急忙大喊："有水了！"士兵一听有水了，全都前来帮助黄帝将这块石头搬开，于是水源更大了。士兵顾不得一切，有的用双手盛水喝，有的就地趴下喝。水越流越大，很快地就解决了全军战士的口干舌燥。军队喝足了水，解了渴，而且感觉肚子也像吃饱了饭一般，人们都感到奇怪，但谁也解释不了。

就在这时，又传来了军情紧急报告，说是蚩尤军队又追赶来了。来势凶猛，看

今朝放歌须纵酒——酒文化卷

起来要与黄帝军队在西龙山下决一死战。黄帝问明了情况，命令应龙、力牧集合军队，将蚩尤军队引向东川，那里没有水源。黄帝和风后亲自率领了一支精悍军队，翻山埋伏，截断蚩尤军队的退路。应龙和力牧对蚩尤军队利用边打边退、诱敌深入的作战方法，引入东川。这时，正当中午，火毒太阳，晒得遍地生烟，扬起的滚滚尘土就像火星乱溅。蚩尤军队汗流浃背，咽喉就如同冒火一般，又渴又饿，早已失去战斗力。黄帝军队因为喝足了拐角山下的泉水，又感到肚子像吃饱了饭，人人精神焕发，个个斗志昂扬。两军刚一交战，还不到一个时辰，蚩尤军队就已溃不成军，纷纷倒下。蚩尤发现不利，马上命令军队后退，企图逃跑。不料，黄帝带兵早已断了他的退路。激战还不到两个时辰，除了蚩尤带着少数军队逃跑外，其余全军覆没。

为了纪念这次胜利，黄帝命令仓颉将西龙拐角山下的这股泉水命名为"救军水"。据说，不知又过了多少年，这里发生了大地震，"救军水"一下子断流了，当时的先民都觉得奇怪。人们到处奔走相告，有人还求神打卦。只有酿酒的大臣杜康，终日趴在"救军水"泉边，面对着已经干涸的水泉，号啕大哭。人们不解地问："你整天在这里哭什么？"杜康这才告诉他们说："拐角山下'救军水'，酿出来的酒不只是好喝，而且还能治病。现在水源断了，在哪里还能找到这么好的水酿酒呀！"

黄帝得知这件事后，也觉得这是一大损失。最后，只好将挖井能手伯益请来。伯益问明了情况，对黄帝说：据他猜测，经过这次大地震，水源极有可能是从地下流走了。他建议在原地往下挖一口井，也许能找到"救军水"。黄帝沉思了一会儿，便同意了挖井。果然，经过一个多月时间，井里出水了。人们品尝后，都说这是"救军水"的味道，甘甜味美。杜康又用此水酿酒，谁知酿出来的酒比原来的味道更好，气味芳香，非常有劲。在伯益提议下，黄帝同意将这口井命名为"拐角井"。

大家都听说过"杜康酿酒醉刘伶"的故事，据说，就是用"拐角井"的水，酿造出的酒，才将刘伶醉倒。千百年来，流传在当地的民谣说："店头有眼拐角井，井水可当烧酒饮；杜康用它醉刘伶，黄帝用它敬功臣。先民用它祭天地，拐角井水有神通。"因此，轩辕酒远销陕甘宁、近销关中，并于1992年在香港博览会上荣获银质奖。

【午城酒】

在山清水秀的山西隰县午城镇流传着这样的一句俗语：喝了午城酒，灵气自然有。午城酒真有这么大的魅力吗？

听镇上的老人们说，公司至今仍在沿用"仙姑井"的水来酿酒，此泉水清澈透明，绵软爽口，香甜甘洌，含杂质少，化验结果是水的硬度不足二度，是上好的酿酒用水。

据说，隰县千家庄有个尧都养马场，每年所养马匹都是王家所用。场主李宝泰心地慈善，见到乡亲们辛苦一年，到头来还是食不饱腹，于是便常施舍一些钱财给乡亲们。有一年，在前往尧都送马的途中，不幸遇到了一伙蒙面强盗，不但将李宝泰养的马大部分都劫走了，而且还将随行的伙计打得死的死、伤的伤。李宝泰命大逃脱，安顿了伙计去县衙门报案。不料，县太爷早就与这伙强盗有勾结，不分青红皂白便给李宝泰定了个杀头罪。在押送路上，乡亲们哭声震天，正巧，八仙中的何仙姑云游至此，见此情此景，也感动得流下了眼泪。让人奇怪的是，这泪居然化成了一条条溪水。后来，在仙姑的帮助下，贪官、强盗都受到了应有的惩罚。老百姓一同跪望着仙姑携荷花悠悠驾云而去。李宝泰与乡亲们为了永远怀念仙姑的恩情，在溪水流淌处开凿了一口井，并且取名"仙姑井"，乡亲们用井水酿成了美酒，格外香醇浓郁。

【葡萄酒】

葡萄酒的由来流传着这样一个有趣的传说：一个嗜爱葡萄的古波斯国王和一个失宠的妃子。国王把没有吃完的葡萄藏在密封的瓶中，并写着"毒药"二字，以防他人偷吃。因为国王日理万机，很快便忘记了此事。失宠的妃子生不如死，欲寻短见，正巧看见"毒药"，打开后，里面颜色古怪的液体也很像毒药，于是便将这发酵的葡萄汁当毒药喝下，结果没有死，反倒有一种陶醉的飘飘欲仙之感。她将此事呈报国王，国王十分惊奇，一试之下果不其然，妃子再度受宠，皆大欢喜。葡萄酒也由此产生并广泛流传，受到人们的喜欢。先不说故事真假与否，红酒从开始就跟美人、身份、地位有着千丝万缕的关系，今天的红酒也就自然而然地袭承了这个贵族身份。

【董酒】

据说很久以前，在贵州遵义城外的董公祠有一酿酒作坊，主人有一个儿子，名字叫醇，聪明好学，一心全扑在酿酒技术上。为此，他奶奶对他说："在酒的故乡，有一座漂亮的大花园，园中有一位酒花仙子，精通各种造酒技能。求教她时，千万小心，因为她是十分圣洁的，不能冒犯，否则一无所得。"醇十七岁时，长成了一位非常英俊漂亮的小伙子，向往能够到酒乡花园里去会见酒花仙子。一天傍晚，醇在郊外散步，天降大雨，迷失了方向，不知不觉中走到酒乡花园，巧遇美丽的酒花仙子。两人一见钟情，产生了爱情。酒花仙子设宴款待醇，谈话间教给了他酿造好酒的方法。喝了一会儿，双方都有点醉了。酒花仙子满面晕红，昏昏欲睡。而醇也略感醉意，面对酒花仙子的娇姿醉态，心有所动，就在这时，他忽想起奶奶的教诲，顿时驱散了邪念，静卧在酒花仙子身旁。第二天当醇醒过来时却看见自己躺在小溪边。他回想起向酒花仙子求教的酿酒方法，就用小溪水酿酒，便酿造出了香味醇厚、回味香甜的好酒。著名的董酒由此产生了。

【女儿红】

很久以前，绍兴有个裁缝师傅，娶了妻子后就想要儿子。有一天，发现他的妻子怀孕了。他高兴极了，兴冲冲地赶回家去，酿造了几坛酒，准备得子时招待亲朋好友。谁知，他妻子却生了个女儿。当时，社会上的人都重男轻女，裁缝师傅也不例外，他十分气恼，就把几坛酒埋在了后院桂花树底下。

时光飞逝，女儿长大成人，生得聪明伶俐，居然把裁缝的手艺都学得特别精通，而且还习得一手好绣花，裁缝店的生意也因此越来越兴旺。裁缝一看，生个女儿还不真不错嘛！于是决定把她下嫁给自己最得意的徒弟，高高兴兴地为女儿举办婚事。成亲之日摆酒请客，裁缝师傅喝酒喝得非常高兴，忽然想起了十几年前埋在桂花树底下的几坛酒，便挖出来让大家喝，结果，一打开酒坛，香气扑鼻，色浓味醇，极为好喝。于是，大家就将这种酒称为"女儿红"酒，也叫"女儿酒"。

此后，隔壁邻居，远远近近的人家生了女儿时，就会酿酒埋藏，当嫁女时掘酒

酒史

请客，逐渐形成了风俗。后来，连生男孩子时，也会依照着酿酒、埋酒，盼儿子中状元时庆贺饮用，因此，这酒也称"状元红"。"女儿红"、"状元红"都是长时间储藏的陈年老酒。这酒实在太香太好喝了，所以，人们都将这种酒当成名贵的礼品来赠送了。

【西凤酒】

在殷商晚期，牧野大战时周军伐纣大获成功，周武王便用家乡盛产的"秦酒"（今西凤酒，因产于秦地雍城而得名）犒赏三军；后来又用此酒举行了隆重的开国登基庆典活动。据凤翔的官方鼎铭文里记载："周成王时周公旦率军东征，平息了管叔、蔡叔、霍叔的反周叛乱，凯旋后在岐邑周庙（在今与凤翔畔临的岐山县）以秦酒祭祀祖先，并庆功祝捷。"

赐酒解毒

春秋时期雍城（凤翔）一带三百余"野人"将秦穆公的几匹良马杀死吃掉了，后被当地的官吏抓获，押往都城以盗治罪，秦穆公亲自出面制止并赦免了他们所犯之罪，并且把军中秦酒赐予"野人"饮用，以免"食马肉不饮酒而伤身"。后来秦晋韩原大战爆发，秦穆公被晋惠公率军围攻在龙门山下无法突围，正在危急关头，突然有一队"野人"杀入重围，经过一阵大杀大砍，晋军大败，晋惠公被擒。这正是三百余"野人"拼杀以报穆公往日的"盗马不罪，更虑伤身，反赐美酒"之恩。

秦皇大甫

在秦王嬴政二十五年5月，秦军攻破燕国和赵国，嬴政下令"天下大甫"，也就是举行全国性的饮酒盛会，秦王与文武百官一同开怀畅饮秦酒，以示庆贺。同年7月秦军攻破齐国，至此秦国灭六国，统一了天下，秦王又用秦酒举办了隆重的开国登基称帝大典，再次下令"天下大甫"，举国同庆。从此之后，秦酒便成了秦王朝的宫廷御酒。

以酒行礼

汉代时期，秦酒更名为柳林酒，已经闻名遐迩。公元前139年张骞出使西域时，柳林酒便作为朝廷馈赠友邦的礼品，随着丝绸之路的商贾驼队传至中亚、西亚和欧洲各国。公元前121年，汉武帝在长安曾经用柳林酒为霍去病将军率领的征西

今朝放歌须纵酒——酒文化卷

将士饯行壮色，遂士气大振，曾经多次击败匈奴。据《凤翔县志》中记载：从汉高祖至文景帝，祭五畤活动曾前后19次在雍城举行，朝廷文武百官、骚士墨客日夜畅饮柳林美酒。

金凤踏雪

《凤翔县志》中有记载：唐代安史之乱爆发，叛兵逼近雍城。太守广征民夫构筑新城以防不测，可是屡筑屡塌。一天夜里突然天降大雪，人们都感到奇怪。清晨从东边天际飞来一只金色凤凰，金凤先在柳林上空盘旋了一阵，然后又飞回雍城。它昂首高鸣，直冲云霄，顷刻风住雪停，霞光满天。在灿烂的霞光中，金凤踏雪而行，走了一个四方形的圈子，然后飞往柳林饱饮了柳林泉水，便迎着明媚的阳光飞往太阳升起的东方。太守得知此事后亲自查看了一番后，便在凤凰所踏之足迹上筑城。很快一座新城便巍然屹立在旧城一侧。后来唐肃宗在雍城继位，他依照金凤飞翔之意，下令把雍城改名为"凤翔"。为了纪念这件事，人们还把凤凰饮用过的泉水易名为"凤凰泉"。

蜂醉蝶舞

唐仪凤年间，吏部侍郎裴行俭送波斯王子回国，一行人来到凤翔县柳林镇亭子头村附近，时值阳春三月，忽然看到路旁蜜蜂蝴蝶纷纷坠地而卧，裴公甚感奇怪，遂命驻地郡守查明缘由，方知是柳林镇上一家酒坊的陈坛老酒刚开坛，其醇厚浓郁的香气随风飘至此处，使蜂蝶闻之醉倒。裴公非常惊喜，即兴吟诗一首："送客亭子头，蜂醉蝶不舞，三阳开国泰，美哉柳林酒。"随后，凤翔郡守遂赠美酒一坛予裴侍郎。回朝之后，裴侍郎把此酒进献于高宗皇帝，皇帝饮之大喜。从此，西凤酒便被列为唐皇室御酒。

苏轼咏酒

北宋文学家苏东坡任职凤翔签书判官的时候，在今凤翔东湖喜雨亭落成之日邀朋欢盏，"举酒于亭上"，畅饮柳林美酒，酒后提笔留下了惊世名篇《喜雨亭记》，并用"花开酒美曷不醉，来看南山冷翠微"的佳句赞赏柳林酒，至今在凤翔东湖还有墨迹遗存。而且他还学会了酿制柳林酒的技艺，"近日秋雨足，公馀试新笭"。在粮食丰收的秋天，用新漉酒器酿酒品尝。然后，他上书朝廷，提出了一整套振兴凤翔酒业的建议，获准实施后，使柳林酒和整个凤翔酒业获得了蓬勃发展，凤翔又成为远近闻名的酒乡。

慈禧赞酒

清代晚期，八国联军攻进北京后，慈禧太后带领一干大臣和皇宫人员逃往西安。当时的陕西巡抚前去迎接，并且为慈禧太后设宴洗尘压惊，同时献上了特珍贡品西凤美酒。太后品尝后赞叹不已："真不愧是玉液琼浆！"尔后还赐予各位大臣们品饮。时至今日，西北和京、津一带的人们仍对西凤酒情有独钟。

【蛇酒】

相传，在好几百年前，大别山区有一个繁华的小集镇，每逢三、六、九赶集，有推车的、挑担的各种小商小贩；热闹异常，为方圆一二百里农副产品的集散地。

小集镇的西街有一家酒店，生意非常兴隆。这一天，正是赶集的日子。酒店里，客人们进进出出，座无虚席，八坛酒很快便卖没了。掌柜的命店小二李波到库房里去取酒。库房里放的全都是隔年的陈酒，平常很少有人去，周围长满了野草。李波来到库房门口，听见里面有声音。他赶紧拿出钥匙开了门，正要进屋子，不料抬头一看，"妈呀！"吓得他转身便向外跑。边跑边喊："来人呀！快来人呀！"

原来，屋里有一条大蛇，足足有两丈多长，碗口般粗，尾巴卷在房梁之上，头正伸进酒缸里喝酒。看样子，大蛇是太渴了，将酒当成了水。它听见开门声音，抬起头来，张开血盆大口，将李波吓得魂飞魄散，直往外跑。随后，李波喊来一群人，他们提着刀，拿着叉，掂着棍，前来捕大蛇。但是谁也不敢近前。

后来，大蛇喝醉了，"扑通"一声，掉到了缸里，人群中有个胆大的冲上去盖上了缸盖，接着，大家七手八脚在缸盖上压了一堆石头，唯恐大蛇会跑出来伤人。

从此，再也没有人敢去动这缸酒。过了很久，掌柜的又让李波到库房取酒，李波小心翼翼地搬去缸盖上的石头，打开缸盖一看，原来大蛇已经溶化到了酒里，看不见了。但是这缸酒却变得稠糊糊的，颜色发红，没有人敢喝。

在这个小集镇上，有一个恶霸，姓刘，长得非常丑陋，五短身材，前佝偻，后罗锅，罗圈腿，走路一瘸一拐的。他经常在镇上白吃白喝，仗势欺人，大家都非常恨他，背后叫他刘癫三。刘癫三每逢刮风下雪，就叫唤着腰疼腿疼无法下床。请过很多名医也没有治好。

　　刘癫三经常到酒店向李波要酒喝，从来不给钱。为了这件事，李波常常遭到掌柜的责打，这一天，刘癫三又来要酒喝，李波心里想：不给他吧，要挨他的打；给他吧，要挨掌柜的打；非常为难。后来，他想了个办法，反正库房里那一缸蛇酒掌柜的不要了，拿给他喝既不会遭打，毒死了他又正好除了一条祸害。于是，李波就来到库房给他端来一碗蛇酒。刘癫三见到酒的颜色发红。就问："这是啥酒？怎么没见过？"李波说："少爷，这是好酒，外面是买不到的。"刘癫三闻了闻："好香啊！"他贪馋地一饮而尽，可是他刚喝完这碗酒，便一头栽倒在地上，口吐白沫，不省人事了。这下子可将店小二李波吓坏了，心想：如果真的喝死了刘癫三，那可是一场大祸呀！他看这时前后无人，便将癫三拖进自己睡觉的破屋里，心里"扑通扑通"地直跳。过了两个多小时，天黑了，李波想趁没人的时候将癫三扔到野外去，他走进屋，点上灯，刚要动手，刘癫三醒了翻个身，慢慢地站了起来，嘴里还嘟囔着："好酒，好酒！"接着，伸了个懒腰，只听他浑身关节"咔吧咔吧"一阵响，只见他腰和腿比以前灵敏了，拍拍身上的土就离开了。李波是个聪明的小伙子，这会儿纳闷了。心想：我本想毒死这小子，为什么他喝这酒不但没死，而且腰和腿还比从前灵活了呢？莫非这酒能治病？他决定再观察观察。

　　过了两天，下着雨，刘癫三又来到这里要酒喝。李波问他："少爷，平时下雨你都起不了床，今天是怎么了？腰和腿不疼吗？"刘癫三说："祖宗积阴德，病好了！"

　　李波又给刘癫三端来半碗蛇酒，刘癫三喝完以后，不但没有醉倒，而且还要再喝。李波说："没有了！"刘癫三嘴中喊着："不过瘾！"伸了个懒腰，浑身又"咔吧咔吧"响一阵，一蹦三跳地跑开了。

　　李波通过认真观察，发现刘癫三的罗圈腿比以前好多了，罗锅腰也比过去轻多了。他以前走路是一拐一拐的。现在能蹦能跳了。看样子，这蛇酒真能治病！

　　李波家里很穷，他爹给地主扛了一辈子大活，累弯了腰，落下了腰疼腿疼病，整天躺在床上哼啊嗨哟地动弹不得，也没钱治。于是，他就偷偷拿回家两瓶蛇酒，让他爹喝喝试试。第一瓶喝完，他爹可以下床了。第二瓶喝完，他爹浑身不疼了。他继续让他爹喝，没过多久，他爹的腰也直了，能顶个壮汉下地干活了。

　　再说刘癫三以后多次来要酒喝，李波都没给他，这么好的酒，不能再让这个坏蛋喝了。不能让他除掉病根，如果他下雨天还叫唤着疼，我们反倒少受祸害。让他前佝偻、后罗锅、罗圈腿一辈子吧！

李波经常将蛇酒悄悄送给左邻右舍的穷人喝，就这样，一传十，十传百，后来，很多人都找到酒店想要买蛇酒。掌柜的得知这件事后，认为是个发财的好机会，于是就加价一倍出售。可是买蛇酒的人还是很多。

酒店掌柜为了多赚钱，就差人捕蛇泡酒卖。可是，后来泡的酒有的能治病，有的治不了病，不太灵了。

蛇酒的事被中医得知后，又经过细心实验研究，分辨出了有的蛇可以治病，有的蛇不能治病。从此后，治病的蛇酒，就被指定为我国医学宝库里的一味名药了。

今朝放歌须纵酒
———
酒文化卷

酒 的 种 类

酒的基本分类

【概述】

我国酿酒具有悠久的历史，在长期的发展过程中，酿造出很多被誉为"神品"或"琼浆"的美酒。著名的唐代诗人李白、白居易、杜甫等均有脍炙人口有关酒的诗篇流传至今。据史料记载，中国人早在商朝时代便已经有了饮酒的习惯，并以酒来祭祀神灵。在汉、唐时期以后，除了黄酒之外，各种白酒、药酒及果酒的生产已有了一定的发展。

【分类】

中国酒品种众多，风格独特，从不同争度可以有不同的分类。

根据酒精含量，可以分为高度酒（51%至67%）、中度酒（38%至50%）和低度酒（38%以下）。

根据酒的含糖量，可以分为甜型酒（10%以上）、半甜型酒（5%至10%）、半干型酒（0.5%至5%）和干型酒（0.5%以下）。

根据酒的酿造方法，可以分为酿造酒、蒸馏酒和配制酒。

根据商品类型，可分为白酒、黄酒、啤酒、果酒、药酒和仿洋酒。

白酒的分类

【白酒概述】

白酒是中国传统蒸馏酒，也叫"烧酒"或"白干"。据《本草纲目》中的记载："烧酒非古法也，自元时创始，其法用浓酒和糟入甑，蒸令气上，用器承滴露。"依此能够得出，我国白酒的生产已经有很长的历史。中国白酒用谷物及薯类等富含淀粉的作物为原料，通过发酵蒸馏而成。酒度大多都在40度以上，不过，目前也有40度以下的低度酒。

中国白酒的酒液清澈透明，质地纯净、无混浊，口味芳香浓厚、醇和柔绵，具有较强的刺激性，饮后余香，回味悠长。中国各地区均有生产，以山西、四川及贵州等地产品最为著名。不同地区的名酒均有各自突出的独特风格。

中国白酒以黄酒演化而来，尽管中国早就已经利用酒曲及酒药酿酒，可是在蒸馏器具出现之前还只能酿造酒度比较低的黄酒。蒸馏器具出现之后，用酒曲及酒药酿造出的酒再经过蒸馏，便能够得出酒度较高的蒸馏酒，即中国白酒。

【白酒分类】

白酒的品种繁多，其制作方法和风味都各有特式。白酒也有几种分类方法。

（1）根据生产原料来分

①粮食白酒

主要用高粱、玉米、大米及大麦等为原料酿造而成。较为出名的及优良白酒中绝大多数是这一类酒。

②薯干白酒

一般是用甘薯、马铃薯及木薯等作为原料酿造而成。薯类作物含有丰富的淀粉和糖分，易于蒸煮糊化，出酒率远高于粮食白酒，可是酒质不如粮食白酒，多为普通白酒。

③其他原料白酒

一般是用富含淀粉和糖分的农副产品和野生植物作为原料酿造而成。如大米糠、高粱糠、甘蔗、土茯苓及葛根等。这一类酒的酒质没有粮食白酒和薯干白酒好。

（2）根据酿造用曲来分

①大曲法白酒

这类酒是用大曲（麦曲，一种粗制剂，由微生物自然繁殖而成）作为酿酒用的糖化剂和发酵剂。因为它的形状像大砖块而得名。酒醅经过蒸馏后而成白酒。具有曲香馥郁、口味醇厚、饮后回甜等特点。多为名酒和优质酒。只是由于耗费粮食，生产周期长等原因，发展受到局限。

②小曲法白酒

这类酒是用小曲（米曲，相对于大曲而言，又因添加了各种药材而又称为药曲或酒药）作为酿酒用的糖化剂和发酵剂。这种酒适用于气温较高的地区生产。具有一种清雅的香气和醇甜的口感，可是不如大曲酒香气馥郁。

③麸曲法白酒

这类酒是用麸曲（用麸皮为原料，由人工培养而成。因生产周期短，又称快曲）为糖化剂、酵母菌为发酵剂酿造而成。以出酒率高，节约粮食及生产周期短为特点，可是酒质却不如大曲白酒及小曲白酒。

④小曲大曲合制白酒

首先要用小曲，然后再用大曲酿造而成，酒质风格独特。

（3）根据香型来分

①酱香型白酒

主要是以茅台白酒为代表，具有酒质醇厚、酱香浓郁、香气幽雅、绵软回甜的特点，即便倒入杯中放置较长的时间香气也不会流失，饮后空杯留香。

②浓香型白酒

主要是以泸州老窖特曲为代表，具有芳香醇厚，回味悠久，饮后幽香。

③清香型白酒

主要是以汾酒为代表。具有酒液晶莹透亮、酒气淡雅清香、酒味醇厚绵软、甘润爽口的特点。

④米香型白酒

主要是以桂林三花酒为代表。这类酒主要是用大米作为原料发酵而成的小曲酒。特点是酒气蜜香清柔，幽雅纯净，回味怡畅。

⑤其他香型白酒

由于具体酒种的不同，又细分为几种小香型。如：

药香型白酒，一般以董酒为代表；

芝麻香型白酒，一般以景芝白干为代表；

豉香型白酒，一般以豉味玉冰烧为代表。

(4) 根据白酒中酒精含量来分

①高度酒（51%至67%）。

②中度酒（38%至50%）。

③低度酒（38%以下）。

白酒的香型

【白酒香型的来源】

酒的风格主要是由色、香、味三大要素组成。按酒香的类别来划分乃情理之中。而我们日常生活中所谈到的酒的香型，均就白酒来说。对其他的有色酒及洋酒，为什么又不以香来划分呢？这是因为有色酒，如葡萄酒，西方自有一套完整的法规，从原料到工艺都有严格的规定。而且在商标上注明，消费者可以识别。因此，世界各国都采用或借鉴其办法来进行管理。

白酒是我国的传统而独特的产品。酿造技术丰富多彩，酿制的酒风格千姿百态。为了加强管理，提升质量，相互学习，做好评比，结合我国国情，在20世纪60年代中期，对我国白酒的香型进行了比较系统的研究，经过对酒内香味成分的研究，香气成分与工艺关系的分析，并经酿酒界和专家认可，于1979年的第三届全国评酒会上实施根据香型进行评比。从此，白酒的香型遂为国内广大消费者接受。

今朝放歌须纵酒——酒文化卷

【白酒香型的分类】

如今，白酒的香型主要分为五种：酱香型、浓香型、清香型、米香型和其他香型（1993 年国家又颁布了"兼香型"和"凤香型"）。前四种香型均较为成熟，趋于标准化和定型化。除了前四种香型之外，还有很多具有自己特点的好酒，其香气、口味、工艺不仅不同于已定型的香型酒，而且还有自己特殊的工艺、风味。但目前又无法拿出定性定量的数据解释其化学组分，划定成型，进而恰如其分地表达其香型名称，如董酒、西凤酒、白云边、白沙液等就是这样的酒，无法划归到四个香型中去，只能暂时定为其他香型。由此也能够看出：白酒香型的划分并没有最后定论，随着科学技术的进步、酿酒工业的发展，白酒的香型也势必会更加丰富多彩。其实，食品中、植物中的香味是各种各样的，酒的香味也会不断发展、不断增加，出现百花齐放的局面。

【酱香型白酒】

酱香型白酒是由于有一种类似豆类发酵时的酱香味而得名。因源于茅台酒工艺，所以也称茅香型。这种酒，优雅细腻、酒体醇厚、回味悠久。当然，酱香并不是酱油的香味，从成分上来分析，酱香酒的各种芳香物质含量都较高，而且种类繁多，香味丰富，是多种香味组成的复合体。这种香味又分为前香和后香。所谓前香，主要是由低沸点的醇、酯、醛类组成，起呈香作用；而后香，则是由高沸点的酸性物质组成，对呈味起到主要作用，是空杯留香的构成物质。茅台酒是这类香型的典型代表。根据国内研究资料和仪器分析测定，这种香气中含有 100 多种微量化学成分。启瓶时，首先会散发出幽雅而细腻的芬芳，这就是前香；继而细闻，又闻到酱香，并夹带着烘炒的甜香，饮后空杯依旧留有一股香兰素和玫瑰花的幽雅芳香，而且 5 至 7 天之内都不会消失，故被誉为空杯香，这就是后香。前香后香相辅相成，浑成一体，卓然而绝。

除了茅台酒之外，国家名酒中的四川郎酒也是驰名国内的酱香型白酒。贵州的习酒、怀酒、珍酒、黔春酒、颐年春酒、金壶春、筑春酒、贵常春等也都是这种酱香型白酒。

【浓香型白酒】

浓香型白酒，香味浓厚，主要以四川泸州老窖酒为代表，故而也称"泸香型"。这种香型白酒的特点是窖香浓郁，绵甜爽净。它的主体香源成分是乙酸乙酯和丁酸乙酯。泸州窖酒的乙酸乙酯要比清香型酒高出几十倍，比酱香型白酒高约十倍。另外还含丙三醇，使得酒绵甜甘洌。酒中富含有机酸，具有协调口味的作用。浓香型白酒的有机酸以乙酸为主，其次是乳酸和己酸，尤其是己酸的含量要比其他香型酒高出几倍。白酒中还含有醛类和高级醇。在醛类中，乙缩醛较高，是组成喷香的主要成分。除泸州老窖之外，像五粮液、古井贡酒、双沟大曲、洋河大曲、剑南春、全兴大曲等全都属于浓香型，贵州的鸭溪窖酒、习水大曲、贵阳大曲、安酒、枫榕窖酒、九龙液酒、毕节大曲、贵冠窖酒、赤水头曲等亦是这种浓香型白酒。

【清香型白酒】

清香芬芳，甘润爽口，是一种传统的老白干风格，主要以山西杏花村的汾酒为代表，因此也称为"汾香型"。这种酒的特点是：清香醇正，诸味协调，回味爽净。它的主要香味成分是乙酸乙酯和乳酸乙酯，从含酯量来看，它比浓香型、酱香型均要低，并突出了乙酸乙酯，可是乳酸乙酯和乙酸乙酯的比例协调。此外，宝丰酒、特制黄鹤楼酒也属于清香型白酒。

【米香型白酒】

比较有代表性的是桂林三花酒，这类香型酒的特点是蜜香清雅，入口柔绵，落口爽净，回味怡畅。这类香型的主体香味成分是 β-苯乙醇和乳酸乙酯。在桂林三花酒中，这种成分每百毫升高达 3 克，富含玫瑰的幽雅芳香，是食用玫瑰香精的原料。从脂的含量来看，米香型酒中，只有乳酸乙酯和乙酸乙酯，几乎不含其他酯类。这是米香型白酒的特点之一。全州湘山酒也是这种香型。

【其他香型酒】

除了上述所介绍的几种香型之外的各种香型的白酒，都属于其他香型，由于有

今朝放歌须纵酒——酒文化卷

些工艺独特、风格独具而对其香型定义及主体香气成分有待进一步确定，或以一种香型为主兼具其他香型。这类酒主要以董酒为典型代表，它的风格特点是：香气馥厚，药香舒适，味浓醇甘，后味爽快。它的香气成分也是以乙酸乙酯和乳酸乙酯为主，其次是丁酸乙酯，它的主要药香是肉桂醛。在口味上，因为含酸量较高，而且含有一定比例的丁酸，因此风味特殊，带有腐乳的香气，因为风格特异而被人们称之为董香型。除此以外，著名的西凤酒也属于其他香型白酒，它自成一代表。还有芝麻香型（山东景芝酒为代表）。这些香型的酒，均从其他香型白酒中显现出来，成为一个独立的香型、酒种。国内比较熟知的贵州名酒中，除了董酒之外，平坝窖酒、匀酒、朱昌窖酒、金沙窖酒、泉酒、山月老窖等，全都采用大小曲工艺，产品有自己独特的香味与风格，均属其他香型。

【香型与工艺】

从表面上来看，白酒的香型和其化学组分紧密相关，这些化学组分都是发酵工艺的产物。所以，工艺、酒的化学组分、香型全都不同。反之，香型不同，工艺也不同，其化学组分也不相同。影响酒的香型和化学组分的主要因素包括：原料、制曲（糖化发酵剂）工艺、发酵酿酒工艺，操作、窖池结构、生产环境等，而且，还与储存时间、储存容器相关。化学组分前文已经介绍，现将香型与工艺的关系简述如下：酱香型酒的代表茅台酒，原料主要是高粱（酿酒）、小麦（制大曲），大曲工艺是高温曲（60℃以上），原料清蒸，采取八次发酵八次蒸酒，用曲量比较大（1：1.2），入窖之前采取堆集工艺，窖池是石壁泥底等，储存期3年以上。

浓香型酒则不同，尽管原料是高粱、小麦，制大曲则是中温（55至60℃），原料混蒸混烧，采取周而复始的万年糟发酵工艺，用曲量是20%左右。窖池是肥泥窖，为丁己酸菌等微生物提供了良好的栖息地，而且强调百年老窖。泸州特曲、五粮液都号称是数百年老窖酿造而成，储存期为一年。

清香型酒的代表是汾酒，其原料除了高粱之外，制曲用大麦、豌豆，制大曲的温度较上两种低，不能超出50℃，并且要用清蒸工艺，地缸发酵等，储存期也是一年。

米香型白酒的原料是大米，糖化发酵剂并不是用大曲，而是传统的米小曲，发酵工艺特点是半液态法，而其他香型白酒多属固态法。发酵周期比用大曲的要少1/5以上，只是7天左右，储存期一般也较大曲酒少，仅3至6个月。

丰富多彩的其他香型白酒中，其工艺和上述4种香型均不同，形成了工艺绚丽多姿、各具特点、风格自成一家的门类。现在只列举几种酒进行说明。国家名酒董酒则采用大小曲工艺，制曲加中草药，窖池既不是肥泥、石窖，也不用地缸、瓦缸发酵，而是用白垩土与石灰和猕猴桃藤的汁来筑窖，采取串香工艺制得董酒。贵州的平坝窖酒、匀酒尽管也是大小曲工艺，有的加中药，有的不加，有的串香，有的无，窖池与董酒又不一样，是肥泥窖，酒的风格与董酒也有差异。西凤酒也是其他香型，但其制曲原料与汾酒相同，以大麦和豌豆为主，制曲温度较高，能达到60℃，用曲量为13%至16%，发酵不用地缸，而用生泥窖，不强调老窖，发酵期要比汾酒少上10天，只需10至11天。所以酿制出的西凤酒具有酸甜苦辣香的特点。"泸头酱尾"的兼香型，顾名思义，这种香型的工艺特点既有浓香型又有酱香型，如白云边酒。因此，有的厂家干脆按比例分别生产酱香型酒和浓香型酒，然后将这两种酒相互勾兑，得出兼香型酒。也就是说，勾兑的比例必须恰当，否则非浓非酱，又非浓头酱尾，那么，也就谈不上浓酱兼有的风格特色。

由上文所述我们可以得知，白酒香型的划分是相对的，而不是绝对的。凡酒虽同属一种香型，但依然有自己的"小自由"，即个性，风格特点。有人将白酒的香型比成京剧的流派，不仅有梅、尚、荀、陈四大派，而且还允许四大流派中有支流，发展个性，形成全新的流派，同时又允许四大流派之外，并存其他流派。简而言之，工艺和香型紧密相关。随着科研的进步，工艺的改革，今后将会涌现出更多的新工艺、更多的新香型。

纯粮固态发酵白酒

纯粮固态发酵白酒是采取完全传统的酿酒工艺，主要以粮食为原料，经过粉碎后加入曲料，在泥池或陶缸中自然发酵一定时间，通过高温蒸馏后酿造出来的白酒。在制作的过程中，对选取原料、生产用水、制曲过程、窖池数量、入窖固态发酵、蒸馏、储藏、勾兑、灌装等现代化的分析程序都有严格的要求。

原 浆 酒

【概述】

在说原浆酒之前，我们应该首先弄明白"浆"的意思，"浆"是指较浓的液体。在中国的酒行业中"原浆酒"应该说是具有最悠久的历史。20 世纪 60 年代以前，中国传统意义上的白酒都是属于原浆酒的范畴。由于古代的白酒大都是粮食经过曲发酵成酒，完全都是不勾不兑的原始酒液，也就是我们如今所说的"原浆酒"。而勾兑酒则是在 20 世纪 60 年代以后出现的，当时因为粮食供应紧张，为节约酿酒用粮，很多酒厂以食用酒精加入增香调味物质，模拟传统原浆酒的口感。到了 80 年代之后，原浆酒曾经一度消失，勾兑白酒的技术越来越成熟，勾兑酒开始大行其道。现今几乎所有的消费者喝的白酒大多是用食用酒精加其他化学品勾兑而成的勾兑酒，又叫作新白酒。原浆酒所拥有的醇美口感根本不是普通白酒能够比拟的，不管是香气、口味、口感和风格，远远达不到原浆酒的水平。尽管对身体没有很大的危害性，可是酒精勾兑的酒喝完了头很疼，而原浆酒就极少有这样的现象。

【原浆白酒的营养性】

白酒的营养性是近年来从新兴起的白酒发展方向。然而在白酒的纯原浆时代，白酒的营养性却是每种酿造酒都具备的品质。20 世纪 60 年代，因为原浆酒酿造工艺的复发性和高耗粮性逐渐被新工艺代替后，白酒的营养性便渐渐被白酒生产者们所遗忘，而近年来随着消费者健康意识的不断提高，原浆酒又重新被白酒从业者关注，更是被众多消费者津津乐道。

原浆酒比新工艺白酒更加香气浓郁，甘甜味美，酒味醇郁，同时酒中含有氨基酸、低聚糖、有机酸和多种维生素，其营养性特点明显。而且饮后不上头，对身体刺激小。

【现代原浆白酒在市场中的主流地位】

中国的白酒作为世界六大蒸馏酒之一，具有悠久的历史。而且原浆酒在中国白

酒的种类

酒千年的历史长河中可以说是占着主导地位，随着历史不同时期的发展，20 世纪原浆酒曾经一度消失。可是随着现代人们对白酒消费观念的改变，原浆酒再次被推出舞台并有着重大的意义。

原浆酒自身具有的口味醇正、酒质优良、富含营养、健康时尚的特性，根本特点就不是新工艺白酒所能够勾兑、调对出来的。而且原浆酒区别与新工艺白酒的最大特点是不伤身，对人体刺激较小，从健康的角度上来看饮用者在原浆酒中还可以摄取到很多的营养成分。原浆酒重新被推上历史舞台，因为它融众多的优势于一身，顺应了当代消费者的需求，因此必定会在 21 世纪的白酒市场上大放异彩，成为白酒步入健康时代的开拓者。

【中国近代原浆酒的现状】

原浆酒是 2000 年之后才开始被第二次运用的，其间在 20 世纪 60 年代到 20 世纪末有将近半个世纪的空白期，其主要因素在于原浆酒本身工艺和成本决定。由于工艺复杂、耗粮高等特性，因此令很多酿酒企业在 20 世纪 60 年代粮荒期间全部改用新工艺（勾兑蒸馏）酿酒。随着消费者对饮酒认识的提高，在逐渐开始追求健康消费的今天，原浆酒又重新找到了自己的契合点。

【原浆酒的起源和历史】

原浆酒应该说是伴随着中国白酒的发源就开始出现了。从白酒出现开始，酒就都是用粮食加入酒曲，经过发酵成酒，出酒后的原浆即能饮用，即最原始的原浆白酒。随着工艺和技术的不断发展，在历史上也出现了大量的原浆名酒，但在 20 世纪 60 年代粮荒期间因为工艺复杂、耗粮高等特点，原浆白酒曾经一度消失。直至近年原浆酒才又重新进入人们的视野。现在的原浆酒在酒质、香气、口感等方面相较过去都有了大幅度的提升，在继承了古老原浆酒的营养性和健康性的同时，发展出了高雅、可调制的特性，使得原浆酒更适用于现代消费者的需求，同时又顺应了白酒时尚的发展趋势。

【原浆白酒的健康性】

原浆白酒是至今为止国内最为健康的白酒，其健康性主要体现在从酿造开始一直到装瓶出售，整个过程完全依据"绿色"标准执行，而且酿造过程没有像其他白酒一样的勾兑过程，酒中不添加任何人工成分（酒精、增香剂），因此说原浆白酒是健康营养的首选白酒。而且原浆白酒不管从口感、香气、酒质等各个方面都远远胜过其他类型白酒，可以说原浆酒是白酒的最完美状态。

【现代原浆白酒对中国白酒的贡献】

现代原浆白酒是在传承古老原浆白酒酿制工艺的基础上，融入了高科技微生物发酵技术酿制而成，相对于勾兑酒和传统蒸馏酒其优点在于：原浆酒中对人体有益成分多，富含 18 种氨基酸，7 种人体必需氨基酸，除此之外还含有糖分、有机酸、酯类、高级醇和丰富的维生素等，丰富的营养性远超过其他传统白酒，并且因为是原浆酒，没有勾兑过程，不含任何人工添加剂，酒质纯净，饮用之后不上头，不伤身，而且无保质期。

【未来白酒的发展方向】

白酒低度化是白酒行业中公认的发展趋势，在全国范围内的调查里，白酒消费集中在 38 度、42 度，占据白酒消费总量的 50%。近年来原浆白酒低度化趋势，不但反映出消费者对原浆酒低度需求上升，更多的是因为原浆白酒本身是健康的白酒，而低度酒也是白酒健康的趋势，因此在这个崇尚健康的时代，低度原浆酒便成为消费者的最爱。以现在的低度原浆酒发展走向中不难看出，未来中国白酒发展的大趋势将以健康低度原浆酒为主流，原浆白酒将会伴随着人们健康饮酒的脚步。

【如何存放未喝完的原浆白酒】

由于原浆白酒酒液本身完全是以粮食酿造而成，如果未喝完，不妥善存放很容易变质，这里讲一下怎样妥善保管，未喝完的原浆酒如果未喝完，要扣紧瓶盖放在冰箱内低温存放，并且最好在 7 日内喝完，否则随着酒的长时间挥发，再次饮用时口感便会有所下降。

【当代原浆白酒的收藏价值】

当代原浆白酒应该说是最具有收藏价值的白酒之一，由于原浆酒是中国历史上

酒的种类

最为悠久的白酒，经历了中国白酒的起源和发展。可是在 20 世纪 60 年代的粮荒期间，因为原浆酒酿造工艺的复发性和高耗粮性，渐渐被新工艺代替后，曾经一度消失。进入 21 世纪原浆酒才重新获得发展，而悠久的原浆酒文化与原浆酒稀缺性也正是白酒收藏的价值所在。

众多的原浆酒收藏者注重原浆酒文化和稀少性的同时，更是显现出了当代原浆白酒本身的价值和潜力，酒质上乘、甜醇味浓、健康营养、时尚可调制等特点都是现代原浆酒的优点，并且这个特点优势也正是未来白酒行业的发展趋势，众多的特点决定了其升值的潜力，而且原浆白酒本身的特点是时间越久，酒质越好，价格也会随之提升，收藏原浆酒本身就是不断升值的一个过程。

【怎样辨别原浆白酒与勾兑酒】

原浆酒与勾兑酒的区别非常大，原浆白酒属于酿造酒，没有勾兑过程，酿造好后便直接成酒，是白酒的最完美状态。而勾兑酒则是用基酒和酒精勾兑后蒸馏而成，为了模仿酿造酒的口感和香气优势还会添加一些芳香剂。但不管如何勾兑，勾兑酒的口感、香气、酒质等方面都和原浆酒有极大差距。而且原浆白酒对人体刺激性很小，饮后不上头，而勾兑酒因为酒精的问题，喝后大多会上头。其实在产品包装上也很容易分辨出该酒是否为原浆酒，因为只有原浆酒才能在酒标中用生产原料的字样，而不是原浆酒酒标上一般添加配料字样。

啤酒的种类

【按啤酒色泽来划分】

(1) 淡色啤酒

淡色啤酒是各种啤酒中产量最多的一种。根据颜色薄泽的深浅，淡色啤酒又可细分为以下三种：

①淡黄色啤酒

这种啤酒大多采取色泽极浅，溶解度不高的麦芽作为原料，糖化周期短，所以啤酒色泽浅。其口味多为淡爽型，酒花香味浓厚。

②金黄色啤酒

这种啤酒所选取的麦芽，溶解度较淡黄色啤酒略高，所以色泽呈金黄色，其产品商标上一般标注 Gold 一词，便于消费者辨认。口味醇和，酒花香味突出。

③棕黄色啤酒

这种酒采用溶解度高的麦芽，烘焙麦芽温度较高，所以麦芽色泽较深，酒液黄中带棕色，实际上已经接近了浓色啤酒。其口味较粗重、浓稠。

（2）浓色啤酒。

（3）黑啤。

【按啤酒杀菌处理情况来划分】

按照杀菌处理情况，啤酒可分为鲜啤酒和熟啤酒。

【按原麦汁浓度来划分 】

按原麦计浓度，啤酒可分为低浓度啤酒 、中浓度啤酒和高浓度啤酒。

【按发酵性质来划分】

（1）顶部发酵

使用这种酵母发酵的啤酒在发酵时，液体表面大量聚集泡沫发酵。这种方式发酵的啤酒适用于温度高的环境，在装瓶之后啤酒会在瓶内继续发酵。这类啤酒偏甜，酒精含量较高，其代表就是各种不一样的爱尔啤酒。

（2）底部发酵

顾名思义，这种啤酒酵母在底部发酵，发酵温度要求较低，酒精含量较低，味道偏酸。这种啤酒的代表就是国内常喝的窖藏啤酒。

葡萄酒的分类

所谓"葡萄酒"就是泛指用新鲜葡萄经过发酵而产生的酒精性饮料。根据其不

酒的种类

同的特性，还可分为五大类。

【白葡萄酒】

用白葡萄或红葡萄去皮酿造而成。有甜的和不甜的两种。若为不甜的白酒，其适饮温度是 10 至 12℃。甜的白葡萄酒适饮温度则是 5 至 10℃。

白葡萄酒，比较适合搭配海鲜、鱼类、家禽类等烹调方式，较为清淡的食物。

【红葡萄酒】

是用红葡萄带皮发酵而成。口感不甜（Dry），可是甘美。其适饮温度为 14 至 20℃。但法国薄酒来区所出产的清淡型红酒，适饮温度是 12 至 14℃。

红葡萄酒，适用于搭配牛肉、猪肉、羊肉、乳酪等口感较重的食物。

【玫瑰红酒】

由红葡萄酿造而成，由于果汁与果皮混合在一起浸泡的时间较短，所以颜色较浅，适饮温度为 10 至 12℃。

玫瑰红酒可以搭配口感适中的食物。

【香槟气泡酒】

这种酒可以分为香槟酒和气泡葡萄酒两种。

（1）香槟酒

按照法国政府规定，只有在法国香槟地出产的气泡酒才能够冠称香槟酒，其他地方的只能称为气泡酒。

香槟是地处法国东北部一个极小区域的地方，距离巴黎 145 公里左右，因为这里肥沃的土壤、适宜的气候以及独特的名贵葡萄品种，因而酿造出举世闻名的香槟酒。

香槟酒以二次瓶内天然发酵，产生二氧化碳而成。可以单独饮用或者配以头盘或海鲜，也是喜庆宴会必备的饮料，适饮温度为 5 至 10℃。

（2）气泡葡萄酒

在法国产区之外，经过传统方式酿造而成。或用人工方法把二氧化碳加入葡萄酒桶中，而后装瓶而成。

既可以单独饮用或配以白肉、海鲜，是喜庆宴会必备的饮料。适饮温度为5至10℃。

【加强葡萄酒】

在葡萄酒发酵过程中加入白兰地，所以比一般葡萄酒含有较高的酒精度及甜度。一般作为餐后酒，可以单独饮用或搭配甜点或雪茄。

黄酒的分类

【概述】

黄酒是我国特有的传统酿造酒，迄今已具有三千多年历史，由于其酒液呈现黄色而取名为黄酒。黄酒是用糯米、大米或黍米作为主要原料，经过蒸煮、糖化、发酵、压榨而成。黄酒是低度（15%—18%）原汁酒，色泽金黄或褐红，富含糖、氨基酸、维生素及多种浸出物，营养价值较高。成品黄酒用煎煮法灭菌之后装入陶坛封口。酒液在陶坛中越陈越香，所以又称为老酒。

【黄酒分类】

黄酒品种众多，制作方法和风味都各有特色，主要出产于中国长江下游一带，以浙江绍兴的产品最为著名。黄酒有以下几种分类方法。

（1）根据原料和酒曲来分

①糯米黄酒

用酒药和麦曲作为糖化、发酵剂。主要出产于中国南方地区。

②黍米黄酒

用米曲霉制成的麸曲作为糖化、发酵剂。主要出产于中国北方地区。

酒的种类

93

③大米黄酒

这是一种改良后的黄酒，用米曲加酵母为糖化、发酵剂。主要出产于中国吉林及山东。

④红曲黄酒

用糯米作为原料，红曲为糖化、发酵剂。主要出产于中国福建及浙江两地。

（2）根据生产方法来分

①淋饭法黄酒

把糯米用清水浸发两日两夜，经过蒸熟成饭，再用冷水喷淋达到糖化和发酵的最佳温度。添加酒药、特制麦曲及清水，通过糖化和发酵45天就可做成。此法主要用于甜型黄酒生产。

②摊法黄酒

把糯米用清水浸发16至20天后，取出米粒，分离出浆水。米粒蒸熟成饭，然后把饭摊在竹席上，经过空气冷却达到预定的发酵温度。配上一定分量的酒母、麦曲、清水及浸米浆水后，通过糖化和发酵60至80天制成。用此法生产之黄酒质量一般比淋饭法黄酒较好。

③喂饭法黄酒

把糯米原料分成几批。第一批用淋饭法制成酒母，然后再分批加入新原料，使发酵继续进行。用这种方法酿造的黄酒与淋饭法及摊饭法黄酒相比，发酵更深透，原料利用率比较高。这是中国古老的酿制方法之一。早在东汉时期就已经盛行。现在中国各地还有很多地方沿用这一传统工艺。著名的绍兴加饭酒就是其典型代表。

（3）根据味道或含糖量来分

①甜型酒（10%以上）

②半甜型酒（5%至10%）

③半干型酒（0.5%至5%）

④干型酒（0.5%以下）

（4）根据其他不同方式来分

①按酒的颜色取名

状元红酒（琥珀色）

竹叶青（浅绿色）

黑酒（暗黑色）

红酒（红黄色）

②按加工工艺不同取名

加饭酒（原料用米量加多）

老廒酒（把浸米酸水反复煎熬，代替浸米水，以增加酸度，用来培养酵母）

③按包装方式取名

花雕（在酒坛外面绘有雕各种花纹及图案）

④按特殊用途取名

女儿红（在女孩出生时把酒坛埋入地下，待女儿出嫁时取出，敬饮宾客）

酒 之 最

【最古老的中山王酒】

1977 年，在河南省平山县地区考古发掘战国时中山王的墓。在整理出土文物时，发现有两个装有液体的铜壶，这两个铜壶分别藏于墓穴东西两个库中。看起来外形为一扁一圆。东库藏的扁形壶，西库藏的圆形壶。两个壶都有子母口及咬合严实的铜盖。该墓地势较高，室内干燥，没有积水痕迹。考古发掘人员当场将这两个壶的生锈的密封盖打开，发现壶中有液体，一种青翠透明就像现在的竹叶青；另一种呈黛绿色。出土时，两壶都锈封得很严密，启封时，酒香扑鼻。这两种古酒居然能储存两千多年，至今不坏，证明了战国时期（公元前 475 年至 221 年），我国的酿酒技术已发展到了一个相对较高的水平。

故宫博物院于 1978 年 10 月委托北京市发酵工业研究所对壶中的液体进行专业鉴定。11 月，北京市发酵工业研究所派专人去故宫博物院取样进行鉴定。从外观察，两个壶整体完好，并不渗漏。首先将东库的扁形壶打开，开盖时有种特殊气味，其壶内液体未满至壶口，壶壁没有任何液体下降的痕迹，液体呈浅翡翠绿色，透明，有很多像泥土状的棕色沉淀物。壶底有少量的铜锈块。壶中有一块直径大约

酒的种类

5 厘米呈扁椭圆形鸭蛋状的固状物；然后将西库圆壶打开，开盖时也有一种特殊气味，壶内液体也未至壶口，但壶壁上有液体下降 5 厘米的痕迹。液体呈黛绿色，发暗，实际上不是很透明。壶底有很多沉淀物。

当时的鉴定人员用虹吸法将两壶内的液体分别转移到玻璃瓶内，并用广口瓶提取部分样品到化验室进行查验。12 月完成所有鉴定，综合分析为：

两壶液体均含有乙醇；液体的沉淀物很多，不是蒸馏酒；不含有酒石酸盐，故不是水果酒；含氮量较高，含有乳酸、丁酸。就此确定氮是属于动物性或植物性蛋白物质。

根据以上的化验结果，判定该液体为奶汁或谷物酿造的酒。有些专家认为是一种配制酒，因壶中鸭蛋形固状物是人为后期加进去的，作为药材或香源在酒中进行浸渍泡制。

总之，无论中山王酒是奶汁酒还是谷物酒或是配制酒，它是我国也是世界上迄今为止现存最古老的酒。距今大概已经有 2200 余年之久。

【最古老的酿酒工艺】

商代的甲骨文中关于酒的字尽管有很多，但从中很难找到完整的酿酒过程的任何文字记载。对于周朝的酿酒技术，也只是可以根据只言片语加以推测。在长沙马王堆西汉墓中出土的帛书《养生方》和《杂疗方》中可看到我国迄今为止发现的最早的酿酒工艺的相关文字记载。其中有一例"醪利中"的制法共包括了十道工序。因为这是我国最早的一个较为完整的酿酒工艺技术文字记载，而且书中所反映的事都是先秦时期的情况，所以具有很高的研究价值。其大致过程如下所示：

```
药材→切碎→浸泡（煮）取汁→浸曲←（水）
  |      ↓
  |    混合←米饭←蒸煮←米
  └───→↓
发酵
  ↓
酒醪←药材
  ↓
好酒→继续发酵
  ↓
药酒
```

这样就能够看出先秦时期的酿酒有如下特点：采用了两种酒曲，酒曲先浸泡，取曲汁用于酿酒。发酵后期，在酒醅中分三次分别加入好酒，这就是古代所说的"三重醇酒"，即"酎酒"的特殊工艺技术。

【最名贵的白酒】

锦州有大凌河、小凌河，水质优良，自然就会出好酒。明清酿制"烧酒"，最为驰名。尤其"东关烧锅"最有名气。

1996年6月9日，一项令人不敢相信的考古发现在辽宁锦州面世。人们搬迁锦州凌川酿酒总厂的老厂时，竟然在地下80厘米处发现了四个木制的酒海（古代酒的容器），酒海内竟然完好地保存着香气宜人的白酒。这些酒海都是以红桦构筑，长为2.62米、宽1.31米、深1.64米箱内裱糊以约1500层、内蘸以鹿血的宣纸。这些宣纸上分别用汉字、涝文书写"大清道光乙巳年"、"同盛金"、"大清国"等字样。通过这些文字记载及其他遗迹，文物考古专家确认这是"同盛金"酒坊在清道光二十五年（1845年）封存的，这些酒不仅时间久，而且非常好喝。

"烧酒"属陈香型，色微黄，酒精度53%，理化和卫生指标完全符合国家食品卫生标准规定。因为是贡酒，它用鹿血蘸宣纸封存，150多年的浸泡使鹿血渗入酒中，功效了得。

据辽宁省考古研究所和中国食品工艺协会白酒专业协会反复考证后证实：这批被命名为"道光二十五"清朝贡酒是目前世界上穴藏时间最长的白酒，它和盛酒器皿"木酒海"的发现，对中国酒文化的研究具有十分重要的价值。

"道光二十五"经多位全国著名评酒专家通过感官品评一致认为，该酒酒液呈微黄色，浓郁陈香，入口绵柔，醇厚细腻，后味悠长，风味独特，是白酒家族的稀世珍宝，具有极高的现实收藏价值和商品价值。

当然好东西谁都不放过，先是英国伦敦吉尼斯总部审核认定："道光二十五"贡酒是世界上目前发现的窖贮时间最长的穴藏贡酒，并因此收入"吉尼斯大全"。马上又在1999年10月26日，中国首例文物级食品专场拍卖会在京成功举办。由辽宁省锦州市国有资产管理局委托中国嘉德拍卖有限责任公司拍卖的1000公斤"道光廿五"被组成50个拍卖标的进行拍卖，最后成交额高达350万元。当时被拍卖的 100 公斤 "道光二十五" 贡酒从 500 克到 4 公斤的不同组合，参考报价从 1.8 万元至 20 万元。

在整个拍卖过程中，价位较低的标的拍卖十分顺利，落槌价也略高于参考价，价位较高的标的拍卖都比较迟缓，没卖出去的都是这一部分。一位先生花了 14.1 万元买了 3.5 公斤 3 瓶装的贡酒。虽然他觉得有些贵，但冲着此酒 100 多年的历史，想买回去给父母尝尝，同时也满足了收藏需求。

为使穴藏贡酒价值更高，特为其专门定制了由香木雕刻而成的木匣和由景德镇高级工艺美术师亲手绘制的青花红龙双耳扁壶。本次拍卖的贡酒尽管属于文物，但可办理出境手续，带出国外。另外余下的贡酒作为锦州市政府的国有资产，由凌川道光企业（集团）有限责任公司代为保存。

【最早酿酒用曲的国家】

不是随便什么东西烂了都能叫酒的。酿酒必须要有两个重要的生物化学反应过程：一是淀粉糖化，二是酒精发酵。这两个过程一定要由糖化菌、酵母菌来进行。微生物多了去了，能出酒的不多，培养出来更不容易。我国早在三千多年前的殷商武丁时期就已经掌握了微生物 "霉菌" 生物繁殖的规律，那时已能使用麦芽、谷芽制成蘖，作为糖化发酵剂酿醴，使用谷物发霉制成曲，把糖化和酒精发酵充分的结合起来，作为糖化发酵剂酿酒了。《尚书》就有 "若作酒醴，尔惟曲蘖" 的记载。这么看来，我国是世界上最早以制曲培养微生物酿酒的国家了。

在殷商时代，人们已经能成熟地并大规模地制曲和用曲酿酒了。这从殷墟发现的酿酒遗址中用大缸酿酒的情况和出土的商代青铜器中酒器之多，可以得到说明。但那时的酒曲，也就是曲蘖，是松散的发霉发芽的谷粒，所以叫散曲。它含有有用的微生物不很纯，糖化和酒化力也不很强，所以酿酒时的酒曲的用量很大。

到了周代，由于酒曲的发展，曲蘖这个名称的含义也有了全新的变化。曲，专指酒曲，种类也相应地增加了，例如《左传》中记有 "麦曲" 的名称，在 "曲" 前加麦字限制，可见已不止一种曲。由于谷芽中含有糖化酵素即糖化酶，所以人们用它来制饴糖。当时制的散曲中，一种叫黄曲霉的霉菌早已占尽了优势。黄曲霉有较强的糖化力，用它酿酒，用曲量较之过去有所减少。有趣的是因为黄曲霉呈现美丽的黄色，周代王室也许认为这种颜色很美，所以用黄色制定了一种特殊的礼服，就叫"曲衣"。黄色后来成了历代帝王家的代表色。两汉时期，曲的种类更多了，其中有大麦制的，有小麦制的；有曲表面长有霉菌的，有表面没有长霉菌的。尤其是当时除了散曲外，还出现了制成块状的曲，叫饼曲，而且不止一种。

从松散的曲到成块的曲，却不只是形式的变化。因为饼曲外面和内部接触空气面不一样，外面有利于曲霉的增长，内部则有利于根霉和酵母更好的繁殖。根霉菌有很强的糖化力，也有酒精发酵力，它能在发酵中，自然地不断繁殖，不断地把淀粉分解成葡萄糖，使酵母菌再将葡萄糖变为酒精。早在东汉时代，有种叫"九酝酒法"的酿酒法，用曲量仅及原料的百分之五，这足以说明当时的曲已是根霉为主，且曲的作用也从糖化发酵剂变成了所需要的微生物繁殖的菌种。从散曲到饼曲，是酒曲发展史上的一个重要的极具象征意义的里程碑。

晋代又出现了一种新的制曲法，也就是在酒曲中加入草药。晋代人嵇含的《南方草木状》中，就记载有制曲时加入植物枝叶及汁液的方法，用这种方法制出的酒曲中的微生物长得更好。用这种曲酿出的酒，也别有风味。今天，我国有很多名酒酿造用的小曲中，就加有中草药植物，比如，白酒中的白董酒、桂林三花酒、绍兴酒等。

红曲，是红曲霉寄生在粳米上而成的曲。红曲霉尽管耐酸、耐较浓的酒精、耐缺氧，但生长得慢，只有在较高的温度下才能真正繁殖，所以成为我国南方福建、广东、台湾一带酿酒的重要酒曲。我国早在宋代就能较普遍地制作红曲了。红曲制作工艺难度较高，稍有不慎红曲霉就很容易被繁殖迅速的其他菌所压倒。难怪明代李时珍赞美曰："此乃窥造化之巧者也。"

酒曲的发明，是我们祖先对人类酿酒业的一项卓越的贡献。后来传到日本、印度和东南亚，东方诸国的酿酒方法也就都用酒曲作糖化发酵剂。直到 19 世纪末，法国人卡尔迈特氏在研究我国酿酒药曲的基础上，分离出糖化力强并能有效起酒化作用的霉菌菌株，用以生产酒精，称为"阿米诺法"，才真正突破了酿酒非用麦芽、谷芽制作蘖作糖剂不可的状况。

后来又过了一段时间，德国人可赫氏才发明了用固体培养做微生物制成糖化发酵剂的方法进行酿造，这比我国发明用酒曲酿酒，实际上已经晚了几千年。

酒的种类

【最早的船形酒器】

最早的船形酒器是在 1958 年陕西省宝鸡北首岭遗址出土的泥质红陶,口部呈杯状,器身横置,上部两端突尖,颇像一只小船。在两侧的腹部,分别用黑彩绘出一张渔网状的图案,渔网挂在船边,就像正在撒网捕鱼,又像小船刚刚捕鱼回来,在晾晒渔网。陶壶上端两肩上,横置两个桥形小耳,既便于提拿,又可穿绳背负,便于随身携带。

【酒之"最"概览】

人类最先学会酿造的酒:人类最先学会酿造的酒——果酒和乳酒。

我国最早的麦芽酿成的酒精饮料:醴。

记载酒的最早文字:商代甲骨文。

我国最富有民族特色的酒:黄酒和白酒。

我国最早的机械化葡萄酒厂:烟台张裕葡萄酿酒公司。

我国最早的啤酒厂:1900 年建于哈尔滨。

我国最早的酒精厂:1900 年建于哈尔滨。

我国第一个全机械化黄酒厂:无锡黄酒厂。

记载酒的最早文字:商代甲骨文。

最早的药酒生产工艺记载:西汉马王堆出土的帛书《养生方》。

葡萄酒的最早记载:司马迁的《史记·大宛列传》。

麦芽制造方法的记载:北魏贾思勰的《齐民要术》。

目前产量最大的饮料酒:啤酒。

目前国产价格最贵的酒:茅台酒。

传说中的酿酒鼻祖:杜康、仪狄。

最早提出酿酒始于农耕的人:汉代刘安《淮南子》,"清盎之美,始于耒耜"。

最早提出酒是天然发酵产物的人:晋代的江统《酒诰》。

现已出土的最早成套酿酒器具:山东大汶口文化时期。

现已出土的最早反映酿酒全过程的图像:山东诸城凉台出土的《庖厨图》画

像石。

已发现的最早的蒸馏器：东汉时期的青铜蒸馏器（现藏上海博物馆）。

最早的酿酒规章：周代的《礼记·月令》。

古代学术水平最高的黄酒酿造专著：北宋朱肱所著的《北山酒经》。

最早记载加热杀菌技术：北宋朱肱所著的《北山酒经》。

古代记载酒名最多的书：宋代张能臣的《酒名记》。

古代最著名的酒百科全书：宋代窦苹的《酒谱》。

最早的禁酒令：周代的《酒诰》。

最早实行酒的专卖：汉武帝天汉三年（公元前98年）。

酒价的最早记载：汉代始元六年（公元前81年），官卖酒，每升四钱。

最早的卖酒广告记载：战国末期韩非子《宋人酤酒》："宋人酤酒，悬帜甚高。"

（帜：酒旗）

【最大的糖酒盛会】

全国糖酒交易会，享有"中国第一商贸会"之称，至今已连续举办了61届。1984年，因为向市场经济转换，除国家名酒外，其他糖酒商品一律满足市场。在安阳举办的全国糖酒会采取开放式办会，使各省、市、自治区糖酒公司及其他工商企业自行进行举展。

1990年春，在石家庄举办的糖酒会因参会的工商企业已经较多，就实行集中布展形式的糖酒会，自此便成为公开的江湖英雄大会，很多企业为之殚精竭虑，都想在这个舞台上名扬天下，成为业界大腕，广招财源。

这么多年来，参会企业之多，交易数额之高，令不少企业为之殚精竭虑，都想在这个舞台上唱好这出戏。很多企业也由此名扬天下，成为名牌企业，财源随之滚滚而来。

1999年秋季，全国糖酒商品交易会在大连正式举行。参会企业3400多家。10万客商云集，大多是酒企业，从铺天盖地的酒广告中就能够看出其中的端倪。在白酒中，众多高档品牌酒得到众多参会者的首肯。其中茅台、五粮液、宁城老窖表现不俗。啤酒、葡萄酒与白酒仍呈三足鼎立之势，长期雄踞市场。当时参展的各路豪

酒的种类

101

杰，更加注重内功修炼。国产葡萄酒依然醉红一片，显现出勃勃生机；啤酒行业还是风起云涌，以龙头企业开始走跨地域、低成本的扩张之路。一些名酒延伸出的品牌，取得了非常好的业绩。

在那届的秋交会上，酒类成交额为 75.70 亿元。

糖酒会之最：

1964 年，上海最早设展糖酒会。

1977 年秋，郑州市成交额最高的糖酒会达 135.62 亿元。

成都共 12 次举办糖酒会，是举办糖酒会最多的城市。

1990 年春，石家庄最早实行集中布展的糖酒会。

1990 年秋，郑州第一次采用"全国糖酒商品交易会"名称的糖酒会。

1988 年，郑州最早举办糖酒会研讨会。

1984 年秋，在安阳最早采取开放式办会的糖酒会。

1988 年，在成都最早集中在一个会场布展的糖酒会。

1995 年秋，长沙举办的糖酒会参会人数最多，达 14 万人。

1995 年，在北京最早举办糖酒会。

1994 年春，在成都举办的糖酒会最先突破百亿元。

中国十大名酒

中国十大名酒，通常是指贵州茅台、五粮液、洋河大曲、泸州老窖、汾酒、郎酒、古井贡酒、西凤酒、贵州董酒、剑南春这十大白酒品牌。中国名酒为国家评定的质量最高的酒。国内曾在不同时期先后五次进行白酒国际级评比，茅台酒、五粮液等酒在历次国家评酒会上都先后被评为名酒。

【贵州茅台酒】

茅台酒历史悠久、源远流长。最早可以追溯至公元前 135 年汉武帝"甘美之"的褒奖到 1704 年后清代大儒郑珍"酒冠黔人国"的赞誉。现在酿制的茅台酒系以优质高粱为原料，用小麦制成高温曲，通常用曲量多于原料。用曲多、发酵期长、多次发酵、多次取酒等独特工艺，这是茅台酒风格独特、品质优异的重要原因之所在。酿制茅台酒要经过两次加生沙（生粮）、八次发酵、九次蒸馏，生产周期一般长达八九个月，再陈贮三年以上，勾兑调配，然后再储存一年，使酒质更加和谐醇香，绵软柔和，方准装瓶出厂进行销售，全部生产过程近五年之久。

酿造工艺流传至今的茅台酒是风格最完美的酱香型大曲酒之典型，故"酱香型"又称"茅香型"。其酒质晶亮透明，内微有黄色，酱香突出，令人陶醉，敞杯不饮，香气扑鼻，开怀畅饮，满口生香，饮后空杯，酒香浓郁，持久不散。口味幽雅细腻，酒体丰满醇厚，回味悠长，茅香不绝。茅台酒液看上去纯净透明、醇馥幽郁的特点，是由酱香、窖底香、醇甜三大特殊风味融合而成，目前已知香气组成成分多达300余种。酒度53%。陈毅有诗："金陵重逢饮茅台，万里长征洗脚来。深谢诗章传韵事，雪压江南饮一杯。"

贵州茅台酒独产于中国的贵州省仁怀市茅台镇，长期以来是与苏格兰威士忌、法国科涅克白兰地齐名的三大蒸馏名酒之一，是大曲酱香型白酒的业界鼻祖，也是中国的国酒，拥有悠久的历史。

茅台酒之所以称为"国酒"，完全是由其悠久的酿造历史、独特的酿造工艺、上乘的内在质量、深厚的酿造文化，以及历史上在我国独特的政治、外交、经济生活中发挥的无可比拟的作用、在中国酒业中的传统特殊地位等因素综合决定的，是三代伟人的厚爱和长期市场风雨考验、培育的结果。当然得到人民群众在实际的生活品味和体验中的赞誉之声，因而名不虚传。

史载：枸酱，酒之始也。早在2000多年前，就在现在的茅台镇一带盛产枸酱酒就受到了汉武帝"甘美之"的赞誉，此后，长期以来一直作为朝廷贡品享盛名于世。

据史书记载，早在公元前135年，汉武帝令唐蒙出使南越，唐蒙饮到南越国（今茅台镇所在的仁怀县一带）所产的枸酱酒后，将此酒一并带回长安，受到汉武帝的称赞，并留了"唐蒙饮枸酱而使夜郎"的传说。据清代《旧遵义府志》所载，就在道光年间，"茅台烧房不下二十家，所费山粮不下二万石"。1843年，清代诗人郑珍曾经咏赞茅台"酒冠黔人国"。1949年前，茅台酒生产凋敝，仅有三家酒坊，也就是：华姓出资开办的"成义酒坊"，称"华茅"；王姓出资建立的"荣和

酒的种类

酒坊"，称"王茅"；赖姓出资办的"恒兴酒坊"，称"赖茅"。"赖茅"就是现在茅台酒有据可查的前身。

1915 年，在美国旧金山巴拿马万国博览会，中国参展代表掷茅台酒酒瓶震国威，一举夺得金奖，从此以后跻身世界三大名酒行列，成为中华民族工商业率先走向世界的杰出代表。

1949 年开国大典前夕，周恩来总理在中南海怀仁堂召开会议，确定茅台酒为开国大典国宴用酒，并在北京饭店用茅台酒专门招待嘉宾，从此每年国庆招待会，均指定用茅台酒。在日内瓦和谈、中美建交等历史性重大事件中，茅台酒都成为融化历史坚冰的特殊媒介。党和国家领导人也曾经无数次将茅台酒当作礼物，赠送给外国领导人。

贵州茅台酒厂位于仁怀市西北六公里的茅台镇，地处赤水河东岸、寒婆岭下、马鞍山斜坡上，四周群山环峙，形势险要，依山傍水，海拔 450 米，是川黔水陆交通的咽喉要地。

当地平均海拔高度 880 米，年平均气温 16.3℃，年日照时数 1400 小时，无霜期 311 天，年降雨量 800 至 1000 毫米。

酿制茅台酒的用水主要是取自赤水河的水，赤水河水质好，用这种入口微甜、无溶解杂质的水经过蒸馏酿出的酒非常甘美。故清代诗人曾有"集灵泉于一身，汇秀水东下"的咏句赞美赤水河。

茅台酒的酒窖建设也很有说道。从窖址选地、窖区走向、空间高度，到窖内温湿度控制、透气性能，以及酒瓮的形式、容量、瓮口泥封的技术等，都相当严格。这些都是关系到成品酒的再熟化、香气纯度再提高的关键所在。酒窖里每天要有人检查，开关透气孔，控制温湿度。据说连看守酒窖的人也一定要衣着洁净、人品端正，不得在窖内污言秽语、起哄打闹，否则将影响酒的质量。当然，人的一般衣着言行与酒的质量没有什么必然联系，这只不过反映了人们对茅台酒的敬重、崇尚之情和鼓励人们尽量做好人、制好酒的良好愿望罢了。

茅台酒的高质量长期以来保持不变。全国评酒会对贵州茅台酒的风格作了"酱香突出，幽雅细腻，酒体醇厚，回味悠长"的概括。它的香气成分可以多达 110 多种，饮后的空杯，长时间余香不散。有人就曾经赞美它有"风味隔壁三家醉，雨后

今朝放歌须纵酒——酒文化卷

开瓶十里芳"的魅力。茅台酒香而不艳，它在酿制过程中不允许加半点香料，香气成分全是在反复发酵的过程中自然形成的。它的酒度始终稳定在 52% 至 54% 之间，曾长期是全国知名白酒中度数最低的。具有"喉咙不痛、不上头、消除疲劳、安定精神"等显著特点。

茅台酒的酿制技术被世人称作"千古一绝"。茅台酒有不同于其他酒的整个生产工艺，生产周期 7 个月。蒸出的酒入库储存 4 年以上，再与已经储存 20 年、10 年、8 年、5 年、30 年、40 年的陈酿酒混合勾兑，最后经过化验、品尝，再装瓶出厂进行销售。

装茅台酒用的酒瓶，最初原本是用本地生产的缸瓮，从清朝咸丰年间起，改用底小、口小、肚大的陶质坛形酒瓶，按现在说有装 0.5 公斤、1 公斤和 1.5 公斤的型号。后曾一段时间内改为微扁长方形酒瓶。1915 年以后，就已经改用圆柱形、体小嘴长的黄色陶质釉瓶。新中国成立后，才改为白色陶瓷瓶和现在人们能够见到的乳白色避光玻璃瓶，古色古香，朴实大方。

茅台酒的商标，最初用木刻印刷，仅仅是在一个花瓣形的图案内，书写"贵州省茅台酒"几个楷书字样而已。后来才变更为连史纸铅印。商标定名：成义酒房为"双德牌"，荣和酒房为"麦穗牌"，恒实酒房为"山鹰牌"。1952 年统改为"工农牌"。1954 年后，分为内销和外销两种商标：内销为"金轮牌"（又名"工农牌"），外销为"飞仙牌"。在特殊的文革时期曾一度改为"葵花牌"，旋又恢复"金轮牌"、"飞仙牌"，后来一直沿用。

茅台酒蝉联五届国家名酒金奖，蝉联了国内金奖五连冠，连续荣获四次国际金奖（包括亚洲之星包装奖和第三世界广告一等奖）。产量随即逐年上升，销售到 50 多个国家和地区。

【四川五粮液】

天下三千年，五粮成玉液。五粮液酒是浓香型大曲酒的卓越代表，它集天、地、人之灵气，采用传统酿造工艺，精选优质高粱、糯米、大米、小麦和玉米五种粮食酿制而成。具有"香气悠久、味醇厚、入口甘美、入喉净爽、各味协调、恰到好处"的独特美酒风格，是当今酒类产品中出类拔萃的精品。五粮液酒历次蝉联

酒的种类

"国家名酒"金奖，1991 年曾经被评为中国"十大驰名商标"；从 1915 年获巴拿马奖八十年之后，1995 年又获巴拿马国际贸易博览会酒类唯一金奖。到目前为止，五粮液酒共获国际金奖数十枚。

【江苏洋河大曲】

洋河牌洋河大曲，据史料记载已有 400 多年历史。该酒属浓香型大曲酒，系以优质高粱为原料，以小麦、大麦、豌豆制作的高温火曲为专用发酵剂，辅以闻名遐迩的"美人泉"水精工酿制而成。沿用传统工艺"老五甑续渣法"，同时又采用"人工培养老窖，低温缓慢发酵"、"中途回沙，慢火蒸馏"、"分等储存、精心勾兑"等新工艺和新技术，就此形成了"甜、绵、软、净、香"的独特佳酿风格。

【四川泸州老窖特曲酒】

泸州老窖特曲于 1952 年被国家确定为浓香型白酒的典型代表。传承至今的泸州老窖窖池于 1996 年被国务院确定为我国白酒行业唯一的全国重点保护文物，一直誉为"国宝窖池"。泸州老窖国宝酒是经国宝窖池精心酿制而成，是目前最好的浓香型白酒之一。

泸州牌、麦穗牌泸州老窖特曲又称泸州老窖大曲酒，是四川省泸州老窖酒厂的知名产品。泸州古称江阳，酿酒历史源远流长，自古便有"江阳古道多佳酿"的美称。泸州地区出土陶制饮酒角杯，系秦汉时期器物，可见秦汉已有酿酒工业。蜀汉建兴三年（225 年）诸葛亮出兵江阳忠山时，使人采百草制曲，以城南营沟头龙泉水酿酒，其制曲酿酒之技流传甚广。宋代酒业较为兴盛，熙宁年间酒课为"一万贯以下"，据《宋史》文字记载泸州等地酿有小酒和大酒，"自春至秋，酤成即鬻，谓之小酒。腊酿蒸鬻，候夏而出，谓之大酒"。大酒也就是人们常说的烧酒。诗人墨客留有赞酒诗文，黄庭坚曰："江安食不足，江阳酒有余。"唐庚曰："百斤黄鲈脍玉，万户赤酒流霞。余甘渡头客艇，荔枝林下人家。"杨慎曰："江阳酒熟花似锦，别后何人共醉狂"，又曰："泸州龙泉水，流出一池月。把杯抒情怀，横舟自成趣"、张船山曰："城下人家水上城，酒楼红处一江明。衔杯却爱泸州好，十指寒香给客橙。"相传在元代泰定元年（1324 年）已酿大曲酒。明代万历十三年（1586

年）泸州大曲酒工艺已经初步成型。《泸县志》载："酒，以高粱酿制者，曰白烧。以高粱、小麦合酿者，曰大曲。"早在清代顺治十四年（1657 年）前后，"舒聚源糟坊"开业。乾隆二十二年（1757 年）就曾经先后增建 4 个酒窖，其大曲酒脍炙人口。同治八年（1869 年）"舒聚源糟坊"改号为"温永盛糟房"，有大曲酒窖 10 个，其中 6 个建于 1650 年左右，4 个建于 1750 年前后。清末白烧酒糟户达 600 余家，民国以来减至三百余家矣。大曲糟户十余家，窖老者，非常清洌，以温永盛、天成生为有名。

1952 年以金川酒厂为主然后吸收未参加联营的 17 户酒坊成立四川省专卖公司国营第一曲酒厂。1955 年将四个联营酒社合并成立公私合营酒厂，其第一曲酒厂就此改为地方国营酒厂。1960 年两厂合并为泸州曲酒厂，1990 年易为现厂名。1952 年根据泸州老窖大曲产品内在风格上的细微差异进行分级，一般分为特曲、头曲、二曲、三曲，其品级最高的为特曲酒，也就是出口的泸州老窖大曲酒。

泸州曲酒的主要原料是选自当地的优质糯高粱，用小麦制曲，大曲有特殊的质量标准，酿造用水为龙泉井水和沱江水，酿造工艺一般是传统的混蒸连续发酵法。蒸馏得酒后，再用"麻坛"储存一二年，最后通过细致的评尝和勾兑，达到行业既定的标准，方能出厂，保证了老窖特曲的品质和独特风格。这样的酒一般无色透明，窖香浓郁，清洌甘爽，饮后尤香，回味悠长，具有浓香、醇和、味甜、回味长的四大鲜明特色，酒度有 38%、52%、60% 三种。

【山西汾酒】

山西汾酒是我国清香型白酒的典型代表之一，工艺精湛，源远流长，素以入口绵、落口甜、饮后余香、回味悠长特色而著称，在国内外消费者中享有较高的知名度、美誉度和支持度。汾酒有着四千年左右的悠久历史，历史上，汾酒曾经有过三次辉煌：早在 1500 年前的南北朝时期，汾酒作为宫廷御酒受到北齐武成帝的极力推崇，当时就被载入廿四史，使汾酒一举成名；晚唐时期，大诗人杜牧一首传世之作《清明》诗吟出千古绝唱："借问酒家何处有？牧童遥指杏花村。"这是汾酒的二次幸运成名；1915 年，汾酒在巴拿马万国博览会上荣获甲等金质大奖章，为国争光，成为中国酿酒行业的领跑者。

汾酒是我国传统的历史名酒，产于山西省汾阳市杏花村。汾酒的名字究竟起源于何时，尚待进一步考证，但早在一千四百多年前，当地已有"汾清"这个酒名。《北齐书》中记载，北齐武成帝高湛从晋阳写给河南康舒王孝瑜的植中这样说："吾饮汾清二杯，劝汝于邺酌两杯。"宋《北山酒经》记载，"唐时汾州产干酿酒"，《酒名记》有"宋代汾州甘露堂最有名"，说的都是汾酒。当然一千四百多年前我国当时还没有蒸馏酒，史料所载的"汾清"、"干酿"等均系黄酒类。宋代以后，因为炼丹技术的进步，在我国首次发明了蒸馏设备。1975年从河北省青龙县出土的金代蒸酒的钢制烧锅，可证明起码在宋代我国已有蒸馏酒。我国的白酒，包括汾酒等名优白酒在内，都是由黄酒逐渐演变和发展起来的。明清以后，北方的白酒发展很快，逐步代替了黄酒生产，此时杏花村汾酒其实已经就是蒸馏酒，并蜚声于世。

明末农民起义领袖李自成进军北京，路经杏花村畅饮汾酒，赞誉为"尽善尽美"。清李汝珍在《镜花缘》一书九十六回的曲牌中，就曾经列举当时全国知名酒类五十余种，其中推汾酒为首，另外《两般秋雨庵》《清稗类钞》等也有不少嗜饮汾酒的记载。自1915年汾酒在巴拿马万国博览会上荣获一等优胜金质奖后，其声誉更是驰名中外，名声大噪。于是，阎锡山责令其副官集资设立晋裕汾酒有限公司，就此吞并了杏花村的大小酒家。1948年汾阳解放后，汾酒获得了新生，随即就正式成立了国营杏花村汾酒厂。酒厂的职工们进一步总结了历史传统经验，改进生产工艺，使这枝古老的酿造奇花更加光彩夺目。

汾酒以其清澈透明，清香醇正，绵甜清爽，余味爽净的清香风格而独树一帜，继而成为清香型白酒的典型代表，自1953年以来，就曾经连续被评为全国"八大名酒"和"十八大名酒"之一。1980年又荣获国务院颁发的金质奖章，近些年来，汾酒除满足国内人民的需要外，还远销世界五大洲的四十多个国家和一些地区。

杏花村当地有取之不竭的优质泉水，给汾酒以无穷的活力。马跑神泉和古井泉水都流传有美丽的民间传说，被世人称为"神泉"。《汾酒曲》中记载，"申明亭畔新淘井，水重依稀亚蟹黄"，注解这样说："申明亭井水绝佳，以之酿酒，斤两独重。"明末诗人、书法家和医学家傅山先生，就曾为申明亭古井亲笔题写了"得造花香"四个大字，说明杏花井泉得天独厚，酿出的美酒就像花香沁人心脾。酿造名酒，必有绝技。《周礼》上记载了酿酒六法，也就是："秫稻必齐，曲药必时，湛炽必洁，水泉必香，陶器心良，火齐心得。"此为黄酒酿造法之精华。1932 年，当时全国著名的微生物和发酵专家方心芳先生，到杏花村"义泉涌"酒家考察，把汾酒酿造的工艺一概归结为"七大秘诀"，即"人必得其精，水必得共甘，曲必得其时，高粱必得其真实，陶具必得其洁，缸必得其湿，火必得其缓"的"清蒸二次清"工艺，为继承和发扬我国传统名酒作出了卓越贡献。1964 年，轻工业部当时为了进一步发扬我国传统名酒技艺，以汾酒工艺为试点，组织了全国著名发酵专家秦含章先生为核心的技术力量，系统地总结和论证了汾酒生产工艺的科学性、正确性，为进一步开展对汾酒的科学研究奠定了坚实的基础。

【四川郎酒】

郎酒的原产地二郎滩是一方神韵十足的风水宝地。发源于云贵高原的赤水河，绵延千余公里，其流域千沟万壑，海拔最高可达到 1000 米以上，而流经二郎滩，却陡然降至 400 余米。千百年来，在郎酒生产基地一带已经形成了独特的微生物圈。科学工作者发现，在郎酒成品中的微生物多达 400 多种，它们中的某些种类通过一系列复杂的后期组合，替郎酒催生 110 多种芳香成分，自然形成了郎酒的独特味道。郎酒厂部右侧约两公里处的蜈蚣崖半山腰间，悬挂着两个天然酒库——天宝洞、地宝洞，这就是储藏郎酒的所在。普通的白酒，贮藏期最多一年，而郎酒起码也在三年，藏之越久，酒中的有害物质越少，酒更见其香，也更见其健康。天宝洞、地宝洞内冬暖夏凉，一年四季都保持摄氏 19 度的恒温，在洞内贮藏郎酒，能够使新酒醇化老熟更快，且酒的醇度和香气更佳。天然溶洞贮藏白酒，这在中国白酒生产厂家中是独一无二的。在郎酒的"四宝"中，美境、郎泉和宝洞都是上天的馈赠，而其精湛的酿制工艺，则是郎酒人世世代代苦心经营所成，不断总结前人经验又推陈出新的结果。郎酒的全套酿制工艺，艰难曲折，一唱三叹，细致周密。精湛考究，概括起来大致有这样一些基本的环节："高温制曲"、"两次投粮"、"凉堂堆积"、"回沙发酵"、"九次蒸酿"、"八次发酵"、"七次取酒"、"历年洞藏"和"盘勾勾兑"。其中郎酒主要的"回沙方式"的生产特点，是其他香型白酒厂家无法效仿的，也是生产酿造周期最长的白酒。

【古井贡酒】

古井贡酒作为中国的老八大名酒之一，真可谓是历史悠久、源远流长。公元196 年，曹操将家乡亳州产的"九酝春酒"和酿造方法晋献给汉献帝刘协，此后一直作为皇室贡品。它以"色清如水晶、香醇似幽兰、入口甘美醇和、回味经久不息"的独特风格，先后四次蝉联全国白酒评比金奖，是巴黎第十三届国际食品博览会上唯一获金奖的中国名酒代表，先后获得中国驰名商标、中国原产地域保护产品、国家文物保护单位、国家非物质文化遗产保护项目等多项殊荣，被世人誉为"酒中牡丹"。

【陕西西凤酒】

西凤酒产于凤翔县柳林镇，始于殷商，盛于唐宋，历史悠久，文化灿烂，是我国名酒之一。凤翔就是我国民间传说中产凤凰的地方，有凤鸣岐山、吹箫引凤等故事。唐朝以来，又是西府台的所在地，人称西府凤翔。酒遂因此而得名。史载此酒在唐代就以"醇香典雅、甘润挺爽、诸味协调、尾净悠长"列为珍品。苏轼在凤翔做官时，酷爱此酒，曾有"柳林酒，东湖柳，妇人手（手工艺）"的诗句，后来传为佳话。在 1867 年（清光绪二年）举行的南洋赛酒会上，曾经一度荣获二等奖，遂蜚声国外。

1910 年，在南洋劝业赛会上荣获银质奖，随即就被列为世界名酒。

1915 年，在巴拿马万国博览会上荣获金质奖。

1928 年，在中华国货展览会上荣获银质奖。

1952 年，在第一届全国评酒会上被评为四大名酒之一。

1963 年，在第二届全国评酒会上被评为八大名酒之一。

1979 年，在第三届全国评酒会上被评为国家优质酒。

1984 年，在第四届全国评酒会上被评为国家名酒。

1989 年，在第五届全国评酒会上被评为国家名酒。

1992 年，在巴黎国际食品博览会上获金奖，并获首届巴黎国际名优酒展评会金奖。

1994 年，荣获国际名酒香港博览会白酒特别金奖。

1995 年，荣获 1995 年度全国市场认可名酒金奖。

2000 年，西凤酒被国内贸易部授予中华老字号称号。

2002 年，被中国酒业协会确认产品质量保持并提高了中国名酒（国家金质奖）水平。

2003 年，西凤酒荣获国家原产地域保护产品称号。

2005 年，荣获中国第六届国际评酒会特别金奖。

2005 年，西凤酒牌商标荣获中国驰名商标。

2006 年，荣获首批国家酒类质量等级认证优级产品。

2006 年，荣获中国白酒工业十大竞争力品牌称号。

【贵州董酒】

董酒产于贵州省遵义市董酒厂，1929 至 1930 年期间一直由程氏酿酒作坊酿出董公寺窖酒，1942 年定名为"董酒"。1957 年开始建立遵义董酒厂，1963 年第一次被评为国家名酒，1979 年后都被评为国家名酒，1963 年被命名为贵州省名酒，1986 年曾经获贵州省名酒金樽奖，1984 年获轻工业部酒类质量大赛金杯奖，1988 年获轻工业部优秀出口产品金奖，1963 年、1979 年、1984 年、1988 年在全国第二、三、四、五届评酒会上荣获"中国名酒"称号及金质奖；1991 年在日本东京第三届国际酒、饮料酒博览会上也荣获金牌奖；1992 年在美国洛杉矶国际酒类展评交流会上获华盛顿金杯奖。

董酒的香型既不同于浓香型，也完全不同于酱香型，而属于其他香型。该酒的生产方法独特，将大曲酒和小曲酒的生产工艺巧妙地融合在一起。董酒属大曲其他香型优质白酒。它以其独特的酿造工艺、典型的风格和优良的品质驰名中外，在中国名酒中出类拔萃。董酒是董香型白酒。董酒无色，清澈透明，香气幽雅舒适，既有大曲酒的浓郁芳香，同时又有小曲酒的柔绵、醇和、回甜，还有淡雅舒适的药香和爽口的微酸，入口醇和浓郁，饮后甘爽味长。因为酒质芳香奇特，被人们誉为其他香型白酒中独树一帜的"董香型"典型代表，是中国老八大名酒之一，20 世纪 80 年代与茅台、五粮液、泸州老窖齐名，贵州省仅有的两大国家名酒之·。它是中国传统文化深厚根基的民族历史瑰宝，是承袭中国数千年酿酒文化脉络的真正活化石，代表了中华民族千年沉淀的中医养生传统文化，它是中国白酒行业中极具中华民族特色的传统产品。

董酒的生产工艺和配方在当今世界上举世无双，在蒸馏酒行业中独树一帜，被国家权威部门永久列为"国家机密"。2008 年 8 月，由国家主管部门正式公开确定"董香型"白酒地方标准，而董酒则是国内"董香型"白酒的优秀代表。

遵义酿酒历史十分悠久，据考古出土文物证明，早在旧石器时代，距今约二十万年前，遵义一带就有人类劳动生活。董酒，秉承"药食同源"、"酒药同源"的人类酿酒起源的脉络，其酿造脉络目前已经能够追溯到远古时期，盛世于魏晋南北朝时期，具有亘古千年的历史。

董酒以其独创的串香工艺和配方"百草单"、"产香单"曾三次被列为国家机密。1983 年国家轻工业部早已将董酒工艺、配方列为科学技术保密项目"机密"级。1994 年和 2006 年，国家科学技术部、国家保密局又重申这一项目再次为"国家秘密技术"，对外可参观，不介绍、不拍照、严禁对外宣传，保密期一度限为长期。因此董酒是唯一被先后三次列为"国家机密"的名酒。

【四川剑南春】

绵竹剑南春酒，原产于四川省绵竹县，因绵竹在唐代属剑南道，故称"剑南春"。四川的绵竹县素有"酒乡"之称，绵竹县也因产竹产酒而得名。早在唐代就盛产名闻遐迩的名酒——"剑南烧春"，相传李白为喝此美酒曾在这里把皮袄卖掉换钱痛饮，留下"士解金貂"、"解貂赎酒"的佳话。北宋苏轼曾经称赞"甘露微浊醍醐清"，其酒之引人可见一斑。唐宪宗后期李肇在《唐国史补》中，也曾经将剑南烧春列入当时天下的十三种名酒之中。现在可见的酒厂建于 1951 年 4 月。剑南春酒问世后，质量不断提高，1979 年第三次全国评酒会上，首次被评为国家名酒。

酒典、酒德、酒礼与酒令

酒　典

【酒池肉林】

商代晚期的帝王，多半是荒淫暴虐之主，一味追求享受安乐。商代的贵族也多酗酒，据现代人分析推测，因为当时的盛酒器具和饮酒器具多为青铜器，而很多器具中含有锡，锡溶于酒中，使人饮后中毒，身体状况日益下降。商末帝纣，是一个好色好酒之人，《史记·殷本纪》中记载："（纣）以酒为池，县（悬）肉为林，使男女裸相逐其间，为长夜之饮。"后人常用"酒池肉林"来形容生活奢靡，纵欲无度。商纣的暴政，最终造成了商代的灭亡。周代在商人的聚集地曾经公布严厉的禁酒令。

以酒误事误国的例子在古代比比皆是，楚恭王与晋国的军队战于鄢陵，楚国打了败仗，楚恭王的眼睛也中了一箭，为准备下一次战斗，遂召大司马子反前来商议，子反却喝醉了酒，不能前来。楚恭王只得仰天长叹，说"天败我也"，将因酒贻误战事的子反杀了。

帝王因酒误事有时候也是好事，如齐桓公由于醉酒，将帽子丢了，齐桓公为此事感到羞耻，所以三天都不上朝，时逢粮荒，管仲只好自作主张，打开公家的粮仓，救济灾民。灾民欣喜若狂，当时流传着一句民谣说：（齐桓公）为什么不再丢一次帽子啊！

【箪醪劳师】

东周春秋时期，越王勾践被吴王夫差战败后，为了完成"十年生聚，十年教训"的复国大略，于是，下令鼓励人民生育，并用酒作为生育的奖励品："生丈夫，二壶酒，一犬；生女子，二壶酒，一豚"。后来，越王勾践率兵伐吴，临出征之前，越中父老献美酒于勾践，勾践把酒倒在河的上游，与将士一同迎流共饮，士卒士气大振，绍兴如今还有"投醪河"。类似的历史故事如《酒谱》中所记载，战国时期，秦穆公讨伐晋国，来到河边，秦穆公准备犒劳将士，以鼓舞将士，可是酒醪却只有一盅，有人说，就算只有一粒米，投入河中酿酒，也能让大家分享，于是秦穆公将这一盅酒倒入河中，三军共饮。

【鲁酒薄而邯郸围】

"鲁酒薄而邯郸围"的故事，讲的是楚宣王会见诸侯，鲁国恭公迟到了而且所献之酒很淡薄，楚宣王甚怒。恭公说，我乃周公之后，勋在王室，给你送酒本来已经是有失礼节和身份的事了，可你还指责酒薄，不要太过分了，遂不辞而归。宣王于是发兵与齐国攻鲁国。齐国始终都想进攻赵国，可是却畏惧楚国会帮助赵国，这次楚国有求，便不必再害怕楚国来找麻烦了，于是赵国的邯郸由于鲁国的酒薄不明不白地做了牺牲品。

【鸿门宴】

秦朝末期，刘邦与项羽各自攻打秦王朝的部队，刘邦兵力不及项羽，却率先攻破咸阳（秦始皇的都城），项羽大怒，派当阳君击关，项羽入咸阳之后，来到戏西，而刘邦则在霸上驻军。有人在项羽面前说刘邦准备在关中称王，项羽听后更是怒火中烧，命令次日一早让兵士饱餐一顿，击败刘邦的军队。一场恶战在即。刘邦从项羽的季父项伯口中得知这件事后，大吃一惊，刘邦双手毕恭毕敬地给项伯捧上一杯酒，祝项伯身体健康长寿，并约为亲家，刘邦在感情上的拉拢，说服了项伯，项伯答应为他在项羽面前说情，并让刘邦次日前来拜谢项羽。鸿门宴上，尽管不乏美酒佳肴，可是却暗藏杀机，项羽的亚父范增，一直主张杀掉刘邦，在酒席宴上，再三示意项羽发令，可是项羽却迟疑不决，默然不应。范增召项庄舞剑为酒宴助兴，想趁机杀掉刘邦，项伯为了保护刘邦，也拔出剑来起舞，掩护了刘邦，在危急关头，刘邦部下的樊哙带剑拥盾闯入军门，怒目直视项羽，项羽看到此人气度不凡，询问来者何人，当得知是刘邦的参乘时，即命赐酒，樊哙立即一饮而之，项羽命赐猪腿后，又问能再饮酒吗，樊哙说，臣死且不避，一杯酒还有什么值得推辞的。樊哙还借机说了一番刘邦的好话，项羽无言以对，刘邦乘机一走了之。刘邦的部下张良为刘邦推脱，说刘邦不胜饮酒，不能前来辞别，在此向大王献上白璧一双，并向大将军（亚父范增）献上玉斗一双，请收下。不知深浅的项羽收下了白璧，范增气得火冒三丈，拔剑将玉斗击碎。后人将鸿门宴喻指暗藏杀机。

【汉高祖醉斩白蛇】

《史记·高祖本纪》中有云：秦始皇末期，刘邦（汉高祖）做亭长时，向骊山押送劳工，可是在路上，劳工大多在路上死亡，来到丰西泽中时，便将劳工放走，结果只有十来个壮士愿意跟随刘邦。夜里，刘邦喝醉了酒，命一人前行，前行者回报，前方有一条大蛇阻挡在路中。刘邦正在酒意朦胧之中，什么也不怕，说：是壮士的跟我来，怕什么！于是勇往直前，他挥剑把挡路的大白蛇斩为两段。路开通了，走了数里路，刘邦困了，倒头便睡着了。有一老妇人在蛇被杀死的地方痛哭，有人问她为什么哭，老妇人说，有人将我儿子杀死了，有人又问，何以见得你儿子被杀？老妇人回答说，我的儿子，就是化成蛇的白帝子，由于挡在路上被赤帝子所斩。后来有人将这件事告知刘邦，刘邦听后暗自高兴，颇为自负。

【文君当垆】

有《史记·司马相如列传》记载，临邛有一富家卓王孙之女文君新寡，十分爱慕司马相如，后来两人私奔到四川成都，由于家徒四壁，文君家又不予资助，两人来到临邛，尽卖其车骑后，买下一酒舍，酤酒而令，文君当垆。司马相如穿着一条老百姓才穿的裤子，亲自洗着酒器。这个故事后来成为夫妇爱情坚贞不渝的佳话。历史上临邛也成为造酒之乡，名酒辈出。于是，文君酒成为历史名酒，唐代罗隐的《桃花》诗曰"数枝艳拂文君酒"，民间传说中还有"文君井"。陆游的《文君井》诗曰："落魄西州泥酒杯，酒酣几度上琴台。青鞋自笑无羁束，又向文君井畔来。"

【青梅煮酒论英雄】

青梅煮酒论英雄是我国著名历史小说《三国演义》第二十一回中所讲述的一个

故事。东汉末期，曹操挟天子以令诸侯，势力很大；尽管刘备是皇叔，却势单力薄，为防曹操谋害，只好在住处后园种菜，亲自浇灌，以为韬晦之计。关云长和张飞却被蒙在鼓中，说刘备不关心天下大事，却学小人之事。有一天，刘备正在浇菜，曹操差人请刘备，刘备只得忐忑不安地入府见曹操。曹操不动声色地对刘备说，"在家做得大好事！"说者有意，听者更有心，此话将刘备吓得面无人色，曹操又转口说，你学种菜，不容易，这才让刘备稍稍安心下来。曹操说，刚刚看见园内枝头上的梅子青青的，想起从前一件往事（"望梅止渴"），今天见此梅，不能不赏，恰逢煮酒正熟，所以邀你来小亭一会。刘备听后心神方定。随曹操来到小亭，只见各种酒器已经摆好，盘内放着青梅，于是就将青梅置于酒樽中煮起酒来，二人对坐，开怀畅饮。酒至半酣，忽然间阴云密布，大雨将至，曹操大谈龙的品行，又将龙比作当世英雄，问刘备，请他讲讲当世英雄是谁，刘备装作胸无大志的模样，说出几个人，都被曹操否定。其实曹操此刻是想打探刘备的心理活动，看他有没有称雄于世的想法，于是说："夫英雄者，胸怀大志，腹有良谋，有包藏宇宙之机，吞吐天下之志者也。"刘备反问，谁能当英雄呢？曹操开门见山地说：当今天下英雄，只有你和我两个！刘备一听，猛吃一惊，手中拿的筷子，也不知不觉地掉到了地上。正巧突然下大雨，雷声大作，刘备灵机一动，从容地弯下身拾起筷子，说是由于害怕打雷，才掉了筷子。曹操此时才放心地说，大丈夫也惧怕打雷吗？刘备说，连圣人对迅雷烈风都会失态，我还能不怕吗？刘备通过这样的掩饰，使曹操认为自己是个胸无大志，胆小如鼠的庸人，从此之后，曹操再也不疑刘备了。

【竹林七贤与青州从事，平原督邮】

"竹林七贤"是指晋代的七位名士：阮籍、嵇康、山涛、刘伶、阮咸、向秀和王戎。他们桀骜不驯，常于竹林下，酣歌纵酒。七位名士中最为著名的酒徒是刘伶。刘伶自诩："天生刘伶，以酒为名，一饮一斛，五斗解酲。"《酒谱》中记载刘伶经常随身带着一个酒壶，乘着鹿车，边走边饮酒，还有一人带着掘挖工具紧随车后，什么时候死了，就地埋之。阮咸饮酒更是狂放不羁，他每次与人共饮，都是以大盆盛酒，不用酒杯，更不需勺酒器具，大家围坐在酒盆周围以手捧酒喝。猪群来饮酒，不仅不赶，阮咸还凑上去与猪一齐饮酒。刘伶曾经写下《酒德颂》一首，意思是：

自己行无踪，居无室，幕天席地，纵意所如，无论是停下来还是行走，随时都提着酒杯饮酒，唯酒是务，焉知其余。毫不在意其他人怎么说。别人越要评说，自己反而更加要饮酒，喝醉了就睡，醒过来也是迷迷糊糊的，即便一个惊雷打下来，也充耳不闻，面对泰山也视而不见，不知天气冷热，也不知世间利欲感情。

刘伶的这首诗，充分反映出晋代时期文人的心态，即因为社会动荡不安，长时间处于分裂状态，统治者对一些文人的政治迫害，使文人只能借酒浇愁，或以酒避祸，以酒后狂言发泄对当时政事的不满。另有史料记载，魏文帝司马昭欲为其子求婚于阮籍之女，阮籍借醉 60 天，令司马昭没有任何机会开口，逐作罢。这些事在当时颇具有代表性，对后世影响也特别大。

【清圣浊贤与青州从事，平原督邮】

三国魏初建时期，曹操严厉禁酒，人们只能背地里偷着饮酒，但讳言酒字，故以"贤人"来比喻"白酒"（或"浊酒"），以"圣人"来比喻"清酒"，于是清贤浊圣演变成一个典故。此外还有一个"青州从事，平原督邮"的成语，也是美酒和恶酒的隐语。南朝时期的刘义庆在《世说新语》中记载，桓温手下的一个助手善于辨别酒的好坏，他将好酒叫作"青州从事"。青州为地名，青州的辖境内有个地方叫齐郡，"齐"喻"肚脐"，之所以将好酒叫作"青州从事"，是由于好酒喝下去后，酒气能够通到脐部；他把坏酒称作"平原督邮"，是由于平原的辖境内有个地方叫鬲县，"鬲"喻"膈"，大意是说坏酒喝下去，酒气只会通到膈部。

【饮中八仙】

唐朝著名诗人杜甫曾经作过一首著名的诗《饮中八仙歌》，对唐朝八位嗜酒如命的名人作了生动的描写。诗的内容是：

知章骑马似乘船，眼花落井水中眠。

汝阳三斗始朝天，道逢曲车口流涎，

恨不移封向酒泉。左相日兴费万钱，

酒典、酒德、酒礼与酒令

117

饮如长鲸吸百川，衔杯乐圣称避贤。

宗之潇洒美少年，举觞白眼望青天，

皎如玉树临风前。苏晋长斋绣佛前，

醉中往往爱逃禅。李白一斗诗百篇，

长安市上酒家眠，天子呼来不上船，

自称臣是酒中仙。张旭三杯草圣传，

脱帽露顶王公前，挥毫落纸如云烟。

焦遂五斗方卓然，高谈阔论惊四筵。

【杯酒释兵权】

杯酒释兵权的故事是说宋代第一个皇帝赵匡胤自从陈桥兵变、一举夺得政权之后，一直担心从此之后他的部下也会效仿，想解除手下一些大将的兵权。于是在961年，安排酒宴，招来禁军将领石守信、王审琦等饮酒，让他们多积金帛田宅以遗子孙，歌儿舞女以终天年，以此解除了他们手中的兵权。在969年，又将节度使王彦超等招来宴饮，解除了他们手中的藩镇兵权。宋太祖的做法后来一直被他的后辈沿用，主要是为了避免兵变，可是如此一来，兵不知将，将不知兵，能调动军队的不能直接带兵，能直接带兵的又无法调动军队，虽然成功地避免了军队的政变，可是却削弱了部队的作战能力。因此宋朝在与辽、金、西夏的战争中，连连败北。

除了上文历史故事外，在历代文学作品中，还有很多脍炙人口的与酒有关的描述，像荆轲饮燕市，《三国演义》里的张飞醉服严颜，关羽温酒斩华雄，《水浒传》里的景阳冈武松醉打老虎，鲁智深大闹五台山，《西游记》里的孙悟空偷饮长生不老酒，《红楼梦》里的万艳同杯（悲），等等。

【高阳酒徒】

对好喝酒的人，也可将他称为酒民、酒士，甚至酒鬼、酒狂，如果以"酒徒"称之，就有点不敬了。也有例外，古代有个人，自称酒徒，只有这样一条，就得到了最高主管的赏识并且还拿到了想要的职位。面试他的不是别人，居然是刘邦。

秦朝末年，群雄并起，造反的风暴，霎时间席卷了全国，其中有一支起义军的领袖，名为刘邦，此人本身是个小混混，好酒又好色，由于醉酒斩白蛇，有了名声，起兵反秦，为大富豪吕公所识，于是娶其女吕后为妻。刘邦原本是个酒徒，最看不起儒生，若有儒生前来投奔求职，他就摘下其帽，向里面撒尿。

却说有个高阳人郦食其，也是一个无业游民，少有壮志，喜欢读书，但是家境贫寒，又贪杯嗜酒，故怀才不遇，岁月飞逝到了耳顺之年，垂垂老矣。这一天听说刘邦来了，准备去投奔。

当时刘邦正坐在床上，有两个女人在给他洗脚，以为又来了个儒生，大声叫道："哪里来的儒生，让他走人，没有工夫跟他磨牙！"

郦食其在外面一听，很恼火，大喊道："我不是儒生，乃高阳一酒徒也！"

酒徒见酒徒，两眼泪汪汪。刘邦连脚都没顾上擦，立刻请郦食其进帐议事，当时刘邦拥兵不满万人，想要攻打陈留，正苦于无计。郦食其为他出了个里应外合的计谋，并进城作了内应，一举得胜。

后来，郦食其又给刘邦出了很多计谋，瓦解诸侯，游说四方，出谋划策，立下汗马功劳。

最后，剩下刘项二霸，楚汉相争时，郦食其提议收服兵多将广、雄踞一方的齐王田广，而且自告奋勇深入虎穴。

就在谈判一点点进展时，刘邦手下大将韩信袭击了田广，田广大怒，觉得郦食其耍了他，就将郦食其杀了。确切来说，是将他煮了。郦食其渐渐被人淡忘，可是"高阳酒徒"一词却家喻户晓，但凡好饮贪杯狂放不羁之人，都以此来自喻。

酒德和酒礼

【酒德】

历史上，儒家的学说一直被奉为治国安邦的正统思想，酒的习俗同样也受到了儒家酒文化观念的影响。儒家讲究"酒德"两字。

酒德两字，最早在《尚书》和《诗经》中有记载，大意是说饮酒者应有德行，不能像夏纣王那般，"颠覆厥德，荒湛于酒"，《尚书·酒诰》中集中反映了儒家的酒德，这便是："饮唯祀"（只有在祭祀时才能饮酒）；"无彝酒"（不要经常饮酒，平常少饮酒，以节约粮食，只有在有病时才宜饮酒）；"执群饮"（禁止民从聚众饮酒）；"禁沉湎"（禁止饮酒过度）。儒家并不是反对饮酒，而是以酒祭祀敬神，养老奉宾，此为德行。

【酒礼】

饮酒作为一种饮食文化，在远古时期就形成了很多人们必须遵守的礼节。有时这种礼节还十分烦琐。但如果在一些重要的场合下不遵守，就会有犯上作乱的嫌疑。又因为饮酒过量，便无法自制，容易生乱，因此制定饮酒礼节就很重要。明代的袁宏道，见到酒徒在饮酒时不遵守酒礼，深感长辈有责任，于是从古代的书籍中收集了很多的资料，专门写了一篇《觞政》。尽管这是为饮酒行令者写的，可是对于一般的饮酒者也具有一定的意义。我国古代饮酒有以下一些礼节：

主人与宾客共饮时，应相互跪拜。晚辈在长辈面前饮酒，叫侍饮，通常要先行跪拜礼，然后坐入次席。长辈命晚辈饮酒，晚辈方能举杯；长辈酒杯中的酒尚未饮完，晚辈也不得先饮尽。

古代饮酒的礼仪主要分为四步：拜、祭、啐、卒爵。就是先作出拜的动作，以表明敬意，然后将酒倒出一点在地上，祭谢大地生养之德；接着尝尝酒味，并加以赞扬令主人高兴；最后仰杯而尽。

在酒席宴上，主人应向客人敬酒（叫酬），客人要回敬主人（叫酢），敬酒时有人还说上几句敬酒辞。客人双方相互也可敬酒（叫旅酬）。有时还需依次向人敬酒（叫行酒）。敬酒时，敬酒的人和被敬酒的人都应"避席"，起立。普通敬酒以三杯为宜。

酒的餐桌礼仪

【酒宴上的谈吐】

谈起喝酒，差不多所有的人都有过切身体会，"酒文化"也是一个既古老而又新鲜的话题。现代人在日常的交际过程中，已经越来越多地发现了酒的作用。

的确，酒作为一种特殊的交际媒介，迎宾送客，聚朋会友，彼此沟通，传递友情，发挥了独到的作用，因此，学习一下酒桌上的"奥妙"，有助于你与人交际的成功。

（1）众欢同乐，切忌私语

大多数酒宴宾客都较多，所以应尽可能多谈论一些大部分人能够参与的话题，得到多数人的认同。因为个人的兴趣爱好、知识面多有差异，所以话题尽量不要太偏，避免唯我独尊、天南海北、神侃无边，出现跑题现象，而忽略了众人。尤其是尽量不要与人贴耳小声私语，给别人一种神秘感，常常会产生"就你俩好"的嫉妒心理，影响喝酒的效果。

（2）瞄准宾主，把握大局

现在的大多数酒宴都有一个主题，也就是喝酒的目的。赴宴时首先应环视一下各位的神态表情，分清主次，不要单纯地为了喝酒而喝酒，而失去交友的好时机，更不要让某些哗众取宠的酒徒搅乱东道主的本意。

（3）语言得当，诙谐幽默

酒桌上完全能够显示出一个人的才华、常识、修养和交际风度，有时一句诙谐幽默的语言，会给客人留下非常深刻的印象，使人无形中对你产生好感。所以，应该知道什么时候该说什么话，语言得当，诙谐幽默很重要。

（4）劝酒适度，切莫强求

在酒桌上常常会遇到劝酒的现象，有的人总喜欢把酒场当战场，想方设法劝别人多喝几杯，认为不喝到量就是不够意思。"以酒论英雄"，对酒量大的人还可以，酒量小的就犯难了，有时过分地劝酒，会将原有的朋友感情搞得有些生分。

（5）察言观色，了解人心

要想在酒桌上得到大家的一致赞赏，就必须学会察言观色。因为与人交际，就要了解人心，左右逢源，只有这样才能演好酒桌上的角色。

（6）锋芒渐射，稳坐泰山

酒席宴上要看清场合，正确估价自己的实力，不要太冲动，尽可能保留一些酒力和说话的分寸，既不让别人小看自己又不要过分地表露自身，选择合适的机会，逐渐放射自己的锋芒，才能稳坐泰山，这样才能不至于给别人产生"就这点能力"的想法，使大家不敢低估你的实力。

【酒桌上的规矩】

规矩一：酒桌上尽管"感情深，一口闷；感情浅，舔一舔"，但是喝酒的时候绝不能把这句话经常挂在嘴上。

规矩二：韬光养晦，厚积薄发，千万不可一上酒桌就充大。

规矩三：领导相互喝完才能够轮到自己敬。

规矩四：可以多人敬一人，绝不可一人敬多人，除非你是领导或者当场的权威人物。

规矩五：自己敬别人，如果不碰杯，自己喝多少可根据当时的具体情况而定，比如对方的酒量、对方喝酒的态度，切不可比对方喝得少，要清楚是自己敬人。

规矩六：自己敬别人，如果碰杯，一句"我喝完，你随意"，方显心胸宽广。

规矩七：自己职位卑微，记得多给领导添酒，不要随意给领导代酒，就是要代，也要在领导确实想找人代，还要装作自己是因为想喝酒、而不是为了给领导代酒而喝酒。要是领导甲不胜酒力，可以通过旁敲侧击把准备敬领导甲的人拦下。

规矩八：端起酒杯（啤酒杯），右手扼杯，左手垫杯底，记着自己的杯子永远要低于在场同桌的别人。自己如果是领导，知趣点，不要放太低，不然怎么叫下面的做人？

规矩九：要是没有什么特殊人物在场，碰酒最好按时针顺序，不要厚此薄彼。

规矩十：碰杯、敬酒，要有说辞，不然，我为什么要喝你的酒？

规矩十一：桌面上不谈生意，喝好了，生意也就差不多了，大家心里面了然，不然人家也不会敞开了跟你喝酒。

规矩十二：不要装傻，说错话、办错事，不要拼命申辩，自觉罚酒才是硬道理。

规矩十三：假如，纯粹是假如，遇到酒不够的情况，酒瓶放在桌子中间，让人自己随意添，不要去一个一个倒酒，否则后面的人没酒怎么办？

规矩十四：最后一定还有一个闷杯酒，所以，不要让自己的酒杯空着。

规矩十五：注意酒后不要失言，不要说大话，不要失态，不要唾沫横飞，不要筷子随意乱甩，不要手指乱指，不要喝汤噗噗响，不要放屁打嗝，憋不住上厕所去，因为没人拦你。

规矩十六：不要把"我不会喝酒"挂在嘴上（如果你会喝的话），免得别人骂你虚伪，无论你信不信，人能不能喝酒还真能看出来。

规矩十七：领导跟你喝酒，是给你面子，无论领导要你喝多少，自己先干为敬，双手，杯子要低。

规矩十八：花生米对喝酒人来说，是个绝佳的下酒小菜。保持清醒的头脑，酒后嘘寒问暖是少不了的，一杯酸奶、一杯热水、一条热毛巾，都显得你真是关怀备至。

【酒桌上的座次讲究】

亲朋聚会，客人来访，免不了要坐下来就势喝上几杯。然而，酒桌上的座次，谁坐在什么位置可是有讲究的。有时亲戚朋友在一起可能还可以随便些，而要是接待客人就要讲究点规矩了。酒桌上的座次到底如何来排，可能各地风俗不同，排法也不尽相同。经历了这么久，还是不能完全领会。但总体来说，关于酒桌上的座次可以分以下三种情形：

（1）家庭聚会

家庭聚会酒桌上的座次，通常是要按照辈分高低、年龄大小来排序的。也就是就，不论谁请客，辈分最高或年龄最长者要坐在最里面面向门口的主要位置；接下来可按辈分或年龄依次一左一右地排列。有时还要在长辈旁边安排一位长辈喜欢的小孩，一般都是隔代人。如果是长辈请客，估计要指派一人坐在靠近门口的位置，负责做好各项招待工作；如果是晚辈请客，请客者会自然坐在靠近门口的那个位置。

（2）朋友聚会

朋友、同学、战友等聚会，酒桌上的座次，通常情况下是谁请客谁坐在面向门口的位置，也叫"坐东"或"庄主"，有时庄主也可能把此位置让给在场的职位较高或德高望重者，其余的可以按年龄大小依次一左一右地排列。因为都是朋友，所以有时也不必太计较这些，谁坐哪儿都无关紧要，但庄主的位置别人是不会主动去坐的。

（3）接待客人

接待客人一般属于外交范畴，酒桌上的座次讲究可能多一些。一般来讲，接待客人分主客两方。总体来说，酒桌上的座次是"尚左尊东"、"面朝大门为尊"。若是圆桌，则正对大门的为主客，主客左右手边的位置，则以离主客的距离来看，越靠近主客位置显得越尊，相同距离则左侧尊于右侧。要是八仙桌，如果有正对大门的座位，则正对大门一侧的右位为主客。要是不正对大门，则面东的一侧右席为首席。

如果为大宴，桌与桌间的排列一般讲究首席居前居中，左边依次2、4、6席，右边为3、5、7席，根据主客身份、地位、亲疏分坐。

如果你是主人，你一定要提前到达，然后在靠门位置等待，并为来宾引座。如果你是被邀请者，那么就应该听从东道主的安排入座。

一般情况下，如果你的老板出席的话，你应该将老板引至主座，请最高级别的客户坐在主座左侧位置。除非这次招待对象的领导级别相当的高。

如果是一间房间的雅座，正冲着门口的座位是主陪，就是主家，也就是请客的东家。他面对着门是有一定道理的，因为客人未必就是同时来到，这样便于看到每一位客人的来临，可以及时站起来迎接客人。如果是多间的雅座，同时可能配备有休息室，一般每间都会有个装饰的门，冲着这个装饰门的就是主陪。再就是酒桌上的手绢也能间接地看出来，主陪、副陪、主宾、副宾的手绢都有特殊的造型，这个可以适当留意一下。再就是有时候客人没来全，主要是主宾没来，大家通常都不会落座，都在休息间坐沙发上等，这个时候不要一屁股坐下。

客人全部落座，主陪的右手边是主宾，就是这场宴请的主角，左手边是副宾。如果主人对宴请的一行人不是很熟悉，这里面肯定有一个和主陪比较熟悉的人，他会请这个人安排主宾、副宾的位置。一般主宾落座，会安排其他随他来的客人的具体位置。

主宾通常很好安排，谁的官大谁就座，倒是不分年纪大小，除非这个该坐主宾位置的人自己让给他曾经的老领导、师傅等他比较尊敬的人，那应当另作安排。副陪坐在主陪的对面，坐在"副陪"右面的叫"三宾"，左面的叫"四宾"。服务员在实际倒酒的时候，是顺时针，从主宾开始，主陪、副宾依次过来。上菜的时候也是需要放到托盘上，然后顺时针转到主宾的面前。

【敬酒礼仪】

中国人的好客，在酒席上简直是发挥得淋漓尽致。人与人的感情交流往往在敬酒时得到升华。中国人敬酒时，常常都想对方多喝点酒，以表示自己尽到了主人之谊，客人喝得越多，主人就越高兴，这就表明是客人看得起自己，如果客人不喝酒，主人就会觉得有失面子。

（1）敬酒的方式

有人总结到，劝人饮酒有下列几种方式："文敬"、"武敬"、"罚敬"。这些做法有其淳朴民风遗存的一面，也有不少的副作用。

"文敬"是传统酒德的一种体现，也就是有礼有节地劝客人饮酒。

酒席开始，主人往往在讲上几句话后，便开始了第一轮的敬酒。这时，宾主都要起立，主人先将杯中的酒一饮而尽，并将空酒杯口朝下，这样就表明自己已经喝完，以示对客人的尊重，客人一般也要喝完。在席间，主人常常还分别到各桌去敬酒。

"回敬"：这是客人向主人敬酒。

"互敬"：这是客人与客人之间的"敬酒"，通常为了使对方多饮酒，敬酒者会找出种种必须喝酒理由，若被敬酒者无法找出反驳的理由，就得喝酒。在这种双方寻找论据的同时，人与人的感情交流得到升华。

"代饮"：既不失风度，又不使宾主扫兴的躲避敬酒的方式。本人不会饮酒，或饮酒太多，但是主人或客人又非得敬上以表达自己的敬意，这时，就可请人代酒。代饮酒的人一般与他有特殊的关系。一般在婚礼上，男方和女方的伴郎和伴娘往往是代饮的首选人物，故酒量必须大。为了劝酒，酒席上经常会有许多趣话，如"感情深，一口闷；感情厚，喝个够；感情浅，舔一舔"。

"罚酒"：这是中国人"敬酒"的一种特有的方式。"罚酒"的理由也是五花八门。最为常见的可能是对酒席迟到者的"罚酒三杯"。有时也不免带点开玩笑的意味。

敬酒也就是祝酒，是指在比较正式的宴会上，由男主人向来宾提议，提出某个事由而饮酒。在饮酒时，一般要讲一些祝愿、祝福类的话，甚至主人和主宾还要发表一篇专门的祝酒词。祝酒词内容越短越好。敬酒可以随时在饮酒的过程中进行，如果致正式祝酒词，就应在特定的时间进行，不要影响来宾的用餐。祝酒词一般适合在宾主入座后、用餐前开始。也可以在吃过主菜后、甜品上桌前单独进行。

在饮酒尤其是祝酒、敬酒时进行干杯，需要有人率先提议，可以是主人、主宾，也可以是在场的人。提议干杯时，应随即起身站立，右手端起酒杯，或者用右手拿起酒杯后，再以左手托扶杯底，面带微笑，目视祝酒对象，嘴里同时说着祝福的话。

有人提议干杯后，要手拿酒杯起身站立。就算是滴酒不沾，也要拿起杯子做做样子。将酒杯举到眼睛高度，说完"干杯"后，将酒一饮而尽或适量饮用。然后，还要手拿酒杯与提议者对视一下，这个过程才算真的结束。

在中餐里，干杯前，可以象征性地和对方碰一下酒杯。碰杯的时候，需要让自己的酒杯低于对方的酒杯，这就足以表示你对对方的尊敬。用酒杯杯底轻碰桌面，也可以表示和对方碰杯。当你离对方比较远时，完全可以用这种方式代劳。要是主人亲自敬酒干杯后，要回敬主人，和他再干一杯。

通常情况下，敬酒应以年龄大小、职位高低、宾主身份为先后顺序，一定要充分考虑好敬酒的顺序，分明主次。就算是和不熟悉的人在一起喝酒，也要先打听一下身份或是留意别人对他的称号，避免出现任何尴尬或伤感情的现象。要是你有求于席上的某位客人，对他自然要倍加恭敬。但如果在场有级别更高或年长的人，也要先给尊长者敬酒，不然会使大家很难为情。

要是因为生活习惯或健康等原因不适合饮酒，也可以委托亲友、部下、晚辈代喝或者以饮料、茶水代替。作为敬酒人，应尽量体谅对方，在对方请人代酒或用饮料代替时，不要非让对方喝酒不可，也不应该满怀好奇地"打破砂锅问到底"。要知道，别人没主动说明原因就表示对方认为这是人家的个人隐私。

在西餐里，祝酒干杯一般只用香槟酒，并且不能越过身边的人而和其他人祝酒干杯。

（2）敬酒的流程

从一般的操作流程的角度来说，敬酒要注意四个方面：

①如何斟酒

敬酒之前需要斟酒。按照惯例来说，除主人和服务人员外，其他宾客一般不要自行给别人斟酒。要是主人亲自斟酒，应该用本次宴会上最好的酒斟，宾客要端起酒杯致谢，必要的时候应该随即起身站立。

对大型的商务用餐来说，都应该是服务人员来进行斟酒。斟酒一般要从位高者开始，然后顺时针斟。要是不需要酒了，可以把手挡在酒杯上，说声"不用了，谢谢"就可以了。这时候，斟酒者就没有必要非得坚持要求斟酒。

中餐里，别人斟酒的时候，也可以回敬以"叩指礼"，尤其是自己的身份比主人高的时候。以右手拇指、食指、中指捏在一起，指尖向下，轻叩几下桌面表示对斟酒的感谢。

那么酒倒多少才合适呢？白酒和啤酒可以斟满，而其他洋酒一般就不用斟满。

②什么时候敬酒

敬酒一般应该在特定的时间进行，并以不影响来宾用餐为首要考虑因素。

敬酒通常分为正式敬酒和普通敬酒。正式的敬酒，一般是在宾主入席后、用餐前开始就可以敬，通常都是主人来敬，同时还要说规范的祝酒词。而普通敬酒，只要是在正式敬酒之后就能够开始了。但要注意是在对方方便的时候，比如他当时没有和其他人敬酒，嘴里不在咀嚼。而且，要是向同一个人敬酒，应该等身份比自己高的人敬过之后再敬。

③敬酒的顺序

敬酒按什么顺序呢？通常情况下应按年龄大小、职位高低、宾主身份为序，敬酒前一定要充分考虑好敬酒的顺序，分明主次，避免出现尴尬的情况。就算你分不清职位或不明白来人的身份高低，也要按常规的顺序敬酒，比如先从自己身边按顺时针方向开始敬酒，或是从左到右、从右到左一一进行敬酒等。

④敬酒的举止要求

不管是主人还是来宾，如果是在自己的座位上向集体敬酒，就要求首先站起身来，面含微笑，手拿酒杯，面对大家。

当主人向集体敬酒、说祝酒词的时候，在场的所有人应该一律停止用餐或喝酒。主人提议干杯的时候，所有人都要端起酒杯站起来，互相示意碰一碰。按国际通行的做法，敬酒不一定要喝干。但就算平时滴酒不沾的人，也要拿起酒杯抿上一口装装样子，以示对主人的尊重。

除了主人向集体敬酒，来宾也可以向集体进行敬酒。来宾的祝酒词可以说得更简短，甚至一两句话都足以。比如："各位，为了以后我们的合作愉快，干杯!"

平时涉及礼仪规范内容更多的还是普通敬酒。普通敬酒一般就是在主人正式敬酒之后，各个来宾和主人之间或者来宾之间互相敬酒，同时可以说一两句简单的祝酒词或劝酒词。

别人向你敬酒的时候，要手举酒杯到双眼齐高的高度，在对方说了祝酒词或"干杯"之后再喝。喝完后，还要手拿酒杯和对方对视一下，这一过程才算最终结束。

在我国，敬酒的时候还要格外注意。敬酒无论是敬的一方还是接受的一方，都要注意因地制宜、入乡随俗。我们大部分地区尤其是东北、内蒙古等北方地区，敬酒的时候往往讲究"端起即干"。在他们当地人看来，这种方式才能表达诚意、敬意。所以，在具体的应对上就应注意，自己酒量欠佳应该事先诚恳作出说明，不要看似豪爽地端着酒去敬对方，而对方一口干了，你却只是"意思意思"，常常会引起对方的不快。另外，对于敬酒的来说，如果对方确实酒量不济，完全没有必要去强求。喝酒的最高境界应该是"喝好"而不是"喝倒"。

在中餐里，还有一个规矩，即主人亲自向你敬酒干杯后，要回敬主人，和他再干一杯。回敬的时候，要右手拿着杯子，左手托底，和对方同时喝。干杯的时候，可以适当象征性地和对方轻碰一下酒杯，不要用力过猛，非听到响声不可。出于礼貌，可以使自己的酒杯较低于对方酒杯。如果和对方相距较远，可以以酒杯杯底轻碰桌面，这样也可表示碰杯。

和中餐完全不同的是，西餐用来敬酒、干杯的酒，一般都用香槟。而且，只是敬酒不劝酒，只敬酒而不真正碰杯。还不能够越过自己身边的人和相距较远者祝酒干杯，特别是交叉干杯。

今朝放歌须纵酒——酒文化卷

酒　令

【雅令和通令】

　　酒令是筵宴上助兴取乐的饮酒游戏，最早出现于西周，完备于隋唐。饮酒行令在士大夫中特别风行，他们还常常赋诗撰文予以赞颂。白居易曾经有诗曰："花时同醉破春愁，醉折花枝当酒筹。"后汉贾逵也曾经撰写《酒令》一书。清代俞效培辑成《酒令丛钞》四卷。

　　酒令分雅令和通令。雅令的行令方法是这样的：先推一人为令官，或出诗句，或出对子，其他人按首令之意续令，所续必在内容与形式上完全相符，不然则被罚饮酒。行雅令时，必须引经据典，分韵联吟，当席构思，即席应对，这就要求行酒令者既要有文采和才华，又要敏捷和机智，所以它是酒令中最能展示饮者才思的项目。例如，唐朝使节当时出使高丽，宴饮中，高丽一人行酒令即应这样对曰："许由与晁错争一瓢，由曰：'油葫芦，'错曰：'错葫芦。'"名对名，物对物，唐使臣应对得体，同时也能够看出高丽人熟识中国文化。《红楼梦》第四十回写到鸳鸯作令官，喝酒行令的情景，其中描写的是清代上层社会喝酒行雅令的风貌。

　　通令的行令方法一般主要掷骰、抽签、划拳、猜数等。通令很容易造成酒宴中热闹的气氛，所以较流行。但通令掳拳奋臂、叫号喧争，有失风度，显得粗俗、单调、嘈杂。

　　酒令由来已久，开始时可能是为了维持酒席上的秩序而设立"监"。汉代有了"觞政"，其实就是在酒宴上执行觞令，对不饮尽杯中酒的人实行某种处罚。在远古时代早就有了射礼，为宴饮而设的称为"燕射"，即通过射箭，决定胜负，负者饮酒。古人还有一种被称为投壶的饮酒习俗，最早源于西周时期的射礼。酒宴上设一壶，宾客依次将箭向壶内投去，以投入壶内多者为胜，负者当然要受罚饮酒。《红楼梦》第四十回中鸳鸯吃了一盅酒，笑着这样说："酒令大如军令，不论尊卑，唯我是主，违了我的话，是要受罚的。"通常说来，酒令是用来罚酒的。但行酒令最主要的目的是活跃饮酒时的气氛。再说酒席上有时坐的都是客人，互不认识是很常见的，行令就像催化剂，使酒席上的气氛逐渐活跃。

行酒令的方式简直是五花八门。文人雅士与平民百姓行酒令的方式自然大不相同。文人雅士常用对诗或对对联、猜字或猜谜等，通常百姓则用一些既简单，又不需作任何准备的行令方式。

民间流行的"划拳"唐代人称为"拇战"、"招手令"、"打令"等。也就是用手指中的若干个手指的手姿代表某个数，两人出手后，相加后必等于某数，出手的同时，每人各自报一个数字，如果甲所说的数正好与加数之和相同，则算赢家，输者就得喝酒。两人说的数一样，则不计胜负，重新再来。划拳中拆字、联诗相对来说较少，说吉庆语言较多。如"一定恭喜，二相好，三星高照，四喜、五金魁，六六顺，七七巧，八仙过海"、"快得利"、"满堂红"（或"金来到"）等。这些酒令词都有讨吉利的含义。因为猜拳之戏形式简单，通俗易学，又带有很强的刺激性，因此深得广大人民群众的喜爱，中国古代一些较为普通的民间家宴中，一般来说用得最多的也就是这种酒令方式。

击鼓传花则是一种既热闹，又紧张的群体罚酒方式。在酒宴上宾客依次坐定位置。由一人击鼓，击鼓的地方与传花的地方是分开进行的，以示公正。开始击鼓时，花束就开始依次传递，鼓声一落，如果花束在某人手中，则该人就得罚酒。所以花束的传递很快，每个人都唯恐花束留在自己的手中。击鼓的人也得有些操作技巧、有时紧，有时慢，造成一种捉摸不定的气氛，更加剧了场上的紧张程度，只要鼓声停止，大家都会不约而同地将目光投向接花者，此时大家一哄而笑，紧张的气氛一消而散。接花者就必须饮酒。如果花束正好在两人手中，则两人可通过猜拳或其他方式决定负者。击鼓传花是一种老少皆宜的娱乐方式，但多用于女客。如《红楼梦》一书中就曾生动描述这一场景。

【四书令、花枝令、筹令】

四书令是以《大学》《中庸》《论语》《孟子》四书的句子组合而成的一种酒令，在明清两代的文人宴上，四书令非常盛行，用以检测文人的学识与机敏程度。

花枝令，是一种击鼓传花或彩球等物行令饮酒的方式。白居易就有《就花枝》诗曰："就花枝，移酒海，令朝不醉明朝悔。且算欢娱逐来，任他容鬓随年改。"徐某《抛球乐辞》："……灼灼传花枝，纷纷度画旗。不知红烛下，照见彩球飞。"由此可见，唐人饮酒击鼓传花递球的场面何等热闹。《红楼梦》七十五回就有一段关于"花枝令"的描写。

筹令是唐代一种筹令饮酒的方式，如"论语筹令"、"安雅堂酒令"等。后者中就有五十种酒令筹，上面各写不同的劝酒、酌酒、饮酒方式，并与古代文人的典故巧妙吻合，既活跃酒席气氛，又使人掌握更多的典故。"如孔雀开樽第一"；"孔融诚好事，其性更宽容"。座上客常满，杯中酒不空。得此不饮，但遍酌侍客，当时各饮一杯。至于"牙牌令"，是唐代筹令的一种变异形式，它与安雅堂酒令相似，也盛行于明清时期。《红楼梦》四十四对牙牌令作了精彩细致的描写。

【行酒令】

"今人饮酒，不醉不欢，古人皆然，唯醉必由于劝酒。"古人习惯于冠带劝酒，劝而不从，饮不尽兴，自生佐饮助兴之趣。所谓"酒令"，即由此而来，沿袭成俗，并流传至今。刘向《新序》云："为酒池糟堤，纵靡靡之乐，一鼓而牛饮者三千人。"《汉书·张骞传》载："行赏赐，酒池肉林……鸣鼓而饮。""行赏赐"，似已包含"酒令"之义。《后汉书》云："朱卢……令章为酒令，章曰：'臣请以军法行酒令。'""军法行酒令"实为宴会中饮酒助兴为乐，君臣不拘泥，同遵游戏规则。酒令兴起，必有司令之人。司令之人称监史，或称录事，名异实同。清代俞敦培编《酒令丛钞》卷一，就曾经列举酒令多达三百种，皆为账目式记载，并无系统翔实的叙述。古人聚宴饮酒，助兴为乐的佐饮活动繁多，酒令花样翻新、层出不穷，也是饮酒一大习俗。初以鸣鼓、投壶、赋诗、吟词等形式居多，逐渐发展到跳舞、听曲、骰盘、莫走、鞍马、打令、狎妓等。在《东洋文库》见陈元靓《学林广记·癸集》卷十二载酒令数则，皆为词体，尤足为送摇招抛诸动态注解，爱不惮繁，摘录如下：

（1）卜箕子令

（原注：先取花一枝）然花行令，口唱其词，逐句指点，举动稍误，即予罚酒……

我有一枝花（指自身复指花），斟我紫儿酒（指自令斟酒），唯愿花似我心

（指花指自心头），几岁长相守（放下花枝叉手），满满泛金杯（指酒盏），我把花来嗅（把花以鼻嗅），不愿花枝在我旁（把花向下座人），付与他人手（把花付下座人去）。

（2）浪淘沙令

今日一玳筵中（指席上），酒侣相逢（指同饮人），大家满满泛金钟（指众宾指酒盏），自起自酌还自饮（自起自酌举盏），一笑春风（止可一笑），传语主人翁（持盏向主人），两目口侬（指主人指自身），侬今沉醉眼蒙眬（指自身复拭目），可怜舞伴饮（指酒），付与诸公（指酒付邻座）。

（3）调笑令

花酒（指花指酒）满筵有（指席上），酒满金杯花在手（指酒指花），头上戴花方饮酒（以花插头举杯饮），饮罢了（放下杯），高叉手（叉手），琵琶发尽相思调（作弹琵琶手势），更向当筵口舞袖（起身举两袖舞）。

（4）花酒令（词律甘）

花酒（左手把花右指酒）是我平生结为亲朋友（指自身及众宾），十朵五枝花（以手伸五指反复成十朵又将五指应五枝，乃指花），三杯两盏酒（伸三指又伸二指应三杯，盏数指酒），休问南辰共北斗（伸手作休闲状指南北），任他从鸟飞兔走（以手发退作任从状又作飞走状），酒樽金杯花在手（指酒樽、指酒盏指花），且戴花饮酒（左手插花右手持酒饮）。

细读此词，并其原注，诸样表演情态极为细腻生动，丰富多彩。此类手打令如何演变为今人之猜拳类酒令，尚有待考证。但古今酒令，趣味相异，一目了然。

作为古代专门监督饮酒仪式的酒官，目前可考证最早出现于西周后期。《诗经·宴之初筵席》："凡此饮酒，或醉或否。既立之监，又立之史。"所谓酒监、酒史就是当时的酒官。汉代有了"觞政"，就是在酒宴上执行觞令，对不饮尽杯中酒的人实行某种处罚。一般来说，酒令是用来罚酒，但实行酒令最主要的作用是活跃饮酒时的气氛。

【古代酒令】

酒令是古代沿袭至今的一种专门宴饮和郊游中助兴取乐的游戏，还是古代礼仪教化的方式之一，所以盛行于各个朝代，形式多种多样。

（1）春秋战国：投壶

要说最古老而又持久的酒令当首推投壶。投壶产生于春秋前，盛行于战国。《史记·滑稽列传》就载有投壶盛况。到目前为止，在河南南阳卧龙岗汉画馆里就有一幅生动形象的投壶石刻图。

投壶之壶口广腹大、颈细长，内盛小豆因圆滑且极富弹性，使所投之矢轻轻就能够弹出。矢的形态是一头齐一头尖，长度以"扶"（汉制，约相当于四寸）为单位，分五、七、九扶，光线愈暗距离愈远，则所用之矢愈长。投壶开始，司射（酒司令）确实壶的位置，然后演示告知"胜饮不胜者"，即胜方罚输方饮酒，并奏"狸首"乐。投壶因其极具封建礼仪教仁意义，因此沿袭最久。在《礼记》中慎重地写着《投壶》专章。三国名士邯郸淳的《投壶赋》描绘最为出色："络绎联翩，爰爰兔发，翻翻隼隼，不盈不缩，应壶顺入。"可想象当时盛况。

（2）魏晋：流觞曲水

魏晋时期，文人雅士喜袭古风之上，整日饮酒作乐，纵情山水，清淡老庄，游心翰墨，作流觞曲水之举。这种就像"阳春白雪"的高雅酒令，不只是一种罚酒手段，还因被罚作诗这种高逸雅致的精神活动的参与，使之非同一般。

所谓"流觞曲水"，是选择一风雅静僻所在，文人墨客们全部按秩序安坐于潺潺流波之曲水边，一人置盛满酒的杯子于上流使其能够顺流而下，酒杯止于某人面前即取而饮之，再乘微醉或啸吟或援翰，作出诗来。最著名的一次当然要属晋穆帝永和九年3月3日的兰亭修禊大会，大书法家王羲之与当朝名士一共41人于会稽山阴兰亭排遣感伤，舒展襟抱，诗篇荟萃。王羲之醉笔走龙蛇，写下了传世之作《兰亭集序》。当然在民间亦有将此简化为只饮酒不作诗的。

南北朝时期，除了"流觞曲水"此种酒令外，进一步演化而来的吟诗应和，此酒令令文人墨客十分喜爱，流行较盛。南方的士大夫在酒席上吟诗应和，迟者必然受罚，已成风气。

（3）唐朝：藏钩·射覆

在唐朝，"唐人饮酒必为令为佐欢"。《胜饮篇》中有这样的记载："唐皇甫嵩手势酒令，五指与手掌节指有名，通吁五指为五峰，则知豁拳之戏由来已久。"白居易也有诗曰："花时同醉破春愁，醉折花枝当酒筹。"《梁书·王规传》这样记载："湘东王时为京尹，与朝士宴集，属视为酒令。"欧阳修《醉翁亭记》也有这样的记载："觥筹交错起座而喧哗者，众宾欢也。"

当酒令演化到唐代时，形成的种类多种多样，丰富多彩，当时较盛行为"藏钩"、"射覆"等几种。"藏钩"也称"送钩"，非常简便易行，即甲方将"钩"或藏于手中或匿于手外，握成拳状让乙方猜度，猜错罚酒。这就类似于现在的"猜有无"一样。"射覆"是先分队，也叫"分曹"，先让一方暗暗覆物于器皿下让另一方猜。射其实就是猜或度量之意，唐代诗人李商隐就精于此道，他在诗中这样写道："隔座送钩春酒暖，分曹射覆蜡灯红。"

(4) 明清：拧酒令儿

明清两朝比较流行的酒令当推"拧酒令儿"，即不倒翁。先拧着它旋转，一待停下后，不倒翁的脸朝着谁就罚谁饮酒，粤人称为"酒令公仔"。

所以，俞平伯先生引《桐桥倚棹录》称其为"牙筹"。它是一种泥胎，苏州特产，一般为彩绘滑稽逗乐形象。《红楼梦》六十七回中也这样写薛蟠给薛姨妈和宝钗带的礼物中就有这种生动有趣的酒令儿。

酒令流传到清代，其形式越来越丰富多彩，比度着或投壶猜枚，或联诗对句，或拆字测签，或猜拳行令，经过一番这样的"游戏"，最后由令官仲裁，输者或违令者必须"饮满一大杯"。

酒令，按形式一般可分为雅令、通令和筹令。雅令，是指文人的酒令，这类酒令按内容可分为字令、诗令、词令和花鸟虫令。前者更多的要求象形、会决心书兼有。形体结构随意增损离合变化较多，或遣词造句，或意义通联，或妙语双关，或双声叠韵，或顶针回环……真是变化万千，趣味无穷，后者又要敏捷与智慧，心快、眼快、手快、嘴快，四者缺一不可。

以诗人的"智力竞赛"为内容的雅令，尽管情趣古雅，然而一般人做不来，所以又有一类酒令应运而生，它不必劳神，差不多人人皆可为之，这种大众化的酒令被称作"通令"。凭投骰子，划酒拳的运气，当然没必要动脑筋。只是此类两军对垒，"火药味"似乎太浓了点。击鼓传花，则是通令中较为雅致的形式而已了。

雅令、通讼和筹令，可以分别进行，也能够结合在一起进行。考之历史，酒令

今朝放歌须纵酒——酒文化卷

实无定制，当筵者可以依据座中情况加以发挥。酒令若是制得巧，一定是宴乐无穷。

【大众酒令】

大众酒令以通俗易懂、简单易学为显著的特征，不管文化水平高低都能很快地操作运用。大众酒令主要有下列十种形式：

骰令。骰（亦称"色子"）令是古人常用的酒令之一。有时用一格骰子，最多时候可达六枚，依令限数，因人、因时而定。此令简单快捷，带有很大的偶然性，不需要什么特殊的技巧，全凭运气，尤其受豪饮者欢迎。骰令名目繁多，主要有猜点令、六顺令、卖酒令等。

猜物。把某物藏起来，使在席之人猜测其所藏之处。猜中者胜，猜错者饮。主要有茂钩、猜枚（又称猜拳）、猜花等形式。

指掌令。以指为戏，故称指掌令，一般主要有五行生克令、一官搬家讼、抬桥令、石头令剪子布令（此为酒令日本拳）、大小葫芦令、拳（又称猜拳、拇戏）、打更放炮令等。

击鼓传花令。令官拿花枝在手，使人于屏后击鼓，客依次按顺序传递花枝，鼓声止而花枝在手者饮。

虎棒鸡虫令。二人相对，以筷子相声，同时有的喊虎、喊棒、喊鸡、喊虫，以棒打虎、虎吃鸡、鸡吃虫、虫嗑棒论胜负，负者饮。若棒兴鸡、或虫兴虎一起出现，则不分胜负，继续喊。

汤匙令。着一汤匙于盘中心，一般用于拨动匙柄使其转动，转动停止时匙柄所指之人饮酒。

地方戏名令。行令者每人说一种地方戏名并指出一个名演员的，说不上者必须要饮两杯，说出一半者饮一杯。

拍七令。从一数起，下数不限，明七（如七、十七、二十七等）拍桌上，暗七（七倍数，如十四、二十一、二十八）拍桌下，误拍者饮。

投壶。设特制之壶。宾主依次按顺序投矢其中，中多者胜，负者饮。

揭彩令。令官将一张写有一个数字的纸条用杯子扣在桌子上。合席之人除令官

外均不知此数字，但要求这个数字必须在 6 至 36 之间。令官饮完，口中随口说出
"6"字后再送给席间的任何一人，依此类推。要是所加数字之和刚好兴杯中所扣数
字相等，叫作得彩，则该人饮一杯酒。倘若又轮到令官而数字又未超过杯中之数，
则令官只许加"1"再送给在场的其他人，如果累计已超过杯中数，那么该人与接
者猜拳，过几个数猜几拳，输者当即饮酒。

【现代花样酒令】

酒令是一种有鲜明中国特色的酒文化。饮酒行令，是中国人在饮酒时助兴的一
种特有方式。酒令由来已久，最早出现于西周，完备于隋唐。它讲究的是雅俗共
赏，行酒令既有文人雅士的"当筵歌诗"的酒令，又有凡夫俗子吆喝佐欢的酒令，
真可谓萝卜青菜各有所爱。不同的活动，不同的场所，不同的人群会选择不同的酒
令形式。现代常用的酒令大致有下面几种：

(1) 两只蜜蜂令

口令：两只小蜜蜂呀，飞到花丛中呀，嘿！石头，剪刀、布，然后猜赢的一方
就故意做打人耳光状，左一下，右一下，与此同时口中发出"啪、啪"两声，输方
则要顺手势摇头，作挨打状，口喊"啊、啊"；如果猜和了，就要故意作出亲嘴状
还要发出两声配音、动作，声音出错则饮！适合两个人玩，有点打情骂俏的意思，
玩起来特别逗！

(2) 玩骰子

酒桌上，将两颗骰子装于一玻璃杯中，摇骰子的人开始，在座各位依次排序，
骰子摇到几就该几号人喝，喝酒的人又当庄为首，继续摇。两颗骰子的点数要是一
样，喝酒数加倍，各地以不同的规则规定喝酒数量。

(3) 猜骰子

猜骰子可以两个人玩，可以三个人玩，或者多人玩，这里只举出两个人玩的例
子，三人以上以此类推。根据骰子六面不同点数的数量来比胜负。

每个人用一个盖碗，盖碗里面事先装上五个骰子（也可更多）。两个人晃动盖
碗，将骰子打乱以后，自己看自己杯中的骰子点数，根据杯子中骰子的点数，来猜
测对方骰子的点数，让后报出一个数字。对方根据自己盖碗中骰子的点数，以及自

已报出的点数，这样才能决定自己报出的点数，或者看对方的点数最终确定输赢家。一般点数从二说起，则骰子的一点什么都顶替的。如果先报一方报出了 1 点（例如说 5 个 1），则 1 点完全不能顶替其他点数。在猜骰子时，先从小的说起，比如一方说 2 个 1，对方说出的数字必须比这个数字大，如果也说 2 个，则只能报 2 以上的数字（如 2 个 2 或 2 个 6），假如要说 1 数字，则只能报 3 个以上（如 3 个 1 或 6 个 1）。是一方要觉得对方报出的点数的数量超出了你们两个盖碗中的点数数量之和，可以要求看。这样大家当面掀开盖碗，数报出点数骰子的数量，刚才说出的数量超过 2 个盖碗中此点数的数量，则要求看的一方赢，反之则报数字一方赢。这里要注意：报出数字之和一般不应超过两人盖碗中骰子的总数。

（4）读数字

读数字，玩法也是变化无穷，但最基本的玩法也是由自成数与喝数相符者胜，负者必须要饮酒。"十五二十"，两人玩，两双手，轮流进行喊数，分别有"收齐，五、十、十五、开晒"五种数字，喊数者可出手当然也可不出，看双方一共凑成多少数目。

由开始一人发音"零"随声任指现场的一人，那人随即亦发音"零"再任指另外一人，第三个人则发音"七"，随声用手指作开枪状任指一人，"中枪"者一般不发音不作任何动作，但"中枪"者旁边左右两人则要发"啊"的声音，而扬手故意作投降状，出错者饮！适合众人玩，因为没有轮流的次序，而是突发的任指其中的一个人，所以整个过程都必须处于紧张状态，因为可能下个就轮到你了！

（5）青蛙落水

口令：一只青蛙一张嘴，两只眼睛四条腿，扑通一声跳下水；两只青蛙两张嘴，四只眼睛八条腿，扑通，扑通，跳下水；三只青蛙三张嘴，六只眼睛十二条腿，扑通，扑通，扑通，跳下水；四只青蛙……以此类推，每人说一句，以逗号隔开为标志，出错者喝酒。此游戏也可以不发声，仅仅用手令、动作来表示。这样的形式适合多个人一起玩，因为在过程中还要顾及到数字的，所以玩起来还真的没有那么轻松呢！猜测输赢玩法有很多种，可是最基本的原理就是一方随意作出手势，要是对方顺应作出相同的手势则对方输，要罚酒。

（6）青蛙青蛙跳

两人手指拱在桌面，其中的一人首先喊"青蛙青蛙跳"，在"跳"字发出的时候五指弹起一个手指作"跳"状，要是本方出中指，对方出中指则输，喝酒，出其他四指则过，然后轮到对方喊"青蛙青蛙跳"，一直持续下去。

两人猜："石头、剪刀、布"，赢方立即用手指向上下左右各一方，输方顺应则喝酒。

（7）传花

用花一朵，当然也可用其他小物件如手帕等代替。令官蒙上眼、将花传给旁座一人，依次顺递，迅速传给旁座。令官喊停的时候，持花未传出的一人当即罚酒。这个罚酒者就有权充当下一轮的令官。也有用鼓声作伴奏的。称"击鼓传花令"。令官拿花枝在手，使人于屏后击鼓，座客依次传递花枝，鼓声止而花枝在手者饮酒。

（8）循环相克令

令词为"猎人、狗熊、枪"，其实就是两人同时说令词，在说最后一个字的同时作出一个动作——猎人的动作是双手叉腰；狗熊的动作是双手搭在自己的胸前；枪的动作是双手举起呈手枪状。双方以此动作最终判定输赢，猎人赢枪、枪赢狗熊、狗熊赢猎人，动作相同则重新开始。

（9）幸运大白鲨

幸运大白鲨的构造十分简单，但玩起来却趣味无穷。方式是将大白鲨玩具的嘴掰开，然后按下它的下排牙齿，这些牙齿中只有一颗能够牵动鲨鱼嘴，使其合上，如果你按到这一颗，鲨鱼嘴会突然合上，咬住你的手指。当然，鲨鱼牙是软塑料制成的，不会咬痛您的。

你可以在酒桌上把它作为赌运气的酒具，几个人轮流按动，要是被鲨鱼咬到罚酒。兴奋点：适合男孩女孩一起玩，对于胆小的女孩子来说可能比较惊险。

（10）官兵捉贼

分别写着"官、兵、捉、贼"字样的四张小纸，将四张纸分别折叠起来，参加游戏的四个人分别抽出一张，抽到"捉"字的人要根据其他三个人作出的面部表情

今朝放歌须纵酒——酒文化卷

或其他细节来猜出谁抽出的是"贼"。

(11) 开火车

在开始之前，每个人分别说出一个地名，代表自己，但是地点不能重复。游戏开始后，假设你来自北京，而另一个人来自上海，你就要这么说："开呀开呀开火车，北京的火车就要开。"大家一起问："往哪开？"你说："上海开。"那代表上海的那个人就要马上反应并且接着说："上海的火车就要开。"然后大家一起问："往哪开？"再由这个人选择其他的游戏对象，说："往某某地方开。"要是对方稍有迟疑，没有反应过来就输了。

酒　俗

我国古代酒俗

【概述】

在我国的古时候，酒被视为神圣的物质，酒的使用，更是极为庄严，非祀天地、祭宗庙、奉嘉宾而不能用。由此形成远古酒事活动的俗尚和风格。随酿酒业的普遍兴起，酒渐渐成为人们日常生活中的用物，酒事活动也随之广泛，并经过人们思想文化意识的观照，使之程式化，形成比较系统的酒的风俗习惯。这些风俗习惯内容涉及人们生产、生活的很多方面，其形式生动活泼、姿态万千。

【酒与民俗】

酒与民俗紧密不可分。诸如农事节庆、婚丧嫁娶、生期满日、庆功祭奠、奉迎宾客等民俗活动，酒都是中心物质。农事节庆时的祭拜庆典如果无酒，缅情先祖、追求丰收富裕的情感便无以寄托；婚嫁若无酒，白头偕老、忠贞不贰的爱情便无以明誓；丧葬若无酒，后人忠孝之心则无以表述；生宴若无酒，人生礼趣则无以显示；如果饯行洗尘无酒，壮士一去不复返的悲壮情怀则难以倾诉。总之，无酒不成礼，无酒不成俗，离开了酒，民俗活动便无所依托。

【夏商周酒俗】

早在夏、商、周三代，酒与人们的生活习俗、礼仪风尚就已经紧密联系在一起了，并且公式化、系统化。当时，曲蘗的使用，使酿酒业出现了空前发展，社会重酒现象日甚。反映在风俗民情、农事生产中的用酒活动十分广泛。

夏代，乡人要于十月在地方学堂行饮酒礼："九月肃霜，十月涤场，朋友斯飨，日杀羔羊，跻彼公堂，称彼兕觥，万寿无疆。"[《诗经·七月（豳风）》]这个诗描绘的是一幅先秦时期农村中乡饮的风俗画。在开镰收割、清理禾场、农事既毕之后，辛苦忙碌了一年的人们纷纷屠宰羔羊，来到乡间学堂，每人设酒两樽，请朋友共饮，并将牛角杯高高举起，相互祝愿大寿无穷，自然也预祝来年丰收大吉，生活富裕。

周代的风俗礼仪之中，便包括冠、昏（婚）、丧、祭、乡、射、聘、朝八种，大多又酒冠其中，有声有色。比如说：男子年满二十要行冠礼，表示已经成为成年人，在冠礼活动中，"嫡子醮用醴，庶子则用酒"（《中国文化史》），庆贺自己已经走向成熟。此间不论是味菁的醴，还是味浓的酒，都是祝福生命的圣水。

周代的婚姻风俗，已经走向规范化、程式化，由提亲到完婚，已形成系统，每个环节均有专门的讲究，如果男子相中某一女子，必须请媒提亲，女方应允后，还有纳采、问名、纳吉等过程。婚期至，"父醮而命之迎，子承命以往，执雁而入，奠雁稽首，出门乘车，以俟妇于门外，导妇而归，与妇同牢而食，合卺而饮"。新婚夫妇一齐食用祭祀后的肉食，共饮新婚水酒，用酒寄托白头偕老的愿望。周代时兴射礼，虽等级有三，可是"凡射，皆三次，初射三耦射；再射三耦与众耦皆射；三射，则以乐节射，不胜者饮"。酒在射礼中已经成为败者的惩罚之物，情趣无穷。

周代乡饮习俗，以乡大夫为主人，处士贤者为宾。在举行活动过程中，"凡宾，六十者坐，五十者立"。饮酒，要以年长者为优厚。"六十者三豆，七十者四豆，八十者五豆，九十者六豆"。其尊老敬老的民风在以酒为主体的民俗活动中有生动的体现。

【夏商周酒俗影响后世】

三代风俗礼制作为中国传统文化，"集前古之大成，开后来之改政"（《中国文化史》），传承沿袭，很多风俗现象仍保留至今，近现代民间习尚的婚礼酒、丧葬酒、月米酒、生期酒、节日酒、祭祀酒等，均可以在周代风俗文化的"八礼"中寻到源头。

随着时间的推移，民俗活动因受到社会政治、经济、文化发展的影响，其内容、形式乃至活动情节都有变化，然而，只有民俗活动中使用酒这一现象则历经数代仍然沿用不衰。

古时的酒楼与酒联

【唐代的胡姬酒肆】

唐代，胡人进入中原经商开店，除了做珠宝杂货生意之外，经营酒肆也是主要行业。在长安（今陕西西安），胡人酒肆大多开设在西市和春明门到曲江一代。酒肆的服务员，全都是西域的女子，被称为"胡姬"。她们是促使胡酒在唐代盛行的一个很重要的因素。在我国古代，年轻女子当垆不多的情况下，这些"胡姬酒肆"曾经为唐代长安饮食市场开创了新的局面。

胡姬在正史里并没有记载，但翻开《全唐诗》，则可以见到其中有许多描写。初唐诗人王绩曾经以隋代遗老身份待诏门下省，每日得酒一斗，被谓之"斗酒学士"，他在《过酒家五首》里最先描述了唐代城市内酒肆中的胡姬："洛阳无大宅，长安乏主人。黄金销未尽，只为酒家贫。此日常昏饮，非关养性灵。眼看人尽醉，何忍独为醒。竹叶连糟翠，葡萄带曲红。相逢不令尽，别后为谁空。对酒但知饮，逢人莫强牵。依炉便得睡，横瓮足堪眠。有客须教饮，无钱可别沽。来时常道贳，惭愧酒家胡。"此处的饮酒是饮葡萄酒，去的又是胡人开的酒店，而且钱少了还不好意思进门，很明显有为侍酒的胡姬预备"小费"的意思。为了胡姬而来到酒店饮酒，在唐代城市里成了一种世风，"胡姬酒肆"主要设在城门路边，人们送友远行，经常在此钱行。岑参在《送宇文南金放后归太原郝主簿》中描写道："送君系马青门口，胡姬垆头劝君酒。"酒肆里面除了美酒，还伴有美味佳肴和音乐歌舞。贺朝在《赠酒店胡姬》一诗中生动描写了"胡姬酒肆"内的情景："胡姬春酒店，弦管夜锵锵。红毺铺新月，貂裘坐薄霜。玉盘初鲙鲤，金鼎正烹羊。上客无劳散，听歌乐世娘。"所有诗人中似乎是李白最喜欢和胡姬谈笑了，因此他的诗作中描写胡姬的地方甚多。他指出胡姬经常在酒店门口招揽顾客："何处可为别，长安青绮门。胡姬招素手，延客醉金樽。"（《送裴十八图南归嵩山二首之一》）胡姬可以招揽到顾客，一凭异域情调的美貌，二凭高明的歌舞技巧。李白曾在《醉后赠王历阳》中有云："书秃千兔毫，诗裁两牛腰。笔纵起龙虎，舞曲指云霄。双歌二胡姬，更奏远清朝。举酒挑朔雪，从君不相饶。"他在自己的另一首诗《前有一樽酒行二首之二》中又写道："琴奏龙门之绿桐，玉壶美酒清若空。催弦拂柱与君饮，看朱成碧颜始红。胡姬貌如花，当垆笑春风。笑春风，舞罗衣，君今不醉将安归？"由此可见当时长安以歌舞侍酒为生的胡姬为数不少。

胡姬侍酒，收费肯定很高，可能只有贵族少年才敢不断光顾胡姬招手的酒肆。李白在《少年行之二》中写道："五陵年少金市东，银鞍白马度春风。落马踏尽游何处？笑入胡姬酒肆中。"他在另一首诗中亦有云："细雨春风花落时，按鞭直就胡姬饮。"胡姬不远千里来到中原，克服了旅途的艰辛。为此，她们在酒肆中强作欢颜时也在思念自己的家乡和亲人，如李贺《龙夜吟》所述："卷发胡儿眼睛绿，高楼夜静吹横竹。一声似向天上来，月下美人望乡哭。直排七点星藏指，暗合清风调宫征。蜀道秋深云满林，湘江半夜龙惊起。玉堂美人边塞情，碧窗皓月愁中听。寒贴能捣百尺练，粉泪凝珠滴红线。胡儿莫作陇头吟，隔窗暗结愁人心。"只是，胡姬在酒肆里的服务态度和收入均是非常不错的，这是数百年间酒肆里能够保留胡姬侍酒的主要原因。

胡姬酒肆里的酒主要是由西域传入的名酒，像高昌的"葡萄酒"，波斯的"三勒浆"、"龙膏酒"等。高昌"葡萄酒"在唐太宗平定高昌以后传进我国。在《册府元龟》中记载："收马乳蒲桃实于苑中种之，并得其酒法。帝自损益，造酒成凡有八色，芳辛酷烈，味兼缇盎。既颁赐群臣，京师始识其味。"这便是中原仿制西域酒的开端。波斯的"三勒酒"是庵摩勒、毗梨勒、诃梨勒三种酒的合称。顺宗年间，宫中还有古传乌弋山离（伊朗南路）所酿造的龙膏酒。

古代的酒旗

唐代诗人杜牧的七绝《江南春》，一开头就是"千里莺啼绿映红，水村山郭酒旗风"。千里江南，黄莺在欢快地歌唱，一丛丛绿树映着簇簇红花，傍水的村、依山的城、迎风飘舞的酒旗，尽收眼底。

【酒旗名称】

酒旗的名称非常多，从其质地来说，因多系缝布制成，称酒斾、野斾、酒帘、青帘、杏帘、酒幔、幌子等；从其颜色来说，称青旗、素帘、翠帘、彩帜等；从其用途来说，也叫酒标、酒榜、酒招、帘招、招子、望子……

【酒旗分类】

酒旗基本可分为三类：一是象形酒旗，以酒壶等实物、模型、图画为特征；二是标志酒旗，也就是旗幌及晚上灯幌；三是文字酒旗，以单字、双字甚至是对子、诗歌为表现形式，如"酒"、"太白遗风"等。有的借重酒的名气作专利广告，如明代正德年间朝廷开设的酒馆，旗子上面题有名家墨宝："本店发卖四时荷花高酒"，荷花高酒就是当时宫廷御酿。有的酒旗则是标明经营方式，如《歧路灯》里的开封"西蓬壶馆"，木牌坊上书"包办酒席"；更多的酒旗大力渲染酒香，如清代八角鼓曲《瑞雪成堆》云：杏花村内酒旗飞，上面书有"开坛香十里，就是神仙也要醉"。

【酒旗作用】

酒旗在古时的作用，几乎相当于今天的招牌、灯箱或霓虹灯之类。在酒旗上署上店家字号，有的高悬在店铺之上，有的挂在屋顶房前，有的干脆另立一根望杆，让酒旗随风飘展，招揽顾客。此外，酒旗还有传递信息的功能，早晨起来开始营业，有酒可卖，便高悬酒旗；如果无酒可售，就收下酒旗。在《东京梦华录》中说："至午未间，家家无酒，拽下望子。"这"望子"即酒旗。也有的店家是晚上营业，如刘禹锡《堤上行》诗里描述一酒家"日晚出帘招客饮"；大多都是白天营业，傍晚落旗，如宋道潜《秋江》诗："赤叶枫林落酒旗，白沙洲渚阳已微。数声柔橹苍茫外，何处江村人夜归。"

酒旗还经常成为文人墨客绘景述事、抒情言志的媒介。"千峰云起，骤雨一霎儿价。更远树斜阳，风景怎生图画青旗沽酒，山那畔，别有人家"。宋代辛弃疾《丑奴儿·博山道中效李易安体》的词句，借着飘舞着的酒旗描绘出了一种让人神往的美好图画和意境。

《水浒》酒俗

【梁山的酒】

近些年，梁山、阳谷、郓城三县，酿制了各种地方好酒，不约而同地均用《水浒》的相关场面为背景取了酒名，一时间异彩纷呈，使人感到格外新鲜。

梁山的酒有"水泊老窖"与"义酒"数种。其中的义酒口味醇厚，绵柔回甜，浓而不暴，尾正余长。由于梁山好汉义字当先，故酒名特用义字，以发扬梁山英雄豪侠仗义的气概与威风。酿制义酒的梁山酒厂恰好又坐落在梁山北麓后军寨，据说这里原本是水浒好汉们安顿眷属、铸造兵器、囤积粮草之处。酒名与地名相互辉映，《水浒》文化更有一种"现场"感。

阳谷酿酒，处处以武松为号召，县里的酒厂，厂名为"景阳冈"，所酿制的名酒，称为"景阳冈陈酿"，酒瓶上活灵活现地画着一幅武松打虎图。阳谷县酿酒历史很长，据说北宋时，境内酒坊多达77家。地方志上记载，被施耐庵写进《水浒》中的"透瓶香"曾经作为贡酒送入京城，并获得了神宗御笔亲赐"贵人佳酒"名号。乡镇酒厂酿制的一种酒，沿用了《水浒》的故事，取名为"三碗不过冈"，想想这酿酒家的心思性格，很有点像当年在景阳冈下卖酒与武松喝的那位店家，不由得会心一笑。郓城县酒厂生产的"水浒老窖"酒，有酒体协调，绵柔回甜，余香悠长，窖香又兼芝麻香等特点。有酒行家赋诗赞誉："梁山豪杰世传扬，水浒琼浆乍品尝，独特风韵粮食酒，共同确认芝麻香。""酒称水浒自非凡，那个英雄不醉颜，他日群芳排座次，郓城理应力争先。"郓城酒名中，还分为"生辰纲"、"天王"各种品色。酒厂有名为"黄泥岗"者，真个是醉乡也是水浒乡。

【大碗喝酒，大块吃肉】

在水泊梁山附近，有大碗喝酒、大块吃肉的风俗，至今仍醋畅如当年。

梁山大块牛肉，是梁山民间下酒名菜，选用上好牛肉，洗净，放好大料，入锅大火煮炖，至烂为好，是大块吃肉的代表作。

此外，这个地区还有好多列入地方名吃的肉食，如大田集烧羊肉、米家烧牛肉、步家犬肉、张家钢子肉、东明卤肉、下凡肉、老王寨驴肉等，都可以称得上是好汉食物，吃起来都讲究实惠壮实，不兴忸怩。

大块吃肉配上大碗喝酒，其代表性场面名为"推磨"。几瓶白酒一齐倾入大碗里，由首席开始，不用敬让，也不用客气，捧定了酒碗，俯下身去，吱的一声饮将下去，酒面儿必就低下一分，顺手向下一推，第二位同样豪饮，一圈复一圈转下去，只求个一醉方休。

尽管这种豪饮的场面近年已经少见，常见的形式仍然不失好汉气概。有一种叫"喝亮盅"，无论主客几人，席上只备一个大酒盅。酒盅放在桌子中间，主人斟满一盅，展手敬首席，展手的动作犹如命令，当地原本就有"酒令大于军令"的俗谚。客人喝下一盅，在场的均无一例外，亮亮堂堂，各自斟上一盅，痛痛快快喝下去。待都喝过了，再从客人开始，话不能多说，酒不能少喝，谁要少喝，就算不得好汉了。还有一种叫"敬三杯"。梁山上的英雄处处讲一个"义"字，在水泊梁山旧地饮酒，都会想起"桃园三结义"这个典故。请客人喝酒，一连三杯，少饮一杯就算不上义气，这是怎么也推辞不掉的。如果遇结婚喜宴，别人劝酒不算，新郎的兄弟先来敬三杯，新郎本人再来敬三杯，末了新郎的老爹再来敬三杯，一共九杯酒，无论怎样都是要吃的。

有了这种种饮酒场面，方显现出梁山人的本色。香港旅行家孙重贵先生亲身感受之后，在称赞豪爽气概之余，又诚心敬告："读者若无海量，当有心理准备，适可而止。"

祭祀丧葬与酒

由远古以来，酒一直都是祭祀时的必备用品之一。原始宗教源自巫术，在中国古代，巫师利用所谓的"超自然力量"，进行各类活动，都会用到酒。巫和医在远古时代是没有区别的，酒作为药，是巫医必须常备药品之一。在古代，统治者认为："国之大事，在祀在戎。"祭祀活动中，酒作为美好的东西，都要先奉献给上天、神明和祖先享用。战争决定着一个部落或国家的生死存亡，出征的勇士，在临行之前，更要用酒来激励斗志。酒与国家大事的关系因而可见一斑。体现周王朝及战国时代制度的《周礼》中，对祭祀用酒有很明确的规定。如祭祀时，要用"五齐"、"三酒"等八种酒。主持祭祀活动的人，在古代权力是很大的，原始社会是巫师，巫师的主要职责是奉祀天帝鬼神，同时为人祈福祛灾。后来又出现了"祭酒"主持飨宴中的酹酒祭神活动。

我国各民族普遍有用酒祭祀祖先，在丧葬时用酒举办一些仪式的风俗。

在一个人死后，亲朋好友都要来吊祭死者，汉族的风俗是"吃斋饭"，也有的地方称为吃"豆腐饭"，这就是葬礼期间举办的酒席。尽管吃的都是素食，但酒还是必不可少的。有的少数民族则传统上会在吊丧时持着酒肉前往，如苗族人家听到丧信后，同寨的人一般都要赠送丧家几斤酒及大米，香烛等物，亲戚所送的酒物则要更多一些，如女婿要送二十来斤白酒、一头猪，丧家则应该摆设酒宴招待前来凭吊者。云南怒江地区的少数民族，如果村中有人病亡，家家户户都会带酒前来吊丧，巫师将酒灌于死者嘴内，众人各饮一杯酒，称此为"离别酒"。死者入葬后，古代还有在墓穴内放入酒的风俗，为的是死者在阴间也能够享受到人间饮酒的乐趣。汉族人在清明节为死者上坟，则必带酒肉。

在有些重要的节日，举办家宴时，都要为死去的祖先留着上席，而一家之主这时也只能坐在次要位置，在上席，为祖先摆放酒菜，而且示意让祖先先饮过酒或进过食后，一家人方能开始饮酒进食。在祖先的灵像前，还要插上蜡烛，放一杯酒，几个碟菜，以表达对死者的哀思和敬意。

节日的饮酒习俗

在中国人一年里的几个重大节日中，都有相应的饮酒活动，像端午节饮"菖蒲酒"，重阳节饮"菊花酒"，除夕夜要饮"年酒"。在一些地方，像江西民间，春季插完禾苗后，会欢聚饮酒，庆贺丰收时更要饮酒，酒席散尽之时，通常是"家家扶得醉人归"。节日的全新解释是：必须选举一些日子让大家欢聚畅饮，于是就有了节日，而且节日很多，基本每个月都有。代代相传的举国共饮的节日有以下几个。

【春节】

春节也称过年。汉武帝时规定正月初一为元旦；辛亥革命后，将正月初一改称为春节。春节期间应该饮用屠苏酒、椒花酒（椒柏酒）；有吉祥、康宁、长寿的寓意。

"屠苏"原本是草庵之名。据传古时候有一人住在屠苏庵中，每年除夕夜里，他都给邻里一包药，让大家把药放在井水中浸泡，到元旦时，再用这井水兑酒，合家欢饮，使全家人一年里都不会染上瘟疫。后世之人便将这草庵之名作为酒名。饮屠苏酒始于东汉。明代李时珍的《本草纲目》里记载有："屠苏酒，陈延之《小品方》云，'此华佗方也'。元旦饮之，辟疫疠一切不正之气。"饮用办法也很有讲究，由"幼及长"。

"椒花酒"是利用椒花浸泡而制成的酒，它的饮用方法和屠苏酒一样。梁宗懔在《荆楚岁时记》里记载："俗有岁首用椒酒，椒花芬香，故采花以贡樽。正月饮酒，先小者，以小者得岁，先酒贺之。老者失岁，故后与酒。"宋代王安石在《元日》一诗中记载："爆竹声中一岁除，春风送暖入屠苏。千门万户曈曈日，总把新桃换旧符。"北周的庾信曾经在诗中写道："正朝辟恶酒，新年长命杯。柏吐随铭主，椒花逐颂来。"

【灯节】

灯节也称元宵节、上元节。这个节日始于唐代，由于时间在农历正月十五，是三官大帝的生日，因此过去人们都向天宫祈福，必须用五牲、果品、酒供祭。祭礼后，撤供，全家人团聚畅饮一番，以祝贺新春佳节结束。饭后观灯、看烟火、食元宵（汤圆）。

【中和节】

中和节也称春社日，是指农历二月一日，祭祀土神，祈求丰收，有饮中和酒、宜春酒的风俗，说是能够医治耳疾，故人们又称为"治聋酒"。根据《广记》中记载："村舍作中和酒，祭勾芒种，以祈年谷。"清代陈梦雷所著的《古今图书集成·酒部》中有云："中和节，民间里闾酿酒，谓宜春酒。"

【清明节】

时间在阳历 4 月 5 日前后。人们通常把寒食节与清明节合为一个节日，有扫墓、踏青的风俗。始于春秋时期的晋国，这个节日饮酒不受限制。唐代段成式所著的《酉阳杂俎》中有记载：在唐朝时，于清明节宫中设宴饮酒之后，宪宗李纯又赐给宰相李绛酴酒。

清明节饮酒有两种原因：其一是寒食节期间，不可以生火吃热食，只能吃凉食，饮酒能够增加热量；二是借酒来缓和或暂时麻醉人们哀悼亲人的心情。古人对清明饮酒赋诗比较多，唐代白居易有诗云："何处难忘酒，朱门美少年。春分花发后，寒食月明前。"杜牧在《清明》一诗中这样写道："清明时节雨纷纷，路上行人欲断魂；借问酒家何处有，牧童遥指杏花村。"

【端午节】

端午节也称端阳节、重午节、端午节、重五节、女儿节、天中节、地腊节。时在农历五月初五，初始大约在春秋战国之际。人们为了辟邪、除恶、解毒，有饮菖蒲酒、雄黄酒的风俗。同时还有为了壮阳延长寿命而饮蟾蜍酒和镇静安眠而饮夜合欢花酒的风俗。最为普遍及流传最广的是饮菖蒲酒。有据史料记载：唐代光启年间（885—888 年），就有饮"菖蒲酒"的先例。唐代殷尧藩在诗中写道："少年佳节倍多情，老去谁知感慨生，不效艾符趋习俗，但祈蒲酒话升平。"后来慢慢地在民间广泛流传。历代文献皆有所记载，像唐代的《外台秘要》《千金方》、宋代的《太平圣惠方》，元代的《元稗类钞》，明代的《本草纲目》《普济方》及清代的《清稗类钞》等古籍中，都记载有此酒的配方及服法。菖蒲酒是我国传统的时令饮料，而且历代帝王也均把它列为御膳时令香醪。明代刘若愚在《明宫史》中有云："初五日午时，饮朱砂、雄黄、菖蒲酒、吃粽子。"清代顾铁卿在《清嘉录》中也有记载："研雄黄末、屑蒲根，和酒以饮，谓之雄黄酒。"因为雄黄有毒，现在的人们已经不再用雄黄兑制酒饮用了。对饮蟾蜍酒、夜合欢花酒，在《女红余志》里、清代南沙三余氏所著的《南明野史》中均有记载。

【中秋节】

中秋节也称仲秋节、团圆节，是指农历八月十五。在这个节日里，不管家人团聚，还是挚友相会，人们都离不开赏月饮酒。历史诗词中对中秋节饮酒的描述比较多，《说林》中有记载："八月黍成，可为酎酒。"五代王仁裕著的《天宝遗事》记载，唐玄宗在宫中举办中秋夜文酒宴，并熄灭灯烛，在月下进行"月饮"。韩愈在诗中记载道："一年明月今宵多，人生由命非由他，有酒不饮奈明何？"到了清朝时期，中秋节以饮桂花酒为风俗。据清代潘荣陛所著的《帝京岁时记胜》记载，八月中秋，"时品"饮"桂花东酒"。

我国以桂花酿制露酒已有悠久历史，二千三百年前的战国时期，便已经酿有"桂酒"，在《楚辞》里记载有"奠桂酒兮椒浆"。

汉朝郭宪撰的《别国洞冥记》中也有"桂醪"及"黄桂之酒"的记载。

唐朝酿造桂酒比较流行，有些文人也善酿此酒，宋代叶梦得在《避暑录话》中有"刘禹锡传信方有桂浆法，善造者暑月极美、凡酒用药，未有不夺其味、沉桂之烈，楚人所谓桂酒椒浆者，要知其为美酒"的记载。

金朝，北京在酿造"百花露名酒"中就酿制有桂花酒。

清朝酿有"桂花东酒"，是京师传统节令酒，也是宫廷御酒。对此在史料中有"于八月桂花飘香时节，精选待放之花朵，酿成酒，入坛密封三年，始成佳酿，酒香甜醇厚，有开胃，怡神之功……"的记载。直至今天也还有在中秋节饮桂花陈酒的风俗。

【重阳节】

重阳节也称重九节、茱萸节，时在农历九月初九，有登高饮酒的风俗。开始于汉朝，宋朝高承所著的《事物纪原》中有记载："菊酒，《西京杂记》曰：'戚夫人侍儿贾佩兰，后出为段儒妻，说在宫内时，九月九日佩茱萸，食蓬饵，饮菊花酒，云令人长寿。'登高，《续齐谐记》有云：'汉桓景随费长房游学。'谓曰：'九月九日，汝家当有灾厄，急令家人作绢囊，盛茱萸，悬臂登高山，饮菊花酒，祸乃可消。'景率家人登，夕还，鸡犬皆死。房曰：'此可以代人。'"从此之后，历代人们逢重九就会登高、赏菊、饮酒，至今不衰。

明朝医学家李时珍在《本草纲目》一书中，记载有常饮菊花酒可"治头风，明耳目，去痿，消百病"，"令人好颜色不老"，"令头不白"，"轻身耐老延年"等。所以古人在食其根、茎、叶、花的同时，还用来酿造菊花酒。除了饮菊花酒外，有的还饮用茱萸酒、茱菊酒、黄花酒、薏苡酒、桑落酒、桂酒等酒品。

历史上酿造菊花酒的方法不尽相同。晋代有"采菊花茎叶，杂秫米酿酒，至次年九月始熟，用之"，明代是以"甘菊花煎汁，同曲、米酿酒。或加地黄、当归、枸杞诸药亦佳"。清朝则是以白酒浸渍药材，而后利用蒸馏提取的方法酿制。所以，从清代开始，所酿造的菊花酒，就称为"菊花白酒"。

【除夕】

除夕也称大年三十夜。是指一年最后一天的晚上。人们有别岁、守岁的风俗。就是除夕夜通宵不寝，回顾过去，展望未来。开始于南北朝时期。梁朝徐君倩在《共内人夜坐守岁》一诗中记载有："欢多情未及，赏至莫停杯。酒中喜桃子，粽里觅杨梅。帘开风入帐，烛尽炭成灰，勿疑鬓钗重，为待晓光催。"除夕守岁的时候都是要饮酒的，唐朝白居易在《客中守岁》一诗中记载有："守岁樽无酒，思乡泪满巾。"孟浩然写有这样的诗句："续明催画烛，守岁接长宴。"宋朝苏轼曾经在《岁晚三首序》中写道："岁晚相馈问为'馈岁'，酒食相邀呼为'别岁'，至除夕夜达旦不眠为'守岁'。"

除夕饮用的酒品包括"屠苏酒"、"椒柏酒"。这原本是正月初一的饮用酒品，后来改为在除夕饮用。宋朝苏轼曾在《除日》一诗中写有："年年最后饮屠苏，不觉来年七十岁。"明朝的袁凯在《客中除夕》一诗中写道："一杯柏叶酒，未敌泪千行。"唐朝的杜甫在《杜位宅守岁》一诗中写道："守岁阿戎家，椒盘已颂花。"

除夕午夜，一家人聚餐又名为团圆酒，向长辈敬辞岁酒，这一风俗延续至今。

其他饮酒习俗

【满月酒】

"满月酒"又称"百日酒"，是中华各民族普遍的习俗之一，生了孩子，满月时，摆上几桌酒席，约请亲朋好友共贺，亲朋好友通常都会带有礼物，也有的送上红包。

【寄名酒】

以前孩子出生后，如请人算出命中有克星，多厄难，就会将他送到附近的寺庙里，做寄名和尚或是道士，大户人家则会举办隆重的寄名仪式，拜见法师以后，回到家中，便会大办酒席，祭祀神祖，并邀请亲朋好友，痛饮一番。

【寿酒】

中国人有给老人祝寿的风俗，通常将 50 岁、60 岁、70 岁等生日称为大寿，一般由儿女或者孙子、孙女出面举办，约请亲朋好友参加寿宴。

【上梁酒】

在中国农村，盖房是一桩大事，盖房的过程中，上梁又是最关键的一道工序，因此会在上梁这天，办上梁酒，有的地方还流行用酒浇梁的风俗。

【进屋酒】

房子造好后，举家迁入新居时，还会举办进屋酒，一是庆贺新屋落成，并志乔迁之喜，还有祭祀神仙祖宗，以求庇佑之意。

【开业酒】

这是店铺作坊举办的喜庆酒。店铺开张、作坊开工的时候，老板都会置办酒席，以志喜庆贺。

【分红酒】

分红酒是指店铺或作坊在年终按股份分配红利时，举办的酒宴。

酒

俗

少数民族酒文化

少数民族饮酒习俗

【布依等族的饮酒习俗】

布依族人民在社会交往中非常讲究礼仪，其特点是诚恳相待，注重精神文明。佳节与喜庆，亲友之间互相走访，主人必须先捧酒招待宾客，客人也尊敬主人，显得彬彬有礼。吃饭时还会用酒歌来表达宾主之间的相互询问与祝福。主人在歌中表达对宾客来临的热烈欢迎；客人也用歌相答，对主人的热情款待表示由衷的感谢。歌词内容包含着团结互助、友好往来的精神，而且还带有一种农家淳厚、简朴、恬适的古风。比较常唱的歌如《酒歌》《吃酒歌》《敬酒歌》《谢酒歌》《问酒歌》《祝贺》《要筷子歌》《敬老人歌》《客人来要请坐》《赞歌》《问姓歌》等。

比如在宴席迎客时，主人可以先唱《酒礼歌》："贵客到我家，如凤落荒坡，如龙游浅水，实在简慢多。"客人对主人家的热情款待表示谢意，就用歌声来表达自己的心情，唱道："喝酒唱酒歌，你唱我来和，祝愿老年人，寿比南山坡。祝福后生伙，下地勤做活。祝福姑娘家，织布勤丢梭。祝福主人家，年年丰收乐。"宴会结束后，客人还要唱歌，感谢主人一家用劳动得来的果实殷勤招待亲朋。客人告辞时，主人也会唱起送客歌，再次为招待不周表示歉意，同时祝客人一路平安，心情愉快，希望下次来。

因为布依族是一个喜欢饮酒、喜欢唱歌的民族，所以出现了劝酒歌、定亲歌、送亲歌、接亲歌、起房歌、老人歌等酒歌，这些酒歌的内容朴实大方，讲礼好客，以多姿多彩的艺术形式，生动而有力地体现了布依族人民的社会生活，表达出他们特有的生活方式，风俗习惯以及他们勤劳俭朴的高尚品德和美好的心灵。

今朝放歌须纵酒——酒文化卷

以伴酒歌敬酒，明确地唱出敬酒能加深情谊，这是贵州少数民族地区酒礼酒俗的一大特色。如苗族宴宾敬酒时唱："这杯酒来清又清，美酒首先敬客人。世间贫富本是有，不讲贫富讲交情。"布依族宴宾敬酒时唱："举起杯来好朋友，喝干这杯白米酒，别客气呀别拘束，干杯情谊多交流。"

侗族宴宾敬酒时唱："你左我右手，各端一杯酒，我俩手拉手，喝下这杯酒，今后日长久，永记此时候，情意胜浓酒。"水族在宴宾敬酒时唱："酒不醇怪酿酒药，酒不香不敢多斟，敬一杯谨表心意，亲友啊请你畅饮，若不会也应接杯，不负我对你尊敬。"客会举杯应对，度答酒歌："主人家待客殷勤，酒席上意重情深，你双手把酒劝敬，喝杯酒，祝你风云。"或推让地唱："端起这杯香米酒，我的心里好害羞，非怕醉后红我脸，如何把情来领受？"经主人再唱酒歌劝，客便回唱酒歌谢饮："这是主家粮食蒸的酒，叫人闻到就心甜，叫人喝了就心醉。"饮下之后，用酒歌夸赞主人："这杯酒来黄又黄，主人修得好幢房，金色柱头银色梁。""米酒酿满缸，九排七间房。""酒杯斟酒酒杯青，笑在眉头喜在心，茅棚换成砖瓦屋，沙发靠椅样样新。酒杯斟酒酒杯杯黄，电灯下面缝衣裳，节日佩戴银装饰，平时穿的花的凉。"苗族的主人应该赞而举杯回敬："尽讲礼忘了喝酒，再饮酒请莫推让，酒醉了有茶漱口，酒菜差请你原谅，喝了酒情深意长。"一些民族村寨有文化的姑娘也会以主人身份唱歌敬酒："大叔高龄见识广，敬你一杯表心肠；酒敬青年得对象，酒敬老人寿命长。"客人饮时要答唱："虚度光阴几十年，从不出村见识浅，多谢姑娘敬我酒，祝你满意结良缘。"宾主碰杯而干。酒礼也有由亲友唱酒歌代主敬客的，这个时候，宾客在饮前唱问缘："主家酒花亮铮铮，请让我来问一声，你是长辈是同庚？你为谁来把酒斟。"主人代表唱述后，客唱谢酒歌："一杯酒固是情分，半杯酒也是看承，接过酒来领了情，多谢老表和主人。"唱罢会意一饮而尽。

用精致酒器盛酒宴宾和客赞主人酒器以谢盛情，是饮酒礼俗中的关键内容。民族村寨殷实之家酒宴一般多使用美观的酒具，宾客饮酒时会赞唱："马头酒壶亮锃锃，桂花米酒香喷喷。"或："酒壶像蝴蝶，顺着酒杯游。""牛角盛酒敬客忙，牛角斟酒九两半，请君喝干别推让。"在这种热烈而隆重的盛宴场合受敬牛角酒的客人，一般不会马上接酒来饮，而是以谦逊的酒歌相答："一只牛角一尺长，斟满美酒喷喷香，姑娘情义千钧重，我是蚂蚁怎敢当？"再敬而饮。将酒礼融于酒中敬献、谦让与赞誉之中，佳酿、美器、酒歌、盛情相互糅合，"酒歌多醉了山坡，宾主情深溢出酒窝"。宾主饮醉之后，客人会示意即将返家，主人用再劝酒方式以表留客之意："好酒九十九，才喝了九壶，还有九十壶，客人请别走。"客临行之前，主以歌相别并敬最后一杯送客之酒："这杯酒来黄又黄，来得忙来去得忙，再敬贵客一杯酒，路上口渴得润肠。"或者是赠一瓶礼酒并唱："请你收下这瓶酒，把酒放到今秋后，五谷丰登禾满仓，那是欢庆的时候，待到再次奉举杯时，节令佳期再饮酒。"

有些布依族人生活中，还有一种别有风趣的"迎客酒"。即娶嫁迎亲或逢年过节，客人来到时，主人会在大门口摆放一张桌子，桌上置放酒壶和碗，客人一到，主人急忙在碗内斟上酒，双手端着，唱起一首《迎客歌》："凤凰飞落刺笆林，鲤鱼游到浅水滩，今天贵客到我家，不成招待太简慢，献上一碗淡淡水，只望客人多包涵。"如果客人是能歌者，便会以歌答道。"画眉飞上梧桐树，小虾游到大海里，今天来到富贵府，主人殷勤真好客，只因我的口福薄，这碗仙酒不敢诀。"这样对答几个回合之后，双方不分胜负，最后客人饮了一口酒，就进到堂屋里。如果客人不会唱歌，主人每唱一首，客人只好喝一口酒，一直要唱七首或九首。客人也就会喝上七口或九口酒以后才能罢休。因此，不会唱酒歌，就要被罚酒，还要逗得所有围观者哄堂大笑。

进了屋内之后，在酒席间，主人要请善歌的姑娘或中年妇女来为客人敬酒。她们有的拎着酒壶，有的端着放碗的方盘，来到客人身边，先斟好一碗酒，再唱起《敬酒歌》："客人远道来，实在是辛苦，没有鸡鸭鱼招待，喝碗淡水当鱼肉。"如果客人能歌，就用歌回答道："八仙桌子四角方，鸡鸭鱼肉摆中央，山珍海味样样有，多谢主家热心肠。"就这样主人一首，客人一首，由古至今，天南地北，内容无所不包，有问必答。当然，如果唱的时间久了，回答时未必对题，只要能对出一首就行，这样就免罚喝酒。若不会唱敬酒歌，姑娘们每唱一首，就被罚喝一口酒。的确是妙趣横生，会给整个酒席增添很多欢乐的气氛。

布依族人不但喜欢饮酒，而且也善于酿酒。米是由自己种出来的，酒曲则是自己上山采来百草根做成的。因原料方便，故酿制容易。所酿制的米酒在十八度左右，醇香甘美，全都是用大坛子盛好密封的，每当打开坛子盖取酒时，香飘满屋。

平常时候，只要有客人来到家里，主人就会递上一杯"茶"，客气地说："走累了，请喝杯凉水解渴。"如果曾经到过布依族地区的客人，有过经验，就会欠起身子，双手接过"茶"来，慢慢品尝，细细享用。若是没有经验的客人，会因为口干，一口喝下，那就要闹笑话了，自己也只好暗暗叫苦上当。原来，这并不是茶，而是米酒！但一定要注意，如果是将酒误当茶喝了，无论如何也得吞下肚去。绝不能吐出，这样才是对主人的尊重，反之就是很不礼貌的。要说上当，谁让你自己不事先了解一下当地的风俗呢？这不是坏心，正好相反，这是布依族对客人的真诚敬意，客人喝下的酒越多，就象征着长吃常有，主人就会越高兴。

布依族人还会用自产的糯米和自制的酒曲（当地叫"土酒药"）制作出味醇可口的糯米甜酒。这种甜酒大致是妇女们自食和招待女客用的。要是在阳春三月或初夏时节，凡是在布依族地区路过，走累了，口渴了，只要看见路旁地里有人做活，就去向他们找水喝，一定可以喝上布依人常用甘洌的山泉冲拌的糯米甜酒水，凉悠悠甜丝丝沁润肺腑，既可以解渴，又能驱散一路上的疲劳。

贵阳市花溪区布依族酿造的刺梨酒，更是名扬中外。刺梨酒的酿造方法是每年秋天收了糯稻之后，就采集刺梨果，把它们晒干或炕干。接着就用糯米酿酒，酒盛于大坛中，然后把刺梨干放入坛里去一起浸泡。一个月以后（时间泡得越长越好），酒呈酱黄色泽，喷香可口，约十二度，不易醉人。

【藏族饮酒习俗】

藏族有着悠久的历史和灿烂的文化，早在1000多年前便已经开始酿酒，在漫长的历史进程中，形成了独特的藏族酒文化。

生活在巍巍雪山、莽莽草原的世界屋脊之上的藏族，生性豪迈、乐观、热情。长期的佛教思想的影响，使他们养成了仁爱、礼貌、节俭的美德。所以，藏族人普遍喜欢饮酒，但绝不酗酒；平时一般不饮酒，可是饮起来却总要酣畅尽兴方休。酒在藏族是喜庆的饮料，绝没有消愁解闷的用途。因为佛教戒酒，酒在笃信佛教的藏族人民中是无法作为祭祀之物的。

藏族古代饮的酒种类较多。据敦煌出土的古藏文写卷《苯教丧葬仪轨》中记载，吐蕃早期所饮用的酒有米酒、小麦酒、葡萄酒、蜂蜜酒和青稞酒等。随着唐蕃联姻进而发展起来的汉藏文化交流，使藏族掌握了由内地传进的复式发酵酿酒法，仿内地黄酒酿制的青稞酒获得了藏族的普遍喜欢，从而成为藏族的传统饮料。

在大多数藏区，如果平时有客人，敬茶不敬酒。但逢年过节和喜庆时，若有客人来家，则必须敬酒。敬酒的时候，主人要先斟满一碗（或杯），捧献于客前，客双手接过后，必须要先喝三口，可是不能喝干，等主人再斟满，这时客人才一口喝干。此后，客人有酒量的继续喝，无酒量的可以不再喝，主人也不强劝。如果客人不完成上述之饮，那就是严重的失礼行为，主人会非常不高兴。至于客人酒醉，主人绝不会讥笑，反而认为这是坦诚的表现。四川的嘉绒藏族比较特别，平时对进屋的客人先敬一壶酒，随后把食物用盘奉上，一客一份。阿坝的黑水地区藏族，凡是见到熟人从门前经过必须请进屋内敬一碗酒。若客人坚持不进屋，主人要将酒拿到路边请客人饮用，以示慰劳。藏族人民热情好客、和善睦友的风尚，在这些酒俗中获得充分展现。

酒在藏族婚仪中有重要的作用。在青海安多藏区，提亲的时候必须带去"雅叙酉仓"（提亲酒）。如果女方允婚，则须邀请村里长者和媒人一起喝"订婚酒"。一旦饮了此酒，就算正式订婚，不可再许嫁他人。结婚之时，更要准备大量的青稞酒以便宴飨送亲者和来宾。迎亲者则会在途中摆设"迎亲酒"。新娘离娘家前要喝"辞家酒"。婚宴中主客尽兴同饮"庆婚酒"，高唱酒歌，跳舞，欢腾通宵达旦，一直会热闹三天。其间新娘要对宾客逐一敬酒。其他藏区的婚礼仪式有的与此不尽相同，但酒在其中的作用却基本相同。

藏历新年，藏族家家户户都要喝青稞酒以示庆祝。初一天刚亮，家庭主妇就将八宝青稞酒"观颠"（一种加有红糖、奶渣子、糌粑、核桃仁等煮物的稞酒）端至家中每个人的被窝前，让他们先喝了再起床，以示新年一开始就丰衣足食，步步吉祥。藏族初一这天一般不拜客，全家人闭门欢聚，品着青稞酒，喝着酥油茶，漫话家常。从初二开始才挨家去拜访，互道"扎西德勒"，互敬青稞酒。嘉绒一带的党坝藏民过年，喜欢全寨人各凑一些酒，团聚在一起从初一喝至初五，夜则烧篝火，昼则浴太阳，伴随着欢歌劲舞，共庆新年。藏族节庆日比较多，如元宵"灯节"、六月"雪顿节"、七月"望果节"和"沐浴节"，在这些日子里人们依照惯例是要喝酒以庆的；而最悠闲、最浪漫的饮酒日子则要数康定人四月八的"转山会"和拉萨人夏季五月间的"逛林卡"了。到时候人们扶老携幼，或全家一起，或情侣友朋，三五成群，在绿茵上、溪流边搭起白色帐篷，边喝着新酿制的青稞酒和酥油茶，边弹着六弦琴或拉着胡琴，或引吭放歌，或浅斟低吟，悠然自得。藏族最豪放的饮酒则是在跳锅庄时。村寨的青年男女围成一圈，圈子中摆设小桌，放上几坛青稞酒；男女两队轮流领唱，翩翩起舞，并时不时地来到圈中喝上一碗酒。跳到高兴处，饮酒者更是纷至沓来。酒助舞兴，歌借酒力，通宵达旦兴尽方归。

藏族中一般是以茶作为日常生活中必备的饮食。可是在阿坝的黑水藏民中却用酒代茶。他们吃糌粑不用茶而是用青稞酒拌和一起吃；吃干馍不喝开水或茶，是以酒解渴；就连吃烤土豆，也是泡在酒碗里吃。

藏区东部很多地方都盛行"喝咂酒"，尤以黑水人"喝咂酒"最为讲究。每遇年节和家中有大事要请人"喝咂酒"时，都要先由主人烧开一大铜锅水，放到火塘边保温；然后把一坛酿好的未加过水的酒放在客位的火塘边，插入两根细竹管。待客人到齐后，先请其中最年长者坐在酒坛前，领头诵经，用手指蘸拨点酒洒向四方；然后，请另一位年长者与他同坐在一起，各含着一根竹管吸饮。这时主人在旁边缓缓地把一瓢开水从上渗入酒坛。开水经过发酵的酒粮渗入坛底，便成了酒。竹管插进坛底，所以只能饮到酒而不会吸进糟。二人饮完后，以长幼次序另请二人到坛边吸饮，主人继续向坛内冲开水。一般情况下，每二人饮完一瓢水就要离开，换上其他人。这样依次轮流下去，最后连两三岁的小孩也要去喝上几口。轮完一遍，再从头开始；直喝到一坛酒淡而无味后，才又换上一坛。每个与会的人无论有无急事，都必须喝过三次后才能离去，否则就是非常不礼貌的行为。这种轮流喝咂酒的宴饮，通常规模都很大，小则三五十人，多则一百多人，夜以继日才能饮过一巡。三巡下来，往往需要两三天，在饮酒过程中，未轮到的和已喝过的便会围着火跳锅庄。跳累了，唱渴了，也就该轮到自己喝咂酒了。喝完咂酒疲累尽消，就又有精神跳锅庄了。饮酒与歌舞紧密相连的藏族酒文化这一特色，在此展现无余。

在康区藏族中也有只插一根麦管或竹管在坛内喝咂酒的，人们轮番把酒坛传递给相邻者轮流吸饮。也有在坛中插上若干根麦管，好几个人围着酒坛同饮的。

唱酒歌是藏族饮酒一大特色。每逢重大场合（如婚宴、村寨聚饮等）敬客人酒时，应先擎着酒杯唱酒歌，歌词大多都是即兴之作，内容都是赞颂、祝福之词。藏族擅长用借喻来表达感情。如康区一首酒歌唱道：

阳光为什么这样明媚？是因为菩萨洒下了吉祥；

我家为什么这样欢乐？是尊重的客人来到帐房。

哈达是敬礼上师的赞扎，这杯中的美酒请我最知心的朋友尝。

在唱酒歌的时候，身子要伴着节奏舞蹈，可是杯中的酒却绝不许洒出。客人有时也要唱酒歌回敬，此唱彼和，气氛非常热闹，将宴会推向高潮。

藏族酒具分为壶、杯、碗。西藏仁玉县出产的绿玉酒壶和酒杯、酒碗，晶莹剔透，最受藏族人欢迎。江西景德镇生产的小龙碗，上面绘有"八吉祥"图案或"六字真言"，也是藏族颇为珍爱的酒具。旧时藏区贵族、土司家的酒具非常讲究，多为金银镶嵌绿松石、珊瑚珠，工艺特别精湛。

改革开放以来，藏族人民生活水平提升得很快，藏族饮的酒种类又趋向多样化。在城市的藏族青年中，啤酒受到特别的喜爱，这大概是因为啤酒的性、味均与青稞酒很近似，可是却比青稞酒饮用方便，随时都能买到。面临啤酒等工业化生产饮料的挑战，青稞酒也必然会打破家庭酿制的传统，转为工业化生产，方能满足藏族人民越发增长的物质文化需要。

【彝族饮酒习俗】

彝族传统上基本每家都酿酒。家中酿造的第一杯酒敬神，第二杯酒则要敬家中老人，晚辈不得先喝。

凉山彝族聚饮时，根据辈分高低、年龄大小的次序先后摆杯斟酒，先由英俊聪明的年轻人给老人敬酒。敬酒者要双手捧杯，右脚往前跨出一大步，弯腰躬身，头向左偏，不能直视被敬者。老人表示回敬之后，年轻人便起身，一饮而尽，否则视为不敬。

敬酒献客的时候，必须由老人或长辈开始，彝族常说"酒是老年人的，肉是年轻人的"，传统规矩是"耕地由下而上，端酒从上而下"。

到彝胞家做客，主人会先捧上一碗或一杯酒献客，如果客人不是彝族，主人会说："汉人贵在茶，彝胞贵在酒。"客人可以根据自己的酒量随意饮酒，主人会很高兴地立刻"打羊"或杀小猪来待客。如果客人谢绝接酒，则有不敬之嫌，主人会感觉到失望和不高兴。

彝族待客用牛羊不可以用刀宰杀，将牛或羊牵到客人面前请客人过目，以示敬重。然后用棍棒把牛或羊打死，烹调待客。

彝族习俗以妇女敬酒为贵，无论什么场合只要是妇女买的或是敬的酒，被敬者都不得拒绝，饮酒后要回赠点礼物。

逢节，彝族妇女会抱着一坛酒，插上几支竹管或麦秆，在家门外路旁奉劝往来行人用吸管饮酒贺年。每逢火把节，年轻的彝族姑娘们都会抬着新酿的玉米酒，带着漂亮精致的酒具，来到节日中人们必经的要道上摆设下长龙似的酒阵，敬给来参加节日活动的长辈、朋友、亲戚或是情人，这种酒称为"姑娘酒"。

节日活动中，摔跤、赛马、斗牛等比赛后，在姑娘们看到摔跤手或得胜者时，会拥上去敬酒，唱敬酒歌，表示赞赏和敬慕，男子汉会非常慷慨地以纪念品相赠。

在《康熙鹤庆府志·风俗》中有云："彝俗，饮必欢呼。彝性嗜酒，凡婚丧，男女聚饮，携手旋绕，跳跃欢呼，彝歌通宵，以此为乐戏。"

凉山彝族过年三天，每天都有活动，每项活动均要有酒：第一天吃年饭。要杀猪、准备菜和祭祀，各家吃年饭。第二天"搜酒"。全村寨的男人们都会自动结成队伍，挨家挨户去搜酒喝，被搜人家不能拒绝。队伍会越来越小，由于不断有烂醉如泥的人退伍。"搜酒"队伍走到哪儿唱到哪儿，为年节增添了很多欢乐和热闹气氛。第三天拜年。每个人都会带酒，路上遇到相识者，打开酒瓶请他喝"开口酒"，喝了酒的人要给一点回礼，并赞美拜年者的酒好。

晚辈给长辈拜年，要到处喊村寨里的人来喝拜年酒。小伙子要来到未婚妻家拜年，然后姑娘们会联合起来与他对歌、唱诗、饮酒，小伙子如果这方面不力，会被抹锅底灰，泼冷水。

清朝赵翼的《檐曝杂记·边郡风俗》中记载滇黔等地彝族、土家族、苗族青年"春月趁赶墟唱歌，携手就酒棚并坐而饮"。

云南巍山彝族男女相爱，常私下订婚，在约会的地方，小伙子对姑娘献上白酒，表示求婚，如果姑娘同意，就会接受，两人要坐在松树针叶上共饮，叫做"吃松毛酒"（南方将松树针叶叫做"松毛"）。男方家长知道后，便请媒人去走求婚的程序。求婚时，媒人去女家必须要带一壶酒，称为喝"白话酒"。女方如果拒绝，媒人返回时，要给媒人的酒壶重新灌满，谓之"回头酒"。正式订婚时，要用"茶糖合酒"。订婚第二天，未婚夫应该到女家请女方亲友宴饮。举行婚礼时，天黑后在门前院坝场子中点起一堆堆篝火，"酒礼婆"唱"勺果车"（酒礼舞的开头歌）后，宾客们开始跳"酒礼舞"，酒礼舞形式是边歌边舞，歌词内容是赞美父母，祝愿幸福之类，人们跳一阵舞，饮几杯酒，周而复始，此起彼伏，通宵达旦，歌舞酒融合在一起，非常隆重热闹。最后，酒礼婆唱"鼠果者"，酒礼方结束。

有的地方，彝族举行婚礼时，由男青年跳舞，大家唱歌伴舞。先唱祝酒歌，男方总管双手分执酒壶酒杯，女方总管只是拿着酒杯，二人对唱，对歌声止，群情激奋，一起同跳"阿左舞"。歌舞结束，请众人回坝院中坐好，新郎为每位来宾敬上一杯美酒，新娘舞出，围着插有咂杆的甜酒坛绕舞三圈，示意请客人"咂酒"。于是，众宾客来到酒坛边，轮流用咂杆吃咂酒。小伙子与姑娘们对唱酒礼歌，一同跳酒礼舞，欢畅通宵。

彝族人在商谈大事之前，要杀一只公鸡滴血入酒，当事人发誓后一饮而尽。

云南红河州的彝族每年开春"祭㑊"，当年生小孩的夫妇必须背着孩子向祭主和寨老敬酒，接受祝福。石屏县的彝族（花腰人）春节后第一个马日举办祭龙。前一年生了男孩的人家都要来到龙树下放鞭炮，在此请众人喝酒。

凉山彝族的妇女产后未满月不能见生人，不能称赞婴儿漂亮、胖、重。用酒礼数较多，临产之前要用酒祭拜家神；婴儿出生要举办"洗头礼"酒宴；婴儿"出门见天日"仪式用酒祭拜天地山神；婴儿满月要举办"讨饭"仪式"拜祖求名"，长辈命家人挑一点鸡屎，抹到婴儿头上，然后斟酒敬祭祖先，祈求赐吉祥福气，再把酒饮尽；"讨饭"当晚，请乡邻聚饮。姑娘在16岁左右举办"换裙礼"，杀鸡摆酒款待乡邻，大宴宾客以示庆祝。

彝族走亲访友礼品中带的酒起码要两瓶或一坛才能合乎礼数。

凉山彝族喜欢饮寡酒，不用下酒菜。饮酒的时候，几个人围圈蹲下，仅用一两只酒杯，或干脆就不用酒杯，一人一口轮流喝，称为"转转酒"。如果用酒杯，要先从最长者开始，由右至左，一人一杯不得轮空，叫做"杯杯酒"。

甘洛彝族的"杆杆酒"属于咂酒。也就是把一根打通的竹管插入酒坛中，众人围着酒坛轮流吸饮，要是竹管够不到酒液了，便掺入冷开水接着饮，这样反复掺水，直至味淡。

凉山彝族擅长以酒治病。用白酒送服花椒来治疗肚胀腹泻、下坠难受；将焙干研末的"屎壳郎"兑酒饮服，可以治疗产后胎盘不下或堕胎。

云南开化一带的彝族为了缓解死者的痛苦，病人临终前"举家灌酒以为别，名曰'永诀酒'"。

【傈僳族饮酒习俗】

傈僳族的酒文化可以说是博大精深、绚丽多彩而且独具特色，它既是傈僳族物质文化和精神文化的结晶，同时也是傈僳族热情奔放、真诚待客的写照。傈僳族酒文化内涵丰富，最出名的当数"同心酒"，同心酒是傈僳族酒文化的代表。在你看到胡应舒先生编辑摄影的《傈僳人家同心酒》后，便能够进一步了解傈僳族同心酒的深刻内涵，从而感受傈僳族那富有人情味和文化品味的酒文化。

傈僳族是"三江的主人"（傈僳族分布区域主要集中在金沙江、澜沧江、怒江三江流域），是一个追赶太阳的民族，他们由"忙龚五金"（水无法淹没的高山）的青藏高原一路向南迁移到金沙江流域，而后西迁澜沧江和怒江流域，还有一部分向南迁移到缅、泰等国，成为一个跨境而居的民族。

傈僳族是一个非常勤劳勇敢而豪迈的民族，在文化生活中，他们对酒有着十分独特的感情，酒是他们表达欢乐和友谊的象征。

傈僳族传统喝的酒谓之"那汁"，汉语称"杵酒"，是一种度数仅有十多度的黄酒。用高粱、小米、包谷和鸡脚稗煮后将酒药放入罐中十多天后就能饮用。饮酒时需要把酿好的酒料放进铁锅中，并在铁锅内加冷水烧开，而后以文火温锅，然后用竹筥和竹筒沥出酒水，这样喝酒会越喝越浓，可以满足多人饮用，往往一罐酒料便能喝一夜，同心酒也就是在这样的情况下开始喝的。在有客人来时，男主人或女主人一般会敬客人三杯同心酒，然后就不再敬。但如果客人回敬的话主人就一定会让你大醉才罢休。傈僳族喝同心酒非常文明，就是男女同喝也不会让人生出邪念，男女相互搂在肩上后对唱，歌词或长或短，内容由民族历史到祖辈、朋友友情、幸运生活、工作嘱咐等，一应俱全，蔚为大观。

同心酒体现的是傈僳族对亲朋友人的深情，展示的是"同心同德"。反映了傈僳人家酒文化中自省、自强、自立、自奋的精神。同心酒有六种不同的喝法，寓意也有所不同，展示了傈僳族热情、文明而又奔放的性格特点。随着时代的发展，傈僳族酒文化进一步发扬光大，现在同心酒已经有了以下六种不同的喝法：

第一种是"亚哈巴知"（石月亮酒）。亚：石；哈巴：月亮；知：喝。哈巴石月亮在怒江大峡谷深处的福贡县利沙底乡境内，在高黎贡山上有一天然岩石空洞，如同一轮明月高悬天际，傈僳语称石月亮为"亚哈巴"，它是每一个傈僳族人民心中的太阳，是傈僳族追祖寻根的发源地。亚哈巴知反映出傈僳族追求团结、尊重朋友、纯洁真诚的品格。饮酒时大家围桌而立，右手端酒杯，同时用左手挽住朋友们或客人……整个场面犹如满月，在唱罢祝酒歌后，众人齐说"一拉秀"（一口干）。

第二种是"仨尼知"（三江并流酒）。仨尼：三人；知：喝。傈僳族是金沙江、澜沧江和怒江的主人，主要聚居区位于现在"三江并流"风景区的核心地区，傈僳人视三江并流之水为美酒，将三江并流与饮酒结合，体现了三江的美、人与自然的和谐和傈僳族迎宾共享世纪美景的豁达情怀。在喝"仨尼知"时，三人左手搭靠在一起并靠近，右手端杯以逆时针方向缠绕形成三江之流。寓意着三人携手共创美好明天。

第三种是"燃卡知"（勇士酒）。燃卡：勇士；知：喝。勇士酒又叫英雄酒，是傈僳族勇士"上刀山、下火海"时的饮酒方式，喝过此酒象征着有无比的勇气和战胜一切艰难险阻的决心。一是长辈功尼扒（祭司）送给勇士的"壮行酒"，敬酒者用手端两杯酒同时递给勇士并说道："尼子知多！"勇士饮完后拱手而谢。二是勇士凯旋，长辈或尼扒手端两杯酒，饮酒时勇士要先把头偏朝右为半蹲式，尼扒将头偏朝左边示意接受，并把左手中的酒敬给勇士喝，勇士把头偏向左边，尼扒将头偏朝右边示意肯定，并将右手中酒敬给勇士喝，这样勇士便成为凯旋的英雄。

第四种是"普花知"（发财酒）。普：钱财；知：喝。普花知是傈僳族人民在与自然的斗争中，祈求顺利和发财的美好夙愿。饮酒的时候两人手端酒杯交叉钩住对方手腕，并且用手扶住对方手，下肢也交叉，形成横、竖看都犹如一个阿拉伯数字"8"字，上下两个"8"，寓意"发了又发"的美好愿望，饮时二人同说"普知花多"。

第五种是"斯加知"（思念酒）。斯加：思念；知：喝。斯加知是傈僳族同心

今朝放歌须纵酒——酒文化卷

酒中最常见的方式，又叫弟兄酒和兄妹酒。斯加知是对远方来的朋友、客人和亲人表达深情厚谊的方式，意为"同心"。饮酒的时候两人面对面，右手搂对方颈部，左手轻扶对方背脊，要先说"尼迟知多"，然后再喝杯中酒。另一种是两人搂肩脸贴脸，嘴靠拢，同时饮完杯中酒，以喝完一滴不洒为好。

第六种是"日师知"（长寿酒）。日师：长寿；知：喝。傈僳族有尊老爱幼的传统，有敬老胜过敬天地之说，敬天举过头，敬地弯腰低于长辈杯下、碰杯后一同饮下。敬长辈时，晚辈要双手捧着酒杯半跪三磕，向前敬给长辈老者。

【土家族的饮酒习俗】

咂酒的传统。相传始于明代，土家族士兵赴东南沿海抗击倭寇，百姓送行，将酒放在道旁，士兵经过酒坛，吸饮一口便可继续前行。清朝嘉庆年间（1796—1820年）鄂西长阳土家族诗人彭淦写了《竹枝词》描述这种酒俗："蛮酒酿成扑鼻香，竹竿一吸胜壶觞；过桥猪肉莲花碗，大妇开坛劝客尝。"

在贵州印江土家族祭风神的时候，先将作为牺牲的牛用酒灌醉，然后将牛角牛尾挂上鞭炮，点炮后让牛围绕神树狂奔，宰牛者突袭把牛砍倒，再将茅草人砍倒后马上扔掉刀，跳进河中躲避，称为"掩杀"。

土家族的传统议婚礼仪非常复杂。第一步"瞧样子"，又称"看长相"。第二步是求婚。男家邀请媒人连去三次，第一次将带的伞倒立于门外，女家收了礼品，并把伞顺过来，表示能够考虑，否则免谈。第二次媒人依然把伞倒立于门外，女家将伞拿进火塘房，即可继续进展。第三次登门，女家把伞拿进闺房内，用甜酒煮熟3个荷包蛋请媒人，媒人按理数吃掉两个，剩一个奉还。继而主人杀鸡斟酒待客，表示亲族与舅家已经答应。媒人带回喜信，男方开始备办酒肉送至女家，女家请亲戚吃"放口酒"，也叫"开恩酒"。第三步是"讨红庚"，也就是取女方"八字"。男方备办酒肉托媒人送到女方家。第四步定亲，又叫"插矛香"。男方择吉日送酒肉彩礼到女家正式订婚。双方各自在家中祭祖，供品必备酒。祭祖结束，女方摆酒宴请亲友，相当于公告，以防再有求婚者上门。第五步是拜年，未婚夫逢年节的双日要到女方家拜年，带酒肉礼品。其中的猪腿肉上如有尾巴，寓意是要求年内结婚，若岳父同意就留下猪腿。如果不同意，就割下尾巴，塞进未来女婿的鞋里。一般要未婚夫一再请求方能应允。

土家族传统婚礼仪式非常隆重，婚礼与成年礼一同举办。婚前一日行冠礼，新郎穿戴一新，先行祭祖，再摆酒宴，由九个未婚小伙祝酒道贺，媒人要给新郎敬一杯酒，并说八句敬酒词。女方冠礼在家举办，寨中姑娘都来"伴嫁"，吃"戴花酒"。席间，伴嫁姑娘向新娘敬酒，一定要哭得有声有色，才能表达出深厚的情谊。行冠礼当天，男方将酒肉和礼品派一行人送到女方家。男方迎亲队伍前往女家，女方摆设酒关盘唱答辩。新娘出门前吃"离娘饭"，席间哥嫂陪伴父母为新娘敬酒，俗称"哥嫂酒"。新娘接受谁的酒，就要哭诉与谁的情谊。迎亲花轿回来途中，新娘家的亲戚要抄小路"拦截"，所以男方要在一些"关隘"渡口处预备好酒宴，款待这些拦轿送亲的人们，叫做吃"茅宴酒"。有的女亲由于路远，没有赶上吃"茅宴酒"，就会一直追到新郎家吃"赶脚酒"。花轿抬到家门口，先由土老司摆案祭祖奠酒三杯。拜堂后新娘要跨过"七星灯"，也就是在筛子中摆上七个酒盅，点为七盏灯。新郎新娘在洞房饮过"交杯酒"，伴郎和伴娘闹洞房，双方对歌，输者罚酒，不肯认罚又无人代喝的要强灌。

鄂西土家族妇女生了头胎，男家要去娘家报喜，必带酒和鸡，提着红公鸡就是添了外孙，提红脖母鸡就是添了外孙女；双胞胎需要提两只鸡。

婴儿出生后，第一个到婴儿家的人是"踩生人"。踩生人跨进家门，主人马上装烟倒茶，煮甜酒鸡蛋款待，并要另择吉日，专摆酒宴致谢。

土家族将建新房看做"立百代基业，安千载龙阁"的大喜事，上山砍梁木的时候，主家给木匠米酒等礼品，选中梁木后，要先奠酒祭树，方能砍伐。锯好梁木，缠上红绸，给每个抬梁的小伙子敬酒三杯，点燃鞭炮，一口气抬到工地上。日后再与树主商议价钱，称为"偷梁木"。上梁的时候，两个歌师分坐大梁两端，一边饮酒，一边对歌，互相问答，以歌称颂风水宝地，预祝家业兴旺。

【怒族的饮酒习俗】

怒族是我国人口比较少的民族之一。怒族的历史，早在唐代古籍《蛮书》中就有描述。在漫长的历史长河中，怒族人民居深山，住竹楼，刀耕火种，狩猎，以黄连、黄蜡、兽皮、竹器、麻布等土特产品和其他民族交换生产、生活用品，社会生产力发展迟缓。

怒族热情好客，有客来访时，全寨都会献出最好的野味。只要客人进屋，主妇将以最快的速度为客人烹制佳肴，并且送上两块石块粑粑，中间要夹一块煎鸡蛋或烤猪肉。两块粑寓意夫妻二人，中间夹鸡蛋或肉象征有兴旺的后代，最后主人还要和客人一起饮"同心酒"。

婚筵是全部礼仪中宴请规模最大的筵席。婚前新郎要带猪肉、米等物到岳父家帮助砍柴和耕地，然后方能举行婚筵，婚筵时不仅酒肉要丰盛，场地也要布置一新。届时新郎、新娘要一同喝祝婚酒，姑娘们要对他们抛撒面粉，表示吉祥如意。

善于酿酒，以贡山怒族的咕嘟酒最有特色。饮用的时候，倒入蜂蜜，清醇香甜、开胃可口。无论男女，均可豪饮，而且饮酒必歌，每饮必醉。怒族饮茶是仿制藏族的酥油茶制作的漆油茶。经常作为产妇或身体虚弱者食用的补品。

典型食品主要是：漆油焖鸡、烧羊肚、漆油茶、咕嘟酒等。

怒族同胞比较喜欢饮酒，也擅长酿酒。怒族的酒主要有"咕嘟酒"、"浊酒"和高粱酒等。

"咕嘟酒"是用"咕嘟饭"（用玉米面和荞麦面制成，似年糕）酿制的。其具体做法是将咕嘟饭凉凉，然后拌上酒曲装入竹篾箩里捂好，几天后散发出酒味，或渗出酒液装在罐子里，密封十几天就成了。吃的时候，要先用笮篱过滤，再兑上一点冷开水，加入一点蜂蜜或甜味剂，略酝酿几分钟，即可饮用。这种酒香甜醇郁，是怒族酒中的上品，既能解渴，又有滋补健身之功效。

酒是怒族人民日常生活的饮料，更是他们待客时必不可少的饮品，贵客光临，必以酒相待。他们的饮酒方式一般是边饮边聊。在比较欢快热闹的场合，无论男女老幼，如果将某人视为知己，便要与他喝"同心酒"，就是两人腮贴腮、嘴挨嘴，一手搂肩，一手同端酒碗，仰面同饮，一饮而尽。置身于这种情深意浓的场景下，就算是平日滴酒不沾的人，也很难推脱。因为只有喝了这同心酒，你才能算得上怒家人的真正朋友！

怒族咕嘟酒的酿造方法，第一步与羌族的蒸蒸酒基本相同，就是把玉米粉制成酒。其特点反映在饮用时先将坛中的酒与酒糟盛一部分到盆中，加入适量开水，再拌入些蜂蜜或糖，滤去渣，饮其汁。

【朝鲜族的饮酒习俗】

朝鲜族十分注重礼节。晚辈不得在长辈面前饮酒。若长辈坚持让晚辈喝酒，晚辈要双手接过酒杯来，转身饮下，并对长辈表示感谢。

朝鲜族传统上大年初一要喝屠苏酒，也称"长生酒"。上元节清晨要空腹喝点酒，认为可以令人耳聪目明，一年不得耳病，常能听到喜讯，故谓之"聪耳酒"。在老人节的"花甲宴席"（回甲节）上，从长子夫妇到孙辈，都必须依次斟酒向老人跪拜祝寿。

朝鲜族还有家庭性节日"回婚节"，这是为双双健在的老人举办结婚六十周年庆典。当日，一对老人重新穿上当年结婚的礼服，接受大家的敬酒祝福，并且翩翩起舞，与晚辈同乐。

朝鲜族民间舞蹈《瓶舞》是祝寿时的专门舞蹈。在向老人祝寿酒宴上，女子头上顶着酒瓶，即兴曼舞。在寿星酒兴正浓时，由其女儿、儿媳或孙女头上顶着一瓶最好的酒，在席间翩翩起舞，宾客唱歌击杯碟为之伴奏，舞到精彩的地方，众人欢呼，舞者捧下头上的酒瓶向"寿星"敬酒。人们狂欢畅饮，通宵达旦。

【侗族饮酒习俗】

侗家人好酒，更好客。侗家人用酒待客是传统的风情民俗。侗家人在待客的时候，常挂在嘴上的一句俗语是"吃酒不论菜"。以示自己饭菜虽不丰，但是情意真挚，请客人不要在意。提到侗家人饮酒习俗，由人生的生、老、病、死至婚嫁迎送；由建造亭、楼、桥、宅至门、牌、碑、寺；由团体村寨之间的友谊至亲戚、朋友之间的交往；由生产中的耕、种、管、收至节、令、时、尚等活动，无不以酒设宴待客。酒的种类有三朝酒、节日酒、庆典酒等。侗家人以酒待客，以酒交友，在漫长的历史长河中渐渐形成了一种独具特色的酒文化。

不同的场合，不同的酒宴，都有不同的形式。简单说来分为以下几种：

敬酒：敬酒表示主人对客人的敬意和欢迎。侗家人的获杯酒，并不是与客人一起喝，而是要先端起自己的酒杯敬客人喝，表示对客人的敬意。一般来说，主人对满桌客人，每人都要敬一杯，特殊情况下也只敬为首的客人。反之，客人敬主人的酒也是这样。

换杯酒：换杯酒指的是宴席上主人与客人，亲戚与朋友通过饮酒谈心，增进了解、增进感情的一种饮酒方式。宾主之间喝换杯酒以示敬意。宾主双方同时饮尽对方的敬酒后，退回各自的酒杯，然后再干一杯，这样换了又退，退了又换，几道反复下来，直至双方满意为止。相反，客人也可以主动约主人换酒。

交杯酒：交杯酒指的是宴席上主客之间感情交流进一步加深的一种敬酒形式。常言道：交酒如交心。交杯形式是主人和客人各自端起自己的酒杯，主客二人手腕相交各自饮干自己杯中的酒。反之，客人也可以主动约主人喝交杯酒。

撑杯酒：撑杯酒是侗家人宴席上比较热闹动人的场面。它反映出主客之间主帮主，客帮客，客帮主，互相帮助的精神。在敬酒中，不管是主人向任何一位客人敬酒，还是客人向主方的任何一位亲戚敬酒，主客双方少则一人、二人，多则十人、八人，总的来说，人数不限，都要来帮助自己一方向对方敬酒，帮敬的人称为"帮撑"，又叫"撑酒"。如果形成撑酒的局面，主客双方的发起人，均不可先喝对方的敬酒，而要先喝对方的"撑酒"，"撑酒"饮完，再喝敬酒。主客双方的发起人对"撑酒"不可以拒绝，拒绝就是对撑酒者的不尊敬。对于不胜酒力的人，如果有十人、八人过来撑酒，即便是对撑酒每杯舔一点点，也是表达对撑酒者的敬意，否则就会被灌得酩酊大醉。

转龙酒：转龙酒也称换龙头。是侗家人宴席上的又一热闹场面。转龙酒由主或主客任何一方的代表提议，提议人叫做"龙头"。"龙头"提议大家喝转龙酒时，全席站起，端起酒杯，首先由"龙头"带头喝，然后由左至右或由右至左喝过去。往右传时，"龙头"左首的那人就是"龙尾"，往左传时，"龙头"右首的那人就是"龙尾"。待"龙头"饮尽后，依次一个接一个饮下去，如果"龙身"当中哪一人不干，就要受罚。喝转龙酒时由于可左右转动，"龙头"可变"龙尾"，"龙尾"也可变"龙头"，满席当中任何一人均能当"龙头"，也可当"龙尾"。这样翻来覆去，变化无穷。

团圆酒：侗家人的团圆酒别具特色。它不像平常喝的团圆酒那般由主人提议，满桌频频举杯，大家一饮而尽。而是由主人提议，满席端起酒杯，从右边向下传递到后者的口边，乙喝甲的，丙喝乙的，丁喝丙的……以此类推。此时，主人要领呼："大家来呀！"满桌一起呼"饮呀！呜呼！"这样满桌同干，一饮而尽。酒宴散席。

合拢酒：合拢酒指的是侗家人村寨或家族集体招待贵宾的一种最高规格的酒宴。一般是在村寨或家族举办盛大的庆典活动，约请上级贵宾和四邻来宾参加的庆典活动才进行。村寨举行的合拢宴酒，通常在团寨的鼓楼里摆设，家族举办的一般在比较宽敞的农户家的走廊里进行。酒席的摆设称为"拉长桌"。将十张八张方桌连在一起摆成一条长线，有的会用宽木板一块连一块摆设。合拢宴酒的酒、饭、菜都是村寨、家族家家户户将自家最好的米酒或苦酒、最好的糯米饭或糍粑，最好的腌肉、腌鱼、酸菜或小炒，用竹篮或箩筐挑来，凑到一起共同摆设的，可以说是百家酒、百家饭、百家菜，各具特色。合拢宴酒的规模是按照来宾的人数决定的，一般要求宾主人数为一比一的对等比例。主方还会安排一些姑娘站立一旁负责为来宾斟酒、敬酒、唱敬酒歌。规模大的有一二百人，就算小的也会有几十人。合拢宴开始前，主人要在寨门外组织迎宾仪式，第一项，是放"礼炮（铁炮）"奏"笙歌"，第二项，在寨门或屋门前摆设"拦门酒"。第三项，献上一碗油茶。这套程序结束后，方正式入席。合拢宴酒的坐席安排一般是一宾一主间隔而坐，也有宾主面对面而坐的。宾主坐定，宴席开始。先由主方村寨或家族中的头人代表致祝酒词，接着领头高呼"通通饮呀"！众人随声附和"饮呀，饮呀"！满桌举杯，一饮而尽。然后，宾主正式餐饮。大家相互敬酒，相互交流谈心，结识朋友。席间，根据侗家人敬酒的六道程序相互敬酒，始而复返，喝到尽兴为止。敬酒姑娘两人一对或三人一群，手捧酒杯向来宾敬酒，同时唱起敬（劝）酒歌。侗家姑娘那情景交融的唱词与圆滑的嗓音会让来宾飘飘欲仙，"酒不醉人人自醉"了。合拢宴结束之后，主人会在鼓楼门口列队用鞭炮送客，对贵宾"过筛"，也就是派七八名男女青年将贵宾逐一抬起来，向空中抛几次，或者有的捉手、有的捉脚，把贵宾抬起在空中荡秋千，然后再送贵宾上路。那个场面，真让人如痴如醉，流连忘返。

【羌族的饮酒习俗】

羌族大多聚居于四川西部茂汶，也有一部分散居在汶川、理县、黑水、松潘等地。自称"尔玛"，意思是"本地人"。今天的羌族是古代羌族人中保留下来的一支。

羌族酿酒的历史也十分悠久，原因之一是古羌人的一支首先从事农业。原因之二是"禹兴于西羌"，我国酿酒先圣仪狄是禹之臣，而杜康则是禹的后裔。羌族男人皆有海量，因此虽喜豪饮，但却极少烂醉滋事。羌族一般饮用的酒称为咂酒，咂酒的制法是用青稞煮熟拌上酒曲，封进坛内，发酵七八天后即能饮用。饮用时向坛子中注入点水，用细竹管吸饮，男女老少轮流吸，吸完之后再添水至味淡后食渣，俗称此为"连渣带水，一醉二饱"。饮用时要先由在场的最年长者讲说四言八句合辙押韵的吉利话，作为"祝酒词"，继而根据年龄长幼依次轮咂。平辈们在一起饮咂酒，可以每人插一长竹管于坛中，同时饮用。每逢节日、婚丧、祭祀、聚会、待客或换工劳动，除了饭菜比较丰盛外，还必须备有美酒。结婚时要吃"做酒"，宴客时要吃"喝酒"。羌族民间还有"重阳酒"、"玉麦蒸蒸酒"。重阳节酿制的酒谓之重阳酒，需要储存一年以上才能饮用，重阳酒因储存时间较长，酒呈紫红色，酒醇味香，是重阳节期间必备的美酒，除此之外，他们也饮白酒。孩子和妇女们常饮加了蜂蜜的甜酒。

羌族结婚操办喜事，新郎要陪新娘回娘家，娘家必须备好"回门酒"，亲友要对新婚夫妇馈赠礼物，并致辞祝福。

在汶川、茂县、理县一带，男方相中某位姑娘后，请媒人去女家说亲。如果女家同意，即向男方提出需要办多少酒席。吃了此酒，双方就算初步定下婚事。

吃过小订酒一段时间之后，男方会择吉日到女方家备办酒席，招待其所有的亲友。同时，送去财礼，尤其要送一份贵重礼物给岳母。在这个仪式上，男女双方会商定婚期、婚礼等事项。

【满族的饮酒习俗】

满族主要生活在东北地区，尚义好饮，酒量颇大，偏爱烈性白酒。家中来客，由长辈陪待，晚辈不同席，年轻媳妇侍立在一边，斟酒点烟，端菜盛饭。由主人给客人斟第一杯酒，喝酒要用小酒盅，客人喝酒时应该杯杯留底儿，俗称"留福底"，预祝主客富足美满。

宴宾过程中主人家男女更迭起舞，一人唱酒歌，众人和。主人敬酒时，若是客人比主人年长，主人长跪进酒，客人饮完，主人方能起身；如果客人比主人年轻，主人站立敬酒，客人略屈膝而饮。妇女敬酒，礼节相仿，客人可以象征性表示即可；若是酒沾到唇，必须一饮而尽，否则妇女长跪不起，直到客人饮完。好客的满族人通常叫妇女出来敬酒，使客人一醉方休。

满族旧时议亲，媒人必须连续去女家三次，女家方肯表态，以示"好事多磨"、"贵人难求"。媒人每次去时至少要带一瓶酒，因此有"成不成，三瓶酒"之说。

满族在孩子满月之后，会选择日子为孩子起名。当天，有钱人家要摆酒设宴，款待宾朋；没钱的人家，也必须要简单聚餐小酌。孩子周岁生日时，举行"抓周"仪式，家人欢宴畅饮。女儿长大出嫁，生了头胎后，要将孩子抱回娘家，把锁带解下来，称为"改锁"。回娘家改锁时，婆家应该送两头猪、两坛酒、两斗黄米。

满族建房，在上最后一根大梁的时候，房主会往大梁上浇酒。

满族人的祖先是女真人，每天必做的一项日常事务就是喝酒，每喝必劝，尽醉而归。景祖乌古酒时，女真人酗酒成风，世祖劫里钵曾经醉后骑驴入定。他们喝酒的方式豪放到不用杯子，而是共用一只酒桶，大家轮流舀酒痛饮。每逢婚嫁，夫婿和亲戚到女家，都要抬上很多酒菜待客，酒用金银瓦器盛装。将士出征，全军会饮，此时将官招人献计，共议长短。日常宫廷夜夜欢歌艳舞，以致影响朝政。

【毛南族的饮酒习俗】

毛南族喜欢烟、酒、茶。成年男人约有三分之二的人都会抽本地产的旱烟叶，很少用外地烟。老人大多都用竹鞭制成旱烟杆，边烧火边抽烟，节省火柴。饮茶只是办喜事、丧事和招待客人时喝，平常则喝开水或泉水。酒是毛南人的一大嗜好。但凡办喜事、丧事和客人到家，都会喝酒。敬祖先、走亲访友、节日、互助换工等就餐时全都要有酒。平时白天劳累，晚餐时也会喝酒活血，容易解除疲劳。若有客人到家无酒招待，就会被认为失礼，有句口头语："好朋好友，黄豆送酒。"所以，家中要常备一坛酒待客。几乎每家的主妇或男主人都会酿酒。他们所酿造的白酒，酒精度数不高，一般为20至35度。酿酒的原料包括糯米、黏米、玉米、高粱、红薯、南瓜等。各类酒名都以原料名冠之。比如，用糯米酿制的叫糯米酒，用红薯酿制的叫红薯酒。酿造的各类酒都用本地产的酒饼来发酵。先将原料煮熟，摊到竹席上，凉冷后撒酒饼（研成粉末），投入缸里或坛里发酵。冷天放在暖处或者用烂棉被、玉米叶、棕皮盖上保温，当发出酒香味即可蒸制。蒸制的时候，底层要用七拳锅装原料，中间用漏锅做蒸锅，上面是"天锅"装冷水，用微火蒸。蒸锅边有小孔把酒流往坛里。蒸酒量很少的，用煮饭锅和炒菜锅即可。蒸酒用水最好是泉水，出酒率高，酒味醇香。毛南族不但喜欢喝酒和善长酿酒，还借酒味比喻情意呢！如男女对唱山歌时，女的唱："这糯黏米酒，昨夜刚酿成，味淡又不醇，哥懒把手伸。"男的回答："这是糯米酒，秧田在门口，酒味烈又香，陶醉哥心头。"

毛南族人民喜欢饮酒，也喜爱唱歌。每个村寨、屯峒都会有几对随口成歌的歌手，逢年过节，赶圩坐夜，男女集会，建房，婚宴等都会唱歌、对歌。其中尤以婚礼场合为甚。

在浩如烟海的民歌中，作为一种仪式歌的敬酒歌别具特色，它集宗教、婚俗于一体，既有知识性，又有趣味性。

在举办婚宴的晚上，当来宾全都酒足饭饱后，对歌就开始了。在正式对歌之前，女歌手们先在中堂供桌前唱敬酒歌。中堂神龛前摆放着一张大四方桌，桌上盘子里有一个猪头，旁边摆着十杯酒，一包红糯饭，一挂熟猪肉，一串三角米粽，一个红鸡蛋，这是奖品。女歌手唱赢了就奖给他们；男歌手却没有这福分，无论胜败如何，他们帮主家争面子，都有一定的奖金和毛巾之类的纪念品。可是对于歌手来说，荣誉是主要的，并不在于奖品的得失。

所有的一切准备好后，巫师在新房门旁的小供桌上开始敲打符告念唱风趣的喜歌，然后主家便燃放鞭炮，女歌手主动上座，先唱祝贺歌和敬酒歌：

在这里唱一道对歌，献给四面的来宾；今天主家设酒宴，我唱欢歌祝幸福昌盛。

唱首欢歌在家中，请祖先和众神灵；今日主家接新媳妇，我们祝贺新人。

点根香插在桌子上，香烟袅袅四面飘荡；巫师刚打响符告，我们开始唱祝贺歌。

由请祖先神灵到家中的大门、楼梯、中堂以及桌上摆放的酒、杯、壶、米筒等都会唱到。这些平凡呆板的东西，一到他们的口中就变成了流畅、悦耳、动听的旋律。如唱米筛："笑你竹米筛，编得多轻巧；阿公接子孙，要你接符告。"唱酒壶："笑你白锡壶，浑身雪样白；里面装满酒，用来敬宾客。"当祝贺歌唱完之后便开始唱敬酒歌了。敬酒歌先敬神后敬人，先敬客人后敬歌手，整个场面从简单到复杂，从低潮到高潮。先由女歌手唱：

献第一杯酒，敬萤火虫和螺蛳；萤火虫你到此吃，螺蛳你来此坐。

毛南人觉得萤火虫和螺蛳是祖先灵魂变化而来，它们进家一是回来领香火，二是报讯有客人来，都是吉利，第一杯酒自然先敬它们。

献第二杯酒，这杯敬众宾客；妇女们请多吃饭，男人们请多喝酒。

男女有别，第二杯酒就讲明了。聪明的女歌手暗下"伏笔"，为接下来互相敬酒时奠定基础。

献第三杯酒，敬地方土地神；男女成世界，盘古制婚姻。

"创世"史传说洪水发生后，人间只剩下了盘古兄妹，是土地神劝他们结婚，繁衍人类，因此土地神的功劳不小，吃喜酒不能忘记他。

献第四杯酒，这杯敬媒人；主家接新媳妇，全靠你引线搭桥。
献第五杯酒，叫声白虎快走开；今天新媳妇进门，你走远方莫回来。

"青龙"、"白虎"均是守护神，因为"白虎"是凶神，加上毛南人过去认为白色代表悲哀，所以让"白虎"避开。

献第六杯酒，这杯敬财神；请你进来开钱箱，钱往外流快关紧。

　　勤劳善良的毛南族妇女不管是过去和现在，她们在社会上或家庭中都有一定的地位，特别是理财方面往往比男性更加能干，这首歌暗示新娘要善于理财，作好家庭主妇。

　　献第七杯酒，这杯敬家仙；有新媳妇帮衬，明年子孙兴旺。
　　献第八杯酒，敬地神龙神；地神你来吃饭，龙神你来喝酒。
　　献第九杯酒，敬婆王送花；今日接新娘，花桥花盛开。

　　"婆王"是创世神，她掌管着世间的生命之花，如果想要孩子得向她求花，办婚宴少不了她。

　　献第十杯酒，敬祖先众神；明天刚破晓，大家分别离散。

　　到这时，男歌手方可入桌对歌，气氛变得紧张、浓烈起来。

　　女：斟满一杯酒，送到哥的手；不喝嫌酒淡，不接嫌妹丑。
　　男：酒杯接在手，哥今领妹情；一来不嫌酒，二来不嫌人。
　　女：此是黏米酒，昨晚刚出锅；本来有点淡，哥懒开口喝。
　　男：此是糯米酒，秧插在村前；酒香度数高，未喝心已甜。
　　女：此是粳米酒，酒糟还未滤；今献哥一杯，不喝就嫌意。
　　男：妹酿粳米酒，香甜赛过糖；今接在手中，不尝也想尝。
　　女：此是玉米酒，玉米属杂粮；拿来敬朋友，请你多包涵。
　　男：玉米酿成酒，比粳米酒甜；今日尝一口，恐怕醉三天。
　　女：此是荞麦酒，播种在荒地；今日献亲人，涩嘴莫生气。
　　毛南族民歌的一个重要特点就是擅长用暗喻和象征手法，此处的酒既是真的酒，又暗示男女双方心中的爱慕。
　　男：麦粒成三角，酿成酒来喝；接妹手中杯，润喉好唱歌。
　　女：此是高粱酒，播种在后园；酒淡如雨水，喝来不值钱。

男：此是高粱酒，色味多芬芳；摆在桌面上，香气暖肚肠。

女：此是南瓜酒，气味最难闻；敬杯给朋友，不喝倒出门；

男：莫说是南瓜，夏天结果大；今妹酿成酒，喝来心开花。

女：此是红薯酒，气味有点臭；喝来不顺口，哥莫偏过头。

男：红薯也出名，结果在地中；拿来酿成酒，不忘妹情深。

女：此是洋芋酒，味臭色浑混；歌接在手中，难喝又难咽。

男：妹家有洋芋，一蔸几丈高；今日喝一杯，醉脸泛红潮。

女：此是甘蔗酒，蔗高不过丈；酿酒难变化，鼠尿一样淡。

男：此是甘蔗酒，蔗种妹后园；妹榨成糖水，喝后永不忘。

合：同喝交杯酒，情意记心头；酒散人不散，同处到白头。

敬酒歌通常是男女经过对歌相识后，即将要分别时，在主人为他们设的合欢桌上，感情浓烈的情况下吟唱的，互相敬酒，一杯酒或一口酒一首歌，既表示友情，也是试探对方"肚才"的一种活动方式。

【蒙古族的饮酒习俗】

蒙古族好饮酒，男女老少都喜欢饮奶酒，而且有大碗喝酒的豪侠风度，"每饮必烂醉而后已"。"整羊席"是用于喜庆和待贵客的宴席。

蒙古族历史悠久，是一个热情好客、讲究礼仪、胸怀坦荡的民族，至今仍然保持着一套特有的民族礼仪。饮酒时有未饮先酹的礼数。"凡饮酒，先酹之，以祭天地"。

蒙古族凡有客来必定会热情款待，宴饮必备各种酒，献上纯净的马奶酒和各种肉、乳食品。主人与客人必须要畅饮，"男女杂坐，更相酬劝不禁"，"客饮若少留涓滴，则主人更不接盏，见人饮尽则喜"，"必大醉而罢"。他们觉得，"客醉，则与我一心无异也"。来客后，不分主客，谁的辈分最高，谁就要坐在上席位置。客人不走，家中年轻媳妇不可以休息，要在一旁听候家长召唤，随时斟酒、添菜、续菜。

蒙古族接待客人注重礼节，欢迎、欢送、献歌、献全羊或羊背等都必须按礼仪程序进行，过程中都要敬酒或吟诵。一般的敬酒礼仪如下：敬酒者身着蒙古族服装（头饰、蒙古袍、腰带、马靴），立于主人和主宾的对面，双手捧起哈达，左手端起斟满酒的银碗；献歌；歌声即将结束时，走近主宾，低着头、弯下腰、双手举过头顶、示意敬酒；主宾接过银碗，退回原位；主宾是不能饮酒的，要再唱劝酒歌或微笑表示谢意，用右手无名指沾酒，敬天（朝天）敬地（朝地）敬祖宗（沾一下自己的前额），施礼示敬或略饮一点儿；主宾饮酒结束，敬酒者用敬酒时的动作接过银碗，表示谢意；向主宾敬酒完毕，依据顺时针方向为下一位客人敬酒或按主人示意进行。

对尊贵的客人要用"德吉拉"礼节：主人以手持一瓶酒，酒瓶上糊酥油，先由上座客人用右手指蘸瓶口上的酥油抹到自己的额头上，客人再依次抹完；接着主人斟酒敬客。客人要一边饮酒，一边说吉祥话，或唱酒歌。

待客时主人经常要唱敬酒歌敬酒，唱罢一支歌，客人就要喝一杯酒，使之无法拒绝。蒙古族认为要让客人酒喝得足足的，才感到自己心意尽到了，所以主人家从老到少轮流向客人敬酒，若客人不喝下去，主人就要一直唱下去，直到客人喝下为止。

蒙古族过小年时要祭火，在灶前摆好酒等供品。点一堆柴草，将黄油、白酒、牛羊肉等投进火堆中表示祭祀。过年时要专摆酒肉祭祖。

蒙古族农历八月要举办马奶节，开幕时主持人首先向蒙医敬献马奶酒和礼品。赛马之后，众人朝骑手们欢呼，敬献马奶酒。

蒙古族婚礼时，起码要举行三次宴会，婚礼主要在女家举行。喜日的前一天，新郎与伴郎、主婚人、亲友、歌手等一帮人到女家。女家要邀请自己家的亲人朋友来参加"求名宴"；晚上女家还要设新娘离家前的"告别宴"，新郎、新娘、嫂子和姑娘们坐一席；到次日早晨，婚礼结束，宾客准备辞别，娘家在门口摆放酒席一桌，给每位客人敬"上马酒"三杯，客人干杯后方能启程。

蒙古族人在结交知己朋友时，双方要一同共饮"结盟杯"酒，用装饰有彩绸的精美牛角嵌银杯，交臂把盏，一饮而尽，永结友好。

蒙古族不论是狩猎回来，还是放牧休息，牧民们均会燃起篝火，烧烤猪肉，和着悠扬的马头琴，举杯饮酒，豪歌劲舞。著名的蒙古族《盅碗舞》大多都是在宴席之上酒酣兴浓之际由舞者（女子）即兴表演。舞者双手各捏着一对酒盅，头上顶着一碗或数碗，舞蹈时头不摇，颈不晃，用双手敲打酒盅，甩腕挥臂，旋转而舞，刚柔相济，舒展流畅。

　　金杯金杯斟满酒，双手举过头，炒米奶茶手抓肉，今天喝个够，朋友朋友，请您尝尝，这酒醇正，这酒绵厚。

　　让我们肝胆相照共度春秋，在这富饶的草原上共度春秋。

　　银杯银杯斟满酒，双手举过头，载歌载舞庆佳节，今天喝个够，朋友朋友请您尝尝，这酒醇正，这酒绵厚。

　　让我们心心相印友谊长久，在这崭新的生活中友谊长久。

　　这首歌展示出了马背民族对酒的喜爱。今天在甘肃、青海、宁夏、新疆、额济纳、阿拉善等地生活的蒙古族同胞，被人们称为"卫拉特"蒙古族。这些蒙古族不仅是整个蒙古民族的有机组成部分，而且也保持了他们文化上的独特性。

　　卫拉特是古代蒙古一个部落的名称，意思是"森林中的百姓"。在中央电视台播出的大型历史电视剧《成吉思汗》中，有一个名叫忽秃别合乞的人，他就是13世纪初卫拉特部落的首领。成吉思汗称帝的时候，他前来归顺并与成吉思汗的"黄金家族"联姻，卫拉特部便也随之成为蒙古族的一个分支。

　　如今已经过去了几百年的岁月，散布在西北各地的卫拉特蒙古族人的生活中仍然保留着很多的独特习俗。

【壮族的饮酒习俗】

　　壮族讲究礼节，热情好客。请客的时候，唯有长者方能与老年客人同坐正席，年轻人必须立于客人身旁，先为客人斟酒后才能入座。年轻妇女则不能到堂屋的宴席上共餐，能饮点酒的老年妇女可以。

　　壮族传统，一家的客人就是全寨人家的客人，来客经常会获得各家轮番邀请，尤其是贵宾，有时一餐要吃五六家。往往是客人在第一家刚入席，第二家、第三家已派人站在身后等待相请。按照壮族习俗，客人是不可以推辞的。有经验的客人绝不在第一家就吃得酒足饭饱，一定要想到还有其他邀请。对壮族而言，谢绝邀请是失礼，喝醉了失态会丢脸。

今朝放歌须纵酒——酒文化卷

广西大新县壮族人家待客时，主人要先为客人和自己斟杯酒，主客共饮"交臂酒"后，客人方可随意餐饮。壮族唱酒歌敬酒，歌词甚美："锡壶装酒白涟涟，酒到面前你莫嫌。我有真心敬贵客，敬你好比敬神仙。锡壶装酒白瓷杯，酒到面前你莫推。酒虽不好人情酿，你是神仙饮半杯。"

广西隆林等地的壮族议婚时要吃"八字酒"：定亲之后，男方择吉日请几个男子一起，携酒肉等礼品来到女家取"八字"。女方在祖宗牌位前点燃灯、烧香、敬酒，案上摆放几碗酒，把姑娘的"八字帖"藏在其中的一个碗底下。男方一人去端碗寻帖，如无帖则需饮尽碗中酒，才能再端下一碗，直至找到"八字帖"为止。取到"八字"后，女家要用男方带来的酒肉设宴款待媒人和女方亲友，一般媒人喝不醉休想告辞。

四月初八是壮族的脱轭节，中午家家户户摆酒席，全家围桌而坐，家长牵着一头牛进来围桌绕行，一边走一边唱祝词。喂牛过后，送回圈中，全家方进餐饮酒。

【景颇族的饮酒习俗】

传说，景颇族有位妇女名叫木吉锐纯，和儿子阿崩娃分居在恩梅开江的两岸。因为江桥断绝，阿崩娃每天都要绕山绕水，走很远的路才能够见到母亲。有一天，他请求母亲帮他想一个戒奶的办法，于是，木吉锐纯就给了他一包酒药，教他用水酒当奶，这种水酒甜中带辣，回味绵长，阿崩娃便从此戒掉了奶。后来这种水酒被景颇族人世代相传，成了景颇人非常喜爱的美酒。

在景颇人外出时，筒帕里经常要背一个筒盖可做酒杯的酒筒。相互敬酒时，要把对方敬的酒倒回对方的酒筒里一点再喝，以示相互尊重。在有客人来时，主人将酒筒交给客人中年纪大的人，表明将心都交给了你，请你代表他的心意，给人家敬酒。分酒时每人都要分到，包括主人在内也会分到一份，这时，敬酒人才能喝，最后酒筒里还要留一点酒，表示互相尊重，也表示酒筒里的酒永远都不会喝完。大家共喝一杯酒时，每人喝一口后，都应该用手指一下自己喝过的地方再传给别人。若有老人在场时，要让老人先喝，这是传统的礼节。

少数民族特色酒

【概述】

中国少数民族在新中国成立前夕，因为所处的社会经济发展阶段不同、经济从业不同，所以所饮用的酒的来源和民间酿酒的情况也不一样。东北和内蒙古地区的赫哲族、鄂伦春族和鄂温克族主要从事捕鱼业和狩猎业，后两个民族仍然保留着浓厚的传统习俗，他们民间没有酿酒活动，饮用的酒全都是从四周其他民族处交换或购入的。中国南部和西南部的佤、德昂、布朗、独龙、拉祜等族狩猎和采集在经济生活中占有主导地位，生产力水平的低下，使这些民族民间很少有家酿酒。如今，在中国少数民族中仍生产和饮用的具有特色的酒基本有如下一些。

【蒙古族马奶酒】

蒙古族传统的酿酒原料是马奶，故而得名。马奶酒的酿造历史悠久，传至今日，依然盛行于蒙古牧区。酿制的时间自夏伏骒马下驹时开始，至秋草干枯马驹合群，不再挤奶时止。这段时间被叫做"马奶酒宴"期。酿制马奶酒的方法分为两种，一种是挤出马奶过两三天变酸后，马奶出现分离现象，取出飘浮在上面的奶油，将其余部分密封在铁锅内蒸馏，如此反复三四次，则酒味越来越浓。这是制马奶酒的精工艺。另外一个方法是粗工艺，用发酵方法酿制。一般是先将牛奶制成酒曲，再把生马奶倒入装有酒曲的容器内，放在比较温暖处，每日启封以木杆搅动数次，使之发酵，味至微酸即可。在夏季的内蒙古草原上，但凡有牧民的地方，便会有马奶酒飘香；只要有节日活动或亲友聚会，便会有马奶酒宴和敬酒歌舞。

与蒙古族生活在同一区域的达斡尔族也具有酿制和饮用马奶酒的传统习惯。生活在内蒙古的部分鄂伦春族，将马奶、小米与稷子一起酿造马奶酒。哈萨克马奶酒，是将马奶装进马皮制的袋子里，扎紧口使其发酵，制成半透明、略带酸味的饮料，他们将其称为"克木斯"。

由于马奶酒有健身和医疗功效，因此常饮马奶酒的蒙古族和哈萨克族牧民普遍身体强壮。

【藏族和土族的青稞酒】

青稞酒是藏族人民普遍喜欢的传统饮料，据说青稞酒的酿造技术是唐文成公主所传授的。在西藏民间流传有端起酒杯（碗）想起公主的民歌。青稞酒的酿造方法比较简单：首先把青稞洗净煮熟，捞出来摊在干净的麻布上冷却，拌入酒曲，装进陶罐或木桶中密封发酵，酿制成醪糟，二三日后，加上清水，盖上盖，再过一两天即可饮用。色泽黄绿清淡，酒味甘酸略甜，度数较低，有人称为青稞啤酒，但没有泡沫。头道酒浓度15%到20%，二道10%左右，三道只有5%到6%。饮之难醉，醉则难醒。

常饮的青稞酒，一般浓度约为10%。另有青稞白酒，酿制法比较复杂：将醪糟装入大陶罐，加入少许清水。罐中用术棍架起一铜锅，锅沿与罐沿齐平。锅上架一钝锥形铛子，口径稍稍大于罐口，罐沿与铛间用草术灰泥封严。陶罐底部用温火加热，不断将铛中升温的热水换成凉水，使罐中的蒸汽凝结成水珠滴入铜锅内，七八小时后，取出铜锅中的液体，就是青稞白酒，度数能够达到60%以上，酒香四溢，略带青味。此法可称为土法蒸馏。因为工序要求比较精细，所以一般由主妇来操作。

青海土族农民也酿造和饮用青稞酒，他们通常将青稞酒称为"酩"，土族语叫"斯拜·都拉斯"。其制作法是先把青稞做成醪糟，当地汉族方言叫做"甜醅"然后入锅加水蒸馏出酒。乙醇度一般在30%至40%，最高也能达到60%。为使酒色味更佳，人们经常将酒装入能容20公斤的黑瓷坛中，密封坛口，深埋在羊圈或居室炕沿附近的地下，过一年半载挖出，添满酒再埋，如此反复两三次，坛中酒色如黄蜜，浓如稀，醇香扑鼻，入口绵滑，小酌数杯，即能使人酒酣神怡，如果再多饮，则沉醉难醒。土族是以古代民族吐谷浑为主体，吸取了羌、藏、蒙古及汉族的成分发展而形成的，羌是"西戎牧羊人也"在《说文·羊部》中记载着藏族和蒙古族都是有古老游牧历史的民族。因此，土族人种植青稞和酿青稞酒窖藏于羊圈的做法，可能已经有相当久远的传统了。

【柯尔克孜族孢糟酒】

"孢糟"为柯尔克孜语音译，可意译为黄米酒，因为其主要原料是黄米。其酿造法是先把黄米洗净泡软，上磨推制成浆糊状，装进布口袋里发酵。发酵后入锅加水煮至冒泡，再放进袋中滤挤去渣，其纯净的液体就是孢糟酒。酒色介于橙黄与浅咖啡色之间，乙醇浓度约为15%。此酒酸甘相兼，有补血和助消化的功能，很受群众欢迎。如今，在新疆柯孜勒苏柯尔克孜自治州的一些县城里，已经开设有"孢糟馆"，这就大大方便了各族群众的需求。孢糟馆有点类似于内地的茶馆，并不经营菜肴，顾客喝些孢糟酒，吃些烤馕即可，十分便利。

【门巴族曼加酒】

"曼加"为藏语音译，意思是"鸡爪谷酒"，因以当地特产的鸡爪谷为原料酿制而得名。鸡爪谷是禾本科农作物，籽粒如同白菜籽，色紫黑，穗头如猫爪，喜肥耐水，生长期为四个月，亩产五六百斤，是门巴族和珞巴族的主要粮食作物。酿制方法非常简单：先将鸡爪谷煮熟，捞出冷却后拌入酒曲，放置于竹盘中发酵。饮用时，将发酵后的鸡爪谷（酒酿）放入底部有塞子的竹筒，加进凉水，稍候拔开塞子，以酒具接盛即可饮用。曼加酒的浓度只有10%左右，提神消暑，夏季尤为群众喜好。门巴族聚居的西藏门隅（意为雅鲁藏布江下游平原地区）一带和墨脱县，基本上是高原河谷地带，气候温暖。

【水族肝胆酒】

把猪胆汁注入米酒中酿造而成。以此酒待客，表示主人愿意与客人肝胆相照，苦乐与共。宰猪时把附着苦胆的那片猪肝一起割下，用火烧结胆管口，避免胆汁流出，再把其煮熟，然后与猪肉一起祭供祖神。客人入席酒过三巡后，主人拿起猪肝，剪开胆管，当着众人的面把胆汁注入酒壶，为在座者各斟一杯肝胆酒，依长幼客主之序分先后干杯。猪胆具有消炎灭菌、清火明目、降低血压的功效。常饮肝胆酒有益健康，所以在水族群众中流传成俗。

【土家族甜酒茶】

土家族的甜酒茶其实并不是茶，而是酒。就像解放初期广东有部分人将啤酒称为"洋茶"一样，这仅仅是名称上的误用。土家族以糯米或高粱煮甜酒，把甜酒和蜂蜜加进装有山泉水的碗中，甜酒茶即成。饮之清冽甜香，消暑提神。因为有些山泉水实际上是矿泉水，所以经常饮用具有强身健体的功效。

【普米族酥里玛酒】

酥里玛酒主要是用大麦和玉米为原料酿造的。先将洗净的粮食煮到八九成熟，捞出冷却，拌上酒曲，装入大布口袋里发酵。两天后有酒味飘逸，将其再装坛密封。几日后（一般以放坛处的温度高低来估计封坛时间的短长）开封注入适量的清水，再盖上盖等两三小时，便可以倒出清水，此即"酥里玛"。有的人是在密封的坛口插入一支吸管，用酒时以虹吸原理把酒引流出来。

【羌族蒸蒸酒】

这种酿制方法比较简便。把玉米粉用杉木甑子（蒸桶）蒸熟后，倒入簸箕内凉至稍温，拌入酒曲，装进坛内，封严坛口，置于荞麦秸秆中发酵，约二十天，便可以饮用。色泽淡黄，酒味甘甜，可以去淤血、生鲜血下奶，是羌族产妇哺乳期间的常备饮料。喜客临门，主人经常会让他喝饱为止。

【四川彝族苦荞酒】

彝族在新中国成立前并没有专门的酿酒作坊，民间也没有多余的粮食能够用来酿酒，可以酿酒的是奴隶主或较富裕的"劳动者"（阶级成分）家庭。酿酒原料主要是苦荞（一种有清苦味的荞麦）、玉米或土豆。首先把酿酒用具全部洗净，不可以有一点油星，然后将苦荞以木甑蒸至半熟，凉温拌酒曲，装进发酵桶里。冬天为保持室温，需要不断生火，以便促其发酵，待酒香四溢时，插管于发酵桶底的孔中，引流出酒液，第一杯敬神灵，第二杯献长者，然后其他人才能饮用。因以苦荞为原料酿制而得名。苦荞是凉山半高寒山区的特产。彝族将以玉米、高粱和少量苦荞做原料酿造出的酒叫泡水酒。如今因为生活水平提高了，民间多饮外来的白酒和啤酒。

【云南彝族辣酒】

辣酒就是白酒，这种酒的主要原料是玉米或高粱，其特点通常反映在制作过程中，玉米或高粱煮熟拌入酒曲后，装进外面涂有牛粪的竹笋里，并且用蓑衣或麻袋片盖严实。等到发酵至即将从竹笋孔中渗出白浆时，装进坛中密封，当玉米或高粱变成细糊状时，装入甑子，上铁锅，兑水蒸馏得出酒液。

【纳西族合庆酒】

合庆是滇西地名，这种窖酒以当地的大麦和黑龙潭水酿造而成，香味醇正，曾经荣获云南省优质产品称号。

【怒族咕嘟酒】

怒族咕嘟酒的酿制法，这种方法的第一步与羌族的蒸蒸酒基本相似，就是把玉米粉制成酒。其特点表现在饮用时先把坛中的酒同酒糟盛一部分到盆中，加上适量开水，然后拌入一些蜂蜜或糖，滤去渣，饮其汁。

【水族九阡酒】

九阡是贵州省三都水族自治县的一个区，由于本地水族能生产一种独特的糯米酒，故而以地名来命酒名。九阡酒用糯米作为主要原料，酿制过程中加入多种药材。色泽棕黄，状若稀释的蜂蜜，味略甘，酒香馥郁。九阡酒下窖的时间越长越醇。陈年九阡酒应该在孩子出生时酿造下窖，直至结婚时，甚至到寿终时才能饮用。因用多种药材做原料，因此具有活血舒筋、健身提神的作用。

【普米族大麦黄酒】

这种酒的酿造是先把大麦煮熟，拌酒药发酵后，装进大土陶中，用灶灰泥封好坛口，二十一天后用管子吸引出酒液，装坛存放，随饮随取。色泽橘黄，味道甘甜。

少数民族用酒习俗

【烹饪时用酒】

无论中外，均有很多民族在烹饪中用酒来做调味品。在中国，有专门的料酒。少数民族中也有相似情形。怒族阿龙支系有种民间传统食品，称为"肉酒"。其制作方法是先把鸡切成块，以油烹炸后倒很多酒入锅，用文火稍炖即成。肉酒外酥内嫩，酒香诱人，可口而营养丰富，是老人和孕妇的食补佳肴。西藏藏族在藏历年时做一种汤食，称为"衮登"，是以青稞啤酒、红糖、奶渣、酥油等混合煮成的，其味酸甜香，且略带清苦。广西象州地区的壮族，有种调味品叫"红谷糟"，是用黏米制成的。

具体制法是：先把 50 克米醋与水混溶，洒在微温的米饭中拌匀，然后装坛加盖捂严保温，发酵 24 小时以后，开坛捞出米饭，用清洁的凉水冲洗，堆饭于竹簸箕中，用布盖好。米饭发热即摊开冷却，凉后再堆起来盖布。每天用水冲洗一次，三日后米粒即变成鲜红色，晾干便是糟种。糟米加上盐，装入坛内储存。用红谷糟可以做菜、腊肉的调料，也能作烧菜的佐料和吃熟肉的蘸料，其味甜酸，酒香扑鼻，满口留香。

广西仡佬族与贵州苗族等地也有与此相似的泡菜，可以称为甜酒腊酸菜。因其酸甜香脆，生津开胃，因此得食一次，终生难忘。以酒来疗疾在中国有久远的历史，少数民族中也有这种经验。

【医疗健身用酒】

藏族牧民在古代便已经懂得用青稞白酒敷贴外伤患处。在盛产药材的少数民族地区，用酒泡药材医病或健身的常见。

四川凉山彝族用白酒送服花椒来医治肚胀腹泻、下坠难受；用蜡干研末的"屎壳郎"兑酒饮服来医治产后胎盘不下或堕胎。

【狩猎活动中用酒】

鄂伦春族过去在婚宴中吃的狍子肉，是不可以用猎枪射杀的狍子的，这可能是对"动武"的忌讳，因为婚姻要求和和美美。因此，新郎便用食物拌酒来醉狍子生擒之。但是狍子的视觉、听觉、嗅觉都很灵敏，十分机警，而且奔跑飞快，所以，能醉擒生狍者必须聪明能干才行。年轻的猎人都知道狍子的生活习性以及一年四季出没的规律，而且能够将桦树皮做成狍哨子，模仿狍子的叫声，引诱母狍跑来喂奶，因猎人在下风，而且头戴狍头帽，因此成功率还是较高的。

【祭祀活动用酒】

少数民族在节日和祭祀活动中，除了敬神及人饮用之外，还有一些特殊的用酒方式。比如，据《宁古塔风俗杂谈》中记载，满族过去请女性萨满跳神求吉时，会捆缚一头猪作卜卦之用，"以酒灌其耳与霞，耳霞动即吉"。新中国成立以后信奉萨满教的人越来越少，萨满跳神在如今只是偶尔为学术调查者表演一下。羌族村寨在举办山神祭祀时，众人在端公（巫师）的主持下，把酒灌进羊耳，并大吼三声，羊难受而发抖，众人认为这便是山神已经接受供献（羊）的表示。端公还依照羊抖动的情况来卜当年的收成好坏。最后宰羊，将羊血涂抹在象征山神的乳白色石英石顶端，众人煮食羊肉，歌舞而散。达斡尔族在举行"依尔登"（萨满的祭祀）和"斡米南"（萨满的盛典）时，有一个仪式环节是"吃血"，夜晚在黑暗中进行。把白天宰杀的三岁羊或牛血、切成块的肺、牛奶或羊奶、香块用酒在木碗内拌匀，众人伴唱，萨满跳神，并把血抹到挂在"神树"上的铜制神灵面具上。现在节日活动仪式已经简化。

中国南方有十六七个少数民族均有敬牛节或斗牛节。敬牛节体现了农耕民族对耕牛的爱护和重视；斗牛节主要是欣赏牛的顽强与勇武。福建闽东地区的畲族于每年农历四月初八过牛歇节，有的人家会用泥鳅或鸡蛋泡酒，用竹筒灌喂牛，犒劳它辛勤的耕作。

滇西北兰坪地区的普米族于每年农历正月初二举行驾牛节。清晨，各家先将牛喂饱，然后再带着酒菜，赶牛来到自家地头犁几回地，尔后牵牛去参加集体祭祀，祭祀由德高望重的长者在村外地头主持。每家拿出一点饭菜、黄酒摆放在牛群前的大石板上，由一群小伙子给牛喂饭菜和灌酒。这个时候，主祭老人驾牛耕几回地，众人即放牛而去。习俗认为，这项活动有助于五谷丰登、家业兴旺。

贵州布依族在每年农历四月初八举办牛王节，届时家家户户都要用苦丁茶、紫泉酒、五色糯米饭喂牛，祭祀牛王，并且要挑选健壮善斗的牛进行斗牛比赛。获得的牛被封为"牛王"，牛王主人当晚摆设盛宴请客为贺。壮族在农历四月初八举行脱轭节。

东兰、凤山一带的壮族除了在河塘边击鼓为牛洗澡及整修牛栏之外，中午家家户户还要举办隆重的敬牛仪式，就是在堂屋里摆上一桌丰盛的酒菜，全家围桌而坐。家长牵一头老牛登堂入室，围桌绕行，并且一边走一边唱："牛啊我的宝咯，牛啊我的财咯，捻子花开了，阳雀鸟叫了，春水弹琴了，禾苗封嗣了，四月八到了，脱轭节来了，我把你来敬，我把牛轭脱，让你喘口气，让你歇歇脚，吃口好草料，听我唱牛歌。"唱到这里，给牛喂口糯米饭和腊肉，然后继续唱牛的来历传说，再喂饭。最后全家起立，抚摸牛背，为牛祝福，送回圈中，添加好草料，全家方能进餐。

苗族和侗族在斗牛之前，有人会给牛灌点好酒使牛兴奋勇斗，也有人在斗牛结束后给牛喂甜酒，使其能够消除疲劳的。苗族在节日吹芦笙活动中，有些地方会把装满酒的葫芦悬在高杆之顶，让芦笙手吹着芦笙攀上高杆摘取酒葫芦，以此赢得观众的欢呼和尊敬。

云南宁蒗纳西族在狮子山女神会祭祀仪式结束后，有赛马，最先到达终点的人，便可夺得摆在终点的一坛美酒。

酒　政

古代的酒政

【定义】

酒政，是国家对酒的生产、流通、销售和使用而制定实施的制度政策的总和。

【酒的特殊性】

在众多的日常生活用品中，酒是一种非常特殊的用品。这是因为中国酿酒的常用原料主要是粮食，它是关系到国计民生的重要物质。由于酿酒一般获利甚丰，在历史上往往发生酿酒大户大量采购粮食用于酿酒，与民争食，当酿酒原料与口粮发生冲突时，国家有必要实施强有力的行政手段加以干预。

酿酒及用酒是一项极其普遍的社会活动。首先，酒的生产非常普及，酿酒作坊可以大规模生产，家庭可以自产自用。因为生产方法相对简便，生产周期比较短，只要粮食富裕，随时都可以进行酿酒。酒的直接生产企业与社会上许多行业有千丝万缕的联系；酒的消费面也非常广，如酿酒业与饮食业的结合，在社会生活中所占的比重相对很大，国家对酒业的管理是一套完整的非常复杂的系统工程。

国家对酒实行榷酒以来，一般情况下，酒是一种高附加值的商品。酿酒业往往获利甚厚，在古代，在社会上能够开办酒坊酿酒的人户一般都是是富商巨贾，酿酒业的开办，给他们带来了滚滚财源，但财富一度过度集中在这些人手中，对国家来说并不是有利的。酒政的频繁变动，实际上是酒利的争夺，即是不同利益集团对酒利的争夺的结果。就算在当代，不同行业，不同管理层，不同的流通环节对酒利的分配也是有其自身的矛盾的。

酒是一种特殊的食品。它不是生活必需品，但却具有一些相对来说特殊的功能，如同古人所说的"酒以成礼，酒以治病，酒以成欢"，在这些特定的场合下，酒是必不可少的。但是，酒又被人们看做一种奢侈品，没有它，也不会影响人们的日常生活；而且，酒能使人上瘾，饮多使人致醉，惹是生非，伤身败体，人们又将其作为引起祸乱的真实根源。如何根据实际情况进行酒业管理，使酒的生产、流通、消费走上正常的轨道，使酒的正面效应得到发挥、负面效应得到抑制也是一门深厚的学问。数千年来，正是基于上述综合的考虑，历代统治者对于酒这个影响面极广的产品，从放任不管到紧抓不放，实行了种种较为有效的管理政策。这些措施有利有弊，执行的程度有松有紧，历史上人们对其褒贬不一，尽管这些都成了历史，但对于后人总有一定借鉴的作用。

【古代酒政的内容】

远古时代，因为粮食生产并不稳定，酒的生产和消费一般来说是一种自发的行为，主要受粮食产量的影响。同时这里一定要明确的是，在奴隶社会，有资格酿酒和饮酒的都是有身份、有地位的上层人物。酒在一定的历史时期内并不是什么流通的商品，而只是一般的物品，这时人们还未认识到酒的经济价值。这种情况实际上一直延续到汉朝前期。从夏禹绝旨酒开始及周公发布《酒诰》以来，随着时代的进步，酒的管理制度和措施的内容越来越多样化，形式越来越多样化。酒政的具体实施形式和程度随各朝而不尽相同，但基本上是在禁酒，榷酒和税酒之间变来变去。此外还有一些特殊的形式。实行不同的酒政，大多涉及酒利在不同社会集团之间的分配问题，有时，经济斗争和政治斗争相互交织在一起。另外，由于政权更迭，酒政的连续性时有中断，尤其是酒政作为整个经济政策的重要组成部分，其实施的内容和方式往往与国家整个经济政策有必然的关系。

（1）禁酒

禁酒，即由政府下令禁止酒的生产、流通和消费。禁酒的目的实际上主要是减少粮食的消耗，备战备荒。有效防止沉湎于酒，伤德败性，引来杀身之祸，禁止百官酒后狂言，议论朝政。这点主要针对统治者本身来说。禁群饮，在古代主要是为了预防民众聚众闹事。

酒政

因为酒特有的引诱力，一些贵族们沉湎于酒，成为严重的社会问题，最高统治者从维护本身的利益出发，无奈之下采取禁酒措施。在中国历史上，夏禹可能是最早提出禁酒的帝王。相传"帝女令仪狄作酒而美，进之禹，禹饮而甘之，遂疏仪狄而绝旨酒。曰，后世必有以酒亡其国者"。(《战国策·魏策二》) 在此，"绝旨酒"完全可以理解为自己不饮酒，但作为最高统治者，"绝旨酒"的目的大概不仅仅局限于此，而是为了表明自己要以身作则，不被美酒所诱惑，同时可能也包含有禁止民众过度饮酒的想法。

事实证明夏禹的预见是完全正确的。夏商的两代末君都是因为酒引来杀身之祸而导致亡国的。从史料记载及出土的大量酒器来看，夏商二代统治者饮酒的风气非常盛行。夏桀"作瑶台，罢民力，殚民财，为酒池糟纵靡靡之乐，一鼓而牛饮者三千人"。事实上夏桀最后被商汤放逐。商代贵族的饮酒风气并未收敛，反而愈演愈烈。出土的酒器不但数量多，种类繁，而且制作巧夺天工，堪称世界之最。这充分说明统治者是如何沉湎于酒的。据说商纣饮酒七天七夜不歇，酒糟堆成小山丘，酒池里可运舟。据后世研究，商代的贵族们因长期用含有锡的青铜器饮酒，慢性中毒，从而造成战斗力下降。酗酒成风被普遍认为是商代的灭亡的重要原因。西周统治者在推翻商代的统治之后，立即发布了我国最早的禁酒令《酒诰》。其中说道，不要经常饮酒，只有在大型祭祀时，才能饮酒。对于那些聚众饮酒的人，抓起来杀掉。在这种情况下，西周初中期，酗酒的风气有所敛。这点完全可从出土的器物中，酒器所占的比重减少得到有力的证明。《酒诰》中禁酒之教基本上可归结为，无彝酒，执群饮，戒缅酒，并认为酒是大乱丧德，亡国的根源。这就逐渐构成了中国禁酒的主导思想之一。成为后世人们经常引经据典的典范。

西汉前期实行"禁群饮"的制度，相国萧何制定的律令就曾经这样规定："三人以上无故群饮酒，罚金四两。"(《史记·文帝本纪》文颖注) 这可能是西汉初，新王朝刚刚建立，统治者为杜绝反对势力聚众闹事，故有此规定。禁群饮，这实际上完全是根据《酒诰》而制定的。

禁酒时，由朝廷发布一道禁酒令。禁酒也分为数种，一种是绝对禁酒，即官私皆禁，整个社会都不允许酒的生产和流通；另一种是局部区域禁酒，这在有些朝代如元代较为普遍，主要原因是不同地区，粮食丰歉程度不完全相同。还有一种是禁

今朝放歌须纵酒——酒文化卷

酒曲而不禁酒，这是一种特殊的方式，即酒曲是官府专卖品，不允许私人制造，属于禁止的范畴。没有酒曲，酿酒自然就无法进行。还有一种禁酒是在国家实行专卖的时期内，禁止私人酿酒、运酒和卖酒。

在历史上禁酒极为普遍，除了上述所列的政治原因外，更多的还是由粮食问题引起的。每当碰上天灾人祸，粮食紧张之时，朝廷就会届时发布禁酒令。而当粮食丰收，禁酒令就会解除。禁酒时，会有严格的惩罚措施。如发现私酒，一般轻则罚没酒曲或酿酒工具，重则处以极刑。

（2）榷酒

榷酒，现在称为酒的专卖。也就是国家垄断酒的生产和销售，不允许私人从事与酒有关的行业。由于实行国家的垄断生产和销售，酒价或者利润可以定得相对较高，一方面可获取高额收入，另一方面，也可以用此来调节酒的生产和销售。其内涵是非常丰富的。在历史上，专卖的形式很多，主要有下列几种：

① 完全专卖

这种榷酒形式，是由官府负责整个过程，诸如造曲，酿酒，酒的运输，销售。由于独此一家，别无分店，酒价可以定得很高，所以一般可以获得丰厚的利润，收入全归官府。

② 间接专卖

间接专卖的形式实际上很多，官府只承担酒业的某一环节，其余环节则由民间负责。如官府只垄断酒曲的生产，实行酒曲的专卖，从中获取高额利润。这样的政策在南宋时实行过，叫"隔槽法"，官府只提供场所，酿具，酒曲，酒户自备酿酒原料，定时向官府交纳一定的费用，酿酒数量不限，销售自己负责。

③ 商专卖

官府不生产，不收购，不运销，而由特许的商人或酒户在交纳一定的款项并接受管理的条件下自酿自销或经理购销事宜，非特许的商人则不允许从事酒业的经营。

西汉前中期酿酒业是相当发达的。但并没有实行酒的专卖，西汉武帝时期第一次实行酒的专卖酒业政策的变化，是汉武帝一系列加强中央集权财经政策之一。汉武帝在位的五十多年中，针对当时商人把持盐业，铁业，投机倒把，借机大发横财，但却"不佐国家之急"的不义之举，首先下令把盐业，铁业收归国家进行专营，这些措施为增加国家的财政收入起到了积极的作用。这也为实行榷酒准备了重要的前提条件。既然盐和铁可以实行国家专卖，酒这种商品，到了一定的程度，提到专卖的议事日程也是早晚的事了。因为酒确实是一种可以为国家敛聚巨大财富的特殊功能性商品。

促使实行榷酒政策的直接原因可能还是国家财政的日益捉襟见肘。在汉武帝末期，因为国家连年边关战争，耗资巨大，国家财政入不敷出。酒这种几乎像盐、铁那样普遍的物品，由于生产方法相对来说比较简单，生产周期比较短，投资少，原材料来源丰富，产区分布广泛，酒的销路极广，社会需求量极大，利润空间较大，其敛财聚宝的经济价值终于第一次被体现出来了。据可查证的史料记载，天汉三年（公元前 98 年）春二月，"初榷酒酤"。（《汉书·武帝本纪》）

榷酒的首创，在中国酒政史上甚至在中国财政史上都是具有重大意义的历史大事。这是因为榷酒为国家扩大了财政收入的来源，为当时频繁的边关战争，数目庞大的宫廷开支和镇压农民起义提供了财政来源。这比直接向人民征税要高明不少，更合情理。因为酒是极为普及的物品，但又不是生活必需品。实行专卖，提高销售价格，仅仅从表面上看，饮酒的人未受到损害。但酒的价格中实际上包含了饮酒人向国家交纳的必要费用。这对于不饮酒的人来说，则间接地减轻了负担，尽管这也是一般人所体察不到的。从经济上直接加强了中央集权，使一部分商人、富豪的利益转移到国家手中。因为当时能够有资格开设大型酒坊和酒店的人都是大商人和大地主。财富过多地集中在他们手中，对国家并没有什么直接的好处。实行榷酒，在经济上剥夺了这些人的那部分特权。这对于调剂贫富差距，无疑是有一定的进步意义的。实行榷酒，由国家宏观上加强对酿酒行业的管理，国家可以根据当时粮食的丰歉来决定酿酒与否或酿酒的规模，因为在榷酒期间不允许私人酿酒、卖酒，故比较容易控制酒的生产和销售，从而达到节约粮食的最终目的。

酒的专卖，在唐代后期、宋代、元代及清朝后期都是主要的酒政形式。在有史料记载的历史上，北宋和南宋两代酒的专卖是最具特色的。北宋的酒业专卖有多种形式。据史料记载，大体上有两种，此外还有承包制形式。在历史上还有一种特殊的专卖，即酒曲的专卖，官府垄断酒曲的生产，因为酒曲是酿酒必不可少的基本原料，垄断了酒曲的生产就等于垄断了酒的生产。民间向官府的曲院（曲的生产场所）直接购买酒曲，自行酿酒，所酿的酒再向官府交纳一定的费用。这种政策在宋代的一些大城市，如东京（汴梁）、南京（商丘）和西京（洛阳）曾实行。

（3）税酒

税酒是对酒征收的专税。这与一般的市税的概念完全不同。由于将酒看做奢侈品，酒税与其他税相比，一般是比较重的。在汉代以前，国家对酒不实行专税，而只有普通的市税。在清代后期和民国时对卖酒的还有特许卖酒的牌照税等各种杂税。从周公发布《酒诰》到汉武帝的初榷酒之前，统治者并未把管理酒业当成是敛聚财富的重要手段。商鞅辅政时的秦国，实行了"重本抑末"的基本国策。酒作为百姓的消费品，自然在限制之中。《商君书·垦令篇》中规定："贵酒肉之价，重其租，令十倍其朴。"（这句话的意思是加重酒税，让税额比成本高十倍）《秦律·田律》就这样规定："百姓居田舍者，毋敢酤酒，田啬，部佐禁御之，有不从令者有罪。"秦国的酒政，有两点，也就是：禁止百姓酿酒，对酒实行高价重税。其目的是用经济的手段和严厉的法律抑制酒的生产和消费，鼓励百姓平时多种粮食；另一方面，通过重税高价，国家也能够获得巨额的收入。

禁酒的结果当然会使酿酒业受到很大的摧残，酒的买卖少了，连酒的市税也收不到。代宗广德元年，安史之乱终于就此结束。唐政府为了应付军费开支和养活皇室及官僚，巧立名目，征收苛捐杂税。据《新唐书·杨炎传》的相关记载，当时搜刮民财已到了"废者不削，重者不去，新旧仍积，不知其涯"的地步。为确保国家的财政收入，当时再次恢复了180多年的税酒政策。代宗二年，"定天下酤户纳税"。（《唐书·食货志》）《杜佑通典》也记载："二年十二月敕天下州各量定酤酒户，随月纳税，除此之外，不问官私，一切禁断。"唐朝的税酒，即对酿酒户和卖酒户进行行业登记，并对其生产经营规模划分等级，给予这些人从事酒业的特权。未经特许的则无资格从事酒业。大历六年的做法是这样的：酒税一般由地方征收，地方向朝廷进奉，如所谓的"充布绢进奉"，讲的是地方上可用酒税钱抵充进奉的布绢之数。

酒政

（4）其他形式的酒政

①隔酿法

这是南宋时采取的一种变通措施，方法主要是：官府设立集中的酿酒场所，置办酿酒器具，民众自带粮食，前来酿酒，官府根据酿酒数量的多少收取一定比例的费用，作为特殊的酒税。此法实行过一段时间，得到进一步的推广。

②酒税均摊法："酒随两税青苗敛之"

元和六年（811年），农作物丰收，有的地方斗米只值二钱，粮食多，必然酿酒风行，酒价必然下跌。要是再不改变原来斗酒纳税百五十元的政策，酒户就将破产。统治者在此时及时调整了当时的酒政，是年，"罢京师酤肆，以榷酒钱随两税青苗敛之"。（《新唐书·食货志》）《旧志》记载："榷酒钱除出正酒户外，一切随两税青苗据贯均收。"这就足以说明当时罢去的是官办的酒店，正酒户（官方核定的酒户，如按额纳税的酒户，他们完全能够免徭役等）仍然要纳酒税。青苗钱是一种地税附加税，土地越多，纳的青苗钱自然就明显越多。这样一来，一般的人只要交纳少量的青苗钱，就可以自行酿酒自用，不需要作为私酒而被禁止了。这是向全体人民平均分摊的榷酒钱。在推行榷酒随两税青苗敛之的那些地区，则不再开设官办酒店。这种政策与唐前期的酒类自由经营的政策相仿，但榷酒钱当时已经转化成地税附加税。这样既可平息民众对官办酒坊或官方认可的酒店的那些怨恨，政府又有一定的财政收入。

③对违反官府酒业政策的处罚

处罚制度是为了保证官府的酒业政策得到顺种实施的必要手段，当时在国家实行专卖政策、税酒政策或禁酒政策时，都对私酿酒实行一定程度的处罚。比如轻者没收酿酒器具、酿酒收入，或罚款处理，重者甚至会处以极刑。

民国时期的酒政

【概述】

今朝放歌须纵酒 —— 酒文化卷

民国时期分为北洋政府和南京国民政府两个阶段。

【北洋政府的公卖制】

早在北洋政府执政初期，一方面沿袭清末旧制，保留了清末的一些税种，还参照西方的酒税法制定了一些新的酒政形式。其中最主要的是"公卖制"。北洋政府实行酒类的"公卖制"。公卖制始于民国四年（1915年）。当时推行公卖制的行政管理机构是北洋政府的烟酒公卖局和各省分立的烟酒公卖局。

当年五月公布了全国烟酒公卖和公卖局的暂行简章。同年六月拟定各省公卖局章程，稽查章程；八月续订征收烟酒公卖费规则，与章程相辅而行。同时，招商组织公卖分栈或支栈。具体做法是，实行官督官销，酒类的买卖都必须要通过公卖分栈或支栈。酒的销售，由公卖局核计成本，利润及各种税，根据产销情况，敲定公卖价格，每月公布，通告各栈执行。各栈按照主管局规定的价格，经理本区域内各酒店的各种买卖事宜。管内各店须将每月产销酒的数量和种类，先期估计，投栈报明。分栈，支栈接报告后，一律前往检查，加贴公卖局印照和戳记，填用局制四联凭单，并代征一定的公卖费。公卖费率为酒值的10%至50%（酒值＋公卖费＝公卖价格）。

北洋政府实行的公卖制，实际上仍是一种延续下来的特许制。政府无须提供资金，场所，不直接经营酒的生产，也不参与酒的收购，运销，受委托特许的商人，也就是分栈和支栈经理办理与酒有关的事务。经理人要先向公卖机构缴纳押金，得到批准后，发给必要的特许执照。民国十五年，北洋政府颁发了"机制酒类贩卖税条例"。规定不管是在华制造的或国外进口的机制酒，按规定都应照例纳税，从价征收20%，从营销贩卖商店稽征，次年又规定出厂捐规则，向机制酒的制造商征税10%。就此初步建立了产销两税制。

北洋政府的公卖制，只在国产土酒的产销上实行，而对于进口洋酒的啤酒，则不受这一制度的限制。进口的酒，只缴纳海关税。民国十五年才开始逐渐对进口的和在中国仿制的洋酒从价征收20%的贩卖税。

【南京国民政府的公卖制】

早在民国十六年，南京国民政府成立，同年六月，公布"烟酒公卖暂行条例"，

酒

政

规定以实行官督商销为宗旨。公卖机关的组织结构与北洋政府基本相同。公卖费率以定价的20%征收。每年修订一次。民国十六年还向全国发布了《各省烟酒公卖招商投标章程》，规定当众竞投，认额超过度额最高者为得标人，当然得标者需交纳全年包额的20%作为保证金。承包商每月缴纳的税款，不得少于认额的十二分之一。民国十八年八月对公卖法进行复加修订，公布了《烟酒公卖暂行条例》。同时拟定了《烟酒公卖稽查规则》及《烟酒公卖罚金规则》。修订的公卖法与旧制有较大的变化。将早前的省级烟酒公卖局改称为"烟酒事务局"，公卖栈改为稽征所。废除了烟酒公卖支栈，规定烟酒制销商应向分局或稽征所申请登记，并需要按月将生产或销售烟酒的品种及数量列表呈报。价格由各省自行规定，公卖费率为酒价的20%，照最近一年的平均市价征收，每年按计划修订一次。民国十八年，还制定了《烟酒公卖稽查规则》《烟酒分卖罚金规则》。民国十八年（1929年），因机制酒名称范围相对较窄，改称为洋酒类税，并公布了《洋酒类税暂行章程》。在国内销售的洋酒（其中包括华人仿制及外国人制造的或进口的洋酒），从价征收30%。洋酒类税直接征税于进行贩卖商人，起运地方例不征税。与《洋酒类税暂行章程》相辅的还有《洋酒类税稽查规则》和《洋酒类税罚金规则》。

（1）就厂征收制

因为中国的资本主义经济并不发达，几千年来，酿酒业的规模较小。清末开始，洋酒和啤酒在国内开始进行机械化生产，在酒政上也引入了一些西方的机制，就厂征收制就是其中的一种。洋酒和啤酒的税收，从征于零散的贩卖商人逐渐改为就厂征收，征于集中的制造厂商，是税收制度的一大进步。这也是符合酿酒业规模逐步扩大这一历史潮流的一个全新的举措。就厂征收制和烟酒牌照税的征收就已经奠定了现代酒税的基础。民国二十年（1932年），公布了"就厂征收洋酒类税章程"，就此实行了就厂征收办法。就厂一次征足，通行全国，不再重征。征税手续由烟酒税处派员驻厂办理。税率为值百征三十。这样厂商将各种洋酒出厂运销数量逐日据实通知驻厂员查明登记，由驻厂员于每月月终列表呈报供查核。每月月终厂商将全月各种洋酒出厂总数及应纳税款数目结算完毕，开列清单，连同应缴税款于次月五日前呈送本部印花烟酒税处核收汇解。同年还制定出台了《征收啤酒税暂行章程》和《征收啤酒税驻厂员办事规则》，啤酒税与洋酒税从此完全分开。该章程规定：在中国境内设厂制造之啤酒均应按本章程规定缴纳啤酒税。啤酒税也由本部印花烟酒税处直接进行征收，一次征足，不再进行重征。啤酒税暂定为按值征20%。有关核查和缴款方法同洋酒类。民国二十二年六月十五日起，全部改为从量征收，分箱装及桶装两类税率。四十八大瓶，即夸特瓶的箱装或七十二小瓶，也就是品特瓶的箱装的每箱纳税银元二元六角；桶装的按每桶净装容量计算，每公升纳税银元七分。

（2）烟酒牌照税的征收

民国二十年还公布了《烟酒营业牌照税暂行章程》，该章程比较适应于在华生产及销售的所有酒类。分整卖和零卖两大类。整卖的根据营业规模分为三等，甲等每年批发量在 2000 担以上者，每季征收税银 32 元，乙等批发在 1000 至 2000 担之间的每季征银仅为 24 元，丙等批发量在 1000 担以下者，每季征收 16 元。零售则要分为四等，每季纳银分别为 8 元、4 元、2 元和 5 角。该章程对洋酒类的营业牌照税也做了规定。当时的政府征收的烟酒牌照税收入，除由政府留十分之一外，其余全部拨归各该省市作为地方收入。民国二十三年七月，各省烟酒牌照完全划归地方，并由各省市自行经征，烟酒牌照税完全变为地方税收。民国三十一年，政府接受地方税，通电废除牌照税，全部改征普通营业税，牌照税不复存在。

民国二十二年（1933 年），公布"土酒定额税稽查章程"，国产土酒就此改办定额税。税率因酒的类别和不同的省而各有不同。民国二十五年，颁布"修正财政部征收啤酒统税暂行章程"，啤酒征税改归统税局办理，全部由统税局派员驻厂稽征，称为"啤酒统税"。啤酒税原从值征收，税率为 20%。次年因从价征收，造成纳税参差不齐。于是又改为从量征收。民国二十六年（1937 年），抗日战争爆发，国民党政府以加强税收，充裕饷源为由，强行将各省土酒一律加征五成。

（3）国产酒类税

民国三十年，当时的政府就公布了《国产烟酒税暂行条例》，规定烟酒类税为国家税，由财政部税务署所属的税务机关征收。烟酒类税均就产地一次征收，行销范围是国内，地方政府一律不得重征任何税捐。这就是所谓的按照《统税》原则征税。统税就是一物一税，一税之后，通行无阻，其他各地不得以任何理由再进行征税。统税是出产税，全国采取统一的税率，中外商人同等待遇。国产酒类税的实行，这就已经说明了公卖费制的结束。民国三十年的暂行条例还规定了酒类税按照产地核定完税价格征收 40%。当时完全为配合暂行条例，还由财政部公布了《国产烟酒类税稽征暂行规程》，就此规定了征收程序，酒类的改制征税或免税方法，稽查及处罚规则等各项细则。

民国三十一年（1942 年），试办"国产酒类认额摊缴办法"，从广西地区开始，以后在川康黔赣各省次第推行。这实际上相当于南宋在乡村实行过的包税制。实行实属不易，民国三十四年停止执行。早在民国三十一年九月，财政部公布了《管理国产酒类制造商暂行办法》。规定重新举办酿户登记，未经登记者一律不准酿酒。每年每户以二万四千斤为最低产量，不满者不准登记。抗战胜利后，对某些条例进行了再次修订，主要目的是提高税率。这大概是在对照其他国家酒税征收情况后，认为本国的土酒，洋酒税率均相对较低微。民国三十五年，国民党二中全会作出提高奢侈品税率的一项决议，以"胜利以后，复员建设，需用浩繁，为充裕库收，平衡收支"为理由，将国产酒类税率提高至 80%，洋酒，啤酒税率则提高至 100%（抗战时洋酒和土酒税率为 60%）。早在民国三十五年八月，民国政府公布《国产烟酒类税条例》，酒类税税率一般按照产区核定完税价格征 80%。

酒 与 艺 术

酒 与 绘 画

【醉时吐出胸中墨】

从古至今，文人骚客吟诗作画时总是离不开酒，诗坛书苑如此，那些在绘画界占尽风流的名家们更是"雅好山泽嗜杯酒"。他们或以名山大川陶冶性情，或花前酌酒对月高歌，往往就是在"醉时吐出胸中墨"。酒酣之后，他们甚至可以"解衣盘薄须肩掀"，从而使"破祖秃颖放光彩"，酒成了他们创作时必不可少的重要条件。酒一般可品可饮，可歌可颂，亦可入画图中。纵观历代中国画杰出作品，有很多有关酒文化的题材，可以说，绘画和酒有着千丝万缕的联系，彼此之间结下了不解之缘。

【吴道子和郑虔、王洽】

中国绘画史上就曾经记载着许多画家，好酒者亦不乏其人。我们从有"画圣"头衔和"三绝"美誉的吴道子和郑虔说起。吴道子名道玄，主要画道释人物，有"吴带当风"之妙，被称之为"吴家样"。唐明皇命他画嘉陵江三百里山水的风景，据说他能一日而就。《历代名画记》中说他"每欲挥毫，必须酣饮"，画嘉陵江山水的疾速，足以表明他思绪活跃的程度，这就是酒刺激的终极结果。吴道子在学画之前先学书于草圣张旭，其豪饮之习大概也与乃师不无关系。郑虔与李白、杜甫是诗酒友，诗书画无所不能，曾向玄宗进献诗篇及书画，玄宗御笔亲题"郑虔三绝"。还有王洽（？—825年），以善画泼墨山水被人称之为王墨，其人疯癫酒狂，放纵江湖之间，每欲画必先饮到醺酣之后，先以墨泼洒在绢素之上，墨色或淡或浓，随其自然形状，为山为石，为云为烟，变化万千，绝非一般画工所能企及。

【励归真】

五代时期的励归真，被人们称之为异人，其乡里籍贯他人并不知晓。平时身穿一袭布裹，出入酒肆如同出入自己的家门。有人问他为什么如此好酒，励归真就这样回答：我衣裳单薄，所以爱酒，以酒御寒，用我的画偿还酒钱，除此之外，我别无所长。励归真嗜酒却不疯癫狂妄，难得如此自谦。实际上励归真善画牛虎鹰雀，造型能力极强，他笔下的一鸟一兽，都非常生动传神。相传南昌果信观的塑像是唐明皇时期所作，常有鸟雀栖止，人们常为鸟粪污秽塑像而犯愁。励归真知道后，随手在墙壁上画了一只鹞子，从此雀鸽绝迹，塑像得到了妥善的保护。

【郭忠恕】

活动在五代至宋初的郭忠恕是著名的界画大师，他所擅长作的楼台殿阁完全依照建筑物的规矩按比例缩小描绘，评者这样评述：他画的殿堂给人以可涉足而人之感，门窗好像可以开合。除此之外，他的文章书法也很有成就，史称他"七岁能通书文"。然而在五代这个政治动荡的时代，他的仕途遭遇相当坎坷，可是，他的绘画作品却备受人们欢迎。郭忠恕从不轻易动笔作画，谁要拿着绘绢求他作画，他一定会大怒而去。可是酒后兴发，就要自己动笔。一次，安陆郡守求他作画，被郭忠恕毫不客气地直接顶撞回去。这位郡守并不甘心，又让一位和郭忠恕熟悉的和尚拿上等绢，乘郭酒酣之后巧妙赚得一幅佳作。大将郭从义就要比这位郡守聪明了，他镇守岐地时，常宴请郭忠恕，宴会厅里就摆放着上好的笔墨。郭从义也从不开口索画。如此数月。一日，郭忠恕乘醉画了一幅作品，被郭从义一度视为珍宝。

【苏轼】

宋代的苏轼是一位集诗人、书画家于一身的艺术大师，特别是他的绘画作品往往是趁酒醉发真兴而作，黄山谷题苏轼竹石诗说："东坡老人翰林公，醉时吐出胸中墨。"他还这样说：苏东坡"恢诡诵怪，滑稽于秋毫之颖，尤以酒为神，故其筋次滴沥，醉余频呻，取诸造化以炉钟，尽用文章之斧斤"。这么看来，酒对苏东坡的艺术创作起着巨大的作用，连他自己也承认："枯肠得酒芒角出，肺肝搓牙生竹石，森然欲作不可留，写向君家雪色壁。"苏东坡酒后所画的正是其胸中蟠郁和心灵的真实写照。

【元朝画家】

元朝画家中喜欢饮酒的人确实很多，著名的元四家（黄公望、吴镇、王蒙、倪瓒）中就有三人善饮。倪瓒（1301—1374 年），字元稹，号云林。元末社会一度动荡不安，倪瓒卖去田庐，散尽家资，浪迹于五湖三柳间，寄居在一些村舍、寺观，人称之为"倪迂"。倪瓒善画山水，提出"逸笔草草，不求形似"、"聊写胸中逸气"的主张，对明清文人画影响极大。倪瓒一生隐居不仕，常与友人随处诗酒流连。"云林遁世士，诗酒日陶惰"，"露浮磐叶熟春酒，水落桃花炊鲸鱼"，"且须快意饮美酒，醉拂石坛秋月明"，自"百壶千日酝，双桨五湖船"，这些诗句就是倪瓒避俗就隐生活的真实写照。吴镇（1280—1354 年），字仲圭，号梅花道人，善画山水、竹石，为人抗简孤洁，以卖卜蕾画为生。作画多在酒后挥洒，但云林称赞他和他的作品时就这样说："道人家住梅花村，窗下松醪满石尊。醉后挥毫写山色，岚军云气淡无痕。"王蒙（1308—1385 年），字叔明，号黄鹤山樵，元末曾经隐居杭县黄鹤山，"结巢读书长醉眼"。善画山水，酒酣之后常常会"醉抽秃笔扫秋光，割截匡山云一幅"。王蒙的画名于时，饮酒也颇出名，向他索画，经常会许他以美酒佳酿，袁凯《海吏诗集》中的一首诗，就向王蒙直接提出，"王郎王郎莫爱情，我买私酒润君笔"。

元初的著名画家高克恭（1248—1310 年），祖籍新疆，号房山。官至刑部尚书。他善画山水、竹石，又常常饮酒，"我识房山紫篝曼，雅好山泽嗜杯酒"。他的画学米氏父子，但不肯随便动笔，遇有好友在前或酒酣兴发之际，信手挥毫，被誉为元代山水画第一高手。虞集《道园学古录》中说："不见湖州（文同）三百年，高公尚书生古燕，西湖醉归写古木，吴兴（赵孟頫）为补幽重册。国朝名笔谁第一，尚书醉后妙无敌。"这首诗意在告诉我们高克恭酒后作画精妙绝伦，无可匹敌。

元朝有很多画家以酒量大而驰誉古今画坛，山水画家曹知白的酒量也相当了得。曹知白（1272—1355 年），字贞素，号云西。家豪富，喜交游，尤好修饰池馆，常招邀文人雅士，在他那座幽雅的园林里赏文赋诗，吟咏无虚日。"醉即漫歌江左诸贤诗词，或放笔作画图"。杨仲弘总结他自己的人生态度是："消磨岁月书千卷，傲睨乾坤酒一缸。"

当然，也有的画家喜饮酒却不擅长饮，如张舜咨（字师夔，善画花鸟）就好饮酒，但沾酒就醉，"费翁八十双鬓蟠，饮少辄醉醉辄欢"，因此他又号辄醉翁。

【明代画家】

明朝那些画家中最喜欢饮酒的莫过于吴伟。吴伟（1459—1508 年），字士英、次翁，号小仙，江夏（今武昌）人。善画山水、人物，是明代主要绘画流派——浙派的三大代表画家之一，明成化、弘治年间曾两次被召入宫廷，待诏仁智殿，授锦衣镇抚、锦衣百户，并随即赐"画状元"印。明朝的史书典籍中有关吴伟嗜酒的记载，笔记小说中有关吴伟醉酒的故事数不胜数。《江宁府志》说："伟好剧饮，或经旬不饭，在南都，诸豪客时召会伟酺饮。"詹景凤《詹氏小辩》说他"为人负气傲兀嗜酒"。周晖《金陵琐事》就这样记载：有一次，吴伟到朋友家去做客，酒阑而雅兴大发，戏将吃过的莲蓬，蘸上墨在纸上随意大涂大抹，主人莫名其妙，不知他在干什么，吴伟对着自己的杰作思索一会儿，抄起笔来又舞弄一番，画成一幅精美的《捕蟹图》，赢得在场人们的齐声喝彩。姜绍书《无声诗史》为我们讲了这样一个故事：吴伟待诏仁智殿时，常常会喝得烂醉如泥。一次，成化皇帝召他去画画，吴伟已经喝醉了。他蓬头垢面，被人扶着来到皇帝面前。皇帝见他这副模样，也忍不住笑了，于是命他作松风图。他跟跟跄跄碰翻了墨汁，信手就在纸上涂抹起来，没过一会儿，就画完了一幅笔简意赅，水墨淋漓的《松风图》，在场的人们都看呆了，皇帝也夸他真仙人之笔也。

汪肇也是浙派名家。画人物、山水学戴进、吴伟，亦工花鸟。善饮。《徽州府志》记载他"遇酒能饮数升"，真可谓是饮酒的绝技表演了。《无声诗史》和《金陵琐事》都记叙了一则关于汪肇饮酒的故事：有一次，他误上贼船，为了博取贼首的好感，他自称善画，愿为每人画一扇。扇画好之后，众贼高兴，约他一起饮酒，汪肇用鼻吸饮，众贼见了纷纷称奇，各个手舞足蹈，喝得过了头就沉睡过去，汪肇才得以脱险。

　　唐伯虎（1470—1523 年）是妇孺皆知的风流才子，他名寅，字伯虎，一字子畏，号六如居士。诗文书画技艺超群，曾自雕印章曰"江南第一风流才子"。山水、人物、花卉无不臻妙，与文徵明、沈周、仇英有明四家之称。唐伯虎当年总是把自己同李白相比，其中包括饮酒的本领，他在《把酒对月歌》中这样唱出"李白能诗复能酒，我今百杯复千首"。看来，他也是位喝酒的高手。唐寅受科场案牵连被贬谪南京解元后，治圃苏州桃花坞，号桃花庵，日饮其中。民间还流传着许许多多有关唐伯虎醉酒的故事：他经常与好友祝允明、张灵等人装扮成乞丐，在雨雪中击节唱着莲花落向人行乞，讨得银两后，他们就沽酒买肉到荒郊野寺去痛饮，而且自以为这是人间一大乐事。还有一天，唐伯虎与朋友外出吃酒，酒尽而兴未阑，大家都没有多带银两，于是，典当了衣服的钱买酒喝，继续豪饮一通，竟夕未归。唐伯虎乘醉涂抹山水数幅，晨起换钱若干，才赎回衣服而未丢人现眼。《明史》记载：宁王震濠以重礼聘唐寅到王府，唐伯虎发现他们有谋反的不良企图，遂狂饮装疯，醉后丑态百出，那些人就没当回事，就这样他才幸免逃出王府，后来，震濠事情败露，唐伯虎终于得以幸免。

　　著名的书画家、戏剧家、诗人徐渭也以纵酒狂饮著称。徐渭（1521—1593年），字文长，号青藤。曾被总督胡宗宪一度召入幕府，为胡出奇谋夺取抗倭战争的胜利，并起草《献白鹿表》，受到文学界及明世宗的一度赏识。徐渭经常与一些文人雅士到酒肆聚饮狂欢。一次，胡宗宪找他商议军情，他却不在，夜深了，仍开着门一直等他归来。一个知道他下落的人告诉胡宗宪："徐秀才方大醉，不可致也。"胡并没有因此责怪徐渭。后来，胡宗宪被逮，徐渭也因此精神失常，以酒代饮，真称得上是为了喝酒不要命了。《青在堂画说》记载着徐渭醉后作画的情景，文长醉后拈写过字的败笔，作拭桐美人，就以笔染两颊，而风姿绝代。这正如清代著名学者、诗人朱彝尊评论徐渭画时说的那样，"小涂大抹"都具有一种非常潇洒高古的气势。行草奔放荡荡，其中蕴含着一股狂傲澎湃的激情。

　　明代画家中另一位以尚酒出名的当属陈洪绶。陈洪绶（1597—1652 年），字章侯，号老莲。画人物"高古奇賅"。周亮工《读画录》中曾经说他"性诞僻，好游于酒。人所致金银，随手尽，尤喜为贫不得志人作画，周其乏，凡贫士藉其生者，数十百家。若豪贵有势力者索之，虽千金不为捕笔也"。陈洪绶醉酒的故事流传至今的有很多。例如，他曾在一幅书法扇面上写："乙亥孟夏，雨中过申吕道兄翔鸿阁，看宋元人画，就大醉大书，回想去年那得有今日事。"《陶庵梦》还记载张岱和陈洪绶西湖夜饮的情景，他们携佳酿斗许，"呼一小划船再到断桥，章侯独饮，不觉沉醉"。陈洪绶醉酒之后会耍酒疯，"清酒三升后，闻予所未闻"。（《赖古堂集》）当然，陈洪绶醉后作画的姿态更特殊，周亮工这样说：他"急命绢素，或拈黄叶菜佐绍兴深黑酿，或令萧数青倚槛歌，然不数声，辄令止。有时候以一手爬头垢，或以双指搔脚爪，或瞪目不语，或手持不幸口戏顽童，简直就像个多动症患者，凡十又一日计，为予作大小横直幅四十有二"。陈洪绶酒后的举止正是他思绪一再骚动，狂热和活力喷薄欲出的反映。其神其态可能也是别人"闻所未闻"的吧！

【清代画家】

"扬州八怪"是清代画坛上的重要流派。"八怪"中有好几位画家实际上都好饮酒。高凤翰（1683—1748 年）就"跌岩文酒，薄游四方"。那位以画《鬼趣图》一炮走红的罗聘（字两峰，1733—1799 年）更是"三升酒后，十丈嫌横"。他去世后，吴毅人写诗悼念他，还提到了他生前的嗜好，"酒杯抛昨日"，这样就可见他饮酒的知名度了。罗两峰的老师金农（字冬心，1687—1763 年）是一位时刻离不开酒的人，他曾自嘲地写道："醉来荒唐咱梦醒，伴我眠者空酒瓶。"《冬心先生集》中就较全面地收录了他与朋友诗酒往来的作品十余首，如"石尤风甚厉，故人酒颇佳。阻风兼中酒，百忧诗客怀"；"绿蒲节近晚酒香，先开酒库招客忙，酒名记清细可数，航舟令版艳同品尝"。金冬心实际上不仅仅喜欢痛饮，大概还善品酒，他自己曾自豪地说："我与飞花都解酒。"因此，他的朋友吴瀚、吴潦兄弟就把自己的酒库打开，让他遍尝了家藏名酿。就连那位以画竹兰著称，写过"难得糊涂"的郑板桥一生也与酒结缘。郑板桥在自传性的《七歌》中这样说自己："郑生三十无一营，学书学剑皆不成，市楼饮酒拉年少，终日击鼓吹竽笙。"这样足以说明他从青年时代就有饮酒的嗜好了。郑板桥喝酒有自己早已熟悉的酒家并和酒家结下了深厚的友谊，"河桥尚欠年时酒，店壁还留醉时诗"。他在外地还专门给这位姓徐的酒店老板写过这样的词，题目是《寄怀刘道士并示酒家徐郎》，这首词的后一半实际上是这样写的："桃李别君家，霜凄菊已花，数归期，雪满天涯。吩咐河桥多酿酒，须留待，故人除。"这句话的意思是河桥酒家的徐老板风流倜傥，还是赫赫有名的板桥先生礼贤下士，我们就无从考证了。不过，他们之间的友谊和交往总是以酒为"媒"吧！"八怪"中最喜欢酒的当然是黄慎。黄慎（1687—1722年），字恭寿，福建宁化人，主要以卖画为生。善画人物、山水、花卉，草书亦精。清凉道人《听雨轩笔记》中说他"性嗜酒，求画者具良酿款之，举爵无算，纵谈古今，甚至是旁若无人。酒酣捉笔，挥洒迅疾如风"。其实黄慎爱饮酒但酒量却小得可怜，清凉道人大概有点夸大其词了。许齐卓说他"一团辄醉，醉则兴发，濡发献墨，顷刻飘飘可数十幅"。马荣祖在《蛟湖诗钞》序中这样说：黄慎"酒酣兴致，奋袖迅扫，至不知其所以然"。这里暂且不考证黄慎酒量的大小，几条记载共同讲述黄慎的上乘佳作，其中多是酒酣耳热之际信笔挥洒而成，意足而神完。黄慎作画时运笔疾速如骤雨狂风，清凉道人见过黄慎作画时的情景，就曾经说黄慎的画"初视如草稿，寥寥数笔，形模难辨，及离丈余视之，则精神骨力出也"。黄慎是以草书的笔意对人物的形象进行一定高度的提炼和概括，笔不到而意到，在《醉眠图》里，把李铁拐那种无拘无束，四海为家的生活习性，粗犷豪爽的性格，淋漓尽致地刻画出来。正如郑板桥说的那样："画到神情飘没处，更无真相有真魂。"

清末，海派画家蒲华完全可以称得上是位嗜酒不顾命的人，最后竟醉死过去。蒲华（1833—1911年），字作英。善草书、墨竹及山水。住嘉兴城隍庙内，室内陈设十分简陋，绳床断足，还是安然而卧。常与乡邻举杯酒肆，兴致来了就挥笔洒墨，酣畅淋漓，色墨沾污襟袖亦不顾。长期过着赏花游山、醉酒吟诗、超然物外、寄情翰墨的生活。曾自作诗一首："朝霞一抹明城头，大好青山策马游。桂板鞭梢看露拂，命侍同醉酒家楼。"这正是他的真实生活写照。

酒 与 诗 歌

【《诗经》与酒】

饮酒想起诗，赋诗想起酒。酒与诗好像是孪生兄弟，结下了不解之缘。《诗经》

是我国最早的一部诗歌总集，我们从中就能够闻到浓烈的酒香。饮酒是乐事，但由于受到生产力的制约，酿造一点酒并不容易。所以有了一点酒，常常想到我们的祖先，用作祭祀之用，与神灵共享。

清酒既载，骍牡既备。以享以祀，以介景福。

——《大雅·旱麓》

祭祀者并不是平白无故地请吃请喝，而是对神都抱有希望。水旱风雷，常常威胁着人们的生存。在无法主宰自然的情况下，无奈只能向神灵祈祷风调雨顺，禾稼丰收，免于饥馑。"自今以始，岁其有。君子有谷，诒孙子。于胥乐兮"。（《鲁颂·有马必》）在很长时期内从春而复，由夏而冬，人们一面披风雪，冒寒暑，不停耕作，也一面向神灵膜拜，暗暗祝祷，但是真正让人们眉开眼笑，饮得安乐，饮得热闹的，当是在禾稼登场的时候。一边饮酒，一边做游戏，这是宫廷宴会最为常见的。他们投壶发矢，以决胜负。《行苇》中对此类多有描写："敦弓既坚，四鍭候既钧。舍矢既均，序宾以贤。"最终胜负既定，欢呼声起，于是以大斗酌酒，互相碰杯，祈祷福禄。就算祭祀，也只是徒具仪式，实际上是让美酒灌满自己的皮囊。

酒是一种美妙的东西，有了它，不仅要与神灵"共享"，而且用以招待客人。中华民族是个好客的民族。有亲朋来访，大多都要以美酒待客，一者是主人体面，二者是增加欢趣。

【屈原与酒】

蕙肴蒸兮兰藉，奠桂酒兮椒浆。

——《九歌·东皇太一》

操余弧兮反沦降，援北斗兮酌桂浆。

——《九歌·东君》

从屈原的上述诗句中，已经看到加入"桂"、"椒"这些香料，说明酒的品种变得丰富，具有地方的特色。屈原的诗篇，影响至今。宋玉步其后尘。"《招魂》者，宁玉之所以作也"。这篇作品数次见酒，非常富有楚地风情。

（粔）（籹）密饵，有（餦）（餭）些。瑶浆蜜勺，实羽觞些。挫糟冻饮，酎清凉些。华酌既陈，有琼浆些……美人既醉，朱颜酡些……娱酒不废，沉日夜些……酎饮尽欢，乐先故些。

丰富的食品，精美的酒水，兰膏明烛，华灯璀璨，鼓瑟摇钟，美人共醉。虽是娱神敬鬼的幻想，但实际上也在反映人间的豪奢。

【曹操与酒】

到了汉末，天下动乱，连年战争，"铠甲生虮虱，万姓以死亡。白骨露于野，千里无鸡鸣"。人们的生命，朝不保夕，故感慨良多。把酒临江，横槊赋诗的曹孟德，绝对是个具有雄才大略的人，他希望平定各地的割据势力，统一河山，使天下能够大治，就可无忧无虑痛饮两杯。"对酒歌，太平时，吏不呼门。王者贤且明，宰相股肱皆忠良"。（《对酒》）人们讲究文明，崇尚礼节。互敬互让，尊老爱幼，路不拾遗，无所争讼。国家的法度，公正无私，判刑合理，官吏普遍都能够爱民如子。老天爷体察善良的百姓，风调雨顺。他一边饮酒一边驰骋想象，为我们勾勒出一个人间乐园，可以说是开了"桃花源"理想世界的先河。然而理想终归是理想，醉意过后，回眸人间，造成一片混乱。以有限的生命，去追求遥遥无期的目标，其难无异登天。于是深感力不从心，悲从中来，这一杯酒，味道可就完全不同了！

【曹植与酒】

公子爱敬客，终宴不知疲。

清夜游西园，飞盖相追随。

明月澄清影，列宿正参差。

秋兰披长坂，朱华冒绿池。

潜鱼路清波，好鸟鸣高枝。

飘飘放志意，千秋长者斯。

——《公宴》

酒
与
艺
术

当时的他才高八斗，又是王弟，不少文士仰慕他、追随他。所以他日夜开宴，赏柳看花。"中厨办丰膳，烹羊宰肥牛"。其实可以理解为反正是"公款"，尽量花销就是。只要不过问政治，一天吃三头肥牛，曹丕可能也不会来过问。除了"置酒高殿上"，还纵马出去狩猎："揽弓捷鸣镝，长驱上南山。左挽因右发，一纵两禽连。余巧未及展，仰手接飞鸢。观者咸称善，众工归我妍。归来宴平乐，美酒斗十千。"这《名都篇》有论者以为是曹植本人游猎生活的写照。平乐观为汉明帝所造，在洛阳西门外。当时能在那设宴，且饮每斗"十千"的美酒，恐非一般人所能为。虽然有丰厚的物质享受和斗鸡走马的乐趣，但并不能解除心灵的痛苦。不知是"遗传基因"，或是现世的一些实感，他也慨叹："盛时不可再，百年忽我遒。生存华屋处，零落归山丘。"（《箜篌引》）人终究不免一死。"悲从中来，不可断绝"。当然，大概也只有"杜康"酒能够排解了。

【竹林七贤与酒】

魏晋之际，政局非常不稳，文士动辄得咎。为逃避祸患，他们沉湎曲蘖。如果说饮酒是乐事，那么他们这一杯酒则饮得一定是很痛苦的。当时文人"结社集会"，少谈政治，却是以酒解愁。魏末"陈留阮籍，谯国嵇康，河内山涛，河南向秀，籍兄子咸，琅琊王戎，沛人刘伶，相与友善，常宴集于竹林之下，时人号称'竹林七贤'"。（《三国志》）他们一个个都是大酒徒，蔑视礼法，放浪形骸。而就在这七人之中，嵇康与阮籍，在文学史上齐名。嵇康是个憎恨虚伪，反对俗礼，十分不满黑暗统治的名士。他颇知言论不慎会招灾惹祸，但生性耿直，而酒后尤甚，所以不免遇害。他的诗作虽然不多，但我们可看到他饮酒时欢乐的无比赞颂。

【陶渊明与酒】

以嗜酒著称的陶渊明，善于遣酒入诗，在那些清新又极富奇趣的田园诗中，仿佛时时可以闻到江南乡村飘逸的酒香，时时可以看到诗人诗酒耕读、极富情趣的田园生活。酒为陶渊明的田园诗增添了无尽的思想和艺术魅力。脍炙人口的《饮酒》其五，是诗人酒后的作品：

结庐在人境，而无车马喧。

问君何能尔，心远地自偏。

采菊东篱下，悠然见南山。

山气日夕佳，飞鸟相与还。

此中有真意，欲辨已忘言。

这首诗意在写农村自然景色的恬美静穆和诗人归隐后悠然自得的生活。诗中不见一个酒字，但酒的韵味丰富。"采菊东篱下，悠然见南山"，是千古传唱的名句，其艺术魅力应该说与酒的魅力是分不开的。

人们往往慨叹"悠然见南山"中一个"见"字，非常精妙，如果把"见"换成"望"，意思一样，而意趣就尽失了。而诗人为什么用"见"不用"望"呢？这里一半的功劳恐怕要归之于酒。诗人酒后醺醺然、陶陶然，在东篱采菊，猛然间一抬头见到南山。只有这一"见"字，才能准确、传神地表现诗人醺醺然的神态。而这一如点睛之笔的"见"字，诗人恐怕也只有在酒后的朦胧作用中才能出现。

【李白与酒】

据说唐代大诗人李白酷爱饮酒，"李白斗酒诗百篇"，酒激发了伟大诗人的创作灵感，留下了脍炙人口的千古名篇。李白咏酒的诗篇极能表现他的超强个性，这类诗当属长安放还以后的诗，更为深沉，艺术表现更为老到。《将进酒》即其代表作。

君不见黄河之水天上来，奔流到海不复回。君不见高堂明镜悲白发，朝如青丝暮成雪。人生得意须尽欢，莫使金樽空对月。天生我材必有用，千金散尽还复来。烹羊宰牛且为乐，会须一饮三百杯。

岑夫子，丹丘生，将进酒，杯莫停。与君歌一曲，请君为我倾耳听。钟鼓馔玉不足贵，但愿长醉不复醒。古来圣贤皆寂寞，惟有饮者留其名。陈王昔时宴平乐，斗酒十千恣欢谑。主人何为言少钱，径须沽取对君酌。五花马，千金裘，呼儿将出换美酒，与尔同销万古愁。

《将进酒》篇幅事实上并不算长，却五音繁会，气象不凡。它笔酣墨饱，情极悲愤而作狂放，语极豪纵而又沉着。但是这诗篇具有震动古今的气势与力量，这诚然与夸张手法不无关系，比如诗中屡用巨额数字（"千金"、"三百杯"、"斗酒十千"、"千金裘"、"万古愁"等）借此表现豪迈诗情，同时，又不给人空洞浮夸感，其根源就在于它那充实深厚的内在感情，那潜在酒话底下如波涛汹涌的郁怒情绪。另外，全篇大起大落，诗情忽翕忽张，由悲转乐、转狂放、转愤激、再转狂放、最后结穴于"万古愁"回应篇首，就像大河奔流，有气势，亦有曲折，纵横捭阖，力能扛鼎。其中有歌的一些包蕴写法，又有鬼斧神工、"绝去笔墨畦径"之妙。通篇以七言为主，而以三五十言句"破"之，极参差错综之致；诗句一般以散行为主，又以短小的对仗语点染（如"岑夫子，丹丘生"、"五花马，千金裘"），节奏疾徐尽变，奔放而不流易。《唐诗别裁》这样说"读李诗者于雄快之中，得其深远宕逸之神，才是谪仙人面目"，此篇当之无愧。

【王禹与酒】

王禹，北宋文学家，性嗜酒，大有一日不可无此君之慨。

> 无花无酒过清明，
> 兴味萧然似野僧。
> 昨日邻家乞新火，
> 晓窗分与读书灯。
>
> ——《清明》

他曾经在宋太祖开宝年间中进士，在泸州做官，生活比较稳定，后因得罪宋太宗，被贬为商州团练副使，可能收入不多，需靠"稿费"打酒。他的《寒食》诗云：

> 今年寒食在商山，山里风光亦可怜。
> 稚子就花拈蛱蝶，人家依树系秋千。

郊原晓绿初经雨，巷陌春阴乍禁烟。

副使官闲莫惆怅，酒钱犹有撰碑钱。

由唐入宋，尽管当时社会趋于安定，生产比五代时期有所发展，但创伤仍没完全愈合，边患时起，民生多艰。王禹在风雪寒天一斟酌之中，心绪久久难平，品出许多苦味。"月俸虽无余，晨炊且相继。薪未缺供，酒肴亦能备"。(《对雪》) 自己尽管生活无忧，而河朔之民此时却"输挽供边鄙。车重数十斛，路遥数百里"。其中冻死的又有多少？戍边将士，身披铠甲，寒气透骨，远离乡井，备受煎熬，有谁能解除他们的痛苦？他这种关怀民生、杯酒不忘国事的思想，深受杜甫与白居易思想的长期影响。

【欧阳修与酒】

欧阳修是妇孺皆知的醉翁。他那篇著名的《醉翁亭记》，从头到尾一直"也"下去，贯穿一股酒气。无酒不成文，无酒不成乐。天乐地乐，山乐水乐，一切都因为有酒。"树林阴翳，鸣声上下，游人去而禽鸟乐也。然而禽鸟知山林之乐，而不知人之乐……"(《醉翁亭记》) 其实，鸟是知人之乐，且要与人共乐的。

酒 与 书 法

【商周酒具铭文】

早在公元前 13 至前 11 世纪，商代晚期有一宰甫，在青铜器上铭文共 23 字。这是一件有关酒的青铜器，现藏山东省菏泽市文化馆。铭文原文是：王为兽（狩）自豆录，才（在）模眛。王卿（飨）菌（酒），王光（赏）宰甫贝五朋，用乍（作）宝端。

这篇铭文大意是说，殷王自豆录狩猎归来，在模地宴飨时，赏赐给宰甫贝五串，宰甫因作此器以记其事。此铭的书写风格气势十分恢宏，如狩猎的狩（兽），在裸地驻扎的楠，飨酒的飨（卿），赏赐的赏（假光字代之），写得都比较突出，

酒与艺术

通篇铭文字形颇具变化，是一件难得的书法珍品。

另一件著名的孟鼎器铭，也极有趣味。孟鼎为西周康王时礼器中的重器，因做器者为康王时大臣名孟者而得名，也叫作大孟鼎。清道光初年于陕西岐山县出土。腹内铭文19行，291字。现藏中国历史博物馆。铭文为康王对孟的直接册命。记载周康王二十三年贵族孟受册命时，周王诏告周立国的经验和商丧国的教训，命令孟效忠。康王就此赏孟大量祭物、衣服、车马及奴隶"六百又五十又九夫"和"千又五十夫"等。

大孟鼎的铭文笔法始终秀美生动，庄重肃穆，文字数量多，为金文中之佼佼者。

作为酒具的青铜器，制作相当的精美，并饰以图纹，书以铭文，说明饮酒是上古社会现实生活中的一项重要内容。大孟鼎铭文中提到酒不敢多饮，以及殷以酗酒亡国，两次提到酒，于此可以得知上古对酒的认识是多么深刻，多么认真，甚至把国家的兴衰也与酒联系在了一起。

【醇酒激发灵感】

醇酒之嗜，就此激活了两千余年不少书法艺术家的灵感，为后人留下数以万千的艺术精品。他们酒后兴奋地引发绝妙的柔毫，在自己不经意处倾泻胸中真臆，令后学击节赞叹，甚至顶礼膜拜。这种异常亢奋是支持艺术不断求索的宝库，使无绪而趋于缜密，进而经纬天成；使平淡而奇崛，逮若神助，笔下生花；有则只要罢杯，则老生常谈，平平而蹈于窠臼，神采乏力，冥思无端。历史上很多大书法家并不满足于细品助兴，小盏频频，于琼浆玉液乃是海量，放胆开怀畅饮，事实证明越是激昂腾奋，则笔走龙蛇，异趣横生，线条旋舞，恨墨短砚浅，非纸尽墨干不止。

【王羲之与《兰亭序》】

被誉为"天下第一行书"的《兰亭序》，是我国晋代大书法家王羲之的杰作，为历代书法家所推崇。时任会稽内史的王羲之于晋穆帝永和九年暮春三月初三，邀集宦游或寓居越中的谢安、支遁、孙绰、许询等达官显贵文士骚客，在会稽兰渚山下兰亭，举行了一次别开生面的诗歌会。当时一群文人雅士置身于崇山峻岭、茂林修竹之中，众皆列坐曲水两侧，将酒觞置于清流之上，任其自由漂流，停在谁的前面，谁就即兴赋诗，咏诗饮酒。不然，罚酒三觞。这些名士们当时共作诗 37 首。王羲之汇集各家诗作，乘酒醉兴起，写下了共 324 个字的《兰亭序》，又称《兰亭诗序》或者《兰亭集序》。

永和九年，岁在癸丑，暮春之初，会于会稽山阴之兰亭，修禊事也。群贤毕至，少长咸集。此地有崇山峻岭，茂林修竹；又有清流激湍，映带左右，引以为流觞曲水，列坐其次。虽无丝竹管弦之盛，一觞一咏，亦足以畅叙幽情。是日也，天朗气清，惠风和畅，仰观宇宙之大，俯察品类之盛，所以游目骋怀，足以极视听之娱，信可乐也。

夫人之相与，俯仰一世，或取诸怀抱，悟言一室之内；或因寄所托，放浪形骸之外。虽趣舍万殊，静躁不同，当其欣于所遇，暂得于己，快然自足，曾不知老之将至。及其所之既倦，情随事迁，感慨系之矣。向之所欣，俯仰之间，已为陈迹，犹不能不以之兴怀。况修短随化，终期于尽。古人云："死生亦大矣。"岂不痛哉！

每览昔人兴感之由，若合一契，未尝不临文嗟悼，不能喻之于怀。固知一死生为虚诞，齐彭殇为妄作。后之视今，亦犹今之视昔。悲夫！故列叙时人，录其所述，虽世殊事异，所以兴怀，其致一也。后之览者，亦将有感于斯文。

《兰亭集序》真可谓是文字灿烂，字字珠玑，是一篇脍炙人口的优美散文，它打破成规，自辟径蹊，不落窠臼，隽妙雅逸，无论绘景抒情，还是评史述志，都令人耳目一新。虽然前后心态矛盾，但总体看，还是积极向上的，尤其是在当时谈玄成风的东晋时代气氛中，提出"一死生为虚诞，齐彭殇为妄作"实在可贵。《兰亭集序》的更大成就在于它的书法艺术。

《兰亭集序》全文共有 28 行、324 字，通篇遒媚飘逸，字字精妙，有如神助。如其中的 20 个"之"字，竟没有一处出现雷同，成为书法史上的一绝。以后他多次重写，皆不如此次酒酣之作（他曾这样感叹说："此神助耳，何吾能力致"），被历代书法界奉为极品。宋代书法大家米芾也佩服地称其为"中国行书第一帖"。

通篇气息淡和空灵、潇洒自然；用笔遒媚飘逸；表现手法既平和又奇崛，大小

酒与艺术

参差，既有精心安排艺术匠心，又没有做作雕琢的任何痕迹，自然天成。其中，凡是相同的字，写法各不相同，如"之"、"以"、"为"等字，各有变化，尤其是"之"字，达到了艺术上多样与统一的效果。《兰亭集序》是王羲之书法艺术的典型代表作，是我国书法艺术史上的一座高峰，它滋养了后世的一代又一代书法家。

《兰亭集序》是世人公认的书法瑰宝，始终珍藏在王氏家族之中，一直传到他的七世孙智永，智永少年时就早早地在绍兴永欣寺出家为僧，临习王羲之真迹达三十余年。智永临终前，将《兰亭集序》传给弟子辩才。辩才实际上擅长书画，对《兰亭集序》极其珍爱，将其密藏在阁房梁上，从不示人。后被唐太宗派去的监察史萧翼骗走。唐太宗在得到《兰亭集序》后，简直就是如获至宝，并命欧阳询、虞世南、褚遂良等书家临写。以冯承素为首的弘文馆拓书人，也奉命将原迹双钩填廓摹成数副本，分赐皇子和各位近臣。唐太宗死后，侍臣们遵照他的遗诏将《兰亭集序》真迹作为殉葬品一并埋藏在昭陵。

【祝允明】

明代祝允明（1460—1526年），字希哲，因右手六指，自号枝山。其一生嗜酒无拘束，玩世自放，下笔天真纵逸，不可端倪。与书画家唐寅、文徵明，诗人徐模卿并称"吴中四才子"。祝允明狂草学怀素、黄庭坚。在临书的实战功夫上，他的同代人没有谁能和他较量。他是一位全能的书法家，平时能以多种面目创作，能写小楷、篆隶、大草，也能写古雅的行书和巨幅长卷。祝允明被世人认为是天资卓越、腕与心应、神采飞动、情生笔端的大家。他的作品表现出十分强烈的个性和意蕴。明代董其昌在其著作《容台集》中说："枝山人书如绵裹铁，如印印泥。"祝允明曾经临写过《黄庭经》小楷，明王释登《处实堂集》说："第令右军复起，且当领之矣。"又说："古今临黄庭经者不下数十家，然皆泥于点画形似，钩环戈磔之间而已。枝山公独能于集蕉绳度中而具豪纵奔逸意气，就像丰肌妃子著霓裳在翠盘中舞，而惊鸿游龙，徊翔自若，信是书家绝技也。"评价之高，真是绝无仅有。

酒 与 舞 蹈

千百年来，酒与舞的结合在中国文化发展史上写下了多少庄严肃穆、奢靡淫恶、繁荣昌盛、衰败没落；写下了多少铭刻千古的真情美意；当然也写下了多少惊世骇俗的恶径险行。

【酒与祭祀舞蹈】

巫舞是原始图腾舞蹈的遗迹之一，被称为古文化的"活化石"。在人类社会发展的图腾崇拜和整个原始宗教泛灵崇拜时期，酒与舞蹈早先是先民们敬神、通神、娱神的礼仪和手段，是人与神相沟通的中间桥梁。在现存的、鲜为人知的巫舞形式如"东巴舞"和纳西族东巴祭祀活动中，我们仍然不难发现酒与舞蹈是同时并重的祭祀内容。在我国现存的、唯一还活着的古象形文字——纳西族《东巴舞谱》和《东巴经》中，很容易就能看到酒与舞蹈在祭祀活动过程中相互融合的各种内容和形式。

传统的纳西族在举行"求长寿"和"成丁礼"（儿童年满十三即被认为长成大人，届时要聘请东巴主持礼仪举行祭祀活动）法仪古老的祭坛前有一棵用五色花朵（古时用丝线或黄色的蔓青花、叶）装饰着的松树，其实这就是"含依宝塔树"（纳西族神话传说中最吉祥的神树）。祭坛上摆放着人们祭祀带来的"巴巴日"（献给树神的美酒）等供品。人们在神树前排起整齐的队伍，祭司（东巴）从供品中取出一碗巴巴日，随即手中握着一束散发着香气的柏树枝，蘸着碗中的酒向神树洒奠。他一般会一边洒奠、一边吟诵："在含依宝塔树上，由金翅大鹏鸟来停落，病痛与大鹏鸟无缘，死神与大鹏鸟无缘，现在为大鹏鸟洒奠美酒，愿大鹏鸟为我们带来吉祥……（接下来改诵为唱）今天我们来到神树前，祈求长久的岁寿……"同时我们在《东巴舞谱》中也能够看到，纳西族人民在"求长寿法仪"中要由祭司按照《跳神舞蹈规程》中的规定内容来跳"汝种布"，其中包括"丁巴什罗舞"、"萨利伍德舞"、"金孔雀舞"、"花舞"等十余种美丽的舞蹈。

祭祀仪式结束后，大家一同回到祭坛前，老年人、中年人、青年人分别围坐在一起品尝巴巴日。这时年长的人唱起祝寿和祝颂成长的颂歌，年轻人则随即吹起了瓢笙。以笙歌祝酒，以美酒助兴，边吹边舞，酒至客前，"以笙推壶劝酶"。这么奇特美妙的乐舞敬神形式怎能不让人开怀畅饮，即兴起舞，一醉方休！也正是因此习俗，逐渐养成了纳西族人民"喜饮酒歌舞"的特有的民族性格。

要是我们将纳西族人民的祭祀活动看做是原始先民敬神、娱神质朴形式的缩影，那么在战国时期，最具代表性的要属巫祭活动，莫过于楚国的祭神歌舞。诗人屈原根据楚国巫砚祭祀歌舞时的祝辞和盛况，创作了流传千古的诗篇《九歌》，为我们留下了酒舞娱神的有力佐证。

"瑶席兮玉旗，童将把兮琼芳。蕙肴蒸兮兰藉，奠桂酒兮椒浆。扬桴兮柑鼓，疏缓节兮安歌，陈竽瑟兮浩倡。灵偃蹇兮姣服，芳菲菲兮满堂。五音纷纷兮繁会，君欣欣兮乐康。"（《九歌·东皇太一》）由此看来，那是多么富丽堂皇的景况。神坛上铺着椒、兰等香草，散发着阵阵的幽香；镇国的宝器中盛着满满的桂花美酒；巫砚们全部身穿缀满饰物的华丽服装，他们轻捕鼓面，含竽弹瑟，就此拉开了神前祭祀，欢乐歌舞的大型序幕。

祭祀活动中的舞蹈与酒奠一般作为原始文化形态，反映了先民意识形态中最崇尚的社会活动方式和物质生活内容。也正是因为这些酒与舞在原始人类社会生活中的重要作用和地位，才有了美酒、舞蹈敬于神祖的一般性社会行为。随着社会的发展，巫教渐趋没落，但是作为一种民族文化和信仰的长期积淀形式，巫祭形式在民间还是经久不衰。唐代王维《渔山神女祠歌》也记载下了山东东阿迎神、送神时献舞祭酒的巫祭场面："……女巫进，纷屡舞。陈瑶席，湛清酷，纷进舞兮堂前，目眷眷兮琼篷……"这里的仪式仍然承袭着屈原在《九歌》中所描绘的那种楚国酒舞祭的遗风。另外，唐代王建有一首《赛神曲》诗，则让人感到神事活动与民俗的结合别有一番清新的泥土气息："男抱琵琶女作舞，主人再拜听神语。新妇上酒莫辞勤，便阳陌舅无所苦。椒浆湛湛桂座新，一双长箭系红巾。但愿牛羊满家宅，十月报赛南山神。青天无风水复碧，龙马上鞍牛服辄。纷纷醉舞踏衣裳，把酒路旁劝行客。"在这里酒舞祭带给人的完全是一派轻松、欢乐与祥和的气氛。也正是基于此种原因，作为祭祀神祖的传统形式——奠酒和献舞，至今还影响着一部分人的生活。

【酒与政治斗争】

在中国几千年的历史舞台上，酒与舞蹈有时是相辅相成的。在无数的政治斗争

和军事斗争中，饮宴上的酒就是一种毒剂，吮之愈美，亡之愈速，最终常令人君命

殖国丧。

在中国古代历史中，还有以美酒、女乐作缓兵之计的范例。战国时晋悼公伐郑，郑兵败，献师悝、师触、师蠲及女乐、钟、磬、美酒等物以求和。令晋公沉溺于酒色中不能自拔。晋平公会盟诸侯，酒席宴上命各国大夫都要舞蹈，发现齐国大夫高厚舞蹈时所唱诗的内容与舞姿的表现不一致，认为怀有"异志"，遂命诸大夫逼迫高厚与各国就此签订盟约，吓得高厚急忙逃离酒宴跑回齐国。还有以舞蹈刺探敌国军心民意以决定攻伐的。晋平公原本是想攻打齐国，命范昭探听虚实。范昭来到齐国，齐景公设宴款待。范昭喝了几杯酒就假装醉态，无礼地端起齐景公的酒杯喝酒，并要乐师为他演奏"天子乐"，他来跳"天子舞"。他这一非礼要求遭到了乐师们的严厉拒绝。看到齐国普普通通的乐师竟不畏权贵，这么大义凛然，一派英雄气概，范昭回国后劝晋平公放弃了攻打齐国的念头。

"鸿门宴"历来被喻为凶险的代表。"项庄舞剑，意在沛公"，更提示人们要警惕那些貌似献媚的舞蹈中暗藏着重重杀机。在统治集团内部的党派纷争，或敌对国家处在暂时休战的交往中，一般是酒无好酒，宴无好宴。欢歌妙舞的背后，反倒是刀光剑影，血溅杯盘。秦汉时期，酒和舞蹈是士大夫阶层中最重要的社交礼仪之一。酒席宴上"以舞相属"，表示宾客互相敬重友好，并且含有沟通情谊的意思。"以舞相属"的基本程序是：酒席宴中主人（也可以是宾客）起身先舞，跳至客人面前，以礼相邀，这时客人一定要先起身以舞回报主人的盛情。如果拒不起立，或起而不舞，舞而不旋，这些可都算是失礼和不敬。因此在历史上就有因政治观点不同，志向意趣不一致，从而借"以舞相属"礼仪失度引发和激化矛盾的事例。东汉大文学家蔡邕因为瞧不起宦官，在太守王智为其举行的钱行宴会上拒不起舞回报，因此得罪了宦官，被宦官在皇帝面前谗言诬告他"谤讪朝廷"，害得他流亡十多年。还有三国时期，张盘以舞属于陶谦，陶谦不予理睬，张盘强拉陶谦起舞，陶谦舞而不旋，所以激化了二人之间的矛盾，致使陶谦弃官而走。看来张盘也是有意将二人的矛盾暴露在众目睽睽之下，就借机利用"以舞相属"的形式激化张扬开来，以达到政治上排除异己的目的。

辽天祚帝耶律延禧天庆二年（1112 年），在海同江举行盛大的"鱼宴"，命各部落酋长依次表演歌舞。当轮到女真族首领阿骨打进行舞蹈时，他却"端立直视"，推辞不肯起舞。耶律延禧大怒，认为阿骨打太傲慢无礼，原本想找借口把他杀了，以除后患。但萧奉先认为阿骨打没有大错，杀了他会产生不良后果，且女真族弱小，不会威胁到大辽国的统治地位，辽帝这才放过了阿骨打。可是等三年以后，正是这个大胆的阿骨打发动了反辽战争，并正式建元称帝，国号金，公开与辽分庭抗礼。这么看来，数年前在"鱼宴"之上拒不起舞、"端立直视"之时，他已不把辽帝放在眼里了。

【酒令舞】

酒之所以能冠以"文化"二字，并不仅仅因其为人类物质文明的共同创造，还因为围绕着酒的历史出现的无数的、实实在在的文化现象。"打令"就是其中一种。我国酒令种类繁多，如"旗幡令"、"箭令"、"花枝令"、"僻子令"、"棋牌令"、"花笼令"等。行令的方法也千差万别，如轮流执令，数点传令，击鼓传令等。既然酒令也名之为令，就必有行令之人，古代称为"席纠"、"令官"，今则习称"酒官"。令官执掌酒桌上之赏酒、罚酒的大权。例如《红楼梦》第四十回就这样写道："鸳鸯也半推半就，谢了座，便坐下，也吃了一盅酒，笑道：'酒令大如军令，不论尊卑，唯我是主，违了我的话，是要受罚的。'"由此可以看出酒令于游戏中劝酒助兴的作用。在各种酒令中尤以"舞令"（又称作"打令"）更显得风流雅致，它于狂放中蕴含着斯文，别具一格，别具情趣。

下面以歌舞令《卜算子》为例欣赏：

《卜算子令》：（先取花枝，然后行令，口唱其词，逐句指点，举动稍误，即行罚酒，后词准此）我有一枝花（指自身，复指花），斟我些儿酒（指自身，斟酒），唯愿花心似我心（指花，指自心愿），几岁长相守（放下花枝叉手）。满满泛金杯（指酒盏），重把花来嗅（把花以鼻嗅），不愿花枝在我旁（把花传向下座人），付与他人手（把花付下座接去）。

类似的打令还有比如"浪淘沙令"、"调笑令"、"花酒令"等。据此可以说，歌舞令中的舞是被简化和被象征化的一些舞蹈动作。说它是舞蹈，因它具备舞蹈的特征，首先我们看到它有被修饰过的装饰性的动作和姿态；另外，和着令词的音韵、节奏（可能还有音乐）而舞；再次，要求情绪、令词、动作相一致，错了那就必然要罚酒。但同时我们也看到酒令舞的动作简单易学，它既可按规矩一板一眼地动作，又可不离板眼地即兴随意发挥，展示个人的文采和出众的舞蹈才能。

我国酒令舞蹈的全盛时期现在比较公认的说法当推唐代。唐皇甫松《醉乡日月》载"放令之制"云："大凡放令，欲端其颈如一枝孤柏，澄其神如万里长江，扬其膺如猛虎蹲踞，运其眸如烈日飞动，差其指如莺欲翔舞，柔其腕如龙欲蜿蜒，运其盏如羊角高风，飞其抉如鱼跃大浪，然后可以败渔风月，缴缯笙竽。"这么看来，欲想做一名打令高手也并非易事。"令制"之中不但对其口才（唱酬令词），更对其具体的动作（舞蹈）标准提出了相当高的要求，使其完全进入了一种艺术境界。正是因为这样，我们现在看到的载有专门记述酒令舞蹈动作、身段、音节等十三个专用名词的《敦煌舞谱残卷》，据后世的学者、专家们研究考证，认为大概是唐代人学习酒令舞的笔记。目前尽管还是不能尽释其动作形态、舞韵柔刚，但凭着艺术真谛融会贯通的特性，凭着人们自由想象去揣摩感悟，也能得见其一二。下面就根据《敦煌舞谱专辑》所载前人研究的一些成果，将酒令舞的动作字谱作一简要说明，以领略唐人打令舞蹈的无限风采。

"令"，指令曲、令词的名目。例如"招手令"、"词牌令"、"旗幡令"、"花枝令"（大约还应包括令规）。

"送"，有送酒、送声、送曲等多种意思。如李群玉诗"烦君玉指轻拢捻，慢拨鸳鸯送一杯"，即有送琵琶曲一首之意，又可能有送酒一杯之意。

"摇"，摇为舞容。《观舞伎》诗有"摇踏动芳尘"之句。摇本身就有摇头晃脑、摇手、摇胸膛、摇肩背的意思。

"妥"，据吴自牧《梦粱录》这样记载："十月初十天宁节，诸杂剧皆浑裹……每遇舞者入场，则排立者叉手举左右肩动足应拍，一起群舞，谓之顷曲子。"又唐朝的李宜古诗云"舞来陆去使人劳"。可见"顷"是集体性动作，大概是随着音乐一起舞蹈的意思。"妥"有可能类似于现代的即兴舞动。

"据"，亦是手势舞姿的其中一种。古代舞蹈装束多系彩带、丝披，缀而战之谓之据，是表现体态柔媚的动作。"拽"，以手作挽拽的姿势，好像含有以舞相属的意思。来，就是一起舞蹈的意思。

"舞"，舞字当是打令中的核心部分，正如"放令之制"中所描述的，"端其颈"是舞，"扬其膺"是舞，"运其眸"是舞，"差其指"、"揉其腕"、"运其盏"、"飞其抉"都是具体的舞。舞字是纲，其余字可说是目，纲举目张而后有神韵。这里所谓的舞谱，仅为做动作提示所用，要想达到运用（舞蹈）自如，非刻苦研习不能入境。酒令舞发展到宋代基本上已被宫廷的规矩牢牢地套住，失去了活泼、嬉闹的娱乐游戏成分。但是也正因为如此，宋代宫廷的酒令逐渐呈现出一种庄严，一种气派，一种教化，一种华丽与辉煌。

据南宋孟元老所撰《东京梦华录》载宴会上的酒令仪式大致如下：

第一盏御酒，歌板色，一名"唱中腔"……三台舞旋……第二盏御酒，歌板色，唱如前。……三台舞如前。第三盏御酒，左右军百戏入场。……第四盏御酒……句合大曲舞。……第五盏御酒，独弹琵琶……勾小儿队舞……第六盏御酒，笙起慢曲子……左右军筑球，殿前旋立球门……胜者赐以银碗彩锦……不胜者球头吃鞭。第七盏御酒，……勾女童队入场……或舞《采莲》则殿前皆列莲花……第八盏御酒，一名歌板色，一名"唱踏歌"。第九盏御酒，……慢曲子……百官酒，三台舞。

这完全是集酒宴、歌舞、体育、杂技于一堂的一场大型皇家聚会，而其特色就在于举杯饮酒之际即下一新节目开始之时，一令二举，不得不说相当独特。

【酒礼舞】

中国是一个多民族团结一致的国家，各少数民族大都保留着本民族的酒礼习俗和歌舞文化。而酒与舞的不同的结合形式，最能体现出各民族的生活习性和民族性格。在诸民族自发的礼仪交往中，酒与舞常常被视作最隆重的仪式和最热诚的接待，是最恰当、最美好的祝福和祝愿。在部分少数民族的日常生活中，酒与舞蹈也被看做宝物一般珍贵，是人们生活中必不可少的重要组成部分。

苗族人民居住的山寨往往被人称作"歌山"或"花山"，这正是苗家人喜爱歌舞的形象比喻。苗家有一句常说的俗语——"苗家无酒不唱歌"，因此，酒歌在苗族的日常生活中占有很重要的地位，而酒歌优美的旋律和节奏，正是苗家丰富多彩的舞蹈的伴奏。酒、歌、舞的结合构成了苗族豪爽、开朗的民族性格，以及他们好客、敬客的鲜明个性。从苗家婚礼酒歌中的"楼板舞"中，即可体会到其鲜明的民族性格及淳朴、憨厚的民族特色。

当某家的儿子通过自由恋爱的形式，娶到了一位称心如意的媳妇时，当地村寨里的青年男女就要会集到新郎家中讨喜酒吃。新人将朋友们邀请上小楼，打圈围坐在一起，这时朋友们唱起酒礼歌，新人赶紧捧出美酒，供大家随意品尝。当酒酣歌兴之际，姑娘们走进圈内，小伙子们围在周围，拍手跺脚，旋转跳跃，掌声啪啪，楼板咚咚，歌声琅琅，跳起了"楼板舞"。就在狂欢之际，那新搭起的木板小楼似乎承受不住这么多的欢乐和幸福，嘎嘎作响，颤颤悠悠，整幢小楼好像摇摇欲坠，这时家人们要赶快在楼下"抢险"。歌声、笑声、掌声、喧闹声、小楼板的咚咚声响彻整个山寨，传播着一片浓情和蜜意。

《康熙鹤庆府志·风俗》对彝族风俗有这样的记载："彝俗，饮必欢呼。彝性嗜酒，凡婚丧，男女聚饮，携手旋绕，跳跃欢呼，彝歌通宵，以此为乐戏。"这样不多的文字记载，将彝族人民古朴、庄重、粗犷、豪放的性格刻画得十分生动。彝族人民不愧是能歌善舞的民族。让我们欣赏一下彝族姑娘出嫁时的"酒礼歌舞"吧。每当天黑了，在主人家门前院坝场子中，篱笆园内，天井溪旁，到处燃起一堆堆的篝火。人们就会围在火边，由"酒礼婆"唱"勺果车"（酒礼舞的开头歌）后，宾客们随即开始跳起"酒礼舞"。

酒礼舞一般有两种形式。一种是由女性跳，以歌为主，舞蹈为辅。舞蹈者列成长龙阵，逆时针方向边舞边歌，缓缓踏步前行。歌词内容丰富，有赞美父母养育之恩的，有表现姑娘与父母难舍难分的，有祝愿姑娘生活幸福的……

现场的人们唱一排歌，跳一阵舞，饮几杯酒，辗转轮回，时起时伏，歌、舞、酒深深地融合在一起，场面非常隆重、热烈。通宵达旦，酒礼婆唱"鼠果者"（收尾歌），酒礼方始告终。

另一种是专门由男性青年跳的酒礼舞蹈。舞随歌行是这一酒礼舞的特色。首先唱一首祝酒歌："自家砍来的柴烧起才旺，从自家田里摘来的谷米煮饭才香。满桌的酒肉佳餐，是彝族的礼信，先民留给后人的古老习惯，饭吃得饱，酒喝得憨，声声敬谢主人的盛情款待。"舞蹈的基本动作是人为模拟"锄土劳动"的姿态，即以腰为轴心，上步弯腰，踏地，回步，端腿直立，手足上下合拍，一起一伏，就这样自然舞动。

酒与艺术

接着是"补士"（男女双方的总管）对唱，众宾客自然地手挽手，以"摆手舞"相伴。补士甲双手分执一酒壶、酒杯，补士乙只拿一只小酒杯。甲为乙斟满一杯酒，就这样举杯开唱，乙接对唱：

甲：主人家的这杯酒辣又辣，乙：像"德珠阿博"的辣椒一样。（同时咂一口酒）甲：主人家的这杯酒苦又苦，乙：像树上"阿林"的苦胆一样。甲：主人家的这杯酒甜又甜，乙：像红岩土的蜂蜜糖一样。甲乙合：三杯酒有三种味，不知客人喜欢哪一杯？众宾客回答：主人家的美酒，杯杯像蜂蜜一样甜。

对唱歌声一止，酒礼场上马上就群情激奋，同跳"阿左娥"。边舞边唱："山中绿叶处，有金竹子一双，砍下背回来，做对咂酒杆，往酒坛中一插，随即叫一声'阿祖'，（先民）速来把酒咂，父饮心爽快，子饮情更欢，大家乐呵呵。"两补士手执酒壶、酒杯在前作引导，从坝院跳到堂屋，再由堂屋分别跳到各个房间。舞蹈动作有"甩手步"、"抬腿步"、"一甩一拐踏脚步"、"吸腿向前踏地步"等。

整套舞蹈古朴庄重，节奏单一。领舞者还往往根据自己的感情变化，即兴编舞表演，群舞众人不断吼叫，使舞蹈气氛更加热烈，场面也随之显得更为壮观。

最后，总管事请众人到坝院中坐好，新郎手执酒壶向每位来宾敬上一杯甘醇的美酒。然后新娘舞出，围着插有咂杆的甜酒坛绕舞三圈，表示请宾客们"吃咂酒"。于是众宾客也都随即拥至酒坛，轮流用咂杆吃咂酒。小伙子和姑娘们则对唱酒礼歌，一起跳酒礼舞，欢畅通宵，天明才纷纷散去。

生活在我国北方大草原的游牧民族蒙古族的生活中更是离不开酒和舞蹈。无论是狩猎归来还是放牧休息，牧民们都要燃起熊熊篝火，烧烤猎来的兽肉，此时和着悠扬的马头琴声，歌声此起彼伏。牧民们举杯对饮，翩翩起舞。据说这一习俗由来已久。元朝诗人乃贤在《塞上》一诗中曾生动形象地描绘过这一热闹的图景："马乳新同玉满瓶，沙羊黄鼠割来腥。踏歌尽醉营盘晚，鞭鼓声中按海青。"另外还有傣族的"醉酒舞"，汉族的"把酒舞"，藏族的"酒歌卓舞"，都是极其有特色的中国民族舞蹈和民间酒舞礼仪习俗。在这些活动中，人们体验那种亲情厚谊和幸福欢乐。在一些带有竞赛性质的民间盛会中，例如蒙古族的"那达慕"，藏族的"跑马节"、"转山会"等，那更是离不开美酒和舞蹈。一边是烈马奔腾，一边是歌声荡漾；一边是英雄畅饮，一边是舞袖飘扬。真可谓是美酒敬壮士，艳舞舒芳心。酒舞

今朝放歌须纵酒——酒文化卷

融情，更是一种豪放，一脉柔情，总之都是美不胜收。

【酒与舞创造美】

中国几千年的酒舞历史，已经创造出了中华民族文化现象中的至情、至谊、至善、至恶、至美、至丑……形成了具有极大反差的社会万象。如此丰富的酒舞生活内容，为中国古今艺术大师们提供了取之不尽、用之不竭的自然素材。在文学家、艺术家的笔下和舞台上，酒与舞的结合创造出种种风格不同的美，个性的美，形象的美，令人美不胜收。昆曲表演艺术家俞振飞《太白醉写》一戏中的"一点三颤"、"一歪一斜"，恰好表现了"诗仙"李白"斗酒诗百篇"的那种飘逸潇洒、豪放不羁、不畏权贵的艺术形象；《醉打山门》中一组醉态演练，模拟十八罗汉造型的舞蹈身段，将鲁智深粗犷的性格、豪爽的个性表现得淋漓尽致；京剧《武松打虎》和《醉打蒋门神》，无不是突出一个醉字，而又立足一个舞字来刻画，用艺术的形式表现武松威武勇猛的英雄形象。这些个性鲜明的艺术形象，总会使人在欣赏之后，更加感受到那种酒与舞的结合带给人的畅快感觉，使人在那艺术的醉态舞中感悟到一种人的本质和人生的真谛。总而言之，不管是历史的真实，还是艺术的演绎，酒与舞蹈都极大地美化着人类的社会生活，都在不断地丰富着人类文化与文明的内涵。人们自应于酒与舞中清晰地辨析美丑，惩恶扬善。

酒 与 戏 曲

酒在中国戏曲中是不可或缺的构成因素。

饮酒在戏曲中，与吃饭差不多是同义词。在戏曲舞台上，吃饭的器皿不是饭碗、菜盘（除去极少的例外，如《鸿鸾禧》《朱痕记》《铁莲花》等剧，因剧情的特殊需要才不得已使用饭碗），而是用酒壶、酒杯来代替。请客吃饭，不说请用饭，而是说"酒宴摆下"。无论多么隆重盛大的场面，例如《鸿门宴》《群臣宴》《功臣宴》等剧，在舞台上代表丰盛宴席的道具，也只有几个酒壶和酒杯。

【以酒构成主要场景】

有许多戏，是以酒或醉酒构成全剧的主要场景的。例如《薛刚大闹花灯》，是说薛刚酒醉以后,一时失去理智,闯下滔天大祸,把当朝太师张泰的门牙打掉,打伤国舅张天佐、张天佑,打坏太庙的神像,打落太子的金冠,因此引起皇帝的震怒,将对唐朝有汗马功劳的薛家一家三百多人满门抄斩。这尽管是由于张泰怀恨在心,在皇帝面前进谗言,才引发一场曲折激烈、忠奸斗争的悲剧,但起祸根源,却是因为薛刚酗酒并疯狂乱来的结果。后部《薛家将》的戏,主要是从这个情节带动出来,如《阳和摘印》《法场换子》《铁丘坟》《双狮图》(《举鼎观画》)《徐策跑城》直至《薛刚反唐》等都是。

【以醉酒为主要情节】

《水浒》戏有许多是以醉酒为主要情节进行艺术表现的,如《醉打山门》,是说鲁达在五台山削发为僧,改名智深,因素性嗜酒,每欲破戒。有一天,下山闲游,见一人担酒,即上前沽饮,酒贩告以长老有令,禁寺僧饮酒。智深不管那么多,狂饮大醉,回寺大闹。长老遂荐往东京大相国寺。《黄泥岗》(《生辰纲》)是说晁盖、吴用等在黄泥岗智劫"生辰纲"(梁世杰送给岳父蔡京的寿礼),这里用的计策就是用药酒将押送官兵麻醉,然后劫取。《武松打虎》是说武松在景阳冈下店中沽饮,乘醉过岗,突然遇见猛虎,奋勇将虎打死。《十字坡》(《武松打店》)是说武松发配路上,投诉孙二娘酒店,孙二娘将武松灌醉,夜入卧房,准备杀害。实际上武松是佯醉,早有戒备。二人摸黑动武,孙二娘不敌,张青赶来相助。武松通名后,张青夫妻慕其名,然后就结为好友。《快活林》(《醉打蒋门神》)是说武松发配至孟州牢城营,管营施忠之子施恩,慕其名,二人就此结拜。施恩之酒店被恶霸蒋门神霸占,武松闻之大怒,带酒赶至快活林,痛打蒋门神,夺回酒店。此后引发的一系列剧目有《鸳鸯楼》《飞云浦》《蟆蛤岭》等剧。《得阳楼》是说宋江杀死阎婆惜,发配江州。一日,宋江到得阳楼饮酒,酒后,因无奈之下慨叹个人遭遇,题诗于壁。诗被通判黄文炳抄走,送与知府蔡德章,诬宋江谋反。宋江无奈装疯,蔡知府不信,判宋江斩刑。后被梁山好汉劫法场成功救出。

【以醉酒构成戏的主要内容】

以醉酒为主要内容的剧目很多,较有代表性的有《贵妃醉酒》,是说杨贵妃备

今朝放歌须纵酒——酒文化卷

受唐明皇宠爱，曾约共饮于百花亭。其时，明皇爽约，杨贵妃久候不至，问高力士，才知道是明皇已宿西宫梅妃处，心生怨窟，饮酒独酌，自遣愁烦。

《醉皂》是昆曲《红梨记》的一折，讲的是一名皂隶奉县令差遣，邀请赵公子饮酒赏月，谁知皂隶醉酒，引出一段喜剧。

《醉度刘伶》与《刘伶醉酒》，是说刘伶嗜酒，自夸从来不醉，遇酒仙杜康，饮以仙酒，居然大醉不醒的故事。

《酒丐》是说侠士范大杯，隐于酒，做了许多锄强扶弱的侠义之举。

《醉县令》讲的是三国时庞统投刘备，不被重用，只委任县令，整日醉酒，不理民政，后刘备派人进行视察，一天之内将三月积案全部审清，刘备始服其才，委以重任。

《醉战》也叫《让雍州》，是说明末穆君益据雍州，好酒贪杯，竟失去雍州的历史真实故事。

【酒推进剧情发展】

有些戏尽管不是以饮酒、醉酒作为贯穿全剧的主要情节，但却是剧中某一片段中的一个关键性的细节，用这一细节成功塑造或深化人物性格，使之更加鲜明突出；或是用以作为强化戏剧冲突，解决戏剧矛盾，进而推进戏剧情节发展的一种催化剂，或是渲染戏剧氛围的一种有力的表现手段。

这样的戏非常多。就像《温酒斩华雄》，通过"酒尚未凉，华雄已被斩首"这一细节，就此突出表现了关羽的神勇无敌。

《群英会》通过周瑜与蒋干两个人的佯醉，表现了周瑜的智慧谋略和蒋干的自作聪明，上当却意识不到。

《青梅煮酒论英雄》中，通过曹操与刘备饮酒交谈，鲜明地刻画了两位性格迥异，但又同是具有雄才大略的"当世英雄"。

《草船借箭》中，通过诸葛亮和鲁肃在船上饮酒的一段戏，惟妙惟肖地刻画出两个人迥然不同的情绪与心态：诸葛亮是从容镇静，成竹在胸；而忠厚诚朴的鲁肃却是惊惶失措，手足无措。

《西厢记》中，崔老夫人悔婚后，还强行逼令莺莺以"妹妹"的名义给张生敬

酒与艺术

酒，而张生听说悔婚，又惊又怒，在忿懑失望的心情下被迫饮下莺莺递奉的这杯"苦酒"；就是这一敬酒的细节，深刻地表现出了这一封建社会爱情悲剧的时代内蕴。

《杨门女将》中，在杨宗保的五十寿诞的寿堂上，传来了他为国捐躯的噩耗，寿堂变灵堂，佘太君忍住悲痛，集合了全家四世子孙，以酒酹地，祭奠杨宗保。这一奠酒的细节，内涵极其丰富深刻，已经完全超越了对于杨宗保的悼念哀思；这杯酒宣告了杨家将的忠勇爱国，杨家将视死如归、义薄云天的壮志豪情。

还有《十五贯》和《捉放曹》，前者尤葫芦如果不喝醉酒，就不会被娄阿鼠杀死；后者吕伯奢要是不是殷勤过分，跑到前村去买酒，也就不会惹来杀身之祸。

《独占花魁》中，卖油郎终年辛苦积银二百两，至妓院求会当时的花魁，适逢花魁大醉，不省人事，卖油郎侍奉通宵。花魁酒醒，颇为感动，遂以身相许。这里的醉酒已经成为增进爱情和友谊的手段。

《白蛇传》中，许仙听信法海的故意怂恿，强劝白素贞在端午节饮下雄黄酒，致使白素贞酒醉现出蛇形，将许仙意外吓死，引发了《白蛇传》后半部一系列的激烈斗争和悲剧。

《盗银壶》和《九龙杯》中的壶和杯，要说都是珍贵的酒器，通过盗壶、盗杯及壶、杯的失而复得，引发了一系列曲折离奇的传奇故事。

《间樵闹府》中的范仲禹也是酒醉后被葛登云派人暗害的。

《红灯记》中，李玉和在被捕以前，喝下李奶奶递给他的一碗酒，随即唱了"临行喝妈一碗酒"的著名唱段，这一喝酒的细节，抒发了李玉和一家人为革命誓死不屈的豪情壮志。

《智取威虎山》中杨子荣与群匪喝酒的场面，事实上是杨子荣借喝酒显示自己的"土匪"身份，取信于座山雕的一种手段，又一语双关地表达自己消灭群匪的决心和信念。

《梅龙镇》中正德皇帝与李凤姐，一个饮酒，一个卖酒，充分表现这个"风流皇帝"借酒调情的种种丑态。饮酒过量，就会迷失本性，失去理智，有的甚至会胡言乱语、胡作非为，喝得太多就昏睡不醒，任凭别人随意摆布。所以用"灌醉"作为手段，把对方灌得昏迷不醒，然后达到自己的预期目的，就成为戏曲中常见的故事情节。

《乌盆记》（《奇冤报》）中，赵大用毒酒将刘世昌主仆害死，谋财害命。

《连环套》中，朱光祖将麻醉药悄悄投入窦尔敦的酒壶里，趁窦尔敦昏睡，盗去他的双钩。

《四进士》中，宋士杰趁两个差役酒醉之际，偷看他们为田伦送给顾读贿赂的书信，就此揭发了一桩两个官僚行贿受贿制造冤案的丑剧。

《望江亭》中，谭记儿用酒将杨衙内灌醉，乘机盗走圣旨和尚方宝剑，最后惩治了凶恶狡诈，仗势害人的杨衙内。

《刺王僚》中，专诸为姬光夺取王位而蓄谋行刺姬僚。

《贞娥刺虎》中，费贞娥假充公主将李虎灌醉，然后将其残忍刺死。

《审头刺汤》中，雪艳假意向汤勤献媚，用酒将其灌醉，然后刺杀了这个卖主求荣、阴谋陷害丈夫、霸占自己的可耻小人。

《青霜剑》中，豪绅方世一为了谋占申雪贞，与媒婆姚姐同谋，花钱买通大盗，诬陷申雪贞的丈夫董昌通匪，董昌竟被斩首。申雪贞假意允婚，在洞房中将方世一与姚姐灌醉后杀死，然后携带仇人的头颅到丈夫坟前哭祭，最后自刎。

《金针刺梁冀》（《渔家乐》）中，渔家女邬飞霞将东汉末年独霸朝政的大将军梁冀用酒灌醉，用金针直接刺死。刻画了一位有胆有识、智勇双全的渔家女形象。

还有一些戏，如《搜孤救孤》，为救赵氏孤儿，程婴舍子，公孙杵臼舍命，程婴在法场上用酒生祭公孙杵臼和自己的儿子，这一奠酒细节揭示出两位义士为救忠臣孤儿所做的大无畏的牺牲，也抒发了程婴内心的极度悲痛。《伐子都》描写了子都害死颖考叔后，受到良心谴责，造成了神经错乱，在金殿饮酒后，吐露真言，坦白了自己害人的罪行。《霸王别姬》中项羽被困垓下，简直就是四面楚歌。全军覆没的前夕，虞姬劝酒献舞，表达了项羽与虞姬在生离死别的不舍与悲痛。《摘缨会》中，小将唐狡在庆功宴上喝醉，借酒撒疯，竟然在风吹烛灭的瞬间拥抱楚庄王的爱妃，乘机调戏，爱妃拔掉他盔上的红缨，向楚庄王哭诉，请查出盔上无缨的狂徒，予以惩处。但楚庄王从大局出发，不予追究，命令所有的大臣都摘掉盔缨，然后再点燃蜡烛，这一做法凸显了楚庄王作为一代霸主的宽容大度。但与此相反，有些皇帝、君主却因为沉溺酒色，酗酒、醉酒，进而丧失理智、胡作非为，有的竟然在酒

酒与艺术

醉后杀戮那些功臣。如《打金砖》中的刘秀（汉光武帝）将开国元勋姚期、马武等尽行杀戮；《斩黄袍》中的宋太祖赵匡胤将曾经共患难、打天下的结义兄弟郑子明斩首。而更过分的是商朝最后一个君主纣王，凶残暴虐，滥杀无辜，营造酒池肉林，酗酒贪色，穷奢极欲，荒淫无道，最终导致亡国。描写武王伐纣题材的剧目很多，如《封神榜》（连台本戏）《进妲己》《反冀州》《朝歌恨》《囚羑里》《炮烙柱》《鹿台恨》《斩妲己》《摘星楼》等都是相类似的故事情节。在戏曲中，皇帝、亲王、豪门、贵族、大官僚、大恶霸，借酒醉作恶，杀人、霸产、劫财、奸淫，数不胜数。

【酒在戏曲中的作用】

酒对于人类社会生活的利弊有很鲜明的两个方面。酒对于社会既有利，也有害。有时是艺术灵感的催化剂，有时是增进爱情、友谊、勇气的兴奋剂或强化剂。但又往往助长罪恶，激发人类兽性本能和失控的情欲，终至酿成灾祸或无可弥补的悲剧。因此酒对于人类究竟是福水，还是祸水，一直充满着矛盾和斗争。但必须肯定地说，在戏曲中，酒虽然是不可或缺的构成因素，但它所起的作用，却大部分是反面的、破坏人类正常生活的健康情绪的效应。

矛盾、冲突和人物性格的撞击，是构成戏剧的关键因素。如果一出戏只有单纯的欢乐或平铺直叙地抒情说故事，没有曲折、坎坷的情节，没有灾祸，没有痛苦，没有斗争，没有仇恨，没有利害冲突，没有为了私欲而产生的阴谋陷害、欺侮强暴、狡诈虚伪，一般情况下，也就没有强烈的戏剧性，甚至也就没有戏剧了。而酒，经常是促发戏剧性、强化戏剧性的一种媒介和手段。因为饮酒的人及其行为在政治、军事、经济、文化、文学、艺术、伦理、道德，以及普通社会琐屑生活各个领域，都有所涉及，有所影响；而戏曲又是极其广泛地反映了人类社会各个领域的一种艺术形式，因此一方面说酒是构成戏剧情节的重要因素，另一方面酒（具体地说是"醉酒"）又往往是造成灾祸、悲剧、苦难、仇恨等"恶德"的重要因素，因此酒在戏曲中所起的作用，实际上更多的是对于生活的负面效应。

清代著名学者顾炎武曾经这样说："水为地险，酒为人险。"意思是说，水本来是对人有利的东西，但要是不兴水利就会泛滥成灾；而酒本身并无所谓利弊，社会上的"酒祸"都是由人造成的，也就是因为人的无节制地饮酒，以致醉酒、酗酒。人如果饮酒过量，就会迷失本性，轻者昏迷，任人摆布；情况严重者在酒精的麻醉和强烈刺激下撒疯发狂，纵欲乱性，胡作非为，以致给自己、家人和社会都带来难以言说的苦难。由此可见，"节饮"是避免酒祸最有效的手段和方法。但在戏曲中，却极少表现节酒的情节。从戏剧性的需要来看，也无须表现那些为了避免酒祸而设计的节酒的情节，由于那样只会削减戏剧冲突矛盾。所以一言以蔽之，戏曲中出现有关酒的内容，绝大多数都是因为"醉酒"而引发的具有强烈戏剧性的情节。比如皇帝因醉酒而杀戮功臣，甚至亡国丧身；薛刚因醉酒而最终酿成全家被杀的惨祸；一些罪恶之徒用灌醉对方达到害人的罪恶目的；很多不得已受害的弱者（多为女性）用酒灌醉害人的强徒，而达到自己复仇泄恨的目的；甚至还有借酒调情，借酒撒疯，借酒助胆（有人是增长勇气，兴奋情绪；有人是"酒助贼人胆"，行凶作恶）；当然还有酒后吐真言，暴露内心的秘密或隐私；或是酒后乱性，失足成恨；等等。当然，在戏曲舞台上，还出现很多因喜、寿，婚、丧、祭祀、庆功、饯别、结拜等形式而举行的宴会场面，都是以敬酒、畅饮作为主要的表现手段。这里面尽管没有什么曲折的戏剧性，但也说明酒是生活中，也可以说是戏中到处可见的"必需品"。

当然，也有部分与酒相关的富有诗情画意的抒情戏。

唐代杜牧有一首《清明》诗："清明时节雨纷纷，路上行人欲断魂。借问酒家何处有？牧童遥指杏花村。"传统戏曲中有一出《小放牛》，描写一位年轻的村姑，向一位牧童问路，京剧唱词是：

牧童（内白）啊哈！（牧童上）

牧童（数板）三月艳阳天，牧牛到村边，野花红又妍，山草青又鲜，黄莺在枝头叫，白鹅戏水间，今日风光好，山歌唱连天，唱连天。

（白）我牧童的便是。每日在山上牧牛，看今日天气晴和，不免将牛儿赶至山坡之上。看这些牛儿上山吃草去了，待我将山歌唱起来。

（唱）出的门来用眼瞧，

哪哈哪哈哪哈哪哈咦！

用眼瞧哇，

那边厢来了一个女娇娃，

头上戴着一枝花，

身上穿的是绫罗纱，

柳腰儿细一掐掐，

走起路来多利洒，

我心里想着她，

我口里念着她，这一场相思病害煞，

哪咦哟哪咦哟呀咳，

这一场相思病害煞。

村姑（内白）啊哈！

牧童（白）你瞧，喂！那边来的是瓜地村的小姑娘，不知她上哪儿去，有啦，我不免在这儿等她。

呔！小姑娘进前来呀！

村姑（内白）走哇！

（内唱）三月里来，（村姑上）

（村姑唱）桃花儿开，

杏花儿白，

月季花儿红，

有只见那芍药牡丹一齐开放哪哈咿呀嗨！

行走来在青草儿坡前，

见一个牧童，

头戴着草帽，身披着蓑衣，

手拿着横笛，

倒骑着牛背，

他口儿里吹的是莲花落哪哈咿呀嗨！

牧童哥！

你过来，

我问你,

我要买好酒上哪里去买哪哈哪哈咿呀嗨!

牧童(唱)牧童开言道,

姑娘你是听:

用手一指,

东指西指,

南指北指,

过了这高坡,

有几户人家,

杨柳树上挂着一个大招牌,

村姑你过来,

你要买好酒在杏花村哪哈咿呀嗨,

你要买好酒就在杏花村!

　　这出载歌载舞的用山歌曲调演出的抒情小戏,把杜牧诗中用文字表现得比较含蓄隽永的诗情画意,用绚丽的戏剧形象和优美的音乐、舞姿,在舞台上活灵活现地展示出来,这是戏剧对于诗词的丰富和具象化,也是二者绝美的结合。不过这类的戏毕竟是少数。

　　中国古往今来,就把人类罪恶的来源,归结为"酒、色、财、气"四个字。而酒则占据了第一位。其实贪财、好色、悭气(心胸狭隘、妒忌、斤斤计较等)都是本质性的情欲,深深陷入这些情欲,就会给生活带来灾祸、苦难,或在人格、道德、良心、法律等方面遭到谴责甚至引来灭顶之灾。但饮酒本身并不是同类性质的从人类本体萌发的情欲,只能说是需要适量控制的一种本能的生理需要,少量地喝一点酒,并不能算是罪恶,也不会造成什么灾难和悲剧。但为什么古人在总结罪恶根源时,却把酒放在了第一位?我想正是因为酒是一种使罪恶更加激化的兴奋剂,如果饮酒过量,一旦因沉醉而迷失理性,甚或因迷失理性而发狂,因此不计后果地胡作非为,则一切兽性、贪欲均将因理性失控而导致更加恣肆放纵,沉沦陷溺,终致走向毁灭的深渊。所以古人把酒放在了一切罪恶根源的首位。

古典戏曲中有以专门批判酒、色、财、气作为主题内容的剧目，最有名的是李逢时编演的《四大痴》传奇，实际是各自独立的四出戏。其中以酒的危害为主题的戏名《酒憨》；以色的危害为主题的戏名《扇坟》，写的是《蝴蝶梦》的故事，也就是京剧的《大劈板》，略谓庄子佯死，以试探其妻的贞操；以财的危害为主题的戏名《一文钱》，故事写的是一个名叫卢至的富豪，为富不仁，憧吝啬刻，简直可以说是无所不用其极，最后受到神佛的惩罚的故事；以气的危害为主题的戏名《黄巢下第》，写的是黄巢应举试，因为考官受贿而落榜，忿懑不平，聚众造反，最后兵败被杀，而受贿考官也渎职被诛的故事。

【戏曲中有关酒的表演形式】

（1）醉步

为了表现醉酒的各种神态形象，戏曲演员创造了许多生动逼真的表演程式。最常用的是形容酒醉时步履跟跄的"醉步"。醉步一般会分为男女两式。男式醉步的表演方法是：双臂微蜷，手松握拳，两腿稍蹲，大八字步。在最初的起步时，左脚向右脚前迈步，落地后，右脚向右前方上一步。左腿稍拖起，身体稍向右倾，这样顺势左脚向左前方迈半步仍成大八字步。随即右脚向左脚前方阔步，姿态完全同前。两脚交换不停前行。女式醉步的表演方法是：双手下垂，起步时，左脚向右脚右方斜跨一步，同时双臂向左侧斜摆动。这样顺势右脚向右方迈出一步，同时双臂从左侧稍向右摆动。然后左脚向前跟上一步，趁势右脚向左方迈出一步，同时双臂从右侧稍向左摆动，就势右脚向前跟上一步。就这样两脚不停跟跄行走。走醉步时，须两眼微睁无神，身上松弛，摆动显得自然。

（2）醉眼

表现醉酒神态最重要的当然是眼神，因为喝醉酒的人，首先是从眼睛上反映出来。酒醉者在舞台上的眼睛称为"醉眼"。"醉眼"的显著特征是半睁半闭，半明半昏，看人看物都是醉眼迷离，很少正面直视对方，要是注视，常是似见未见，视若无睹；而真正注视对方时，却又是眼珠乜斜，用斜视的余光悄悄打量对方。

戏曲舞台上描写醉鬼或有酗酒恶习的主人公，在化妆的相貌上，常在其原有脸谱底色（如黑色、灰色等）上再用红色略涂双颊；有的也会在鼻头上抹红色，象征

今朝放歌须纵酒——酒文化卷

"酒糟鼻子"。

（3）醉打

还有的演员在武打表演中，根据剧情增加一些"醉打"的成分。例如厉慧良在《艳阳楼》中饰演高登，最后一场与花逢春等开打，表现酒醉尚没有全醒，一面开打，一面时作呕吐状，脚步踉跄，挥舞兵器不快不稳，随着开打趋向激烈，才能够逐渐清醒，恢复常态。这种"醉打"的表演，也逐渐成为一种新创的程式，被人们一致认同。

有许多"醉打"（酒醉后进行战斗）的表演程式，除了《艳阳楼》以外，最常见的是十八罗汉中有一位醉罗汉，在《十八罗汉斗悟空》与《十八罗汉斗大鹏》中，二者都有这位醉罗汉与孙悟空或金翅大鹏的别开生面的开打。不管打得多么紧张、惊险、火爆，在开打中都不能失去"醉"的特色。那些醉打的戏，除去必须有的醉态，如醉眼迷离、醉步踉跄、身体摇晃、持物不稳等外，还往往细配有用世功、罗帽功、铺子功、嘘口功、水袖功、莺带功等特殊的高难技巧。这样就使醉打增强了技巧性、舞蹈性和优美化的审美成分。

在《闹天宫》中，孙悟空喝醉以后，不但要表现出醉态，还要表现出与人不同的猴子的醉态。

在《八仙过海》中，李铁拐不仅要表现出醉态，还要刻意表现出一个跛足人所特有的动作和舞姿。

（4）醉骑

戏曲中有很多醉汉骑马的表演。这种表演大都是一手执鞭，做扬鞭打马状，但走起来又都是进三步退两步，脚步踉跄地走着那些有特点的醉步。例如《太白醉写》等剧就是如此。如果认真推敲，这种表演是不合理的，因为演员的上半身着重是表现人的醉态，而下半身却表现人骑在马上，如果上下一致都是醉态，那样岂不是人醉马也醉了！当年盖叫天在演这类戏时，就把表演形式做了改动，他深入研究揣摩了生活中喝醉酒后骑在马上的真实情景，然后变化为上身前颠后仰，左摇右晃，脚下却步履如常的表演架势。这样就真实而艺术地产生了人醉马不醉的艺术效果。后来很多演员都相继采用了他的这种表演形式。

（5）醉态

在舞台上表现醉酒的形态，有许多不同的表现手法，有的是醉酒者的个人表演，有的则是采用其他人对于醉酒者的照料、扶持，或是对于醉酒者的感觉、反应，用以刻意营造醉酒后的氛围，或是启示、增强观众对于醉酒的那种直接的艺术感受。例如：皇帝、亲王酒醉后由太监、内侍搀扶上场，凡是有这样的情状，就说明角色是处于酒醉的状态了。后妃、公主由宫娥、侍女搀扶；豪绅、恶霸（如《武文华》的武文华、《艳阳楼》的高登）是由奴仆搀扶。而《群英会》中的周瑜和蒋干（其实都是佯醉），则由军卒搀扶着慢慢上场。由在场的群众角色做陪衬动作，以表现主要角色的酣醉。最典型的是《贵妃醉酒》，那些在场的全体宫女，分别扶在杨贵妃的两侧，随着杨贵妃的跪拜和东倒西歪，而互相依傍牵扯着分别向两面节奏鲜明地刻意做着倾侧斜倚的动作，其实这已经是一种配合醉酒的伴舞或群舞的形式了。

一般个人表现饮酒的基本程式是用右手端起酒杯，置于口部，然后用左手扬起水袖，遮住口部和酒杯，脖子一仰，这样就表示将酒饮尽，最后亮出杯底，并说一声："干！"用水袖掩住口部，是避免把张嘴露齿的不雅状暴露给现场的观众，这是戏曲审美原则在舞台上的具体体现。因为戏曲舞台的审美原则是：无论生活中是多么丑陋的形象，也必须予以美化，或是予以装饰化，都不能够把"丑"的东西直接呈露给观众。这一点很重要。例如战争、疯狂、伤残以及醉酒等，在生活中都不是美的方面，但在戏曲舞台上都必须按照美的要求重新设计，予以美化。既要使观众感觉到这些事物的真实写照，又不能受到这些事物的"丑恶"的直观刺激。美化醉酒、饮酒、酗酒的形象和神态是完美体现戏曲审美原则的重要组成部分。

（6）酒保角色

在戏曲中，酒保（酒店卖酒的伙计）是一种独具特色的小角色，大都由丑角扮演。面部化妆大都在鼻梁上涂抹一块明显的白粉。服装基本上是头戴蓝色尖毡帽（偶有白色尖毡帽），身穿蓝色茶衣，腰围白色短裙（腰包）。连上场念的台词，很多时候都是带有浓郁行业性的程式化的两句对子"客来千家醉，开坛十里香"。酒保抱住酒瓮，直接向酒碗中注酒时，嘴里发出"咚咚咚咚"的声音效果，象征着注酒的声音。再如《武松打虎》，当武松豪饮，用碗喝酒不能尽兴，抱起酒瓮狂饮的时候，酒保舍不得从瓮口溢出的美酒，就干脆蹲下身子，以手扶案，仰面张口，用嘴去接饮武松喝酒时从瓮口漏溢的余沥，而且咂嘴啧舌，做这样的动作以示过瘾。这一细节把武松豪饮、美酒味醇以及酒保卖酒平时却很难喝酒尽兴的市井性格，表现得淋漓尽致。这是戏曲所具有的独特的艺术夸张表现手法，是其他艺术形式（如话剧、影视等）所没有的。

（7）酒器道具

戏曲舞台上所用的传统酒器道具，有下面这几种：

酒盘，有两种。一为铜质镀白翻边的酒盘，基本上供剧中贵族角色所用。一为木制漆红、方形立沿的酒盘，一般是剧中平民角色所用。

酒壶，亦分为旋术提把（贴锡）和高脚端把（贴金）两种样式，二者分别为剧中平民角色和贵族角色所用。

酒斗，纸胎刷漆，长方形，左右各一方耳与口齐平，贴金矮龙。通常是剧中贵族人物所用。

酒皿，一色贴锡，图形带座。为剧中平民所用的普通酒具。

酒坛，竹条编织成小口大肚的坛形，外塑纸浆，漆成黑青釉色，大部分都会有酒字，剧中表示盛酒的酒瓮。

酒 与 音 乐

纵观中国几千年的音乐史，可以看出：音乐与酒结下了不解之缘。

【西周至春秋战国歌曲】

西周至春秋时期，歌曲主要分风、雅、颂三类。其中风是民歌，雅是贵族和士大夫根据民歌改编创作的歌曲，颂是祭祀乐歌。风、雅歌曲在宫廷及士大夫宴乐时进行演唱，一般以瑟或琴伴奏，故有"弦歌"之称。颂亦用瑟伴奏，但也有加琴甚至搏拊的。现存歌词305首，即据传孔子所编的《诗经》一书。这305首歌曲中，有很多与酒有关，例如有12首风、雅歌曲经常被士大夫用于"乡饮酒礼"，它们分别是《鹿鸣》《四壮》《皇皇者华》《鱼丽》《南有嘉鱼》《南山有台》《关雎》《葛覃》《卷耳》《鹊巢》《采蘩》《采苹》，以上综合被称为《风雅十二诗谱》。这套诗乐用律吕谱记写，那还是宋乾道（1165—1173年）年间的进士赵彦肃所传唐开元（713—741年）年间一般仪式常用的歌曲。

《风雅十二诗谱》中，一部分歌直接描写了酒，例如《鹿鸣》的第二段和第三段：

呦呦鹿鸣，食野之蒿。我有嘉宾，德音孔昭。视民不恌。君子是则是效。我有旨酒，嘉宾式燕以敖。

呦呦鹿鸣，食野之芩。我有嘉宾，鼓瑟鼓琴。鼓瑟鼓琴，和乐且湛。我有旨酒，以燕乐嘉宾之心。

再如《鱼丽》：

鱼丽于言，鱼尝鲨。君子有酒，旨且多。

鱼丽于言，纺维。君子有酒，多且旨。

鱼丽于言，鱼匡鲤。君子有酒，旨且有。

物其多矣，维其嘉矣。

物其旨矣，维其借矣。

物其有矣，维其时矣。

三如《南有嘉鱼》：

南有品金，是然革革。意子有理，品真式是以乐。

南有嘉鱼，羔，然汕汕。君子有酒，嘉宾式燕以衍。

南有缪木，甘瓠累之。君子有酒，嘉宾式燕绥之。

翩翩者辙，羔然来思。君子有酒，嘉宾式萍、又思。

战国时期，酒在音乐中也有反映。例如楚辞《九歌》之一《东皇太一》中的：

瑶席兮玉瑱，主持把兮琼芳。蕙肴蒸兮兰藉，奠桂酒兮椒浆。扬桴兮拊鼓，疏缓节兮安歌，陈竽瑟兮浩倡……

《九歌》原本是古代乐歌，《离骚》《天问》都曾提到它。传说它是夏启从天上偷来的。屈原在这部民间祭神的乐歌的基础上，进而创作了用于朝廷大规模祭典的同名祭歌。《东皇太一》就是其中的一篇。它多次重复，曲调相对简单。

屈原的《招魂》一诗，其中也有一些关于酒的诗句，如"华酌既陈，有琼浆些"，"美人既醉，朱颜酡些"，"娱酒不废，沈日夜些"。作为典型的歌词，《招魂》段落分明，转折多变，华彩缤纷，感情真挚，与它相配合的，应该属于一套艺术性相当高而且很不寻常的曲调。其曲式，据杨荫浏先生分析："前有总起，中间有明显的曲调变化，后有总结。"（《中国古代音乐史稿》）

【汉乐府】

说到汉代的音乐，不能不谈及乐府。乐府，原本是汉代音乐机构的名称。创立于西汉武帝时期，其主要的职能是掌管宫廷所用的音乐，兼采民间歌谣与乐曲，并设置了几十位文学家专门根据民间曲调填写歌词。等到了魏晋以后，将汉代乐府所搜集所创作所演唱的诗歌统称为"乐府"。"乐府者，声依永，律和声也"。（刘勰《文心雕龙》）汉乐府有很多是"感于哀乐，缘事而发"的民歌，在内容上集中反映了当时广阔的社会生活，在艺术上具有刚健清新的特色。其曲名，有些就与酒有关，就像《将进酒》和《置酒》。《将进酒》是乐府鼓吹曲（铙歌的名称）的一部，歌词主要是写宴饮赋诗之事，后用于激励士气，宴享功臣。《置酒》是相和歌大曲的一支曲子。等到了五六世纪以前，民间音乐在北方统称为相和歌。《宋书》卷二《乐志》载有《大曲》十五曲的歌词，其中就已经包括《置酒》。乐府也与之有关。如宋编《乐府诗集》100卷，分为12类，其二也就是"燕射歌词"，用于飨宴。至于直接描写酒的乐府，也有很多。

早在三国时期，著名政治家、军事家、文学家曹操的诗全部是乐府歌词。他"登高必赋，及造新诗，被之管弦，皆成乐章"。其《短歌行》开头两节就和酒有关："对酒当歌，人生几何？譬如朝露，去日苦多。慨当以慷，忧思难忘，何以解

酒
与
艺
术

忧，唯有杜康。"魏末晋初，阮籍创作了一首非常有名的古琴曲，名曰《酒狂》。南北朝民歌中，写酒的也有很多，例如清商乐《读曲歌》。当时，民间音乐不管在北方还是南方都统称为清商乐。《读曲歌》属吴声歌曲（产生于吴地的歌曲的总称，含许多曲调）。"读曲"亦作"独曲"，也就是徒歌，歌唱时不用乐器伴奏。歌中就已经有这样的词句："思难忍，络脑语酒壶，倒写依顿尽。"

【唐宋诗歌乐曲】

隋唐时期，为歌唱写作的诗人更多了。李白、元稹、王维、白居易、李贺、李商隐、李益等诗人的不少诗，都曾被人们传唱，其中很多与酒有关。

杨柳枝乃乐曲名。有白居易诗可以佐证："六幺水调家家现，白雪梅花处处吹，古歌旧曲君休听，听取新翻杨柳枝。"

又如王维的"渭城朝雨浥轻尘，客舍青青柳色新。劝君更尽一杯酒，西出阳关无故人"在唐代曾广为传唱。此曲原本只是一首琴歌，因琴歌将王维的诗重复了三次，故取名为《阳关三叠》。这首琴歌在民间流传过程中，渐渐脱离歌词成为一首古琴独奏曲。

唐贞观、开元年间，流传一首《凉州曲》："汉家宫里柳如丝，丰觅桃花连碧池。圣寿已传千岁酒，天子更贯百僚诗。"

《乐苑》曰："凉州，宫调曲。"《乐府杂乐》这样记载："梁州曲，本在正宫调中，有大遍小遍。"

敦煌乐谱中的《倾杯乐》，则是唐代流传的一支好听的琵琶曲。

宋代的歌曲，主要是词。作为歌词的宋词，"以协音为先。音者何？谱是也"。（宋张炎《词源》）宋词的词牌，其实也就是乐曲，与酒有关者甚多，例如：《醉太平（醉思凡）》《酒蓬莱》《醉中真（浣溪沙）》《频载酒》《醉厌厌（南歌子）》《醉梦迷（采桑子）》《醉花春（渴金门，又名不怕醉、东风吹酒面）》《醉泉子》《倾杯乐》《醉桃源（阮郎归）》《醉偎香（朝中措）》《醉梅花（鹧鸪天）》《题醉袖（踏莎行）》《醉琼浆（定风波）》《醉江月（念奴娇）》《貂裘换酒（贺新郎）》。

宋词中，直接或者间接反映或描写酒的作品不少。例如苏轼《念奴娇》的"人生如梦，一樽还酹江月"，《水调歌头》的"明月几时有，把酒问青天"；李清

今朝放歌须纵酒——酒文化卷

照《凤凰台上忆吹箫》的"新来瘦，非干病酒，不是悲秋"。此外，姜夔《石湖仙》《淡黄柳》《角招》《越九歌》《惜红衣》《翠楼吟》《玉梅令》都唱到了酒。

在南宋，音乐往往还被用作推销酒的手段。"赌军酒库"在每年清明节和中秋节前后都要利用乐队、妓女和女孩子，或执乐器，或装扮故事中的角色，有的列成队伍，在街头游行，为推销新酒进行宣传。从酒库出发，到官厅表演了杂剧，演奏了音乐，然后再回到酒库。

【元代散曲】

元代的歌曲也就是元散曲，曲牌甚多，其名称与酒有关者，据不完全统计有：《醉花阴》《倾杯序》《醉太平》《醉扶归》《醉中天》《醉乡春》《醉春风》《醉高歌》《醉旗儿》《沉醉东风》《沽美酒》《梅花酒》《醉娘子》（又名《真个醉》）《醉也摩草》《醉雁儿》，等等。元代的戏曲杂剧与南戏，皆有乐谱传世，其名称与酒有关系的，杂剧有《醉中天》《梅花酒》《酒旗儿》《沉醉东风》《醉春风》《沽美酒》《醉娘子》《醉扶归》《醉花阴》《醉中天》《醉太平》；南戏有《醉娘子》《醉罗歌》《沉醉东风》《醉翁子》《醉太平》《醉扶归》《醉中归》《劝劝酒》《（北）沽美酒带太平令》《醉侥侥》。

不管杂剧或南戏，还是散曲，以酒入词进行歌唱的现象屡见不鲜。例如白朴的杂剧《御沟红叶》的女主人公宫女韩妇人所唱的一段煞尾就是："稳坐定自象满斟着碧玉园。拥跤绢将红叶儿怀中搂。你与我递一盏新婚庆喜的酒。"以及张可久的小令《朝天子·湖上》："瘿杯，玉醅，梦冷芦花被。凤清月白总相宜，乐在其中矣。寿过颜回，饱似伯夷，闲如越范蠡。问谁、是非？且向西湖醉。"

【明清音乐】

明代和清代的音乐，其中最有代表性的是民歌与小曲。据不完全统计，明、清两代出现的民歌、小曲的歌词集和曲谱集就有《四季五更驻云飞》《新编寡妇烈女诗曲》《玉谷调簧》《词林一枝》《桂枝儿》《山歌》《新锲雅俗同观桂枝儿》《新锲千家诗吴歌》《粤风》《时尚雅调万花小曲》《霓裳续谱》《借云馆小唱》《白雪遗音》等。这些集子里都收录了一些与酒有关的民间歌曲。有的歌名中就有酒，例如

《桂枝儿》中的《骂杜康》《家家扶得》和《酒风》;《白雪遗音》中的《这杯酒》《酒》《上阳美酒》《醉归》《未曾斟酒》等。其中有的内容中唱到了酒,例如吴畹卿传谱的《山门六喜》里唱的就是鲁智深醉打山门的故事。

明、清的戏曲音乐,与酒有关的也很多,例如传奇《郎嘟梦》有一出名字就叫《三醉》;明、清杂剧至今存有乐谱者,只有四个全折,其中有一折就是《吟风阁》一剧的《罢宴》。昆曲《小宴》、京剧《武松打虎》等,酒都是角色歌唱的主要内容。

明、清的宫廷音乐,宴乐占有重要位置。比如其中的清代的宴乐就有《中和韶乐》《清乐》《庆隆舞》《筋吹》《番部合奏》《高丽国徘》《瓦尔喀部乐舞》《回部乐》《卤簿乐》《丹隆乐》等。其中,《筋吹》《番部合奏》《高丽国徘》《瓦尔喀部乐舞》《回部乐》这些都是少数民族音乐。宴飨在"三大节"即元旦、"万寿"和冬至才会举行,何时演奏哪一种音乐,随着礼仪的进行而有严格的规定:"皇帝出入奏《中和乐》,臣工行礼奏《丹隆乐》,惰食奏《清乐》,巡酒奏《庆隆乐舞》。"(《律吕正义后编》卷四十五)

公侯、缙绅等富贵人家,举行宴会时往往也以音乐伴酒,"或三四人,或多人唱大套北曲。乐器用筝、基、琵琶、三弦子、拍板。之后就变而用南唱。歌者只用一小板,或以扇子代之,间有用鼓板者"。(明·顾启元《客座曲话》)到了民国时期,民歌浩如烟海,与酒有关的数不胜数。其中以酒为名的就有很多,例如当时流行于陕甘宁一带的即有《八仙饮酒》《九杯酒》《十杯酒》等。光《十杯酒》,就有当时分别流行于石泉、安塞、新宁、淳耀、陕北等地的名同实异的一些歌曲。

民间器乐曲也有很多与酒有关,如广东音乐《三醉》《醉翁捞月》《玉楼人醉》《吴宫醉舞》《醉桃源》《醉花阴》等。

在戏曲中,以酒或醉为唱段内容的还是很多,像京剧《贵妃醉酒》、河北梆子《太白醉写》,酒都是主人公感慨系之、放声高歌的理由与内容。另外,不少曲牌也与酒有关,例如传至民国的川剧笛子曲谱,就有《沾美酒》《劝劝酒》《民生酒》《双奠酒》,以及专门在饮酒设宴时应用的《双花月》《到春来》《大河》等。

【现、当代音乐】

事实上在 1932 年,中国历史上第一部清唱剧就诞生了。这就是韦瀚章作词、黄自作曲的《长恨歌》。它一共包括十个乐章，在第三乐章，音乐特别强调了"只爱美人醇酒，不爱江山"一句，着实给人留下了深刻的印象。

民国时期创作歌曲的主要内容与酒有关的也有不少，例如唐纳作词、聂耳作曲的故事影片《逃亡》的插曲《塞外村女》，第一段就出现了酒：

> 采了蘑菇把磨推，头昏眼花身又累。有钱人家团团坐，羊羔美酒笑颜开。

还有就像李叔同根据美国 J. P. 奥立韦的曲子填词的《送别》，酒为其第一段内容增添了无穷的惜别之意：

> 长亭外，古道边，芳草碧连天，晓风拂柳笛声残，夕阳山外山。
> 天之涯，地之角，知交半零落，一觚浊酒尽余欢，今宵别梦寒。

中华人民共和国成立之后，音乐中有酒的歌曲更是层出不穷。例如山西民歌《诉苦翻身》，强烈控诉了地主的罪恶：

> 地主吃的酒和面，占的是大楼院，粮食堆得高如山，现洋花不完。

还有乔羽作词、刘炽作曲的电影《上甘岭》插曲《我的祖国》，其第三段为：

> 好山好水好地方，条条大路都宽广，朋友来了有好酒，若是那豺狼来了迎接它的有猎枪。

粉碎"四人帮"后，韩伟作词、施光南作曲的《祝酒歌》曾经在全国上下广为传唱。

一些歌剧也经常唱到酒，例如《刘三姐》中刘三姐与三秀才对歌时，就唱出了这样的有关酒的歌声：

酒与艺术

241

你娘养你这样乖，拿个空桶给我猜，送你回家去装酒，几时那个想喝几时筛。

至于新中国成立后在戏曲、曲艺音乐方面，与酒有关的唱段就更多了，不再赘述。

中国幅员辽阔，各地区的音乐，特别是民歌，与酒有关者皆有不少，例如：湖南的《大采茶》（九月采茶是重阳，大姐造酒二姐尝），广东的《一把红筷》（摆上酒席请哪个？不请客人请媒人），四川的《盼红军》（七月里谷米黄金金，造好了米酒等红军），安徽的《扑蝶舞》（五月里是端阳，金壶打酒大家尝），山西的《珍珠倒卷帘》（三杯药酒露真身，吓死许仙一命亡），湖北的《越想越伤心》（二想做媒的鬼东西，只顾堂前把酒吃），河北的《十八扯》（赵匡胤吃酒醺醺醉，樊梨花吐酒闹得欢），甘肃（陇东）的《信天游》（鸡蛋壳壳点灯半炕明，烧酒盅盅淘米也不嫌你穷），江苏的《孟姜女》（九月九来是重阳，家家饮酒菊花香），陕西的《花鼓子》（打下大鱼长街卖，打下小鱼换酒喝，我们众位来喝几盅），等等。

中国是个多民族国家，各民族与酒有关的民歌，就更多了，例如蒙古族的《酒歌》，乌孜别克族的《一杯酒》，裕固族的《喝一口家乡的青稞酒》，藏族的《敬上一杯青稞酒》，维吾尔族的《金花与紫罗兰》（我最爱那葡萄酒，更爱你的歌声比酒甜），壮族的《对歌》（唱歌莫给歌声断，喝酒莫给酒壶干），土家族的《长工歌》（好酒好肉老板吃，皮和骨头待长工），等等。

【音乐与酒的关系】

综观中国数千年的浪漫音乐史，可以发现，音乐和酒大致有着这样的关系：

（1）酒为低吟高唱的来由

例如曹操的《短歌行》，其"对酒当歌，人生几何"的歌声，通过酒抒发了时光流逝功业未成的深沉感慨。还有韩伟作词、施光南作曲的《祝酒歌》，其"美酒飘香歌声飞，朋友请你干一杯，胜利的十月永难忘，杯中洒满幸福泪"的优美歌声，通过酒抒发了人民得解放的兴奋心情。

（2）以音乐写饮酒之人的精神状态，恰好抒发饮酒之人的思想感情

例如古琴曲《酒狂》。这个故事讲的就是魏之末年，司马氏专权，士大夫言行

稍有不慎，往往就招致杀身之祸。阮籍放纵于饮酒，一方面成功地避免了司马氏的猜忌，一方面也使司马氏胁迫、利用他的企图以失败告终。《酒狂》比较形象地反映了他似乎颓废时愤懑的情感。又如古琴曲《醉渔唱晚》，其中描摹了一位以打鱼为生的隐者放声高歌、自得其乐、豪放不羁的醉态，抒发了作者忘情于山水，纵情于美酒的那种特有的思想感情。

（3）以酒为歌唱的重要内容

例如明代民歌《骂杜康》《酒风》，清代民歌《这杯酒》《上阳美酒》，民国时期的民歌《八仙饮酒》《十杯酒》，中华人民共和国成立之后的《赞酒歌》《丰收美酒献给毛主席》。又如，器乐曲广东音乐《三醉》和琵琶曲《倾杯乐》。另外，实际上不少词牌、曲牌之名称，或含有酒，或与酒有关。它们最初都是一首词或一支曲子的名称，其词或曲子经过广为传唱之后，时人纷纷模仿，于是逐渐成为一种固定的音乐格式，当然也就包括唱词的格律，其名称也就成为该曲牌或词牌的名称，例如《倾杯乐》。还有这么一种特殊的情况，一个词牌或曲牌，例如《念奴娇》，因为某人所填之词或曲影响很大，并且与酒有关，例如苏东坡的《念奴娇·赤壁怀古》问世之后，广为传唱，其主旨，又全在末句"人生如梦，一樽还酹江月"中体现，于是，当时的人就以《酹江月》作为《念奴娇》的别称。

（4）音乐与酒皆是古代"礼"的重要内容之所在

《礼记·乐记》说："礼节民心，乐和民声，礼义立，则贵贱等矣；乐文同，则上下和矣。"国君宴请臣惊宾客，在古代也是一种特殊的礼仪（燕礼），在这种场合，自然要奏乐，例如周代的《小雅·鹿鸣》、清代的《清乐》，等等。礼乐互用，酒乐相配，在明君臣之礼的同时，激发群臣宾客的忠贞。不过在民间，酒宴差不多没有什么礼仪作用，因而音乐与酒的关系，只是伴酒助兴而已。

（5）以音乐推销酒

南宋"赌军酒库"用音乐、杂剧推销新酒的那些情况，就是一个最好的例证。现今的酒类电视广告，大多配以相匹配的音乐。

音乐与酒，都是人类情感的结晶。几千年来，在整个中华大地，美酒飘香歌绕梁。芬芳的美酒，美妙的旋律，从男人心中烧出火来，从女人眼中带出泪来，丰富着人民的生活，成为中华灿烂的民族文化的一个关键的组成部分。

酒 与 影 视

【概述】

生活中有酒，艺术反映生活也会涉及酒，同时也丰富和推动了酒文化。影视作为大众传媒代表性最强、当代性最突出的传播载体，对酒的描绘十分普及并愈加精彩，影视中的酒文化也就更具有生活化和典型化。

【酒与电影】

从中国影片诞生的 1905 年起，酒就很快出现在银幕上，并显现出几个鲜明发展阶段。

第一阶段，从 1905 年到民族电影辉煌的 20 世纪三四十年代，是中国电影的起步时期。开始为戏曲纪录片，中间经家庭默片到社会电影，我国的电影创作便以其独特的思想内涵与民族特色，成为世界电影的重要脉系。酒在这一时期，先是作为生活"伴侣"最早出现在餐桌上，后又介入人的日常社会交往中，酒文化也就从血缘亲情、接风壮行等社会常态里，形成艺术趣味，给当时年轻的中国影片增加了或温馨、或欣喜、或幽默、或愁苦、或悲愤等有滋有味的色彩。迄今还完整保存在中国电影资料馆里的最早影片《劳工之爱情》，是这样表现酒的：

一位年轻木匠想娶老中医的女儿为妻，老中医不同意，并拒见木匠。小伙子就动脑筋巧设机关布下"陷阱"，让酒馆里的酒徒在酒后神志不清时被摔得腿伤腰疼，纷纷去老中医处看病。中医一下子生意兴隆，大赚其钱。木匠和其女儿也多次接近，最终喜结良缘。酒在影片中，既是酒徒的"身份证"，又是木匠借此捉弄酒徒向老中医献殷勤以便实现自己娶其女儿这一目的的"通行证"。酒在这里是艺术的，同时又是生活的。

第二阶段，为中国电影的急速攀升期，酒在影片里"扮演"着有分量的"角色"。这主要指 20 世纪三四十年代的党领导的"左"翼电影运动为主潮的中国电影，当时从《大路》到《万家灯火》、从《渔光曲》到《一江春水向东流》，等等，都始终紧扣时代脉搏、关注社会问题。酒在这些具体的影片里，不单纯是生活细节，而是有着十分明确的人生内涵。杜甫诗中的名句"朱门酒肉臭，路有冻死骨"，在我国电影攀升期得到了进一步的再现。因为更加真实感人，从而深刻揭示了腐朽社会制度对人们灵魂的锈损。最具代表性的例子是《一江春水向东流》。

《一江春水向东流》这部影片的主人公张忠良在国统区由热血青年蜕变成人民唾弃的败类，从一位善良有情义的丈夫扭曲为寡廉鲜耻的小丑，"花天酒地"的"酒"在他身上形成了堕落的效果。先是喝闷酒，然后喝花酒，最后在灯红酒绿里迷失自身，认不清人生道路，最后跌入他原先憎恶的剥削阶级，被温柔的妻子、正直的母亲所唾弃。酒在这部电影里真实地反映了当时"大后方"的实际，折射出国统区反动政治极为腐败的一个侧面。围绕着酒而出现的各种社会活动，甚至是划拳行令、高脚杯暧昧地一碰，都明显地显示出腐败的社会风气和丑恶的人物性格。酒在这里差不多是昏然糜烂的影子、醉生梦死的注脚。

从更广阔的生活场景去看，影片中的酒更多的是为了营造人生氛围，说明心境，观照命运。当码头工人、洋车夫在小酒馆和家中饭桌上喝酒时，几乎都是在揭示某种情绪。如《八千里路云和月》里的高礼彬与江玲玉，在抗战胜利后最终喜结良缘，举杯祝酒，一为秦晋之好，二为欢庆胜利。高高举起的满杯酒，体现了美，象征着崇尚的正义。俗话说，酒是民情人心，酒文化里有爱憎，当然也有精气神儿。一壶酒可能是一腔苦水，一杯酒也可能是一首赞歌，在中国电影的攀升期，酒和酒文化就是这么鲜明地存在着、表现着。

第三阶段，这段时期是中国电影的发展期，歌颂英雄，酒只是点缀。1949年10月，新中国成立，电影作为党的舆论宣传重要工具和艺术的前沿阵地，受到当时政府的高度重视。广大电影工作者对社会主义革命和建设的空前热情与积极参与，使影片出现了数量和质量的飞跃。从新中国第一部故事片《桥》到《白毛女》《董存瑞》，再到新中国成立十周年前后的《祝福》《红旗谱》《青春之歌》《老兵新传》《女篮五号》《烈火中永生》《冰山上的来客》和《李双双》《锦上添花》等一批又一批优秀影片的相继问世，鲜明的主题，生动的艺术表现，使中国电影成为亿万观众的人生教科书和美育的重要途径。同时意识形态作用也显得日益明显，使酒之类的生活小节，更显微不足道。酒文化在上述影片中是处在无奈之下被合理削弱的地位，只是生活细节或情趣的点缀，但在揭露旧中国特殊时期的黑暗和人物行为的不良时，酒也有画龙点睛之功。以上这些完全可归纳为：

极具家庭气氛和亲朋情谊。在生活片和喜剧片里，这一取向非常突出，如《锦上添花》的喜酒、《老兵新传》的丰收酒等。

揭露阴谋抨击丑行。如《祝福》里鲁四老爷家的年饭酒，不仅深刻地显示出封建传统秩序，还产生出一种压抑、一种窒息，加速了祥林嫂的悲剧。就像《红色娘子军》里南霸天的设宴摆酒席，描绘的是大地主与反动军队的沆瀣一气。有些影片里的酒，反映的是社会风气的不正、人生的懈怠荒疏、婚姻的苦恼纠结和生活道路的坎坷不畅。酒在这里提供了一种发泄、一种机遇、一种表态。人借酒，艺术也借酒，使影片的语汇既有对色彩环境的巧妙捕捉，又有彰显某些蕴含的张力。

突出人物个性和烘托关键时刻的人生抉择。《上甘岭》里的张连长，一到战斗激烈时就找通讯员要水壶，不管是喝水还是喝酒，这一动作蕴含的人物个性是具有豪爽之气的。《烈火中永生》里的许云峰，在徐鹏飞事先设下的阴谋酒中，拒绝举杯，表现了其尖锐的观察与从容坚定，抒写出英雄人物的机智和果敢。很多军事片、工业片、农村片、反特片中，常有壮行酒或誓言酒，抛开某些艺术的雷同和浅薄不谈，这些酒无疑都烘托出一种浓烈的氛围，或一种重要选择。酒在其间，不是形式而是要做的一种艰难而且重要的人生和命运的判断。诚然，坏人也饮义气酒、决心酒，但其中的镜头语汇是批判的。英雄酒显示的当然是豪气和壮心，而跳梁小丑喝酒，表现的是灭亡的挣扎和回光返照般的最后一番张狂。

中国电影的第四阶段，是新时期以来几代电影人艰苦努力所形成的五彩缤纷和硕果累累的时期。酒在这一时期的电影里，向多元与多样化逐渐变化，并由影片的细节拓展为电影题材。随着改革开放的不断深入，以经济建设为中心的深入发展，电影的市场化使影片出现了艺术探索片、商业娱乐片和重大题材片等多种分类，对酒的描绘日渐增多。并且从家庭到酒吧、从小餐馆到大酒店、从亲朋相聚到饮酒逐步改善人际关系、从吃喝的生理快感到复杂心理的流露。总之，这一时期电影的酒文化，实际上是从表象走向底里，从局部走向全面。若具体、简要分析，有这样几种鲜明的表现：首先，酒在电影中频频出现，成为各种人进行交往的必然中介，差不多每部影片都有酒、每个人物都饮酒。其次，酒在电影中多元而立体，饭桌有酒、广告有酒、商务活动有酒、政治较量有酒、喜怒哀乐更是有酒。白天喝，晚上喝，坐在车里喝，睡梦中也在喝。夫妻间、情侣间、老少间、上下间、仇敌间等，都能碰杯。再次，酒成为艺术探索片和商业娱乐片的重要语汇，不但和情节扭结在一起，而且更深入地开掘了中国文化。

那些娱乐片中的酒，比较典型的例子是《少林寺》，其关键情节是众武僧的师父，在徒弟们偷吃狗肉并饮酒时所说的那句话：酒肉穿肠过，佛祖心中留。此情此景，似乎有违佛训，但却透出一种又朴素又灵悟的思辩。这就足以说明和尚对社会与人心的关注。加上影片对这一情节有铺垫有后续，突出的是佛门对正义的积极支持、对受苦受难者的那种大慈大悲。况且历史上有少林寺十三棍僧救唐王的古老传说，这些又与佛的宗旨相一致。而娱乐片最关键的是在动作激烈、情节奇诡之外，绝对显现出对英雄的赞美、对善良的讴歌、对邪恶的抨击、对人生的关怀。所以娱乐片对酒的既注重生活又不违背常理的诠释，使观众有感受又有思考，同时又鲜明地表现出一种大众的幽默和智慧。

艺术探索片中的酒，以《红高粱》这部电影为典型代表。《红高粱》改编于小说，它不但全片都和酒有关系，而且从民俗民风上，把酒与生活环境、人物性格、民族情怀紧密地联系在一起。甚至酒与人互为表里，形成一种淳朴、浓烈、能潇洒、能燃烧的精神。这部影片中的"我爷爷"从颠花轿到在高粱地娶了"我奶奶"，再由撒尿酿酒到火烧日本鬼子，那浸润着浪漫、象征的酒是中国人的胆，又是人之灵性的渲染，使面对不平和侵略的那些朴实的中国农民，不再是一群浑浑噩噩的百姓，而是顶天立地的汉子。酒在这里实际是人的一种表现、一种意识、一种生态的自然体现。

新时期以来中国电影中的酒，实在是数不胜数，但概括起来酒作为人的生活方式，实际上不是生活化的就是人生化的。前者完全侧重于体验，后者强调体味。越是讲究内涵的电影，越不在形式上表现喝酒。这样的电影中的酒，才能更加有文化色彩、文化品位。

【酒与电视剧】

中国的电视剧最早诞生于 1958 年，当时以直播演出的方式，向北京和有转播条件的地区进行放送。早期的电视剧，实际是今天电视剧的雏形。其显著的特点为基本以扩大场景和切换镜头的办法，使舞台剧更加适合电视播出。这一阶段的代表作品是表现忆苦思甜的《一口菜饼》和儿童剧《一百分不算满分》。

中国电视剧的繁荣发展，并成为人们文化生活的重要支柱和社会精神活动的重要内容，是在党召开了十一届三中全会之后，随着改革开放的不断深化而迅速鼎盛起来的，电视观众占全国总人口半数以上。"五个一工程"和"飞天奖"、"金鹰奖"的大力推动，使精品佳作每年都掀起数次收视热。而电视剧与酒就在这与日俱增的"热"中，好像悄然无声却又绚丽多彩地结合在一起。尽管酒在数量极大的电视剧中未居十分显赫的位置，但也并非被电视剧弃置一旁。好像酒文化早就找到了自己的定位：与普通人的日常生活伴生，与市场经济日新月异一起进步。它既是社会表现、人物命运的某种渲染，又是传统文化和当代生活的某些纽带。特别要注意的是电视剧中的酒，形象地描画出社会风气的烙印。这时候喝酒的用具，已从小瓷盅到玲珑剔透的高脚杯，从大粗碗到易拉罐；当时饮酒的环境，更从小餐馆到大酒楼，从歌舞厅到夜总会，从街头排档到 KTV 包间。酒的种类档次也是越来越高。显露的不光是喝，而是显露地位和排场。不论是都市的走向豪华，还是乡村的城市化趋势，酒已在生活中多次多元出现，而且强劲地进入各个行业，显示了它的重要作用和深远影响。

要是说电影中的酒，还是从一个情节上或体现或折射社会风情的话，电视剧已是普遍并多层次地表现酒在生活中的不可或缺。有一部电视片叫《留村察看》，下基层的县长在接风酒宴上，看到了村乡干部各种名目的喝酒，他和观众都从这一细节上领悟了蔓延在干部中间的吃吃喝喝已是触目惊心的存在。而且还伴有"感情深一口闷、感情浅舔一舔"的那句劝酒词。但这些场景在电视剧尤其是长篇电视连续剧里，就不仅仅是情节、是片段，而是全面并在多集出现。例如主要表现人际关系的有《酒友》；表现名酒历史的有《茅台酒的传说》；表现风俗习惯的有《醉乡》；表现人文趣事的有《华世奎醉写劝业场》；表现当代人生的有《大酒店》《公关小姐》；等等。这还仅仅是从部分剧名百中择一简要介绍而已，要是从几千集中缕析酒和酒文化，恐怕一时难以综述。这也足以说明电视剧里的酒，已远远超过"灯红酒绿"，有"星罗银凤泻琼浆"、"置酒迎风"的超前趋势了。

　　进行概括归纳中国电视剧中的酒，除了部部有酒集集饮之外，娱乐性强的电视剧里的酒文化主要还是场景性、情节性的，就像《水浒》中武松醉打蒋门神、《济公》里癫和尚让他的葫芦吸酒以戏弄财主和差役等，都明显地突出了酒的情景作用。至于武打类、刑侦类、追逐类电视剧，酒常常是戏与戏之间的串联和推向高潮的途径。但是这都属于浅表的酒文化形式，缺少深厚和韵味，若从社会内涵和品位上考察，电视剧的酒文化如《茅台酒的传说》和《华世奎醉写劝业场》较鲜明地展示了这一蕴含。茅台酒是享誉中外的名酒，以名酒强化电视剧的艺术感染力，本身就是一个好的"取材点"，电视剧生动再现了民国初年酒师郑义成父女与土豪李万福之间的生死较量，更突出了好酒出传奇的视角。其题材主要有三层意义，外层为阶级矛盾，土豪要霸占名酒与酒场，这是以财势谋酒；中层为真假茅台之争，假酒其实就是谋私者向百姓巧取豪夺；内层是人品、人生、人心的冲突，酒好实质是人好，没有人心的真诚投入，也就没有名酒的问世和名酒的传播。《茅台酒的传说》生动而且形象地描绘了酒的历史是人的历史，酒的文化是人的文化，酒的酿造是人命运的真实写照。《华世奎醉写劝业场》针对天津著名企业牌匾的传说，把喝酒与书法表现为一种彼此补充相互依存的关系，然后进入书法艺术与人品的至美之境和忘我之境，实际上这是以醉酒的形式反映文化境界。醉而写出好字，是为书法而痴心，全身心地投入使艺术更趋完美。同时这两部电视剧还以地方特色，衬托出酒的传说汇入了当时的风土人情和人文精神。

　　以写实刻画酒是社会人心的典型表现形式。电视剧《醉乡》是以酒抒写湘西土家族浓郁的民俗民风，并把酒香与青山绿水和人的憨厚善良很好地交织在一起，置酒和山、水、人于同样的地位、同样的美。可酒又使陈旧的意识受到挑战，使改革的思考得以尽情倾诉。酒让人更加清醒，看似违反常规，实际是这酒对那酒的超越。酒已经冲破了内心的迷惘、生活的制约、计划模式的束缚和传统秩序的牢牢束缚。醉乡在酒的芳香四溢中升华了，人们把企盼善变的心态，转化成参与变革的实践，酒是强力催化剂和助推力。这一对酒的袒露社会人心的描绘，真实反映了现今的改革步伐和时代发展。酒不但反映了生活，还使这部电视剧富有醇美的魅力。

　　酒的一个重要功效是使人获得出奇的快感，同时借酒能浇愁、能解乏、能贺喜、能遮丑、能壮胆，酒也就因此令人或更接近自我本性，或更远离现实的自己。

当然，人与人之间的关系也会越发坦诚和越发复杂。总的来说，酒能淋漓尽致地表现人们的种种心态，能流露出形形色色的人际关系。例如《酒友》这部电视剧，以喝酒贯穿整个故事，开始是以酒打赌，随之借酒筹款，其后养鸡专业户老毕看到了乡长老冯的万般辛苦，老冯也明白老毕发家后的想法。于是酒越喝越多，心越来越贴近。在接近喜剧的氛围里，以酒结友，当然也有因酒反目成仇的。但无论酒诱发什么样的恩恩怨怨，相识与别离，酒文化对人们之间的网络作用是毋庸置疑的，而电视剧比电影更注重生活境况的体现，更真实贴近家庭，所以酒产生的影响也非常明显。

酒文化的环境作用是超强的，运用得好，对推动情节、刻画人物心理、创造环境氛围有很大的作用，同时它还透析出相当鲜明的时代气息。例如电视剧《大酒店》，以开放城市的一座大酒店为故事的背景依托，描写三位旅游学校毕业生丁大伟、周天宇和金婉在工作与生活中的不同表现，事业上的各自追求、爱情上的欢欣和苦涩、酒店里的改革等，使三个人的命运有了完全不同的发展。全剧围绕东方大酒店这一典型环境，并以对酒店的管理，使人物处在微妙又清晰的纠葛中。在有理想有能力的年轻一代为创办一流酒店的进程里，我们已经看到了爱国主义精神、高尚的情操和执著的人生。

当然，也有很多影视作品单纯为着铺排豪华场面而大摆宴席，或为了所谓的"上档次"、"拍出效果"而把镜头对着那些大宾馆、大酒楼、大舞厅，荧屏上满是高低酒杯，游离了剧情、苍白了人物。结果造成情节拖沓、环境失真、性格浮泛，电视剧越发的平庸和媚俗，糟蹋了电视剧艺术，引起了观众的失望。

中国电视剧中的酒文化，其主流依旧是健康和充满生气并富有韵味的，对酒的刻画也逐步深入。《宰相刘罗锅》中多次写酒，就像老年乾隆在宫中宴请千余老臣，既显示了他的帝王气派，又从君臣对饮里凸显了刘墉的刚直与和珅的拍马。然而六王爷的喝酒，实际是一种伴君修身养性之道，借酒很好地保护自己，防止奸佞的伤害和帝王的猜忌。有一场戏是刘墉被赶出朝门回家，妻子知道丈夫为了直谏而遭诬陷，摆酒进行安慰。这是一桌温馨的酒席，刘墉大醉，妻子小醉。妻子朝丈夫叫"醉猫"，丈夫面对妻子"酒逢知己千杯少"。这样夫人支持丈夫，丈夫钟爱夫人，虽无言，心意却都在酒中、在醉里。可见电视剧中的酒文化，应以准确表现人与生活为原则。总之，应把酒放在适当的位置上，写出酒可能是生活的闪光，也可能是人生的梦魇。所以电视剧必须也只能为了人、为了艺术去展示酒文化，倘让酒淹没了艺术，那就会损伤电视剧，也在一定程度上扭曲了酒文化。

酒 与 杂 技

【概述】

中国杂技艺术至今仍然保留着历史最悠久的传统节目，其中有些就与酒和酒器有着密切的关系，完全可以说散发着酒文化的醇香美韵。

中国杂技艺术以它无与伦比的精湛技艺，绚丽多彩的传统节目，独特鲜明的民族风格，博得了国内外广大观众的赞赏和喜爱。人们从这项已经传承数千载、历万劫而不衰的形体表演艺术中，清晰地看到了中华民族勤劳、勇战、智慧、乐观和不断追求超越自身与客观束缚的积极向上的民族性格。中国的酒文化真的是源远流长，中国的杂技艺术从形成起，即浸润其中。从杂技最辉煌的汉代，至 20 世纪东方人体文化最古老的、堪称"活化石"的杂技艺术的悄然复兴、灿烂乃至走向世界，部分优秀杂技节目，都闪射着酒文化的流光溢彩，可谓艺术史上的逸闻趣事。

【原始杂技与酒器的结合】

杂技艺术作为一种古老的原始艺术形式，与舞蹈一样，它产生的文化机制是多方面的。劳动技能的艺术化，当然就是杂技产生的重要源泉之一。中国传统杂技中，有不少节目就是直接来源于劳动或生产、生活用具的耍弄，例如有很多不同形状的酒器、酒具，被历代民间艺人，以其高超的技艺和智慧成功地运用到人们喜闻乐见的经典表演节目中。"耍酒坛"这个节目就极其古老，一直流传到现在。中国自古有用陶制"瓦钟"酿酒和保存谷物的传统，美酒酿成或谷物丰收之后，先民们情不自禁地将这些当时生活中陶制的坛子、盆等抛在空中，再以手承接，进而头顶肩传，形成一种相对的高难技巧，变为"耍坛子"的杂技艺术节目。

明、清时期，绍兴黄酒驰名全国，而盛酒的瓷坛也同时彩绘各种龙凤花纹，成为极有欣赏价值的工艺品，逐渐就成为一些杂技节目的艺术道具。

《清稗类钞》中记载了一位当时清代"耍酒坛的杂技艺人，那高超的技艺，前代未有，那五彩金龙瓷酒坛在艺人手里像活了似的"。这段笔记叙事也极生动，不止描绘艺人精湛神妙的技艺，而且写出他安详、准确、镇静自如的风度，绝对不失为一篇绘情绘景的杂技艺评：

"光绪庚子春正月，京师杂耍馆有王某献技，运酒坛如气球，其名为坛子王。家居麻线胡同，身伟露顶，衣短衣。以一大绍兴酒坛厚寸许者置台上，刮磨光润，画以金龙五色云。以铁器扣其四周，声琅琅然，盖恐人疑其非陶器也。手提而弄之，中铮铮作响，盖置铜铁等丝于内。始则两手互掷互承，如辘轳转于两臂两肩及两手；继则或作骑马势，而掷坛出膀上，摩背跃过顶，承以额，硅然有声。人咸虑其脑袋，而彼恬然也。坛立于额，不以手扶，屡点其首，则坛盘旋转于额，或正立，或倒立，或竖转，或横转。坛中铜铁丝声，与坛额相击撞，铮铮硅硅，应弦合节。俄以首努力一点，则坛上击屋梁，听其下坠于地，地为震动，而坛不少损，则又取弄如前。复上出，仍承之以额，而或承坛口之边，或承坛底之边，如刀下砍其首，而不知痛。手叉腰，坛敬附于额，绕场行数十周，且拇且踞，且稽首且起立，且下卧且辗转反侧，而坛如有所系，虽作摇摇欲坠状，而仍不坠也。复努之上及屋，或承以一指，或衔以口，如是者数次往复，则坐而少休，气不喘色不变也。乃复运之以一臂，绕臂转如风轮，见坛不见臂也。继复运以两臂，左右齐转，则有如两坛分绕两臂者，而不击撞，亦仍一坛也。次运以指亦如之。次则且运且劈之，闻空中作裂瓦破颐声，视坛忽若左右分成两半者，忽若上下分作两截者，忽张手撞坛腹而擎之，若坛有柄者，忽握坛口而起，若坛有胶者，诚不可测也。又径以坛置于顶，而袖其两手，如束缚状，以头努坛起，承以肩，左右努之，则左右跳掷。次承以腰以反，左右努之，则左右跳掷。次承以膝，亦如之。次承以足背，左右踢之。次承以大指，亦左右踢之，复上出之，而次第下之，继乃上下飞腾，四面盘辟，不辨其是肩是背是腰是膝是足，第见满身皆坛，满台皆坛。始则犹见一人袖手转侧于坛阵中，继则观者满眼，不复见人，观者靡不咄咄称奇。方迷乱间，其人忽献然仆地仰卧，坛自屋梁下击其鼻，举座大惊，而坛且兀立鼻尖，复努立而起，忽倒竖以两足捧坛而立，以两手覆地，绕场而行，两足复分，顶其左右坛，承掷如手弄。良久，忽作虎跳，横转如车轮，而坛随之，忽翻筋斗，起落如蚱虫草跃，而坛亦随之，复两足踢坛上击屋空中，坛与人俱如败叶转，坛复着地，而兀立其上，向众拇云：'坛子王献丑。'"

就这样轻重并举，通灵入化、软硬功夫的相辅相成，是中国杂技的重要艺术特点，而表现最典型的节目就是"蹬技"。蹬技一般是女演员表演，演员躺在特制的台上，以双足来蹬。至于蹬何物体，可以说包罗万象，但更多的是绍兴酒坛和酒缸。宋代的"踢弄"杂技中，就有"踢酒缸"的节目。明代的蹬技形式多种多样，风俗画中有双足蹬酒缸，双手敲钱，边唱边蹬，两边二人，一持流星，一舞大刀的典型形象。明《宪宗行乐图》中，也画有三组蹬技，十分精彩。"蹬技"既可蹬酒坛、酒缸甚至桌子、木柱、梯子、木板和喧腾带响的锣鼓等重物，甚至重到百十斤的大活人；也能够蹬轻物，如绢制的花伞等。被蹬物体，飞速旋转，腾跃自如，从光滑的瓷制彩缸，到笨重的八仙桌子，都能够蹬得飞旋如轮，只见影子不见物形。过去蹬技以重为胜，后来逐渐发展到轻重并举，轻薄如纸的花伞、彩毯，演员亦能蹬得飘逸非凡。"蹬伞"不止要有蹬技硬功夫，还要掌握空气的浮力、阻力，才能完成优雅而抒情的表演。其中的很多技艺都是以软硬功夫并重的基本功为基础的。

清人椅联《明斋小识》中就鲜明地描绘了一位民间女艺人蹬酒瓮的精彩表演："……遂仰卧于地，伸足弄瓮，旋转如丸。少焉左足掷瓮，高约二丈，将坠，以右足接之；右足掷，左足接之。更置一瓮，两足运两瓮，往来替换，若梭之投，若球之滚，若鸟之飞翔，忽倚忽侧，而不离于足。"

《清稗类钞》中还记有李赛儿的表演，这个女演员不光是各项技艺皆精，而且服饰多彩，注意道具与服装的美术设计，从中也不难看出清代杂技演出的风貌：

李赛儿"擅跑马踏绳之戏，尤善用九连环。盖以熟钢制环似钏，其数九。尝掷一环于空际，约三四丈，复掷一环，迎而拼之，其声铿然，两环相套如连环式，连掷连拼，九环连络，诚绝技也"。又记李赛儿的另一种蹬技特技表演："赛儿始登场，红袄青裤，乌缓束眉际及腰，持小花瓷缸通身环绕；复叠桌五层，高齐木末，盘旋而上，仰卧其间，以两足承大瓮，重数十斤，舞弄久之。去其瓮，易小木梯，直竖足底，使小三儿束发金冠，绿缎小袄，披四合云肩，大红绣裤，摄蹬云履，直立梯上，翻身梯空，忽大叫一声，自空卜坠，旁立大汉，徐以两手擎小三儿两掌，作竖蜻蜓状。"

这段蹬技巧妙惊险，而且将梯子巧妙地结合进去，今天看也是绝活。

《抖空竹》中的抖酒葫芦，也是令观众惊奇叫绝的经典杂技表演项目。

《抖空竹》是中国传统杂技中，以简单小巧，信手可得的物件，进而练出高超技艺的代表节目。它原是一项十分有趣的民间游戏，在中国北方，每逢年节，人们，尤其是孩子们，都格外喜欢抖空竹，并能耍出许多花样。

清代，抖空竹早已就发展成受人欢迎的杂技节目。杂技艺人们在原有花样的基础上又创作出许多新的花样和高难技巧。表演时与优美的舞姿和动听的伴奏音乐融成一体，更提高了人们的审美情趣。在发展过程中，艺人们不只是表演抖车轮式的双头空竹，又设计出陀螺式的单头空竹，而且还可以把茶壶盖、小花瓶等器物作为抖弄的道具进行现场表演。而最使人称奇的是，民国初年在天津又出现了一位以酒葫芦为道具的民间草根艺人田双亮。本来天津是最早发明制作空竹之地，"刘海"牌、"寿星"牌的空竹一时享誉国内外。

当时享誉国内外的表演抖空竹的名家也多出在天津，但创演抖酒葫芦的田双亮却是一名来津撂地卖艺的东北江湖流浪艺人。田双亮幼年即以表演抖空竹流浪卖艺，后跟随外国马戏团几乎跑遍了欧洲，民国初年回国后第一个码头就是选在天津。开始在"三不管"撂地卖艺，他不仅有高超的表演技巧，而且在道具方面也有独特之处。他曾把抖茶壶盖改成大几倍的明光锃亮的铜盖（这个大铜盖与他根发不生的秃头在灯光照耀下形成双亮，他也就由此而得名"双亮勺"），表演时既可抛接又能就地抛出滚回，此一动作名为"点手唤罗成"，就是这一招为他引来了一点小祸。他在天津"三不管"撂地表演已经小有名气，有人认为他在明地上卖艺有点屈才，就把他直接介绍到有名的杂耍园子"燕乐升平"。老板看他衣不惊人，貌不压众，又是个秃头，对他有些歧视，但碍于介绍人的面子也只好答应他试演几场。田双亮尽管闯荡过欧洲的许多国家，但都是在马戏大棚和明地上表演，初登杂耍舞台心里确实有些紧张。但是在表演就地抛出大盖时，台上的脚灯被砸碎了，勉强地演下来，刚一跨进后台，老板正在等着他，两句话没说完就把他辞退了。

田双亮在杂耍园子栽了这一个跟头之后，整日愁眉不展，在酒馆喝闷酒。偶然发现盛五加皮酒的酒葫芦（也叫酒嘟噜，一种陶制酒器）颈细肚大，就像一个单头空竹。他想：我要能把它当作道具练出来，一方面能争口气，同时也为了能够更加丰富表演内容。于是他向酒馆要了几个空酒葫芦，每天清晨跑到郊外河滩沙地上练抖酒葫芦。真是功夫不负苦心人，终于把这一新项目练出了"手串"、"腰串"、"骗马"、"抛高"等许多高难技巧，而最叫人称奇的是他的最后一招绝活，把酒葫芦高高抛起之后再以手中空竹竿准确无误地插入葫芦口内。

【古彩戏法中的酒趣】

平中求奇，以出神入化的巧妙手法，从无到有，显示人类的创造力量，这是中国杂技重要的艺术特色之一。它最鲜明地表现在传统节目《古彩戏法》中。戏法古称幻术，汉唐即盛。中国戏法与西洋魔术最大的不同就在于西洋魔术讲究运用声光道具，台面上金碧辉煌；中国戏法演员却只要一件长袍，一条长单，看上去平凡朴实，毫无华彩，然而这一身长袍却要变出千奇百怪的各种东西，从十八件大小酒席的菜肴到活鱼、活鸟，演员一个筋斗能献出烈火燃烧得熊熊灼人的铜盆，再一个筋斗瞬间就能取出硕大无比、有鱼有水的鱼缸。中国古彩戏法门类甚多，灵巧精湛的演技甚为神异，令人举世称绝。"仙人栽豆"、"吉庆有鱼"、"连环"等项目在国际魔术界也被公认为杰作。平中求奇的艺术特点格外惊人，中国戏法表面道具甚少，一切都卡在身上，所以对四肢百体的功夫要求甚严。从变幻莫测的艺术中，表现人类的高超智慧，对美好生活的无限向往。从无到有，创造出丰富的物质和精神财富，正是千百年来人们共同的美好理想。那些民间故事，神话里的宝袋、宝盆、魔棒之类，是与戏法表演的思想一脉相承的。前者依靠的完全是奇幻的想象，后者依靠的是巧妙的构思与苦功而已。无中生有，平中求奇，也正好应验了东方哲学阐释的宇宙至理。

三国时代曹操父子统一北方后，较好地保存了汉代杂技百戏。胸怀一统天下大志的曹操，特别注意网罗人才。对于那些属于方士之流的人物，他悸于黄巾张角起义的历史教训，也竭力搜罗于自己身边，担心这些人利用幻术奇技行邪作蛊倡乱，或为敌所用，故而他一闻有异术者即必招来，庐江的左慈，甘陵的甘始，阳城的那俭等著名方士全都被其笼络身边；谯郡人华佗托言妻子有病不来，竟遭杀身之祸，可见曹操实行此政策的决心之大。这客观上给幻术的交流发展提高创造了条件。当

酒
与
艺
术

然，技艺高超的古代幻术家，也利用自己的戏法幻术戏耍曹操，并借机逃脱他的樊篱。被世间传为仙人的左慈就是一位。《后汉书·左慈传》所载他的种种幻术表演，说明当时已发展到极高水平。《三国演义》中"左慈掷杯戏曹操"描写的场景十分生动。此事发生在建安二十一年（公元 216 年）。在曹操的宴会上，他连续表演了三套戏法："令取大花盆放筵前，以水口翼之。顷刻发出牡丹一株，并放双花。""教把钓竿来，于堂下鱼池中钓之，顷刻钓出数十尾大铲鱼，放在殿上。""慈掷杯于空中，化成一白鸠，绕殿而飞"，引得众人仰首观看，他则乘机遁去。实际上这三套戏法即变花、变鱼、变鸟也是现代中国魔术的绝活，左慈以"神仙法术"之障眼法戏耍权倾朝野的曹操，给杂技艺术留下了宝贵的史料。

现代古彩戏法的表演更达到了空前的高超水平，已故杂技艺术大师杨小亭 1959年把传统戏法的"四亮"发掘出来，很快传遍全国上下。他一身长袍，四周毫无凭借，只见他彩单往肩上一披，就变出两个玻璃鸭池，一手一个。就这样在彩单轻易地一披一撇中，相继变出"垛子葫芦"（六个摞在一起的装着金鱼的鱼缸）、"七星子"（七个散放在菜盘中的酒杯）、火盆、"撮菠"（直径超过一尺，垫着瓷盆的玻璃海碗）。再看他脱去长袍，拍拍腿，跺跺脚，披着彩单一个骨碌站立起来，这时手里又托着一个玻璃水碗。这些光滑透亮的玻璃酒器、鱼缸、海碗等，摞起来足有一人多高，而且还有一个熊熊燃烧的火盆。鱼缸中的水有两桶之多，他是怎样携带在身上的呢？这种登峰造极的超人技艺，被国内外观众叹为观止。

1966 年以前，杨小亭常演的一个与酒文化关系密切的传统节目《罗圈当当》，真是趣味无穷。

《罗圈当当》主要讲述的是嗜酒者不惜典当衣服买酒的趣事。可能因为此节目"思想性"不高，在公开场合已基本不怎么演出。杨小亭带两个罗圈。表演现场，临时向观众借一件衣服，往罗圈里一罩，衣服没有了，反而变成一张"当票"，然后再一罩，"当票"没有了，变成一海碗醇香四溢的美酒。他当场让人品尝，竟有茅台酒那种特殊的香味，人们品尝后，大加称赞。

以酒具和酒为内容的各种戏法，还有《空壶打酒》。这是一个民间戏法，是艺人们经常表演的一个十分有趣的小幻术。最早，表演者只是手拿一只农村常见的陶制酒壶，后来一般改用敞口的酒壶和一只小酒杯。先把壶口朝下，无滴酒流出，随后就用一根竹筷从壶口插到壶底，取出后竹筷仍是干的，这是为了证明壶是空的。当把壶口反转向上后拿过酒杯，却能从壶中斟出满杯美酒。当表演者故弄玄虚地向着酒壶吹了那么一口气，再把酒壶朝下倒转过来，却滴酒不见。再次把壶正过来吹口气，一斟美酒又继续不断流出。最后，当把杯中的酒倒回酒壶时，却见壶中的酒满满的都能够溢出壶口。表演者又向着酒壶吹了口气，却见满壶美酒骤然消失，使观者无不拍掌叫绝。

通常被戏法艺人称之为《富贵仙酒》的幻术，较之上述的《空壶取酒》更为奥妙。用一只直式高颈锡制酒壶，其表演过程与《空壶取酒》基本相同，唯一不同的是酒不是从壶嘴向外倒，酒的注入和倒出，皆从壶口出入。忽来忽去，变化莫测，手法玄妙更让人捉摸不透。

《米酒三变》是更为有趣的一套常用戏法。小桌上放置两只瓷碗，两手各取一只，碗口向着观者展示确实是两只空碗。左手把一只空碗仰放桌上，然后把放在桌上玻璃杯中的米倾倒半杯入碗中，再将另一覆盖的空碗口对口地合上后，以手向空中做一抓米手势，顿时揭开扣在上面的碗看时，原来的半碗米却变成冒尖向外不停洒落着的满满一碗米了。当再用手中空碗向装满米的碗横着一刮，将冒出碗口的米刮平后，两只碗合在一起旋即揭开，奇迹就这样出现了，碗中已是空空如也，却变出来满满当当一碗美酒。

【现代杂技的"世纪之星"】

随着中国对外文化交流不断广泛而且更加频繁，杂技艺术走向世界，为中华民族争得了极大的荣誉。曾经在国际比赛中获得最高金奖的节目《柔术滚杯》，就是以酒具作为道具的。这个节目是以中国杂技特有的腰腿柔功为主，当然其中又作了种种独具匠心的设计。在这个节目中，先后共用了108只玻璃酒杯作表演道具，在那优美绝妙的各种造型中，使观众得到极大的美的视觉享受。在这个使国内外观众为之倾倒的节目里，极为明显地体现了酒文化与现代杂技艺术的完美结合。

1991年1月，在法国举行的第十届巴黎"明日"及第五届"未来"国际马戏杂技比赛大会上，中国安庆杂技团19岁的杂技演员许梅花表演的《柔术滚杯》，赢得了来自世界各国的评委们一致的称赞，他们认为这个节目其中所运用的高超的技巧、典雅的意境和《春江花月夜》的乐曲以及富有民族特色的服装，都无疑是完美地表现了中国艺术独特的神韵，令人既惊叹于演员优雅娴静的仪态，举重若轻的表演，刚柔相济的技艺，又获得了一种真正的艺术视觉享受。

一束柔和、明洁的光穿透幽暗的空间，照射在一座好像悬空的"水晶塔"上，这由5层玻璃酒杯垒成的塔身，随着灯光的渐亮，展现在观众面前的却是一个典型的东方少女。原来那"水晶宝塔"就托在一个亭亭玉立的少女的手中，她从容娴静地站在一张花篮式圆台上。表演开始，她在柔术造型中不断增加水晶塔数，直到最后双手、双足、额、嘴同时托举起6座宝塔，这些由108只玻璃酒杯垒起的"水晶塔"，其总重量达60斤，她做着种种婀娜多姿，轻柔优美而难度极大的造型，就此博得了观众经久不息的掌声，终于获得了第十四届巴黎"明日"马戏杂技节最高奖——法兰西共和国总统奖，为祖国争得了荣誉。

《柔术滚杯》这个浸润着酒文化的传统杂技节目，是经过杂技界几辈艺人不断超越自我，不断创新才达到目前这种高超的水平的。这个为祖国争得荣誉的光荣节目和许梅花这样敢于刻苦追求的青年演员，在1995年又赢得了新的荣光。在当年中国文联选拔跨世纪艺术人才的"世纪工程"中，许梅花也因此被选为杂技界的首批"世纪之星"。中华传统酒文化也随着这108只酒杯闪射出奇光异彩。

酒与中华武术

【概述】

武术是中华民族独特的人体文化，长期以来被视为国粹。因此，在20世纪30年代曾被直呼为"国术"。时至今日在部分华人中，仍名之曰"国术"。数千年来，随着社会经济文化的发展，武术也在不断地发展变化，逐渐成为我们民族最独特的人体文化的瑰宝。

自卫本能的升华和攻防技术的长期积累，是武术产生的自然基础。世界上各个民族都产生过自己的武术，但是像中国武术这样传承千载而又丰富多彩的，纵观全球，无出其右者。武术不只是格斗技术、健身体育，更影响到民族文化的各个方面，诸如医药保健、戏剧文学、方术宗教等。酒，作为人类文明的产物，同样也能够深入到民族生活的方方面面，与武术也有着密切的联系。

【中华武术的定义与特性】

武术，其实并不单纯指人们在争斗中简单的击打或自卫动作，挥拳舞棒，有武而无术。中华武术是经过千百年文化陶冶的一种特有的人体文化，它是以中国传统哲理和理论为思想基础，以传统兵学和医学为科学基础，以内外兼修、术道并重为其显著特点的一项内容极为丰富的运动。它的流派众多，拳法多姿，但基本表现形式有两种：徒手和器械的攻防动作。寓攻防于表演中形成武术独特的美学，就像人们所说：技击是武术的"灵魂"。

其实武术的灵魂本质还是"气"。"气聚而生，气散而死"。武术实际上讲究的是"内练一口气，外练筋骨皮"。气势的获得才是武术的最高追求，这一点与酒所给人的胆气、豪气是基本相同的。

任何一个拳派都是兼有功法训练、套路演练和格斗方法这三种形式。历史上武术曾经是防身卫国，晋身入仕，修身练性的人生修养的重要内容之一。也就是所谓"习文备武，君子之业也"。作为一项体育运动，武术自然具有一般体育项目的共性：以身体运动为特征，以增强体质为价值。但中华武术又有区别于其他的运动项目的独特之处，主要表现在以下几方面：

功法、套路、技击技术三位一体。功法也叫作内功，是套路演练和技击技术的基础。"练拳不练功，到老一场空"。这句武林俗谚，已经非常生动地说明内功在武术中的地位。技击意识是各派拳法共通的属性，每个动作，就算是简单的起势或收势，都含有制敌自卫的招法。太极拳看似柔缓无力，实际招招式式都有制伏人的诀窍。正是这种独特的技击意识，使武术与舞蹈、杂技等以表演为特征的套路演练相比，就具有一种自身独特的欣赏价值和美学特征。不仅如此，功法的严格要求，又使武术和其他运动项目有着独到的养生修身价值，使武术运动员的运动年龄能够长于一切运动项目。

在中华武术界有一句俗谚，那就是"拳起于《易》，理成于医"。这说明了中华武术与中国传统文化的密不可分的联系，不管是太极、阴阳、五行、八卦等哲学观念，还是儒家的经世思想和伦理观念，无论是医家的辨证思想，甚至是兵家的审时度势的变化之道，都对中华武术有着深远的影响。

武术与舞蹈、戏曲、杂技等同样有着非常紧密的联系。"武舞"，早在周代就是重要庆典仪式的主要内容，而各种舞蹈中更把武术视为极其重要的基础功夫，中国戏曲文武并重，杂技中的"飞叉"、"拉弓"、"舞关刀"、"大武术"、"小武术"等节目，其实也都直接来源于武术。

中华武术是中国民俗文化中的一个重要组成部分。中国一直都是一个多民族国家，各个民族都有各自的拳法套路，同时在民间的或宗教的节日庆典传统活动中，都离不开武术。由于以上特点，形成了中华武术与大众体育活动完全不同的文化品格，从而具有独特的美学追求，强调悟性，强调灵感，强调入魔般如痴如醉的真情投入，也正是在这一点上与酒有着密切的联系。

【中华武术与酒的结合】

人们常说自古诗人皆好酒，其实自古武人也同样好酒，上古的夏育、孟贲、传说中黄帝的大将力牧，以及春秋时代薛炽、养由基等都是好酒的武士。就连那西楚霸王项羽和刘邦的大将樊哙的海量，也是尽人皆知的。武人好酒，是因酒能够充分表现出他们的豪爽气概和尚武精神，借酒寄托他们的情怀。实际上，更重要的是酒还成为他们创造超绝武功的"灵浆"。清代著名的傅家拳的创始人傅青主就是在醉中造拳的。傅青杰，名山，字青主，别号侨黄。生于 1607 年，卒于 1684 年。山西阳曲人。他是明末清初有名的思想家、诗人、学者、画家和爱国志士，同时他还擅长武功。据《石膏山志》载：清顺治四年（1647 年）春，他与子傅眉到天空寺与寺内住持道成法师演示打坐和五禽戏，并传授给当地名士吴成光，接着又传授给寺内和尚。就在康熙二十一年（1682 年）父子隐居期间，被何世基请至义塾讲学传武，遗留"傅拳"。其拳式动作名称与太极拳极为相似，又别于太极拳。1985 年在武术挖掘整理中，由蔡承烈献出《傅拳谱》手抄本。1988 年正式出版了《傅山拳法》一书，就此丰富了我国武术宝库。

傅山留下的拳法，现在已经成为一个流派。而他的武功更是和他的绘画结合在一起。据传：他每每作画时总在酒酣之后，独处一室，舞练一番，这才乘兴作画。

傅青主在醉中舞拳，进入一种物我两忘、神与物游的境界，然后又将这种人体文化的感悟，形诸笔墨，因而他的画具有一种山雨欲来的肃杀之气和灵动飞扬的韵味，而他的拳法又具有了一种独特的醉态。酒、画和武术，在他身上融为一体，形成一种特殊的风格。傅青主在醉中造拳，以醉态入武术，在现代和古代武术中，都有先例可见，"醉八仙"和"醉拳"、"醉剑"就是极重要的武术套路。

【醉拳、醉剑——酒与武术的具体结合】

"醉拳"是现代表演性武术的重要拳种之一，又称"醉酒拳"、"醉八仙拳"，其拳术招式和步态如醉者形姿，因此得名。考其醉意醉形曾借鉴于古代之"醉舞"（见《今壁事类》卷十二）。其醉打技法则吸收了其他各种拳法的攻打捷要，以柔中有刚，声东击西，顿挫多变为特色。作为成熟的套路传承，大概是在明清时代。张孔昭《拳经拳法备要》即载《醉八仙歌》。醉拳由于模拟醉者形态，把地趟拳中的滚翻技法融于拳法和腿法。直到现在其流行地区极广，四川、陕西、山东、河北、北京、上海和江淮一带都在民间流传。

作为一个独特的富于表演性的拳种，以其不同的风格特色一般可以分三大类：一类重形，多以模拟滑稽可笑的醉态为主；另一类重技，在"醉"中发展攻击性技巧，也就是三指象杯的动作，亦藏扼喉取睛的杀招；第三类是技、形并重，既有醉态的酷肖，又有技法的凌厉。不管哪一类，都要掌握形醉意不醉，步醉心不醉。正所谓是醉中有拳，拳法似醉，拳法的核心在于一个"醉"字，以醉取势，以醉惑人，以醉进招。其手法有刁、拿、采、扣、劈、点、搂、插等，以刁、点、搂、扣为主；腿法有蹬、弹、勾、挂、缠、踹、撩、踢等，以勾、挂、缠、踢为主；步法有提、落、进、撒、碎击、碾、盖等，以跟跄步（醉步）为主；眼法有视、瞧、藐、瞟；身法有挨、撞、挤、靠等。这四种身法当然要浑成有力；跌法分伴跌、硬跌、化险跌三类；练法要求神传意发，心动形随，步碎身活，形神达到合一。要练到周身"无一处惧打，亦无一处不入"，真的实现挨上就着力，出手就制敌；用法讲究手疾眼快，形醉意清，随机就势，避实就虚，闪摆进身，跌撞接连发招。

关于醉拳，有一个这样的歌诀："颠倾吞吐浮不倒，跟跄跌撞翻滚巧。滚进为高滚出妙，随势跌扑人难逃。"这个歌诀对醉拳的特点进行了准确而形象的概括。

醉拳中的关键在一个"醉"字，而这种"醉"仅是一种醉态而非真醉，在攻防中，踉踉跄跄，好像醉得站都站不稳，然而在跌撞翻滚之中，随势进招，使人防不胜防。这就是醉拳的绝佳之处。正因为醉拳在形态动作中一副醉态，因此就把地趟拳法一些技巧很自然地融合进来，以跌扑滚翻动作的运用较多，基本动作有扑虎、栽碑、扑地蹦、金绞剪、盘腿跌、乌龙绞柱、鹞子翻身、鲤鱼打挺、剪腿跌、拔浪子、折腰提、跌叉、甩毛、磕子、小翻、单提等。

醉拳套路基本有多种："醉八仙"，以模拟吕洞宾、铁拐李、张果老、韩湘子、汉钟离、曹国舅、何仙姑和蓝采和八仙道家神化的形姿和武艺为特色，其中的动作名称多以这些人物动作特点创作或者改编。如"吕洞宾剑斩黄龙"、"韩湘子横笛"、"张果老倒骑驴"等。"太白醉酒"的套路则是大多是以模拟唐代诗人李白的形姿为主；"武松醉酒"、"燕青醉酒"、"鲁智深醉打山门"等套路，则以《水浒传》英雄命名，自然就更显示了醉拳深厚的内涵，使其完全不同于一般武术拳种。

"武松醉酒"一套，它是来源于《水浒传》中两段描写武松的文字，一是"景阳冈武松打虎"，一是"快活林武松醉打将门神"。前者武松是真醉，后者确是似醉而实醒。就文学家而言，是就《水浒传》的艺术性而加以研究评述，而作为武林人士，却从中受到意外的启发，为丰富拳术套路进行不断的创造。

中国武术是独特的东方人体文化中的一种，东方人体文化的核心是身心一元论，要求内外五关俱要很好地相合，外五关即手、眼、身、步、劲，内五关即精、气、神、力、功。扶醉上冈打虎的武松，在一场人兽的激烈搏斗中，充分显示了他内外五关的功夫。

武松打虎可以分为以下的三个阶段：

第一阶段是老虎逞凶，醉者武松进行防御。吊睛白额猛虎首先施出了它一扑、二掀、三剪的看家招数，醉者武松面对老虎的凌厉攻势，开始时连续躲闪，以武学"让其锋锐，攻其疲惫"的战术先求自保，之后再伺机而攻。第二阶段是人虎搏斗相持。武松则是逢闪必进，守中有攻。他拿棒在手，双手抡起，劈打老虎，谁知误中枯树，梢棒折断。武松只能徒手与猛虎相斗，更显示其拳法、腿法的功夫。第三阶段是武松反攻取胜，徒手力毙猛虎。尤其是这一段充分显示了武松的神威武勇，他一见老虎显出疲相，马上迎上掀虎、捺虎、踢虎、打虎、毙虎！

今朝放歌须纵酒——酒文化卷

　　明代学者李卓吾曾在《水浒》眉批这样写道："一副打虎图，活虎活人，俱在眼前。"

　　"快活林醉打蒋门神"中的武松，尽管也喝了不少酒，但他却没有醉，只身迎强敌，而且知道蒋门神武艺高超，"三年上泰岳争跤，不曾有对"，"那厮不说长大，原来有一身好本事，使得好棍棒，拽拳飞脚，相扑为最"。不了解他的门道路数的武松，自然要谨慎小心。武松佯醉动拳，用的完全是醉拳的招法，尤其发挥的是醉拳的跌法与腿法。武松发以醉拳出手，就可以摸清蒋的路数，以便击败他。他以醉态，大耍醉拳三跌法、身法，都是为了战胜强敌。醉拳外形特点基本是"身范儿，如狂似癫，步趋儿，东扯西牵"（《醉八仙歌》）。其跌法则有"挨、傍、挤、靠"、"乘虚势"的技击特长。就像拳谚所谓："乘虚而入好用机，见势随之跌更奇，一跌连踹何处去，千斤重体似蝶飞。"武松前颠后僵，甚至是东倒西歪，形态醉极，但神意不醉，以醉诈敌，以跌迷敌，使蒋难辨真假，瞬间摸不着武松的路数。这一趟"醉跌"为后面的玉环鸳鸯腿的巧踢妙用作了充分的内容铺垫。"醉拳"的腿法极重，中国武术素有"南拳北腿"之说，以勾、挂、缠、踢为妙用的醉拳腿法，在武松醉打快活林中凸显了神威。《水浒传》第二十九回中这样写道，武松与蒋忠大斗，武松佯醉诈败，掉头便走时，"突然转身，却先飞起左腿，踢中了，便转过身来，再飞起右腿，直飞在蒋门神额角上，踢着正中，往后便倒"。就在那个关键的时刻，"玉环鸳鸯腿"发挥了威力，这威力显示醉拳形醉神不醉、身醉腿不醉的特色。双腿连环，左右开弓，充分显示了腿法的平稳。武松起腿时，重心掌握变换自如，根底坚实才能左中，右旋随之又中，同时又凸显了醉拳腿法的刁钻：武松的第一腿是后挑腿（左腿），醉败中，不转身而突然后挑一腿，这样令追者防不胜防，而正在蒋门神招架之际，武松紧接着着已踢出第二腿（右腿），这是难度极大的"飞转身回旋踢"，左脚沾地身子即立旋右转，借飞转身腾跃力，右腿循弧旋腿，快速而角度多变，神妙而超出人的想象，腿腿相连如环，前后相伴似鸳鸯，怎不让蒋门神中腿！没有高超的弹跳、平衡能力和扎实的腰腿功夫是发不出连环鸳鸯腿的；这一腿正好踢中蒋门神额角，亦即祖窍穴位，而且是凌空急速拧转中踢出的，力猛异常，全身之力量、重量完全都集中在腿上，而又恰中额角，怎么能不令身高马大的蒋门神"往后便倒"、"在地下告饶"呢？对于武林人士来说，这些具体而生动的描写，也为丰富醉拳的套路、技法提供了非常有价值的参考素材。

除了醉拳之外，还有醉剑。剑术在中国有着相当悠久的历史，而且附丽丰厚的文化内涵。它被奉为百兵之君，它曾经一度被尊为帝王的权威的象征，神佛仙家修炼的法器，更成为文人墨客抒情明志的寄托，也是艺术家在舞台上表现人物，以舞动人的常用舞具。直到今天，剑更成为各阶层中国老百姓健身的最富民族色彩的一种体育器材。一种在新石器时代生产的古老兵器，至今在大众手中舞练的，在全世界恐怕也只有剑器吧。事实上也正因如此，有人说中国有一个内涵极为丰富而悠久的剑文化体系，而酒文化同样能够浸润其间。

要说剑是一种相当古老的兵器，大约在石器时代向铜器时代过渡的时期，就有了剑器的发明创造，从出土文物就能够看到，用细长石薄片嵌入兽骨两侧的"石刃剑"。这种石剑体积很小，只有三寸多长，只有剑的雏形，还起不了冷兵器作用，可能只是生活用具。

铜器时代剑器开始确实风光一时，西周以来的"铜剑"在合金、冶铸、淬炼、镀面、花纹、形制等方面都达到了非常高的水平。而剑作为天子、诸侯的权威的象征，也开始了自己独特文化中的内涵和外延。剑的舞练形式的记载也比较早。"子路戎服见孔子，仗剑而舞。"（见《孔子家语》）"执其干戚，习其俯仰屈伸，容貌得庄焉。"（见《礼记·乐记》）这就可以看出够舞剑作为一种乐教习礼的教程，大约在西周已经开始形成。

剑术经过一个相当漫长的历史发展过程，形成了极为丰富的人体文化财富。就其套路而言，有太极剑、太乙剑、八仙剑、八卦剑、七星剑、三才剑、三合剑、纯阳剑、十三剑、六合剑、武当剑、昆吾剑、达摩剑、文殊剑、青萍剑、青龙剑、青虹剑、飞虹剑、昆仑剑、龙形剑、蟠龙剑、云龙剑、龙凤剑、螳螂剑、通臂剑、绵袍剑、穿弗剑、奇行剑、连环剑、白鹤剑、金刚剑、子午剑、降魔剑等。以上这些剑术套路有单剑，有双剑，有用长穗，有用短穗，有单手运使的剑，有双手运使的剑，有正握走势的剑，有反握走势的剑，有单人独练的，也有双人对练的，名目繁多，形式多样。但就剑术体势而言，可归为四大类。

一曰工架剑：架势规整，劈、刺、洗、砍、撩、挑、点、崩、击、斩、抹、勾、挂。各种剑术招式清楚洗练规范明确，是练剑者的基础训练。一招一式，端端正正，形健骨整。

二曰行剑：此类剑运动显著的特点是多走势，少停势，纵横挥霍，流畅无滞。

三曰绵剑：它的特点是柔和蕴藉，缓缓不断，自始至终，就像圆圆无垠，连绵相属，太极剑中的不少流派的剑术全都是绵剑。

四曰醉剑：这是酒文化浸润的剑术，它的风格独特，长期以来深受人们欢迎，尤其适于表演，多为戏曲、舞蹈艺术吸收。它的主要运动特点是：奔放如醉，乍徐还疾，往复奇变，忽纵忽收，形如醉酒毫无规律可循，但招招式式却极其讲究东倒西歪中暗藏杀机，扑跌滚翻中透出狠手。剑器作为一种武器早已从战场上彻底地消失了，现在剑器主要是一种健身器械，而剑术已经纯粹是一种和舞蹈结合起来的表演项目。而醉剑因为它那如醉如痴，往复多变和动作极强的特点，在舞剑中更占据着一个特殊重要的地位，就像电影《少林寺》中的醉剑就是。在 1980 年第一届全国舞蹈比赛中获得创作二等奖、表演一等奖的独舞《剑》，就是利用醉剑的动作素材创作的。该剑舞通过借酒消愁，醉后舞剑，集中地表现了剧中人物空怀绝技、报国无门的悲愤心情。表演者张玉照巧妙运用醉剑的"摆浪"技巧，以及结束时空中转体的一剑砍掉灯台的表演，扬剑直指云霄的静止造型等，凸显了醉剑艺术的独特的感染力和创作者的巧妙构思，以及表演者自身的高超技艺。

除醉拳与醉剑之外，还有醉棍。醉棍是传统棍术的一种，它是把醉拳的佯攻巧跌与棍术的弓、马、仆、虚、歇、旋的步法与劈、崩、抡、扫、戳、绕、点、撩、拨、提、云、挑，醉舞花、醉踢、醉蹬连棍法巧妙结合，而形成的一种极为实用的套路，传统醉棍有流传于江苏、河南的《少林醉棍》，每套共计 36 式。这里就不一一介绍了。

醉拳醉剑以及醉棍，作为极富表演性的拳种，它最早产生的机制，鲜明地表现了东方人体象形取意的包容性和化腐朽为神奇的特点。象形取意原本就是人类在取法自然中的自强手段，中国武术的象形取意有以下四种表现：一是模拟一种传统文化背景下深藏民心的精神，如对龙的模拟是此种，还有就像武技和舞姿动作中的"单凤展翅"、"仙人指路"、"韦陀献杵"都是此类；另一种则是对禽兽体能的象形取意，就像戏曲武功的"虎跳"、"旋子"、"鹞子翻身"等；第三种是根据武术常规的攻防规律，选取模仿具有攻防功能的动作和形态编制的套路或招法，"螳螂拳"、"蛇拳"都是此类；醉拳的产生则是第四类象形取意。当然不可否认，醉酒是一种不正常的体态，然而东方人体文化却能化丑为美。醉拳不止有其自身特殊的攻防价值，而其观赏性甚是令人喜爱，"醉拳"、"醉剑"、"醉者戏猴"、"醉棍"不止是武术中的表演项目，根据这些素材后期创作的电影《大醉拳》和舞蹈《醉剑》都曾经是深受欢迎的节目。

【醉打描写的艺术魅力】

酒与武术技击关系之密切，也能够从艺术描写中得到进一步印证。例如《水浒传》，几乎是无打不写酒，有酒必写打。为什么？是闲笔吗？是点缀吗？这都不是。那么，道理何在呢？在武打中，他们的生命不能不活跃地发挥出力量；不能不需要激动，甚至冲动；不能不需要冒失，甚至冒险；也不能不需要强烈的动作，强烈的烘托，强烈的渲染，强烈的冲突。于是乎，为了生动地写好这类打斗，施耐庵从"杏花村"特意请来了这一令人感奋激发的物质材料——酒。以武松、鲁智深这样的血性男儿，以武松、鲁智深那样惊心动魄的打，估计是非以酒壮声色不可！《水浒传》第四回中有几句话单说那酒："常言酒能成事，酒能败事。便是小胆的吃了，也胡乱做了大胆，何况性高的人？"这么看来酒能添壮士英雄胆，端的是道破了施公为什么请"酒"的那番良苦用心。

施耐庵以酒托打，以打写人，就这样提供了读者的心理效应、审美趣味和欣赏习惯的准备。这类在武打中出现的酒，已不是什么生活琐事了，而是获得了生命，获得了动作性、形象性与幽默性，成了戏剧冲突和好汉们斗争生活的高度艺术提炼。从艺术欣赏角度看，醉打之美，美于单纯的打。因为它更加趣味无限地、感性地显示了人的本质力量。上年纪的人也许还记得，旧日酒肆门口一般都会有一副对联，其上联曰"醉里乾坤大"，我说，《水浒》的醉打里面"乾坤"更大。这乾坤，实际上是艺术的乾坤，深入其中，虽不饮那琼液流霞，已使人自然产生悠悠然的醉醺之感了。

首先，有一种勇气感。景阳冈那一节不从打虎落笔，偏从喝酒开篇。十五碗酒使人感到武松非凡的气质和英雄的气概，为打虎作了极为充分的铺垫。所以他在山神庙前看到虎害印信告示时，想到自己身为好汉，难以转去，乘着酒兴，一只手把胸膛前袒开，踉踉跄跄直奔冈上，醉打老虎！这就把武松赤手空拳打虎的勇气巧妙地烘托出来，引起读者明知山有虎，偏向虎山行的心理反应。"林教头风雪山神庙"是在"长空飘絮飞绵"的大雪之天，施耐庵大匠运斤，举重若轻，选三两件道具："花枪挑了酒葫芦"，就此来表现"打与醉"。这实在是"力加诗"的境界。这场醉，这场打实在是美极了，浪漫极了，雅极了，也激烈极了。一支花枪，一葫芦酒，一场大火，一挺枪，一把刀，三条仇人性命！尽管，他认清了他脚下的路，他再也不彷徨、犹豫、幻想了，他只有一条路：逼上梁山了！当读者好像看到他肩头的挑着酒葫芦的花枪，把纷扬大雪、严凝雾气逐渐融化了时候，自然地就会去探索、追求人生价值的深邃哲理。

其次，有一种洒脱的豪气感。鲁提辖自上五台山净了头发，本来也应"净"了"凡"心；入了空门，本来也应"空"了疾恶如仇的念头。但是他偏生不安稳，第一次喝了酒，入寺院醉打山门，第二次，"吃得口滑"之后，接着又喝了一桶，一膀子扇了山亭，又打得"那尊金刚从台基上倒撞下来"！是的，面对那么黑暗的社会，一串梵珠怎能使他安心，一部佛经怎会让他平静？他指定天宫，叫骂天蓬元帅；踏开地府，要拿催命判官！他绝对是宁可做"裸形赤体醉魔君，放火杀人花和尚"（见书第四回），也不要放下屠刀，顿时立地成佛。而是让他"笑挥禅杖"、"怒掣戒刀"、"砍世上逆子谄臣"去了！在花和尚的豪饮豪打面前，任何自身的渺小和平庸，难道真的还不应该摆脱、克服和净化吗？

以上，便是醉打的一种美的形态，是现实肯定实践的一种重要形式；当然也还有另一种形态，则是一种比较轻松的形式。武松大闹快活林，施公于一路之上，当时就把十二三家酒店串成一根线，让英雄一路饮去，悉心造成了一个引人入胜，大快人心的妙境。也是在快活林酒店，武松围绕着打酒、尝酒、换酒、闹酒、泼酒、将蒋妾和两个酒保一起按入酒缸等一系列恶作剧行为，辛辣地嘲弄了与官府串通一气、不可一世的恶霸势力！最后简直是闹而成打，武松醉拳出手，迫使"打遍天下无敌手"的蒋门神在地上苦苦连叫"好汉饶我！休说三件，便是三百件，我也依得"！

更大胆的，作家还把神圣不可侵犯的圣旨御酒一时兴起作为好汉们的醉打时可以任意挪揄、摆弄的对象，"活阎罗倒船偷御酒"写陈太尉责十瓶御酒，"赦罪"

丹诏到梁山进行招安，阮小七与水手们把御酒一饮而尽，换上十瓶水酒，还放水差点淹死太尉！就这样表现了好汉们对投降的否定，间接地显示出对好汉们起义到底的肯定。再说那周通醉入销金帐，被喝得八分醉的鲁提辖骑在地上痛打一顿，武松烂醉如泥，酒后无德，砍狗入水，醉卧雪塘，被白虎山的孔氏弟兄吊打一顿，这样的描写无疑就构成了否定型的滑稽。

要是综合地看施公写醉打最大的艺术特色，乃是拳形合一。这点在"醉打蒋门神"中表现尤为突出。欧阳修也曾这样说过："醉翁之意不在酒，在乎山水之间也。"武松醉酒之意亦不在醉，在乎打也！要是光从表面上看，他"前颠后偃，东倒西歪但实际是形醉意不醉，步醉心不醉"。这一场打以醉为形，武松着实地动了脑筋，施公也真是花了一番心思：其一，他与蒋忠素不相识，他以醉试探蒋忠实力的虚实，"武人一伸手，便知有没有"，这样可以胜不露色，败不慌神，进退随意，避免给施恩带来恶果。其二，他与蒋忠素无冤仇，只有借醉闹事，以佯醉来激化矛盾，把醉当做打的引爆线。其三，打的地点正好是快活林酒店，以醉为由，便于发挥。其四，从书中描写看，武松擅长醉拳。醉系障眼法，实际上用以迷惑对手，实际他只是"带着五七分酒，却装作十分醉的"，随即跌跌撞撞，飘飘忽忽之中，藏机关杀手，寓攻防技击。最后蒋门神上当了，"先欺他醉，只顾赶将入来"，在难以预料之中，顷刻之间已被制于意料之外。

《水浒传》高超的醉打描写，使酒文化与武术文化能够完美地水乳交融，形成一种影响深远的民族风格，它不只是现实世界的严肃或轻松的反映，拳形合一的艺术再现，而成为表现故事，塑造人物，显示武功的巧妙载体。（编者注：文中关于醉打艺术一节，参考和引用了王资鑫先生的《醉打的艺术魅力》一文）

今朝放歌须纵酒——酒文化卷

酒　　器

中国古代酒具的发展

【远古时代的酒器】

　　远古时期的人们，茹毛饮血，火的出现，令人们结束了这种原始的生活方式，农业的兴起，人们不但有了赖以生存的粮食，还随时可以用谷物作酿酒原料酿酒。陶器的出现，人们开始有了炊具；从炊具开始，又分化出了专门的饮酒器具。那么，究竟最早的专用酒具起源于什么时候，还很难定论。因为在古代，一器多用应是很普遍的。远古时期的酒，是没有过滤的酒醪（这种酒醪在现在依然很流行），呈糊状和半流质，对于这种酒，就不适于饮用，而是食用。因此食用的酒具应是普通的食具，如碗、钵等大口器皿。远古时期的酒器制作材料主要是陶器、角器、竹木制品等。

　　早在新石器文化时期，便已经出现了形状类似于后世酒器的陶器，如裴李岗文化时期的陶器。南方的河姆渡文化时期的陶器也可以让人联想到在商代时期的酒具应有相当久远的历史渊源。酿酒业的发展，饮酒者身份的高贵等因素，使得酒具由普通的饮食器具中分化出来成为可能。酒具质量的好坏，往往是饮酒者身份高低的象征之一。因此专职的酒具制作者也就应运而生。在现今山东的大汶口文化时期的一个墓穴中，曾经发掘出大量的酒器（酿酒器具和饮酒器具），据考古人员的分析，死者生前大概是一个专职的酒具制作者。在新石器时期晚期，尤以龙山文化时期为代表，酒器的类型增加，用途明确，同后来的酒器有较大的相似性。这些酒器分别为：罐、瓮、盂、碗、杯等。而酒杯的种类繁多，包括：平底杯、圈足杯、高圈足杯、高柄杯、斜壁杯、曲腹杯、觚形杯等。

【商周的青铜酒器】

在商代，因为酿酒业的发达，青铜器制作技术提高，中国的酒器达到了前所未有的兴旺。当时的职业中还出现了"长勺氏"和"尾勺氏"这种专门以制作酒具为生的氏族。尽管周代饮酒风气不如商代，可是酒器基本上仍沿袭了商代的风格。在周代，也有专门制作酒具的"梓人"。

青铜器源起于夏，现今已经发现的最早的铜制酒器是夏二里头文化时期的爵。青铜器在商周达到鼎盛，春秋时期没落，商周的酒器的用途基本上是专一的。据《殷周青铜器通论》中记载，商周的青铜器共包括食器、酒器、水器和乐器四大部，共五十类，其中酒器占据二十四类。依照用途分为煮酒器、盛酒器、饮酒器、储酒器。另外还有礼器。形制丰富，变化多样。但也有基本组合，这种基本组合主要是爵与觚，同一形制，其外形、风格也带有不同历史时期的烙印。

盛酒器具为一种装酒备饮的容器。其类型很多，主要有尊、壶、区、卮、皿、鉴、斛、觥、瓮、瓵、彝。而且每一种酒器又分为很多式样，有普通型，有取动物造型的。以尊为例，分为象尊、犀尊、牛尊、羊尊、虎尊等。

饮酒器的种类主要有：觚、觯、角、爵、杯、舟。身份不同的人使用不同的饮酒器，如《礼记·礼器》篇中明文规定："宗庙之祭，尊者举觯，卑者举角。"

温酒器是在饮酒之前用来将酒加热的器具，配以杓，方便取酒。温酒器有的称为樽，汉代流行。

湖北随州曾侯乙墓中出土的铜鉴，能够置冰贮酒，故又称为冰鉴。

【汉代的漆制酒器】

商周之后，青铜酒器逐渐衰落，秦汉之际，在中国的南方，漆制酒具盛行。漆器成为两汉、魏晋时期的主要类型。

漆制酒具，其形制基本上传承了青铜酒器的形制。分为盛酒器具、饮酒器具。饮酒器具中比较常见的是漆制耳杯。在湖北省云梦睡虎地 11 座秦墓中，出土了漆耳杯 114 件，在长沙马王堆一号墓中也发现了耳杯 90 件。

汉代，人们饮酒一般是席地而坐，酒樽放置在席地中间，里面放着挹酒的勺，饮酒器具也放在地上，故形体较矮胖。魏晋时期开始流行坐床，酒具变得较为瘦长。

耳杯一般的形状是椭圆形，平底，两侧各有一个弧形的耳。"羽觞"名称的由来，主要是因为它的形状像爵，两耳形同鸟的双翼，另外，还有一种观点认为，在饮酒时，杯上可以插上羽毛，意在催人快速饮酒，故称为"羽觞"。耳杯自战国开始出现后，非常盛行，并且一直延续到晋代，在目前发掘出的历代耳杯中，多为木胎涂漆的漆器耳杯，保存得也最为完整，此外，还有两耳上鎏金铜饰或者用陶、玉、铜等材质制成的耳杯。

长沙马王堆汉墓出土的耳杯，制作非常精美，而且书有"君幸食"、"君幸酒"字样。由于在古代，漆器也是财富和地位的象征，因此，可以用漆器耳杯饮酒的多是贵族阶层。

【瓷制酒器】

瓷器大致出现在东汉前后，与陶器相比，无论是酿造酒具还是盛酒或饮酒器具，瓷器的性能都超越了陶器。唐代的酒杯形体比以前的要小得多，故有人认为唐代出现了蒸馏酒。唐代出现了桌子，也相应地出现了一些适于在桌上使用的酒具，如注子，唐人称为"偏提"，其形状有点儿类似今日之酒壶，有喙，有柄，既能盛酒，也可注酒于酒杯中。因而取代了过去的樽、勺。宋代是陶瓷生产鼎盛时期，有很多精美的酒器。宋代人喜欢把黄酒温热后饮用。故而研制了注子和注碗配套组合。使用时，将盛有酒的注子放在注碗中，向注碗中加入热水，可以温酒。瓷制酒器一直沿用到现在。明代的瓷制品酒器以青花、斗彩、祭红酒器最有特色，清代瓷制酒器具有清代特色的包括珐琅彩、素三彩、青花玲珑瓷以及各种仿古瓷。

【明清酒具】

明清时期，是我国古代瓷酒器发展的繁荣时期。明初制瓷业以永乐、宣德年间为最盛，无论数量与质量都超过了前朝。江西景德镇成为陶瓷业的中心，所烧制的白釉、青花瓷器颇为著名，不仅享誉国内，而且也是国外贸易的主要商品。另外，此间生产的"斗彩"、"五彩"、"冬青"等均为新的品种，也极负盛名。明代中叶，出现了一种新工艺，也就是景泰年间创世的"景泰蓝"。景泰蓝制品，大多都是帝王将相、高贵显达用做餐具和酒器，成为中国古代酒器发展史上新的奇葩。

明成化年间，制瓷业发生了前所未有的发展，所烧各式酒杯更是技高一筹，被人称为"成窑酒杯"。此时的青花瓷也引人注目，特别是所绘图案与中国古代绘画艺术融为一体，给人一种清淡典雅、明暗清晰的感觉。青花酒器留传后世颇多，如各类青花梅瓶、青花高足杯和青花压手杯等青花酒器，全都是艺术珍品，再现了明代匠师们极高的人生修养和艺术境界。

清王朝时期，因为康熙、雍正、乾隆三代对瓷器的偏爱，中国制瓷业获得了进一步发展，瓷器除青花、斗彩、冬青之外，而且又新创制了"粉彩"、"珐琅彩"和"古铜彩"等品种，真可以说是"五光十色，耀眼夺目，万紫千红，美不胜收"。

清代流传在世的精美瓷酒器颇不乏见，最为常见的器形主要包括梅瓶、执壶、高脚杯、压手杯及小盅等，例如景德镇珐琅彩带托爵杯、康熙斗彩贺知章醉酒图酒杯、青花山水人物盖杯、五彩十二月花卉杯以及各种五彩人物压手杯等，皆是清代瓷酒器精品，享誉海内外，有些已经高价出现在国际拍卖市场上。

除了瓷质酒器之外，明清的帝王显贵们对金银酒器与玉酒器仍旧钟情不减，爱意有加。明定陵中发现的万历御用金托玉爵、金托金爵杯、金箭壶、传世的陆子刚玉卮和合卺玉杯，还有山东邹县明鲁王墓出土的莲花白玉杯等，均是明代酒器佳品，就连万历帝孝靖皇后棺内也随葬金温酒锅一只，因此可见当时的人们对饮酒的养生之道颇为重视。

清宫设有"造办处"，专门为皇室制造各类物品，其下所设金银作和玉作就是承做金银器和玉器、珠宝的重要作坊。现在故宫所藏的很多原清宫酒器，如雍正双耳玉杯、乾隆双童耳玉杯、"金瓯永固"金杯等就是造办处所制。除此，外埠进贡的金银、玉质酒器也不在少数。

蟠桃原本是传说中的仙桃，吃了能够长生不老。历代多以蟠桃寓意长寿，成为绘画题材中比较常见的吉祥图案。这种认知在明清时期颇为流行，在出土或传世文物中也有很多桃形酒器，如1982年12月湖南省通道侗族自治县的银器窖藏中，发掘出的7件蟠桃银杯形与项圣思桃形紫砂杯类似，以枝叶衬托桃杯，结合巧妙自然，既美观又实用，均是不可多得的艺术珍品。

我国自三国时期就开始流行碧筒饮，也就是以茎叶相通的荷叶来饮酒。后来受到碧筒饮的影响，唐宋时期的工匠们用金、银、玉、瓷、琥珀等质料，模仿荷叶制造出了各种各样的酒杯，即俗称的"荷叶杯"。荷叶、莲花本为一家，均有清热凉血、健脾胃的作用。宋词中的"酒盏旋将荷叶当，莲舟荡，时时盏里生红浪，花气酒香清厮酿"，惟妙惟肖地再现了用荷叶、莲花杯进行碧筒饮的场面。

清代的瓷、金、银和玉等质地的酒器有一个较为明显的特点，也就是多仿古器。如清宫御用的双耳玉杯、龙纹玉觥、珐琅彩带托爵杯、铜彩兽耳尊、各类瓷尊、双贯耳瓷壶和天蓝釉双龙耳大瓶等，均是清代仿古酒器。清代仿古酒器盛行，可能与康、雍、乾等三位皇帝嗜酒有关。

明清时期，尽管有外倭不断袭扰，但作为中国文化的一个重要分支的酒文化仍然在继续发展，作为酒文化载体的酒器亦以其固有的强势，对世人展示出它不朽的艺术内蕴和辉煌成就，可能这正是具有中国特色的酒文化之魅力所在。

【其他酒器】

在我国历史上还有一些用独特材料或独特造型的酒器，尽管不是很普及，但具有极高的欣赏价值，如用金、银、象牙、玉石、景泰蓝等材料制成的酒器。

明清时期直至新中国成立之后，锡制温酒器广为使用。主要是温酒器。

夜光杯：唐代诗人王翰曾经有一句名诗"葡萄美酒夜光杯"，夜光杯是玉石所制的酒杯，现代已经仿制成功。

倒流壶：在陕西省博物馆有一件北宋时期耀州窑出品的倒流瓷壶。壶高19厘米，腹径14.3厘米，它的壶盖是虚设的，无法打开。在壶底中央有一小孔，壶底向上，酒从小孔注入。小孔与中心隔水管相通，而中心的隔水管上孔高出最高酒面，在正置酒壶时，下孔不漏酒。壶嘴下也是隔水管，入酒时酒能够不溢出。设计颇为巧妙。

鸳鸯转香壶：宋朝皇宫中所使用的壶。它可以在一壶中倒出两种酒来。

酒
器

九龙公道杯：出产于宋代，上面是一只杯，杯内有一条雕刻而成的昂首向上的龙，酒具上绘有八条龙，所以称为九龙杯。下面是一块圆盘和空心的底座，斟酒时，如适度，滴酒不漏，若是超过一定的限量，酒便会通过"龙身"的虹吸作用，把酒全部吸入底座，故称公道杯。

渎山大玉海：专门用来储存酒的玉瓮，是用整块杂色墨玉雕琢而成，周长 5 米，四周雕有出没于波涛之中的海龙、海兽，形象逼真，气势磅礴，重达 3500 公斤，能够贮酒 30 石。据说这口大玉瓮是元世祖忽必烈在至元二年（1265 年）由外地运来，放置在琼华岛上，用来盛酒，宴赏功臣，现今保存在北京北海公园前团城内。

中国著名的古代酒器

【四羊方尊】

商晚期偏早青铜器。原器 1938 年出土于湖南省宁乡市，是我国现今发现的较大的方尊，高五十八点六厘米，重约三十四点五公斤。四羊青铜方尊造型简洁优美，采取线雕、浮雕手法，将平面图像与立体浮雕，器物与动物形状巧妙地结合起来。整个器物用块范法浇铸，一气呵成，鬼斧神工，体现出高超的铸造水平。方尊四角的四只卷角山羊，用脚踏实地的有力形象承担着尊体的重量，使得这个上边长（五十二点四厘米）几乎与器高相等的器具显得更加挺拔、刚劲，丝毫没有头重脚轻之感。羊在古代寓意吉祥。四羊方尊用四羊、四龙相对的造型体现了酒礼器中的至尊气象。

四羊方尊的出土地湖南省宁乡县，因为从 20 世纪 30 年代开始，出土了大批的青铜器，其出土的青铜器被人们称为"宁乡青铜器群"。四羊方尊就是"宁乡青铜器群"的代表，也是宁乡出土最早的青铜器。

【天觚】

觚是盛行于商代至西周初期的饮酒器。整个觚体分为三段，上部器口与细颈是容体，中间的腹部是实心，考古学上将其称为"假"腹，下面为圈足。这样的造型设计合乎力学原理，使重心降低，增加了器物的稳定性，显得精巧别致而又不失沉稳庄重。商代酒器最基本的组合是一爵一觚，用来斟饮；也有和斝成组合的。其形制是圆柱形，器体比较高且细，多为喇叭形，通体呈 X 形。商周时觚不是普通的饮器，有一句成语为"不能操觚自为"，便是指觚的多寡与饮者的身份地位、人品、酒量相关，只有高品位的人才能用此器。

天觚是西周前期的饮酒器，原器整体高度为 26 厘米，口径 15 厘米，现收藏于中国社会科学院考古研究所安阳工作队。敞口，束颈，厚方唇，腹部不显，高圈足。颈部饰有仰叶纹，并有鳞纹边饰。腹饰对称夔纹，圈足饰卷体钩鼻兽纹。全器由颈至圈足有四道三棱形棱脊，上面饰有人形几何纹。此觚纹饰奇特，同类器形较为少见，为国家一级文物。

【罍】

罍是大型的盛酒器，也能盛水，在青铜礼器中的地位很重要，《诗经·周南·卷耳》中即有"我姑酌彼金罍"之语，在《周礼·春官》中记载："凡祭祀……用大罍。"函皇父簋铭亦云"两罍两壶"，反映出罍和壶是容量不同的一组容酒器。罍从商代晚期出现，盛行于西周与春秋时期。罍分为方形和圆形两种，方形罍出现于商代晚期，圆形罍商代和周初都有。

1973 年陕西省凤翔县劝读村发掘出的罍，是西周中期的盛酒器，原器整体高46 厘米、口径 23 厘米、腹深 38.5 厘米、重 18 公斤，平折沿，方唇，颈部内敛，肩上有一对兽首衔环耳，弧腹斜收，圈足比较高。颈部饰有一周夔龙纹，龙昂首，上唇格外长，卷曲下垂，歧尾内卷上扬。肩部六枚大圆涡纹与变体夔纹相间排列。腹部饰有下垂的蕉叶纹，每片蕉叶皆由两条相向的立式夔龙组成。圈足饰两周弦纹。现今收藏于陕西凤翔县文化馆。

罍的铸造时期，正是周人渐渐摆脱殷商神秘繁缛的美术传统，形成庄重素雅的自身风格的历史阶段。由器型上来看，已经从商代的瘦高形渐变为矮粗形，肩部丰满，同时通过加宽沿部和圈足，使得全器达到一个比商罍更加稳定的造型。在纹饰方面，浮雕都比较低，没有商器上那些突出于器表的锐角巨目。虽然全器多处以夔龙为饰，但变化得十分厉害，除目纹外其他的细节都在蜕化，成为一种装饰意味非常强的图案，由此可以看出狰狞的夔龙在周人的信仰世界中已经淡化了。

【鸟纹爵】

爵是最早出现的青铜礼器，是饮酒器具，兼能温酒。《说文》中记载："爵，礼器也。"爵这种酒器的命名，是因为它的造型如一只雀鸟，前面有流，犹如雀缘，后面有尾，腹下有细长的足，古时候"爵"与"雀"同音通用。鸟纹爵是西周中期的饮酒器，原器整体高22厘米，口径17.4厘米×7.5厘米，重0.88公斤，1946年收藏于故宫博物院。

宽流，帽形长柱，圆銮，中腰略收，下部呈三宽形刀状足。流、腹皆饰有凤纹，高冠长尾，造型舒展不拘。用鸟纹作为装饰的爵遗存比较少。

【晨肇宁角】

角是由爵演化而来的一种新型酒器，大量出现于殷商晚期或商周之际。角的作用与爵相同，也是饮酒器具。《礼记·礼器》中记载："宗庙之祭，尊者举觯，卑者举角。"《考工记·梓人》中引《韩诗》云："一升曰爵，二升曰觚，三升曰觯，四升曰角，五升曰散。"一般墓葬中出土的酒器是觚、爵组合，但也有用角代替爵的，如安阳殷墟第160号墓就是十觚与十角相配，在河南鹿邑商周之际的大墓中也有类似现象。尽管角与爵用途相同，可是角的数量却少得多，而像晨肇宁角这样带盖的角就更少见了。现在所说的角，是宋代金石学家对没有流而具两翼若尾的爵形器的习惯称谓，其容量和爵相仿。

晨肇宁角是西周早期的饮酒器具，原器整体高28厘米，1986年8月出土于河南省信阳县浉河港乡浉河滩，现今收藏在信阳地区文物管理委员会。

V字形口，深腹圜底，三棱锥足，兽首銮，两翼有扉棱。盖顶部有半环钮和扉棱。盖、腹部均饰有雷纹衬底的兽面纹，銮饰兽面纹，足外饰蕉叶蝉纹。此角构思巧妙，美观庄重，不管在造型上或是纹饰上，与同时期同类器物相比，都堪称佼佼者。

【绚索龙纹壶】

壶是古代盛酒或盛水的器具，最早出现在商代早期。壶的形制在商代大多都是圆形、扁形、瓠形三类，周代以后又增加了方形、椭圆形等。战国之后的大腹圆壶自名为钟，汉朝时期方壶自名钫，扁壶在战国时自名为钾。

绚索龙纹壶为春秋晚期的盛酒器，原器整体高44.6厘米，宽26.6厘米，出土于山西浑源李峪村，现今收藏在美国弗利尔美术馆。

高体束颈鼓腹，颈部饰有一对兽形耳，口沿下方饰内填一对夔龙的垂叶纹带。颈腹部有带状饰五道，皆用绚索纹带为界纹。第一、三道纹饰是夔龙纹，第二道纹饰是夔凤纹，第四道纹饰是鸟兽纹，而第五道纹饰则是内填夔龙的垂叶纹。圈足饰垂叶纹带与变形龙纹带。全器通体纹饰，非常精美。

【凤柱斝】

斝为青铜礼器的一种，流行于商周时期，通常用于盛酒行祼礼（古代酌酒灌地的祭礼），兼可温酒。

凤柱斝铸于商代晚期，原器整体高41厘米，口径19.5厘米，重2.9公斤，1973年出土于陕西省岐山县贺家村，现今收藏在陕西省历史博物馆。

同墓葬出土青铜器共计35件，凤柱斝是其中最为精美的。这种斝侈口，口沿立双柱，三个三棱锥足，器底微向外鼓，两柱顶端各有一圆雕高冠的凤鸟。鸟呈站立状，冠耸立，圆目鼓睛，正在举目远眺，那娇美健壮的身躯和姿态，象征着生命的活力，具有很强的装饰效果和艺术造型。腹部纹饰分上下两段，都是由云雷纹组成的饕餮纹。这种分段式的斝，足的断面呈丁字形，和殷墟第二期同类器物相似，只有唯纹饰略有变化。

凤为百鸟之王，一向被人们当作祥瑞幸福的象征和爱情的比喻，早在三千多年前，便已经被人们理想化，并赋予各种神秘的色彩。

凤鸟作为青铜器纹饰很多，这些纹饰变化多样，神态各异，表现出凤鸟不凡的风姿。只是这些纹饰多为线雕，而凤柱斝双柱上的凤鸟则是圆雕，在这类酒器中极为少见，反映了三千多年前商代青铜造型艺术的高深造诣。

酒器

【铜冰鉴】

铜冰鉴为战国时期的一件冰酒器，原器在 1977 年出土于湖北的曾侯乙墓中。曾侯乙墓出土了很多的青铜器，其造型和纹饰在传承商周以来的中原青铜文化传统的基础上有很大的创新。铜冰鉴便是曾侯乙墓青铜器的代表器物，集中反映出曾侯乙墓青铜器新颖、奇特、精美的特征。

铜冰鉴的四足是四只动感非常强，稳健有力的龙首兽身的怪兽。四个龙头向外探出，兽身则以后肢蹬地作匍匐状。整个兽形看上去似乎正在努力向上支撑着铜冰鉴的全部重量。鉴身为方形，其四面、四角总共有八个龙耳，作拱曲攀伏状。这些龙的尾部均有小龙缠绕，并有两朵五瓣的小花点缀其上。

在中国古代，人们喜欢饮用温酒，温酒不伤脾胃。夏季也嗜喝冷酒，冷酒能够避酷暑。铜冰鉴是一件双层的器皿，鉴内置有一缶。夏季，鉴缶之间装有冰块，缶内装酒，可使酒凉。因此说铜冰鉴是迄今为止发现的最早的、最原始的"冰箱"。当然也可以在鉴腹内加入温水，使缶内的美酒快速升温，成为冬天时饮用的温酒。

【龙纹觥】

觥为一种盛酒或饮酒器具，在《诗经》中屡见其名，如《七月》："称彼兕觥。"觥最早出现在商代中晚期，一直沿至西周中期，西周后期渐渐消失不见了。其形制有盖，有流，有鋬，下设方座或四足。觥的纹饰多极精美，大多有生动逼真的动物花纹，在当时应该是最贵重的器物。

龙纹觥是商后期盛酒器。原器整体高 19 厘米，长 44 厘米，1959 年出土于山西省石楼桃花庄，现今收藏在山西省博物馆。

龙纹觥体犹如兽角，前端龙首昂起，后端宽阔平齐。龙首双目凸起，两角上指，张口露齿，形象狰狞。龙首后的脊部有盖，盖的正中有一菌状钮，龙的躯体放在器盖上，左右蜿蜒，尾部卷曲，与器浑然一体。下有长方形矮圈足，纵向两侧各一缺口。腹部两侧镂雕爬行的鼍和举首、吐舌、扬尾的龙，其间点缀鱼状动物和鸱。这种器造型奇特，在青铜器中只有此一例，鼍纹似扬子鳄，在青铜器纹饰中也极为罕见。

【尊】

尊为一种大口酒器，大都颈微缩、凸肚、平底。宴会与平常待客都用。古人说"决胜于樽（尊）俎之间"，意思是说，与谈判对方在饮酒食肉的酒宴上取胜。俎是盛肉器。因为它使用非常普遍，后人几乎把"尊"作为酒杯的代称。

【豆】

豆为一种高脚木制器，豆实际上是古代盛肉盛菜的器皿，常用来装酱、醋之类的有汁调味品，但也用来盛酒。在《考工记》中有"食一豆肉，饮一豆酒"的记载，有人说豆和斗字相通，斗也是盛酒器。

【斗】

斗也是酒器的一种，不能和量器升之斗相混。但它的确是容量比较大的酒器。《诗·大雅·行苇》中有"酌以大斗"的诗句，京剧《珍常寨》里李克用的唱词亦有"太保传令换大斗"的句子。斗酒可能是平常人的适宜酒量，一斗便是一大盏。

【卮】

卮为一种扁圆形的大肚酒器。《史记》中记载着项羽在鸿门宴上赐给刘邦的武卫樊哙喝的酒就用卮，由此可见是一种大容量的酒器。《史记》说项羽给樊哙"则与斗卮酒"，当时特别的大卮，能够容纳一升。

当代酒器

【酒具特点】

现代酿酒工艺与生活方式对酒具产生了明显的影响。进入二十世纪后，因为酿酒工业发展迅速，流传数千年的自酿自用的方式正逐步淘汰。现代酿酒工厂，白酒与黄酒的包装方式主要有瓶装、坛装两种。对于啤酒来说，有瓶装、桶装、听装等。在生活水平较低的七八十年代前，如果广大的农村地区及一部分城市地区出售的是坛装酒，一般会自备容器。但因为瓶装酒在较短时期内就获得了普及，故百姓家庭以往比较常用的贮酒器、盛酒器随之而消失，饮酒器具则是永恒的。当然在一些地区，自酿自用的方式仍被保留，可已经不是社会的主流。民间所饮用的酒类品种在最近几十年中出现了较大的变化，在十多年前，酒度高的白酒不管在农村还是城市，一直都是消耗量最大的，黄酒在东南一带非常普遍。在八十年代之前，啤酒的产量还很少。可在八十年代之后，啤酒的产量迅速发展，一跃而成为酒类产量最大的品种。葡萄酒、白兰地、威士忌等的需求量一般较小。酒类的消费特点决定了这一时期的酒具有以下特点：

小型酒杯比较普及。这种酒杯主要用来饮用白酒。酒杯制作材料主要是玻璃、瓷器等，近些年也有用玉、不锈钢等材料制作的。中型酒杯，这种杯既能作为茶具，也可以作为酒具，如啤酒、葡萄酒的饮用器具。材质一般是以透明的玻璃杯为主。

有的工厂为了促进酒的销售，把盛酒容器设计成酒杯，获得消费者的青睐。酒喝完后，还可以作为杯子。因为生活水平的提高，罐装啤酒越来越普及，这也是典型的包装容器与饮用器相结合的例子。

【洋酒酒具】

洋酒是由清末开始引入中国的，饮酒方式和饮酒器具也相应传入我国。西方人饮酒，在不同的场合下，饮用不同的酒，则要选用适宜的酒杯，不可以随便乱用。洋酒酒具在一些比较高档的餐饮场所得到应用。餐饮场所，分为高、中、低等几档。

高档餐饮场所因为销售的酒大多为洋酒类，故饮酒器具有西方化的特点。随着人民生活水平的提高，这些高档场所所使用的酒具渐渐在民间获得一定的认可，但并不普及。餐饮场所中的酒具以星级宾馆或饭店比较规范。在二星级宾馆以上的场所，必须要设置酒吧。星级越高的宾馆，其酒吧的规模也就会越大，设施越齐全、豪华，酒的价格越高。理所当然，其酒具就更加齐全和规范化。如今在酒吧所售的酒，以洋酒居多，品种主要是白兰地、威士忌、兰姆酒、杜松子酒、俄得克、香槟、利口酒等。鸡尾酒也比较普遍。不同的酒，搭配不同的酒杯。酒杯种类繁多，造型各有不同，这有历史、地域等方面的原因，同时，也体现了一定的科学性和艺术性。在对外交往中，正确使用酒杯是十分重要的。

酒
器

酒 的 品 评

运用感官评酒

【概述】

人们利用感觉器官（视、嗅、味、触）来评定酒的质量，分辨优劣，划分等级，判断酒的风格特征，称为品评，人们习惯性地将其称为评酒，又称为品尝、感官检查、感观尝评等。对酒类品质优、次、劣的确定，只是依照理化分析结果制定的指标是不够的。因为至今为止，还没有出现可以全面正确地判断香味的仪器，理化检验还不能代替感观尝评。酒属于一种味觉品，它们的色、香、味是否为人们所喜爱，或为某个国家、地区的人民、民族所喜爱，一定要经过人们的感觉进行品评鉴定。

品评是一门科学，也是古代传承下来的传统工艺。据《世说新语·术解》中记载，"桓公（桓温）有主簿善制酒，有酒辄令先尝，好者谓'青州从事'，恶者谓'平原督邮'"。明代胡光岱在《酒史》一书中，已经对"酒品"的"香、色、味"提供了较为系统的评酒术语。由此可以看出，对酒的芳香及其微妙的口味差别，从古到今，用感官鉴定法进行鉴别，仍然具有其显著的优越性。任何理化鉴定是代替不了的。酒好、酒坏，"味"最关键。在评酒记分时，"味"主要占据总分的50%。苏东坡认为，评判酒的好坏，"以舌为权衡也"。的确是行家至理。

【对酒品色泽的鉴定】

每一种酒品都有一定的色泽标准要求：

白酒的色泽要求标准是无色，清亮透明，无沉淀。

白兰地的色泽要求标准是浅黄色至赤金黄色，澄清晶亮，透明，无悬浮物，无沉淀。

黄酒的色泽要求标准是橙黄色至深褐色，清亮透明，有光泽，可以有少许聚集物。

葡萄酒的色泽要求标准。白葡萄酒要为浅黄微绿、浅黄、淡黄、禾秆黄色；而红葡萄酒则是紫红、深红、宝石红、红微带棕色；桃红葡萄酒是桃红、淡玫瑰红、浅红色；加香葡萄酒是深红、棕红、浅黄、金黄色，澄清透明，不可以有明显的悬浮物，使用软木塞密封的酒，允许有洁白泡沫。

淡色啤酒的色泽要求标准是淡黄，清亮透明，无明显的悬浮物，当注入洁净的玻璃杯中时，要有泡沫升起，泡沫洁白细腻，持久挂杯。对这些色泽的要求，必须利用肉眼来仔细观看酒的外观、色泽、澄清度、异物等。

对酒的观看方法是：在酒注入杯中以后，把杯举起，白纸作底，对光观看；也可把杯上口与眼眉平视，进行观看；如果是啤酒，首先观看泡沫和气泡的上升情况。正常的酒品，要符合上述标准要求，反之，为不合格的酒品。

【对酒品香气的鉴定】

鼻腔是人的嗅觉器官。嗅觉是有气味物质的气体分子或溶液，在口腔之内受到体温热蒸发后，随着空气进入鼻腔的嗅觉部位而形成的。鼻腔的嗅觉部位在鼻黏膜深处的最上部，称为嗅膜，也叫嗅觉上皮，又因为有黄色色素，还称为嗅斑，大小为2.7至5平方厘米。嗅膜上的嗅细胞呈现杆状，一端在嗅膜表面，附有黏膜的分泌液；另一端是嗅球与神经细胞相联系。在有气味的分子接触到嗅膜后，被溶解于嗅腺分泌液中，借助化学作用而刺激嗅细胞。嗅细胞由于刺激而产生神经兴奋，通过传导到大脑中枢，遂发生嗅觉。

酒类含有芳香气味成分，其气味成分是酿制过程中因微生物发酵出现的代谢产物，如各种酶类等。酒进入口腔中时的气味所挥发出的分子进入鼻咽后，和呼出的气体一起经过两个鼻孔进入鼻腔，这时，呼气便能够感到酒的气味。而且酒经过咽喉时，下咽至食管后，就会发生有力的呼气动作，带有酒气味分子的空气，便由鼻咽快速向鼻腔推进，此时，人对酒的气味感觉会格外明显。这是气味与口味的复合作用。酒的气味不但能够经过咽喉到鼻腔，而且咽下之后还会再返回来，一般称为回味。回味有长短，并能辨别出是否纯净（有无邪、杂气味），有无刺激性。其酒的香气与味道是紧密相关的，人们对滋味的感觉，有相当一部分要依赖于嗅觉。

人的嗅觉是很容易产生疲劳的，对酒的气味嗅的时间过长，就会出现迟钝不灵，这叫"有时限的嗅觉缺损"。我国古人有云，"入芝兰之室，久而不闻其香；入鲍鱼之肆，久而不闻其臭"，指的就是嗅觉易于迟钝。因此在人们嗅闻酒的香气时，不宜过长；要有间歇，以此保证嗅觉的灵敏度。

据说国外对威士忌酒的评级分类，完全凭借鼻子闻香。在英国有一个专门以鼻子检查威士忌的机构。他们一共有六个人，对鉴尝威士忌都有丰富的经验。其中有五人专门用鼻评麦芽威士忌，一个人专门评价硬谷类威士忌。他们每天评威士忌样品能够达到两百个。他们所提出的意见，生产单位和勾兑单位都是作为第一手参考意见。

【对酒品滋味的鉴别】

人的味觉器官是口腔中的舌头。舌头之所以能够产生各种味觉，是因为舌面上的黏膜分布着很多不同形状的味觉乳头，是由舌尖和舌缘的蕈状乳头、舌边缘的叶状乳头、舌面后的轮状乳头所构成。在味觉乳头的四周有味蕾，味蕾是味的感受器，而且也是在黏膜上皮层下的神经组织。味蕾的外形非常像一个小蒜头，里面由味觉细胞和支持细胞组成。味觉细胞是与神经纤维紧密相连的，味觉神经纤维联成小束，通入大脑味觉中枢。在有味的物质溶液从味孔进入味蕾，刺激味觉细胞使神经产生兴奋，传到大脑，通过味觉中枢的分析，各种味觉就产生了。

因为舌头上味觉乳头的分布不同，味觉乳头的形状不同，各部位的感受性也就各不相同。在舌头的中央和背面，由于没有味觉乳头，所以就不会受到有味物质的刺激，没有辨别滋味的能力，可是却对压力、冷、热、光滑、粗糙、发涩等有感觉。舌前三分之二的味蕾与面神经相通，舌后三分之一的味蕾与舌咽神经相通。软腭、咽部的味蕾与迷走神经相通。味蕾受到的刺激有酸、甜、苦、咸四种，除此之外的味觉全都是复合味觉。舌尖的味觉对甜味最为敏感。舌根的反面专门感觉苦味。舌的中央和边缘对酸味和咸味敏感。涩味主要是由口腔黏膜感受。而辣味则是由舌面及口腔黏膜受到刺激所产生的痛觉。味蕾的数量随着年龄的增长而发生变化。一般十个月的婴儿味觉神经纤维便已经成熟，能辨别出咸、甜、苦、酸。味蕾数量在45岁左右时增长到最高峰。到75岁以后，味蕾数量就会逐渐减少。

酒类含有很多呈味成分，主要包括高级醇、有机酸、羰基化合物等。这是与酿造原料、工艺方法、储存方法等难以分开的。人们对酒的呈味成分，是经过口腔中的舌头、刺激味蕾，产生感觉，方能鉴定出酒质的优劣，滋味的好坏。

评 酒 员

【评酒员的条件】

评酒员必须要具有下列条件：

评酒人员的身体一定要健康，无盲目、色盲、嗅盲、味盲、鼻炎及肠胃等疾病。

评酒人员应该有大公无私、实事求是、认真负责、公正不偏的品德。

评酒人员应具备比较熟练的尝评能力经验，并有准确性及较高的再现性。

必须具有感官检查的识别能力，具有分辨微妙差异的能力。

判断基准要有稳定性，对同一酒品的工样虽经过反复试验，作出的判断基本上要一致，而且再现能力要强。

判断基准应该有可靠性，酒品式样之间，客观上有等级存在，评酒人员的判断，必须符合客观实际。

【识别试剂】

对五味的识别要用砂糖、食盐、酒石酸、奎宁和味精等试剂，用蒸馏水搭配成溶液，给予试者评味，在五味中能够正确判断出三味者为合格。

五味的浓度味分别为：甜味、咸味、酸味、苦味、鲜味。

溶液物质包括砂糖、食盐、酒石酸、奎宁、味精。

浓度百分比一般分为0.5、0.15、0.009、0.00023、0.05。

对四味浓度差的区分用砂糖、食盐、酒石酸和味精等物质组成不同浓度的溶液，给予受试者辨别。如果能够辨别各种味的强弱顺序，为一次试验合格，其不合格者还可以进行第二次辨别。

	四味的浓度差		溶液物质相对浓度差%			
砂糖	15	7.22	6.28	5.46	4.75	4.13
食盐	15	1.38	1.20	1.04	0.91	0.80
酒石酸	25	0.031	0.025	0.020	0.016	0.013
味精	30	0.34	0.26	0.20	0.15	0.12

【评酒员的训练】

评酒人员要经常进行训练，这是为了有较好的精确度和可靠性，使评酒合乎实际情况，做出正确的评定。

（1）术语训练

评酒术语是评酒人员为评酒用的日常用语。这些术语很多都是概念性的词汇或比较性的形容词。在选用的时候，除了正确地理解它们的意义之外，还要通过自己的实践，深入感受，方能恰如其分地使用它们。

（2）技术训练

熟练掌握各种酒类品种变化。应比较熟悉各种酒品生产过程不同的特性。积累感官检查的表达术语，以及使用表达用语是否适当。熟知刺激记忆的要领。领会心理的效果，改正自己的感觉。判断感官检查酒品的准确率，其可靠性和再现性的程度。找到判断酒品质量的要点。

评 酒 杯

【概述】

评酒杯是评酒的主要工具，它的质量对酒样的色、香、味可以形成心理的影响。为了确保品评的正确性，对评酒杯要有比较严格的要求。

评酒杯的质量要求评酒杯多用玻璃杯，要用无色透明、无花纹的高级玻璃杯，其素质（无气泡）、大小、厚薄（以薄为佳，无凹凸不平）要完全相同，就算是同一工厂的产品，也应该经过挑选。

酒杯的形状品评不同的酒类，应该用不同形状的酒杯，在国际花样颇为繁多，但也只是习惯相沿而已，有些杯形并没有多大实际意义。

【酒杯分类】

中国常用的酒杯有以下几大类。

白酒评酒杯：大多是郁金香型。满杯容量是 80 至 100 毫升，评酒时装入 30 至 40 毫升，也就是到腹部最大面积处。这种杯的优点是腹大，酒液在杯中有最大的蒸发面积，口小能使蒸发的气味分子较为集中，有利于嗅觉。杯中留有较大的空间而口小，也方便评酒时能够转动观察，不易倾出。另外一种截去尖头的卵圆形杯也适合品评白酒和其他蒸馏酒。

果酒杯：可以选择与白酒杯型相同，或高足杯、倒钟形杯，容量可大到 200 毫升。由于品评香槟酒和含气果酒时，需要观察酒液中二氧化碳升起的情况，即气珠的大小与快慢。

黄酒杯：可以选择与果酒杯相同的杯型。

啤酒杯：可以选择一般圆筒形杯和倒钟形杯，只是容量要大一些，以便能观察气泡和泡沫的升起。

除了啤酒杯之外，评酒杯最好设有杯盖，以避免香气很快散失。评酒杯最好专用于评酒，以防染上异味。在每次评酒之前评酒杯要彻底洗净，先用温水冲洗多次，然后用纯净凉水或蒸馏水清洗。洗后如果还有轻微的残余气味，可以放在 170°C 的恒温箱中干燥一个小时，或者用洁净绸布擦拭，直至无味时才能使用。评酒杯存放前，一定要充分洗净，然后再放进玻璃或瓷、搪瓷盘内。为了防止尘埃，可以覆上纱布。不可倒放在木盘或桌上，以免染上木料或涂料气味。

评酒时所用的盛酒容器，其洁净要求和酒杯一样。

评酒方法事例

【白酒品评法】

白酒品评的正确流程为先观色，其次闻香，再尝味道，然后综合色、香、味的特点来判断酒的风格，即酒的典型性。

(1) 白酒的嗅闻方法

酒杯举起，将酒杯放在鼻下两寸处，头略低，轻嗅其气味。最初不要摇杯，闻酒的香气挥发情况；然后再摇杯闻酒的香气，凡是香气协调，有愉快感，主体香突出，无其他邪杂气味，溢香性也好，一倒出就会香气四溢，芳香扑鼻的，说明酒中的香气物质较多。喷香性比较好，一入口，香气便能充满口腔，大有冲喷之势的，说明酒中含有低沸点的香气物质较多；属于留香性较好，咽下后，口中仍然留有余香，酒后作嗝时，还有一种让人舒适的特殊香气喷出的，表明酒中的高沸点酯类较多。所谓的余香悠长，首先要鉴别酒的香型，检查芳香气味的浓郁程度，然后把杯接近鼻孔，进一步闻，分析其芳香气的细腻性，醇正与否，是不是有其他邪杂气。在闻的时候，要先呼气，后再对酒吸气，不要对酒呼气。一杯酒最多闻三次就应该有准确记录。最好以右手端杯，左手煽风继续闻。闻完一杯，稍稍休息一会儿，再闻另一杯。

为了鉴别酒中的特殊香气，可以采取下面三种方法：

①用一小块过滤纸，吸入少许酒液，放在鼻孔处细闻，然后把过滤纸旋转半个小时左右，继续闻其香，以此确定留香的时间和大小。

②在手心中滴入一定数量的酒，握紧手挨近鼻子，从大拇指和食指间形成的空隙处，嗅闻它的香气，以此来验证香气是否正确。

③把少许酒液放在手背上，借助体温，使酒样挥发，嗅闻其香气，判断酒香的真伪、留香长短和好坏。

(2) 对酒的口尝方法

把酒杯送至嘴边，将酒含在口中，大约为 4 至 10 毫升，每次含进口中的酒数量，必须保持一致性。先从香味淡的开始品尝，由淡而浓，再由浓而淡，反复几次。将暴香味或异香味的酒留到最后尝，以免味觉器官受到干扰。将酒沾满口腔，然后吐出或咽下。用舌头抵住前额，把酒气随着呼吸从鼻孔排出，以便检查酒性是否刺鼻。在用舌头品尝酒的滋味时，一定要分析嘴里酒的各种味道变化情况，最初是甜味，次后酸味和咸味，再后是苦味、涩味。舌面应该在口腔中缓缓移动，以感受涩味程度。酒液入口应柔和爽口，略带甜、酸，无异味，饮后要有余香味，应留意余味时间有多长。酒留在口腔中的时间为 10 秒钟左右。用茶水漱口。在初尝之后则可适当加大入口量，以鉴定酒的回味长短、尾味是否干净，是回甜还是后苦。并鉴定是否有刺激喉咙等不愉快的感觉。要根据两次尝味后形成的综合印象来判断优劣，写下评语。

（3）对风格的评价

酒的风格，即酒的典型性。各类型酒都要有自己独特的风格。1979 年第三届全国评酒会把白酒划分成酱香型、浓香型、清香型、小曲米香型和其他香型五种主要香型。典型性是品评不可或缺的一个项目。对多种酒进行品评时，常常是把属于不同类型的酒分别编组品评，以便对比。判断某一种酒是否具有应有典型风格并准确打分，首先必须掌握这种酒的特点和要求，并对所评酒的色、香、味有一个综合的确切的认识，通过思考，对比和判断，方能确定。

为了对每种酒的优劣、名次作出公正的评价，除了写出评语之外，往往采用评分法。现在我国白酒评分制分为 100 分制、40 分制和 20 分制。

【黄酒品评法】

黄酒品评时大致上也分为色、香、味、体（风格）四个方面。

（1）色

经由视觉对酒色进行评价，黄酒的颜色占 10% 的影响程度。好的黄酒必须要色正（橙黄、橙红、黄褐、红褐），透明清亮而有光泽。黄酒的色度是因为各种原因增加的。

①黄酒中混入铁离子则色泽加深。

②黄酒通过日光照射而着色，酒中所含的酪氨酸或色氨酸受到光能作用而被氧

化，呈赤褐色色素反应。

③黄酒中氨基酸与糖作用产生氨基糖，而使色度增加，这个反应的速度与温度、时间成正比。

④外加着色剂，如在酒中加入红曲、焦糖色等而致使酒的色度增加。

(2) 香

黄酒的香在品评中通常占有25%的影响程度。好的黄酒，有一股强烈而优美的特殊芳香。组成黄酒香气的主要成分包括醛类、酮类、氨基酸类、酯类、高级醇类等。

(3) 味

黄酒的味在品评中占有50%的比重。黄酒的基本口味分为甜、酸、辛、苦、涩等。黄酒要在优美香气的基础上，具有糖、酒、酸调和的基本口味。如果突出了某种口味，就会使酒产生过甜、过酸或有苦辣等感觉，影响酒的质量。一般好的黄酒必须是香味幽郁，质纯可口，特别是糖的甘甜，酒的醇香，酸的鲜美，曲的苦辛搭配和谐，余味绵长。

(4) 体

所谓的体，即风格，是指黄酒组成的整体，它全面反映出酒中所含基本物质（乙醇、水、糖）和香味物质（醇、酸、酯、醛等）。因为黄酒生产过程中，原料、曲和工艺条件等不同，酒中组成物质的种类和含量也会随着不同，所以可形成黄酒的各种不同特点的酒体。在评酒中黄酒的酒体占据15%的影响程度。

感观鉴定时，因为黄酒的组成物质必然会经过色、香、味三方面反映出来，所以必须经由观察酒色、闻酒香、尝酒味之后，才综合三个方面的印象，加以抽象的判断其酒体。现行黄酒品评通常采用100分制。

【葡萄酒、果酒品评法】

(1) 干白葡萄酒

色：麦秆黄色、透明、清澈、晶亮。

香：具有新鲜怡悦的葡萄果香（品种香），兼具优美的酒香。果香和谐、细致，令人清新愉快，不允许有醋的酸气感。

味；完整和谐、轻快爽口、舒适洁净。不能有重橡木桶味，不能有异杂味。

典型：要有清新、爽、利、愉、雅感，具有本类酒应该有的风格。

（2）甜白葡萄酒

色：麦秆黄色、透明、清澈、晶亮。

香：具有新鲜怡悦的葡萄果香（品种香），有优美的酒香，果香和酒香搭配和谐、细致、轻快，不能有醋的酸气感。

味：甘绵适润，完整和谐，清爽绵软，舒适洁净。不得有橡木桶味及异杂味。

典型：要具有清新、爽、甘、愉、雅感。具有本类型酒应有的风格。

（3）干红葡萄酒

色：接近红宝石色或本品种的颜色，不得有棕褐色，应透明、澄清、晶亮。

香：含有新鲜怡悦的葡萄果香以及优美的酒香，香气谐调、馥郁、舒畅、不得有醋的酸气感。

味：酸、涩、利、甘、和谐、完美、丰满、醇郁、清爽、浓烈幽香。不能有氧化感及重橡木桶味感，不得有异杂味。

典型：要具有清、爽、馥、愉、醇、幽的味感以及本品种的独特风格。

（4）甜红葡萄酒（包括山葡萄酒）

色：呈现红宝石色，可略带棕色或本品种的正色，透明、澄清、晶亮。

香：有怡悦的果香及优美的酒香，香气谐调、馥郁、舒畅，不得有醋气感及焦糖气味。

味：酸、涩、甘、甜、和谐、完美、丰满、醇厚爽利，浓烈香馥，爽而不薄，醇而不烈，甜而不腻，馥而不艳。不得有氧化感及过重的橡木桶味，不可有异杂味。

典型：要有爽、馥、酸、甜感，和谐统一，具有本品种的独特风格。

（5）香槟酒

色：鲜明、和谐、光泽。

透明：澄清、澈亮、无沉淀、无浮游物、无失光现象。

音响：清脆、响亮。

香：果香、酒香柔和、轻快、没有异臭，具有独特风格。

味：醇正、谐调、柔美、清爽、香馥、后味杀口，轻快，余香，无异味，有独特风格。

总分＝色得分×10％＋透明得分×10％＋音响得分×15％＋香得分×25％＋味得分×40％

（6）果酒

色：鲜明、谐调、光泽、不褪色、变色。

透明：澄清，澈亮，无沉淀，无浮游物，无失光现象。

香：含有原果香、酒香（配制酒具原果或植物芳香），柔协，浓馥悠长，没有异臭，具有独特风味。

味：醇正，完美协调、柔美、爽适，有余香，无异味，有独特风格。

总分＝色得分×10％＋透明得分10％＋香得分×35％＋味得分×45％

（7）啤酒品评法

①黄啤酒评分标准

色：淡黄，带绿，淡黄，黄而不显暗色。

透明：清亮、透明，无悬浮物或沉淀物。

泡沫：泡沫高，持久（8—15℃，5分钟不消失）细腻、洁白、挂杯。

香气：有明显酒花香气、新鲜、无老化气味及生酒花气味。

口味：口味醇正、爽口、醇厚而杀口。

②黑啤酒评分标准

色：黑红或黑棕。

透明：清亮透明、无悬浮物或沉淀物。

香气：具有明显的麦芽香气，香味正，无老化气味或不愉快的气味（如双乙酰气味、烟气味、酱油气味等）。

口味：口味醇正、爽口、醇厚而杀口。

甜味、焦糖味、后味苦、杂味等均不作为醇厚感，反正是不醇正、不爽口的表征。

评　酒　室

　　人的感觉灵敏度和准确性极易受到环境的影响。为了能达到正确的品评结果，正式的评酒应该在特设的评酒室中进行。在国外，很多专用评酒室都是每人一个单间，不但有完善的设备以排除环境的干扰，也防止了评酒人员的互相干扰。进行集体（小组）评酒时，则必须要选择具有一定条件的评酒室。

【评酒室须具备条件】

　　评酒室应适当宽畅，不可过于狭小，可是也不宜过大而显得室内空旷。

　　评酒室的墙壁，天花板最好选择可以防火防湿的材料，应涂以单一的颜色，色调中等，必须避免新涂有味的壁饰，既有适当的亮度又没有强烈的反射（反射率在40%至50%为适宜）。地板要光滑、清洁、耐水。

　　评酒室的光线必须充足而柔和，不宜让阳光直接射入室内，可设置窗帘来调剂阳光。光源不要太高，灯的高度最好是与评酒员坐下或站立时的视线平行，最好有灯罩使光线不直射入评酒员的眼部。评酒台（桌）上的照明度均匀一致，用照度计测量时，至少要有500lux（勒克斯）的照度。

　　评酒室内应保证空气清新，不得有任何异味，香气及烟气等。为了使空气流畅，可以安装换气设备，可是在评酒时，室内应为无风状态。

　　评酒室的温度和湿度都要保持稳定和均匀。如果有条件，温度最好控制在15至20℃，相对湿度则要控制在50%至60%。不适宜的温度与湿度易于使人感到身体和精神不舒适，并会对味觉有明显影响。

　　在评酒时应该选择环境宁静的地方，或有防音装置，噪声要限制在40dB（分贝）以下。由于噪声除了会妨碍听觉外，对味觉也有一定影响，还会使人注意力分散，工作能力下降和易于疲劳。

【评酒室的设备】

　　评酒室要附有专用的准备室，室内的陈设应尽量简单些，无关的用具不应放入。

集体评酒室应该每一评酒员都有一个工作台（圆形转动桌最好），台面铺以白色桌布。

评酒员的坐椅要高低适当，坐着舒适，能够缓解疲劳。

评酒桌上放一缸清水，桌旁应该备有一水盂，供吐酒、漱口用。

评酒室内应有供、排水道以及洗手池，冬天应有温水供应。

评 酒 术 语

【概述】

评酒术语是以准确、精练的语句表达酒的品质的用语。这些用语由于长时间使用，既容易为人们所理解，同时也收到了言简意赅的效果。

评酒术语只是用来描绘各种酒质的常用语，大多都是概念性的词语或比较性的形容词。这些术语的应用一定要结合评酒者自身的实践和感受，并且经过记忆和比较，才能达到恰如其分。

酒的品质是从外观、内质，即色、香、味、风格等方面的表达。评酒术语也必定是从这几个方面反映酒的特征。体现酒的品质的术语，有一些是酒类通用的，有一些则专用于一种酒。

【描述外观的术语】

酒的颜色、透明度、有没有沉淀、含气现象、泡沫等外观，是品酒时经由眼睛直接观察、判别的现象。

(1) 颜色

色酒的颜色主要是用眼直接观察判别。有的酒类常以自然物的颜色来表示。如橘子酒的橘红色、白葡萄酒分为禾秆黄色、琥珀色等，红葡萄酒则分为宝石红色、玫瑰红色、洋葱皮红色、石榴皮红色等。

色正（正色）：符合此种酒的正常色调称为色正。白酒大多数都是无色的，少数是微黄色的，而无色（绝大多数白酒）或略带黄色（有些浓香型酒）都是白酒的正色。果酒通常要求具有原果实的自然色泽或与之相近，即谓正色。

色不正：不符合此酒的正常色调。

复色：有的酒的颜色，要以两种颜色来表示，应该以后一种颜色为主色。如红曲黄酒为红黄色，则以黄色为主，黄中呈现红色。

（2）透明度

透明度光泽：在正常光线下有光亮。

色暗或失光：酒色发暗没有光泽。

略失光：光泽不强或亮度不够。

透明：光线从酒液中通过，酒液明亮。

晶亮：如同水晶体一般高度透明。

清亮：酒液中看不出纤细微粒。

不透明：酒液乌暗，光束无法通过。

混浊：混浊是评酒的重要指标。

依照混浊的程度不同，可以判断为：有悬浮物、轻微混浊、混浊、极混等。优良的酒都应该具有澄清透明的液相。白酒与白兰地等蒸馏酒发浑是重要的质量问题，葡萄酒、苹果酒等酿制原汁酒发浑则是原料或工艺不良，是酒有缺陷的象征。

（3）沉淀

沉淀因为温度、光照、微生物等因素的影响，将原本溶解的物质，从酒液中离析出来。

沉淀物不仅有各种粒状、絮状、片状、块状，闪烁有光的晶体形状；而且还分为多种不同的颜色：白酒的沉淀物有灰白色、棕色、蓝黑色，啤酒的沉淀物有白色、褐色等。

（4）含气现象

含气现象是由于发酵而产生二氧化碳的酒，如啤酒、香槟酒以及人工充入二氧化碳的各种汽酒都是含气的酒类，也称为起泡酒。含气现象自然成为品评的一个指标。

比较常用的评语有：二氧化碳是否充足可以描述为平静的、静的、不平静、起

酒的品评

泡、多泡；气泡升起的现象一般描述为气泡如珠、细微连续、持久、暂时泡涌、泡大不持久、形成晕圈（香槟酒）等。

（5）音响

音响是含有二氧化碳的酒，在酒瓶中形成的气压，开瓶时会发出响声。响声的大小反映出酒的含气程度。通常以"清脆"、"响亮"音响者为佳。

（6）泡沫

泡沫是啤酒独有的特点，而且也是鉴定啤酒外观质量的指标之一。泡沫的形成和持续时间，和酒液中二氧化碳的含量以及麦芽汁的组成有关。泡沫一般用洁白、细腻、持久、挂杯等来描述。

（7）流动情况

流动状黄酒、果酒、葡萄酒等含糖较高的酒，可以由酒液流动的情况来辨别酒是否正常。具体方法是举杯旋转观察，评语分为：流动正常，浓的、稠的、黏的、黏滞的、油状的等。

【描述香气的术语】

酒香是很复杂的。各种酒类都有不同的香气和要求，同一种酒香存在情况的表现也是千变万化的，因此在品评时，一部分评语是形容酒香存在情况的表现，另一部分却是表现各种不同酒类香气的特点。

（1）表示香气的术语

无香气：香气淡弱到基本难以嗅出。

微有香气：有微弱的香气。

香气不足：没有达到该酒正常应有的香气。

清雅：香气不浓不淡，让人愉快而不粗俗。

细腻：香气醇正而细腻、柔和。

纯正：纯净无杂气。

浓郁：香气浓厚馥郁。

暴香：香气非常强烈而粗猛。

放香：从酒中缓缓释放出的香气，也可表示为酒的嗅香。

喷香：扑鼻的香气，犹如从酒中喷射而出。

入口香：酒液入口后，才能感到的香气。

回香：酒液咽下后，才感觉出来的香气。

余香：饮后余留的香气。

悠长、绵长、脉脉、绵绵：都是经常用来表现酒的余香和回香的形容词。即香气虽不浓郁但却持久不息。

谐调：酒中有多种香气成分，可是又不突出一种而和谐一致。

完满：丰满无欠缺之感。

浮香：香气虽然比较浓郁却短促，使人感到香气不是自然出自酒中，而有外加调入之感。

芳香：香气宜人，如鲜花，香果放出的香气。

陈酒香：也谓老酒香。是酒在长期储存中产生的成熟香气，醇厚、柔和而不烈。

固有香气：这种酒长期以来保持的独特香气。

焦香：似有轻微的焦烟气而让人愉快。

香韵：与同类酒基本相同，细分辨又有使人感到独特的风韵。

异气：指的是异常的使人不愉快的气味。

刺激性气味：刺鼻或冲辣的感觉。

臭气：指的是焦烟气、金属气、各种腐败气味以及酸气、木气、霉气等令人不愉快的气味。

（2）白酒的香气

清香型也叫汾香型，主要以山西省汾阳市杏花村的汾酒为典型代表，清香醇正，其主体香味成分是乙酸乙酯，不得有浓香或酱香及其他异香和邪杂气味。

浓香型也叫泸香型、窖香型，主要以四川泸州老窖特曲酒为典型代表，窖香浓郁，其主体香味成分是乙酸乙酯，凤香型主要以陕西凤翔的西凤酒作为典型代表，清而不淡，浓而不酽，集清香、浓香优点于一体，其主体香味成分是乙酸乙酯和异戊醇为主。

酱香型也叫茅香型，以贵州省仁怀市的茅台酒为典型代表，酱香比较突出，优雅细腻，空杯留香，经久不散，幽雅持久，其主体香味成分直到现在尚无定论，初步认为是一组高沸点的物质。

米香型主要以广西壮族自治区桂林市的三花酒为典型代表，蜜香清雅，具有让人愉快的药香，其主体香味成分是 β – 苯乙醇。

醇香白酒的香气是正常香气。

曲香白酒酿造用的曲形成的香气是特殊香气。

糟香发酵糟粕带有的香气。

果香是如同水果般的香气。

其他香型除了上述几种主要香型的白酒外，采用独特工艺酿制而成的独特香味白酒，都称为其他香型。由于这种香型的酒品繁多，没有特定要求，只规定有共性要求，如酒质要无色，或微黄、透明，含有舒适的独特香气，香味协调，醇和味长等。这种香型的酒品，现在又分为以下 5 种：

董香型也叫药香型，以贵州遵义的董酒为典型代表，不仅有大曲酒的浓郁芳香，而且也有小曲酒的柔绵、醇和、回甜的特点，有愉快的药香，各种味道协调，回味悠长。

豉香型主要以广东佛山的豉味玉冰烧为典型代表，豉香醇正，诸味协调，入口醇厚平和，余味甘爽。

芝麻香型主要以山东省安丘县的特级景芝白干为典型代表，香气袭人，芝麻香味明显，余香悠长。

四特香型也成为特香型，以江西省樟树镇的四特酒为典型代表，闻香清雅。

老白干型主要以中国北方一般白酒为主，芳香醇正。

啤酒的香气

（3）啤酒的香气

酒花香气新鲜，无老化气味及生酒花气味。

麦芽的清香是淡色啤酒的香气。

麦芽的焦香浓色啤酒的香气，是因高温烘烤而产生的麦芽香气。

（4）果酒和葡萄酒的香气

果香原料果实自身带来的特有香气。如橘子酒的橘子香、苹果酒的苹果香。葡萄酒不但具有葡萄的芳香，而且不同葡萄品种酿造的酒还具有葡萄本身独特的品种香。如玫瑰香葡萄酒有麝香香气，珊瑚珠葡萄酒有清爽的香气。果香在果酒尤其是葡萄酒中是重要的品质指标，是葡萄酒典型风格的主要组成部分。

酒香是在酿制过程中产生的酒香，不仅不同种果酒的酒香有区别外，就算同种葡萄酒，也会因原料不同，酒香亦有差异。

【描述味感的术语】

味是反映酒质优劣的重要指标。味感是复杂的，酒类不同，味感要求也有区别。

酒分的口感就是酒的刺激性感觉，又叫做劲头。与酒中的酒精度有密切的关系，亦并不完全与酒度成比例关系。酒精是酒的主要成分，不管哪种酒，都要求酒精与酒中其他成分充分融和、谐调。同样是浓度60%的烈性酒，入口的口感有强烈的、温和的、绵软的区别。即便是酒精度低的果酒和葡萄酒（酒精度9%至20%），入口后仍可品评出酒性烈、较烈、温和、绵软的口感。

浓淡酒液入口之后的感觉，通常给予浓厚、淡薄、清淡、平淡等评语。

醇和：入口和顺，不会感觉到强烈的刺激。

醇厚：醇和而味长。

绵软：口感柔和、圆润。

清冽：口感爽适、纯净。

粗糙：口感糙烈、硬口。

燥辣：不仅粗糙还有灼热感。

粗暴：酒性热烈而凶猛，饮后有上头感。

上口：进入口腔时的感觉，分为入口醇正、入口绵甜、入口浓郁等。

落口：是指咽下酒液时，在舌根、软腭、喉头等部位的感受。分为落口干净、落口淡薄、落口微苦、落口稍涩等用语。

后味：是指酒在口腔中持久的感受。分为后味怡畅、后味短（没有持久的味感）、后味干净、后味苦、后味回甜等用语。

【描述味的用语】

（1）甜味

甜味用语酒中都含有呈现出甜味的物质，如糖、多元醇等，不同的酒有不同的甜味要求。比较常用的术语有：

无甜味：没有甜的感觉。

微甜：略有甜味感。

甜味：含有糖分的酒。

浓甜：含糖分很高，酒味甜而浓。

甜腻：糖分高而酸度低令人发腻。

回甜：回味中含有甜的感觉。

甜净：味甜而纯净。

甜绵（绵甜）：甜而绵长。

醇甜：酒液醇和而具有甜味感。

甘洌：甜而纯净。

甘润：甜而润滑。

甘爽：甜而爽适。

（2）酸味

酸味用语酒中的酸主要是各种有机酸。酸属于酒的主要呈味成分。酸味的存在对酒味和香气都起到促进作用，而且影响着酒的风格。酒无酸味则寡淡，后味短；酒的酸味过大，则会显得粗糙，甜味降低并失去回甜，甚至会有尖酸味。

不同的酒对酸味的要求标准各不相同。白酒要求酸味不露头，黄酒和葡萄酒中有适当高的酸味给人以清鲜、爽口的感觉。常用的评语有：

调和：酸与其他成分配比适宜，有酸味而不突出。

微酸：可以感到酸味但不明显。

有酸味：略有酸味感。

酸重：酸味明显，以致压抑了其他的味觉。

（3）苦味

苦味用语苦在酒类中并不全是劣味。有的酒要求有微苦味或苦味，如啤酒、味美思和一些黄酒，但是白酒不允许苦味出头。常见的苦味用语有：无苦味、微苦、有苦味、落口微苦、后苦、极苦、微苦涩、苦涩等。

（4）其他味

①涩味。由于原料中含有单宁等生物碱而给酒带来的涩味。多数酒涩味露头，让人感觉到有不滑润的不快感，会降低酒质。而红葡萄酒则应该有微涩的感觉。

②酒味谐调。指酒中酸、甜、苦、涩及酒精固有的辣味等诸味配合得恰到好处，酒味全面，给人以浑然一体的愉快感觉。或是葡萄酒、果酒中的酒、糖、酸三味配比适当，品尝时有酒质肥硕、酒体柔美的快感。

③邪味、异味。酒液不应该有的味感，如有油味，依照程度差异评为：有油臭、油腻味、哈刺味等不愉快的味感。

尾子不净饮后会有令人不愉快的刺激感。

【描述风格、酒体的术语】

（1）风格

酒的风格也是典型性，各种酒都有自己特有的风格。所谓风格是指酒色、香、味的全面品质。酒的风格在酿造中逐渐形成，经过消费者长期饮用，为消费者熟悉并享有一定的声誉。

评酒员必须熟悉每种酒的固有风格，然后给予"突出"、"显著"、"不突出"、"不明显"等评语。

（2）酒体

酒体是指和酒的风格有关的一个品评项目。酒精、水、挥发物、固形物混合在一起，所构成一个整体称为酒体。酒体是酒的物质基础，是酒的物质组成情况反映到酒的颜色、香气、口味各方面的体现。酒体的各种组成需要用理化分析和气相色谱等分析手段来阐明。酒中的各种物质成分保持着一种平衡，这就是色、香味的平衡。如果不平衡，酒的品质就无法给人愉快的感觉。各种名酒、优质酒都要有一个丰满、完整的酒体。

葡萄酒、果酒的酒体常用评语有：

酒体完满：酒液色泽美观、构成成分完全、平衡。

酒体优雅：酒液外观优美、香气和口味恰到好处。

酒体肥硕：酒液浓稠、饱满、绵软。

酒体滞重：酒液中干浸物极高，颜色深浓，酒质厚重，饮时缺少高度的愉快感。

酒体粗实：酒液中有充足的干浸出物，可是不甚调和。

酒体娇嫩：酒液中干浸出物较少，令酒嫩而轻，但饮时还是令人感到愉快和稍有稠性。

酒体轻弱：酒液颜色浅淡，酒度不甚高，干浸出物量少，饮时觉得轻弱乏味。

酒体瘦弱：酒液中缺少干浸出物，酸分和其他构成成分也不足。

酒体粗劣：酒色深暗，味浓厚苦涩。

浓淡适口：酒中组成成分协调，给人舒适愉快的感觉。

有皮有肉总体成分组成良好，饮用时带有肥硕的口感。酒体甘温酒度较高，可是没有刺激性和酒精味，饮时令人产生愉快、温和的感觉。

酒 与 健 康

黄酒的保健作用

【概述】

黄酒是世界上三大最古老的酒种之一，当然也是我国的民族特产，其用曲制酒、复式发酵的酿造方法，与世界上其他酿造酒有根本的不同。曲的发现，是我国古代劳动人民的伟大贡献，被一些中外学者一致称为中国的第五大发明，重要的是，曲给现代发酵工业和酶制剂工业带来了长期的影响。

【黄酒中的蛋白质为酒中之最】

黄酒中含丰富的蛋白质，每升绍兴加饭酒的蛋白质约为 16 克，是啤酒的 4 倍。黄酒中的蛋白质经微生物酶的降解，其中的绝大部分以肽和氨基酸的形式存在，极易被人体吸收利用。

肽除传统意义上的营养功能外，其生理功能是近年来业界研究的热点之一。到目前为止，已经发现了几十种具有重要生理功能的生物活性肽，这些肽类，常常具有非常重要和广泛的生物学功能和调节功能。

大家都知道氨基酸是重要的营养物质，黄酒含 21 种氨基酸，其中 8 种人体必需氨基酸种类齐全。所谓必需氨基酸是人体不能合成或合成的速度已经无法适应机体需要，必须由食物供给的氨基酸。缺乏任何一种必需氨基酸，都可能导致生理功能出现异常，发生疾病。每 1 升加饭酒中的必需氨基酸达 3400 毫克，半必需氨基酸达 2960 毫克。实际上啤酒和葡萄酒中的必需氨基酸仅为 440 毫克或者更小。

【含较高的功能性低聚糖】

低聚糖又叫寡糖类或少糖类，分功能性低聚糖和非功能性低聚糖，功能性低聚糖已日益受世人瞩目。因为人体不具备分解、消化功能性低聚糖的酶系统，在摄入后，它很少或根本不产生热量，但能被肠道中的有益微生物双歧菌有效利用，促进双歧杆菌增殖。

黄酒中含有较高的功能性低聚糖，目前已检测的异麦芽糖、潘糖、异麦芽三糖三种异麦芽低聚糖，每 1 升绍兴加饭酒就高达 6 克。异麦芽低聚糖，具有明显的双歧杆菌增殖功能，能改善肠道的微生态环境，有效促进维生素 B_1、维生素 B_2、维生素 B_5（烟酸）、维生素 B_6、维生素 B_{11}（叶酸）、维生素 B_{12} 等 B 族维生素的合成和钙、镁、铁等矿物质的吸收，进而提高机体新陈代谢水平，提高免疫力和抗病力，能有效分解肠内毒素及致癌物质，预防各种慢性病及癌症，降低血清中胆固醇及血脂水平。所以，异麦芽低聚糖被称为 21 世纪的新型生物糖源。

现在已知的自然界中只有少数食品中含有天然的功能性低聚糖，目前已面市的功能性低聚糖大部分是由淀粉原料经生物技术也就是微生物酶合成的。黄酒中的功能性低聚糖就是在酿造过程中微生物酶的作用下直接产生的，黄酒中功能性低聚糖是葡萄酒、啤酒无法比拟的。有关研究表明，一般人每天只需要摄入几克功能性低聚糖，就能起到显著的双歧杆菌增殖效果。因此，每天要是能够喝适量黄酒，能起到很好的保健作用。

【丰富的无机盐及微量元素】

人体内的无机盐是构成机体组织和维护正常生理功能所必需的，根据其在体内含量的多少，分为常量元素和微量元素。黄酒中已检测出的无机盐有 18 种之多，其中就包括钙、镁、钾、磷等常量元素和铁、铜、锌、硒等微量元素。

镁既是人体内糖、脂肪、蛋白质代谢和细胞呼吸酶系统必须具备的辅助因子，也是维护肌肉神经兴奋性和心脏正常功能，保护心血管系统所不可或缺的。人体缺镁时，易发生血管硬化、心肌损害等严重的疾病。黄酒含镁 200 至 300 毫克/升，比红葡萄酒高 5 倍，比白葡萄酒高 10 倍，比鳝鱼、鲫鱼还高，能很好地满足人体的日常需要。

锌实际上具有多种生理功能，是人体 100 多种酶的组成成分，对糖、脂肪和蛋白质等多种代谢及免疫调节过程起着至关重要的作用，锌能保护心肌细胞，促进溃疡修复，并与多种慢性病的发生和康复相关。锌是人体内非常容易缺乏的元素之一，由于我国居民食物结构的局限性，人群中缺锌病高达 50%，并且如果大量出汗也可导致体内缺锌。人体缺锌可导致免疫功能低下，食欲不振，自发性味觉减退，性功能减退，创伤愈合不良甚至是皮肤粗糙、脱发、肢端皮炎等症状。佳酿的绍兴酒含锌 8.5 毫克/升，而啤酒仅为 0.2 至 0.4 毫克/升，干红葡萄酒 0.1 至 0.5 毫克/升。健康成人每天约需 12.5 毫克锌，喝黄酒能补充人体锌的需要量。

硒与人类疾病、健康的关系始终是国内外生物学和医学研究的热点问题。硒是谷胱甘肽过氧化酶的重要组成成分，有着更多方面的生理功能，其中最重要的作用是消除体内产生过多的活性氧自由基，所以具有提高机体免疫力、抗衰老、抗癌、保护心血管和心肌健康的作用。已有的研究成果证实，人类的克山病、癌症、心脑血管疾病、糖尿病、不育症等 40 余种病症均与缺硒有关。最近的医学研究还揭示，硒具有解除重金属中毒、降低黄曲霉素 B_1 的损伤，保护视觉器官等功能。据中国营养学会的深入调查，目前我国居民硒的日摄入量约为 26 微克，与世界卫生组织推荐日摄入量 50 至 200 微克的指标相距甚远，每 1 升绍兴酒含 10 至 12 微克硒，约为水果蔬菜的 2 倍。黄酒尽管还称不上富硒食品，但在酒中是最高的，比红葡萄酒高约 12 倍，比白葡萄酒高约 20 倍，关键是安全有效，极易被人体吸收。

【黄酒中的多种生理活性成分】

黄酒中含多酚物质、类黑精、谷胱甘肽等各种生理活性成分，它们具有清除自由基，防止心血管病、抗癌、抗衰老等多种生理功能。

多酚物质实际上具有很强的自由基清除能力。黄酒中多酚物质的来源有两方面，即来自原料（大米、小麦）和经过微生物（米曲霉、酵母菌）转换。尤其是因为黄酒发酵周期长，小麦带皮发酵，麦皮中的大量多酚物质溶入酒中，所以黄酒中的多酚物质含量较高。

类黑精是美拉德反应的产物。美拉德反应指的就是在仪器加工和储藏过程中经常发生的反应，生成类黑精的量一般取决于还原糖和氨基酸的浓度。黄酒中的还原糖和氨基酸的含量高，且储存时间长，因而生成较多的类黑精。黄酒在普通的储存过程中色泽变深，也与美拉德反应生成的类黑精有关。类黑精是还原性胶体，具有相对较强的抗突变活性。有的研究认为，其抗突变机理是清除致突变自由基和通过与致突变化学物结合能够减少其致突变毒性。

谷胱甘肽在人体内具有重要的生理功能。正常情况下，当人体摄入食物中含不洁净或药物等有毒物时，在肝脏中谷胱甘肽能和有毒物质结合而解毒。谷胱甘肽过氧化酶实际上是一种含硒酶，能消除体内自由基的危害。黄酒中的谷胱甘肽是发酵过程中酵母分泌和自溶直接产生的。酵母是提取谷胱甘肽最常用的原料，普通的干酵母含1%左右的谷胱甘肽。黄酒发酵周期长，酵母自溶产生的谷胱甘肽也比较多。

【黄酒中的维生素】

除维生素C等少数儿种维生素外，黄酒中其他种类的维生素含量比啤酒和葡萄酒都要高出不少。

酒中维生素来自原料和酵母的自溶物。因为黄酒主要以稻米和小麦为原料，除含丰富的B族维生素外，小麦胚中的维生素E（生育酚）含量高达554毫克/公斤。维生素E又具有多种生理功能，其中最重要的功能是与谷胱甘肽过氧化酶协同作用进而能够清除体内自由基。酵母是维生素的宝库，黄酒在长时间的发酵过程中，有非常多的酵母自溶，将细胞中的维生素释放出来，可成为人体维族非常不错的来源。

【黄酒的药用价值】

黄酒是上好的药用必需品，它即是药引子，又是丸散膏丹的重要辅助材料，《本草纲目》上就这样记载："诸酒醇不同，唯米酒入药用。"米酒既是黄酒，它具有通曲脉、厚肠胃、润皮肤、养脾气、扶肝，除风下气等常见病的治疗作用。

黄酒本身有丰富的营养，对人们有较好的保健作用，又有烹饪价值和药用价值，但在饮用黄酒时也要注意尽可能不要酗酒、暴饮，不要空腹饮酒，不要与碳酸

今朝放歌须纵酒——酒文化卷

类饮料同喝（如可乐、雪碧），否则会促进乙醇的吸收。适量常饮，完全可以延年益寿。

葡萄酒的保健作用

【概述】

葡萄酒属于三低（低酒度、低糖、低热量）、三丰富（丰富氨基酸、丰富维生素、丰富无机盐）的酒种。普通葡萄酒的营养成分，大部分来自葡萄汁，所含的乙醇则来自果汁发酵。

【葡萄酒的化学成分】

葡萄酒一般含酒精10%至16%，所含乙醇来自果汁发酵。其主要化学成分来自葡萄汁。现已分析出的成分也足有250种以上。

多种糖类：含葡萄糖、果糖、树胶质、黏液质等，全部都是人体必需的糖类物质。

有机酸：含酒石酸、苹果酸、琥珀酸、柠檬酸等，全部都是维持体内酸碱平衡的物质，能帮助消化。

无机盐：葡萄酒内含氧化钾、氧化镁，酒中比例正好相当于人体肌肉中钾镁元素的比例。酒中磷含量都比较高，钙低，氮化钠及三氧化二铝低，含硫、氯、铁、二氧化硅、锌、铜、硒等。

含氮物质：普通葡萄酒内平均含氮量约0.05%至0.027%，葡萄酒内含蛋白质1克/升，并含18种氨基酸。

维生素及类生素物质：葡萄酒内主要含有硫胺素、核黄素、烟酸、维生素 B_6、维生素 B_{12}、泛酸、叶酸、生物素、维生素 C 等。类维生素物质例如肌醇、对氨基苯甲酸和胆碱等以及生物类黄酮等。

醇类：酒精含量70至180毫升/升。有比较少量的杂醇油、苯乙醇等。二醇类、多元醇、酯类、缩醛等，以上这些物质形成葡萄酒的呈香、呈味物质。

单宁和色素：红葡萄酒内的单宁比白葡萄酒要多很多，略有苦涩味。红葡萄酒含色素 0.4 至 0.11 克/升。经过长时间储存后，葡萄酒色泽变深，这主要是因为色素变成胶体，经过沉淀，氧化后变色。

【葡萄酒的营养价值】

葡萄酒具有极高的营养性能，其化学成分较齐全，是无机矿物营养素和有机维生素的良好来源，可供给人体必需的热量。酒内所含的硫胺素，可缓解疲劳、兴奋神经；核黄素能促进细胞氧化还原，有效防止口角溃疡及白内障；烟酸能维持皮肤和神经健康，起美容作用；维生素 B_6 对蛋白质代谢也非常重要，使鱼肉类易消化；叶酸及维生素 B_{12}，有利于红细胞再生及血小板的生成；同时葡萄酒中还含有铜，铜与铁的吸收和转运有关。葡萄酒可促进人体对铁的吸收，十分有利于贫血的治疗。

酒内还含有对氨基苯甲酸，它是叶酸的重要组成部分，可促进红细胞的合成，提高泛酸的利用率。泛酸在酒内含量很高，1 毫克/升，成人每日需要 5 至 10 毫克。泛酸主要缺乏易引起疲劳和消化功能紊乱。葡萄酒内含量相对较高的肌醇，能促进肝脏和其他组织中脂肪的新陈代谢，有效防止脂肪肝，有效减少血中胆固醇，加强肠的吸收能力，促进食欲。

葡萄酒内含有多种无机盐，其中钾能保护心肌，能够维持心脏跳动；钙能镇定神经；镁是心血管病的保护因子，缺镁易引起冠状动脉硬化。这三种元素是构成人体骨骼、肌肉的重要组成部分；锰有凝血和合成胆固醇、胰岛素的良好作用。在红葡萄酒内含锰 0.04 至 0.08 毫克/升，如果能够适量饮用，可调节碳水化合物、脂肪、蛋白质的代谢；硒为强氧化剂，与维生素 E 一起能够防治心绞痛、心肌梗死，防止血压升高、血栓形成，红葡萄酒中硒含量为 0.08 至 0.20 毫克/升。

【葡萄酒的医疗作用】

早在公元前 460 至前 370 年，古希腊医学家希波克拉底等许多医生就已经开始尝试用葡萄酒治疗疾病，但当时缺乏规律的总结。现代医学家、化学家、营养学家经过科学分析、临床研究，认为葡萄酒有很高的医疗价值，长期适量饮用有治疗贫血、软化血管、改善循环、防病养容的作用。纽约克里博士研究证实，葡萄酒中含有一种非酒精成分"白藜芦醇"，具有降低胆固醇和甘油三酯的良效。近期，美国弗吉尼亚州一大学研究人员罗伊·威廉斯在旧金山的葡萄酒研究所会上公布新的试验结果证实，在红或白葡萄酒内含有一种化合物转白藜芦醇（TRANS - RESVER-TROL)，具有抗雌性激素的作用，具有防止乳癌的作用。美国心脏病学家证明，每日饮200毫升红葡萄酒能降低血小板聚集、血浆黏稠度，使血栓很难形成，可预防冠心病的发生。因葡萄酒内含类黄酮的多酚类物质，可有效改善血液循环。美国哈佛大学研究人员证明，能够常饮葡萄酒能减少70%的心脏病死亡率。

【葡萄酒的保健作用】

实际上葡萄酒是很容易消化的低度发酵酒，它的酸度接近于人体胃酸（pH2~2.5）的浓度，还含维生素 B_6，所以，可帮助鱼、肉、禽类等消化吸收。

中医对葡萄酒也有许多保健和治疗经验，如明朝李时珍的《本草纲目》上记载："葡萄酒暖腰肾驻颜色。"《饮膳食谱》上就有这样的记载："葡萄酒运气行滞，使百脉流畅。"

总而言之，葡萄酒的消化性能良好，营养价值较高，每日饮用100毫升，对人体健康有利。

妇女在行经前后或经期，往往会出现下腹及腰骶部疼痛，严重者腹痛剧烈，面色苍白，手足冰冷，甚至昏厥，称为"痛经"，也叫"行经腹痛"。痛经常持续数小时或一两天，一般经血畅流后，腹痛能够缓解。

本病以年轻女性较为常见，是妇女常见病之一。中医认为痛经多因气血运行不畅或气血亏虚所致。临床常见有气滞血瘀、寒凝胞宫，气血虚弱，湿热下注等常见症状。饮食疗法能起到较好的防治作用。要是经血量不多可适量地饮些葡萄酒，能缓解症状，在一定程度上还能起到治疗作用。葡萄酒因为含有乙醇而对人体有兴奋作用。情志抑郁引起痛经者适当适时喝点儿葡萄酒，可以起到舒畅情志，疏肝解闷的作用，使气机和利。

另外，葡萄酒味辛甘性温，辛能散能行，对寒湿凝滞的痛经症，能够散寒祛湿，活血通经；甘温能补能缓，对气血虚弱而致的痛经，又能达到温阳补血，缓急止痛的效果。

啤酒的益处和疗效

【概述】

啤酒是一种含有营养成分而且平衡性良好的常见饮料。在聚餐时饮用啤酒即可以佐餐，还可以助兴。此外，啤酒对于缓解精神上的紧张感都具有一定效果。因此啤酒不仅是单纯的嗜好饮料，而且还被当做健身的常规营养品。

【啤酒具有利尿作用】

经科学研究发现，啤酒的利尿作用除酒精自身作用外，主要与啤酒发酵后所含固形物中的核酸诱导物有关。啤酒的利尿作用能够用来治疗小便赤黄等疾病。

【啤酒具有促进胃液分泌作用】

起促进胃液分泌作用的主要是由酒精和原料中所含的单宁等物质合并产生的。当饮用啤酒时，它促进了胃幽门黏膜中胃泌激素的分泌，再加上二氧化碳气体的刺激，这样就起到胃液分泌的功能，这样也能够起到增加食欲的作用。

【啤酒具有低盐食品作用】

对于那些肾病肾硬化症以及心脏不良等患者，是绝对不能饮用烈性高度酒和严格控制摄入钠盐的。但适量饮用啤酒后，啤酒中含有的适度热量和低盐性不会给患者带来热量上的不足，并且还能够达到长期、严格限制盐分摄取过量的目的。有资料表明，适量地饮用啤酒，能够预防心脏病，很好的起到防止血液中胆固醇蓄积的作用。

【饮用啤酒对于治疗结石具有非常好的辅助疗效】

目前国外研究表明，对于胆结石、肾脏及尿道结石不需手术治疗的轻度患者，如果能喝啤酒，能够采用大量饮用啤酒的治疗方法，将会取得比较满意的效果。

【缓解紧张感】

一般情况下我们知道，酒精饮料具有缓解精神上紧张感的效果，啤酒也具有同样的效果。现以采用测谎器原理的测试为例，在被测试者的皮下流入适量的电流，测定其电阻的变化。当被测试者增加紧张时，皮下的电阻就明显地降低，只要恢复放松状态时，电阻又重新回升。为了能够得到重现性良好的测试结果，需将环境气氛、从事的工作内容、受刺激的开式等测试条件定一个标准范围。对饮用了 1 瓶啤酒的测试者的测试结果得出：应力的紧张程度可减少 50% 左右。对于其他测试者的测试结果也能够得出：可以减轻不安感和多疑意识等症状。总之，啤酒能够起到良好的缓解紧张感的效果。

【缓解老年病】

老年病往往表现为丧失生活的信心，来自社会的自卑感及孤独感，等等。老年病的这些症状，就算是现代医学也无法解释清楚。但对老年病做饮用啤酒治疗的尝试，却取得了某种程度上的疗效。以美国的精神病院报道为例分析，对依靠药物治疗老年病患者的饮食中增添 1 小瓶啤酒，经一两个月后，药物的服用量能够大幅度地减少。同时还发现，这些患者能积极地参加各种集会、合唱、舞会等集体娱乐活动，并且还观察到失禁人数在逐渐减少，能够行走的患者人数在逐渐增加。

【治疗结石】

对于胆结石、肾脏以及尿道结石不需手术治疗的那些轻度患者（能喝啤酒的患者），有报道说，采用给以大量饮用啤酒的治疗法，也有取得成功的真实事例。至今仍有采用这种治疗法。

【刺激产妇泌乳】

美国加州大学研究已经证实，啤酒中的乙醇能使产妇的血浆催乳素增加，刺激泌乳，从而使产妇乳汁充足，非常有利于哺育婴儿。

除上述所介绍的效果外，啤酒还对体弱、提高肝脏解毒功能、高血压、血脉不畅及便秘等都有不错的疗效。

奶酒和即墨老酒的保健功效

【奶酒的保健功效】

奶酒在酿制过程中，实际上并不破坏牛奶本身固有的营成养分，而是将其精练，脱去脂肪，增加纯度，然后发酵，使其本身所含营养充分生物活化，更易为人体吸收。奶酒可以加咖啡，成为美味的咖啡奶酒；可以加各种果汁，成为果汁奶酒；可以和其他一些白酒加冰后一起饮用，冰凉爽口适宜夏季饮用；还可以像红酒那样加冰、可乐、雪碧和果汁，随意调配为多款鸡尾酒。因此，它也被誉为"中华XO"！在品尝美酒的同时，还会觉得乐趣无穷，让你体验 DIY 的美妙心情！

自古以来，牧民视马奶酒为极珍贵的饮料。每当客人到访，总要用它进行招待。马奶酒清凉适口，沁人心脾，酒精含量只有 1.5% 至 3%。饮用马奶酒不仅不伤脾胃，而且还具有驱寒、活血、舒筋、补肾、健胃、养脾、强骨的作用。

【即墨老酒的保健妙用】

说起即墨老酒，除是酒桌上的助兴饮料外，普通人要是适量常饮（每天不超过半斤），确实可以收到很好的保健功效。即墨老酒是一种低度酒（酒精度不超过11.5%）、高热量（每升达 1200 千卡）、富营养（含 17 种氨基酸和 16 种微量元素）的饮料，适量常饮不光能增食欲、振精神、抗疲劳、通曲脉、厚肠胃、润皮肤、散湿气、养颜美容、滋阴补阳、软化血管，还可以达到强身健体、延缓衰老的极佳效果。

在即墨一带，妇女生小孩时，婆婆都要提前用即墨老酒煮好鸡蛋，等着媳妇生完小孩，让她趁热连酒加蛋吃下去，据说可以保母子平安，其实，这其实只不过是即墨老酒活血化淤的一大功效罢了。

心血管疾病患者，要是能够适量常饮即墨老酒，可防止血压升高和血栓形成。

经相关权威部门调查鉴定，患者每天饮用100毫升即墨老酒，心脏脉搏量、每分输出量、心脏指数及射血速率指数均显著增加，而外用阻力显著下降，胸痛就会明显减轻，发病次数也明显降低。

腰腿痛、关节炎患者，要是能够适量常饮即墨老酒，可通经活络、防风祛寒，减轻疼痛。在民间，很早就有用即墨老酒糟饼研细烘热敷在患处治腰腿痛的偏方。即墨老酒还有很高的药用价值。它既可作服用中药的常用药引子，又是丸、散、膏、丹等中成药的重要辅助材料。酿造即墨老酒用的"神曲"原本就是一种常用中药。

即墨老酒也是烹调上至关重要的作料。具有去鱼虾腥味和牛羊肉膻味的作用。炒鸡蛋或蒸蛋糕时，加入少量即墨老酒，这样就能去掉蛋黄内的硫味及蛋腥味，使其味更鲜美。据此，即墨老酒实为筵席必备的上好饮料，烹饪调味之作料，治病配药的引料。

饮酒莫伤身

【饮酒与防电磁辐射】

饮酒可抗常规的辐射。长时间看电视，电视荧光屏的辐射对人体有害。如果看电视前适量饮酒，就再也不必担心电视的微量辐射了。因为酒类含有的酒精成分，能吸收并中和射线产生的有毒成分，从而保护生物体内细胞免受不必要的伤害。所以，看电视前适量饮酒对身体健康是有好处的。但另一方面，酒后看电视对眼睛非常不好。有人经过研究发现，人在正常情况下，连续收看4至5个小时的电视节目，视力会暂时减退30%，特别是观看彩电，会因大量消耗视网膜上圆柱细胞中的视紫红质，使视力大幅衰退。

若长期饮酒，特别是酗酒，对眼睛是有较重损伤的，特别是甲醇，能使视神经萎缩。酒后再看电视节目，自然会使眼睛受到更大的损伤。所以酒后看电视应注意调整，眼睛不要正对屏幕，并且要坐在离电视机1.5米以外的地方才可以。

酒与健康

【饮酒与防中风】

酒的主要成分是酒精即乙醇，是一种对人体各种组织细胞都有损害的有毒物质，能损害大脑细胞、麻醉大脑皮质，使人智力不断减退，胆固醇增加，促进动脉硬化。长期嗜酒的人，交感神经兴奋，心跳加快，血压增高。那些过量饮酒者，因为血压突然上升、血管破裂则发生脑出血。饮酒后有的人发生血管舒缩功能障碍，面色苍白、皮肤湿冷、血压降低、脑供血不足，易发生脑梗死。慢性酒精中毒的病人，因为动脉硬化、脑细胞损害，常过早地发生智能衰退，严重者可成为痴呆。在中风病人中，长期饮酒者，可能是一般老人的 2 至 3 倍。

但是，任何事情都是适可而止，好处和害处是相互的，请看下面摘录的这些报道：

科学研究结果已经证实，每天喝一两杯酒的人患局部缺血中风的可能性可降低 4.5%，但那些每天喝 7 杯以上的人患中风的可能性将间接提高 3 倍。

这项研究成果发表在《美国医学会杂志》上。该研究对纽约从 1993 年到 1997 年患过局部缺血中风的 677 人进行了一项调查——这种中风是由脑动脉血块引起的。研究人员把这些患者与接受随机电话调查的 1139 人进行了详细的比较。这份出自哥伦比亚大学的内科外科学院的报告中这样描述："在对心脏病、高血压、糖尿病、吸烟、身体质量指数和教育等因素进行调查后发现，适量饮酒——也就是每天最多两杯，对局部缺血中风的预防作用非常明显。"这项报告还说，早先进行的几项研究得出了相互矛盾的结果。

【饮酒与酒精伤害】

酒能伤肝，这是人尽皆知的，为了尽量减少酒精对胃和肝脏的伤害，减少脂肪肝的发生。酒前的准备工作非常重要，在去赴宴之前，在家先吃点东西，让胃里有点东西先垫点。那具体吃点什么好呢？一般吃点高蛋白的比较好，例如吃两个鸡蛋，喝点牛奶、豆浆等，由于这些高蛋白的食品在胃中可以和酒精结合，发生反应，减少对酒精的吸收。或者吃点饼干、糕点等，让胃里有点东西，因为空腹喝酒，酒精在胃内很容易被吸收，从而容易醉酒。这里需要注意的是切忌用咸鱼、香肠、腊肉下酒，由于此类熏腊食品含有大量色素与亚硝胺，与酒精发生反应，不仅伤肝，而且损害口腔与食道黏膜，甚至可能会诱发癌症。

另外，对于经常喝酒或者经常陪酒的人，也可以去尝试一些古书上记载的方法。如清代无名氏在《调鼎集》这样记载："饮酒欲不醉者，服硼砂末少许，其饮葛汤，葛丸者效迟。"《千金方》："七夕日采石菖蒲，末服之，饮酒不醉。""酒过三巡、菜过五味"，这是古代留下来的酒场谚语，实际上也从另外一方面说明了喝酒时吃菜的重要性。在喝酒前，尽量先吃点菜，然后再继续喝酒，其原理和前面说的一样。严禁空腹喝酒，既容易醉，又容易伤胃。

【解酒方法】

喝酒后，头晕、头疼、呕吐，甚至严重到不省人事，醉酒者要经受很大的痛苦，这个时候需要尽快醒酒，这样就能够减少醉酒带来的痛苦，并防止有可能出现的更大伤害。下面摘录了几种简单易行的解酒方法，饮酒者可以根据自己的情况，选择适合自己的方法，不妨一试。

饮服白萝卜汁：生白萝卜，洗净榨汁，微微热服下，每次一茶杯，10分钟一次，三次可解去酒气。

吃大白菜心：取出大白菜心切丝，一个不够也可以加量，加少量白糖和白醋拌匀后腌渍三五分钟服下，此法可以很快解酒。

服芹菜汁：鲜芹菜洗净切碎榨汁，当茶喝，这样连续喝三次（隔5分钟），此对酒后头昏脑涨、脸红有特效。

饮鲜橘皮水：2两鲜橘皮加1斤水煮沸，再适当加入少量食盐摇匀后当茶喝，一次一茶杯，5分钟再饮，三次就能够见效。

喝绿豆汁：绿豆2两，加水煮熟后饮，连汤带豆，要是将绿豆捣碎用开水冲服有解酒效果。

另外如何来减少醉酒后引起的头疼、头晕、反胃等症状呢？下面也介绍几种食物，这是美国国家头痛研究基金会研究人员的发现，大家不妨做一个参考：

蜂蜜水治酒后头痛：蜂蜜中本身含有一种特殊的果糖，可以促进酒精的分解吸收，减轻头痛症状，特别是红酒引起的头痛。另外，蜂蜜还有催眠作用，能使人很快入睡，第二天起床后也不会感觉头痛。

西红柿汁治酒后头晕：西红柿汁也富含特殊果糖，能够帮助促进酒精分解，一次饮用300毫升以上，能使酒后头晕感逐渐消失。饮用前要是加入少量食盐，还有助于稳定情绪。

新鲜葡萄治酒后反胃、恶心：要是在饮酒前吃，还能有效预防醉酒。

西瓜汁治酒后全身发热：西瓜具有清热去火，能加速酒精从尿液中排出。

柚子消除口中酒气：柚肉蘸白糖吃，对消除酒后口腔中的酒气有非常大的帮助。

芹菜汁治酒后胃肠不适、颜面发红：这是由于芹菜中含有丰富的 B 族维生素，能分解酒精。

酸奶治酒后烦躁：酸奶能保护胃黏膜、延缓酒精吸收，其中钙含量极其丰富，对缓解酒后烦躁尤其有效。

香蕉治酒后心悸、胸闷：酒后吃 1 至 3 根香蕉，可以增加血糖浓度，降低酒精在血液中的比例，达到解酒目的。同时，它还可以减轻心悸症状、消除胸口郁闷。

橄榄治酒后厌食：橄榄自古以来就被认为是醒酒、清胃热、促食欲的"良药"，既可直接食用，也可加适量冰糖炖服。

很多人都以为茶能解酒，却不知就这样被"贻误"了很久。

李时珍在《本草纲目》中就有这样的记载：酒后饮茶伤肾，腰腿坠重，膀胱冷痛，兼患痰饮水肿。现代医学研究也指出，茶水会严重刺激胃酸分泌，使酒精更容易损伤到胃黏膜；同时，茶水中的茶碱和酒精同样会导致心跳加速，更加重了心脏负担。

【醒酒的药物】

现在市场上面出现不少醒酒的药物，有国产的，还有进口的。那么这些药物真的有用吗？实际上，所谓的醒酒药物无非都是通过以下两个途径来达到醒酒的目的的：一是能迅速分解完毕，使酒精失去功效；二是阻断酒精在胃肠中的吸收，减少酒精进入血液的量，这样自然也能够达到醒酒的目的。但是，不管什么醒酒药物，也不管其功效如何神奇，都有一定的副作用，不能常吃，特别对那些经常陪酒或者经常需要应酬的人，更是如此。一般情况下最好不要吃，因为即使你吃药了，酒精还是进入了体内，对肝脏造成伤害。当然最好是不喝，必须要喝的时候，也先用别的方法来醒酒。

【醉酒后的照顾】

醉酒者自己往往不知道自己的行为，常常难以自己照顾自己，那么作为亲人或者朋友就必须照顾好，要注意下面这几个方面：

醉酒者如行走不稳，一定要注意不要让其跌倒，防止跌打损伤，或者磕碰头部等重要部位。

注意保暖，因为醉酒者身体机能下降，这个时候容易受凉。让醉酒者的头歪向一侧，防止其呕吐，要是有呕吐，要清除其口腔内的呕吐物，防止进入气管，导致窒息或者肺部感染。

醉酒较严重者，并且不能服用醒酒品的，则应该使其将胃内容物吐出来，可以用手指，棉棒等插入其咽喉部位来使其呕吐。必要时还可以用温水或2%碳酸氢钠液及时洗胃。更严重者则需要马上拨打120或者马上送医院急救。

饮酒保健的常规性要点

【饮酒的最佳温度】

黄酒，适当加温后饮用，口味倍佳，但是到底多少温度为宜，还没有人做过系统研究。古代用注子和注碗，注碗中注入热水，注子中盛酒后，放在注碗中。实际上近代以来，用锡制酒壶盛酒，放在锅内温酒。一般以不烫口为宜。这个温度一般约为45至50℃。

白酒，一般是在室温下饮用，但是，稍稍加温后再饮，口味相对较为柔和，香气也浓郁，邪杂味消失。其主要原因是，在相对较高的温度下，酒中的一些低沸点的成分，如乙醛、甲醇等较易挥发，这些成分一般都含有较辛辣的口味。

葡萄酒：不同的葡萄酒适宜的饮酒温度有所不同。

白葡萄酒和桃红葡萄酒	8 至 12℃
香槟酒、汽酒和甜型白葡萄酒	6 至 8℃
新鲜红葡萄酒	12 至 14℃
陈年红葡萄酒	15 至 18℃

啤酒：啤酒实际上是一种低酒度的饮料酒，较适宜的饮用温度在 7 至 10℃ 之间，有的甚至在 5℃ 左右。要是喝黑啤酒，温度更低些，较为流行的做法是将酒置于冰箱内冻至表面有一层薄霜时才可以拿出来喝。

【白酒加热后再喝危害少】

喝白酒先烫后饮对人体有益。由于白酒的主要成分是乙醇（酒精），除此还有醛，饮酒过多会引起酒精中毒。醛尽管不是白酒的主要成分，但对人体的损害要比酒精大得多。可是醛的沸点低，只有 20℃ 左右，因此只要把酒烫热一些，可以使大部分醛挥发掉，这样对人身体的危害就会相对少一些。

古代温酒喝主要是在冬季，当时酒的度数低，基本上相当于现在的米酒，温喝后对胃有好处，口感也比较好。

喝冰冻的酒对身体是非常有害的，一般来说，冰冻的酒比身体温度会低十摄氏度左右，长期饮用会导致人胃肠道紊乱，容易引起食欲下降，缺乏营养，影响人的身体健康。所以建议喝的时候最好能够加热一点。

白酒加热喝主要是由于加热后酒中的酒精会加速挥发，降低酒精的浓度后对人体的影响相对降低，也比较好入喉。但是近年来研究又发现，白酒加热后因为酒精继续在挥发中，在饮用同时酒精会直接造成对眼睛的熏蒸，反而导致对眼睛的伤害，所以，见仁见智，能少喝酒就尽量少喝！

【饮酒适量新标准】

豪饮会使心脏受损的概率提高 500%，那么多少才是一个安全的范围呢？如何定义饮酒"适量"呢？美国杜克大学的研究者认为不管什么酒，24 小时内不要超过 3 杯才好，而哈佛大学的研究者，给出了更具体的数字，而从这个数字来看，普通人的饮酒习惯，都是稍稍有些过量的。

充分考虑下列各因素，当不利于饮酒的因素存在时，应当考虑完全不饮酒或减少饮酒量，以保证将身体受到的酒精损害尽可能降低到最少。

职业：司机，在驾驶前和驾驶中，一般都不应饮酒。法律规定：驾驶时司机的每100毫升血液中不得超过20毫克的酒精。机械设备操作者，进行危险作业、高空作业者，从事需要注意力、技能或协调性的专业工作者，在工作前和工作时，均不应饮酒。因为酒精可以对中枢神经起抑制作用，从而可以降低注意力和对速度、距离和意外情况的判断力，处理事件的反应时间会延长，视觉和意识可能会模糊，这样就有可能会失去肌肉的控制力和协调性。所以，意味着很可能发生交通事故或工伤事故，甚至直接造成死亡。有研究表明：饮酒后，见红灯后踩刹车的反应速度会慢0.2秒，也就是60公里/小时的汽车将前行3.3米，大大增加事故发生率。

年龄：未成年人应避免饮酒，健康成年人要是需要饮酒，应不超过限度，老年人应适当减量或不饮酒。

未成年人不宜饮酒，要是需要少量饮用含酒精饮料，应有成年人监督，并予以适当指导和劝阻。同时，大力提倡青少年人群不饮酒也符合我国有关法律法规的规定，如《酒类流通管理办法》第十九条明确规定：酒类经营者不得向未成年人销售酒类商品，并应当在经营场所显著位置予以明示。又如，国家质检总局于2005年9月发布的GB10344－2005《预包装饮料酒标签通则》从2006年10月1日起正式实施，包括啤酒、葡萄酒、果酒、白酒在内，将推荐相关企业在酒瓶标签上积极采用"过度饮酒有害健康"、"孕妇和儿童不宜饮酒"等劝说语。酒精对未成年人的影响与他们的身材和发育阶段关系很大。青年人一般比成年人的身材更小，对酒精的耐受也小，同时自身也缺乏饮酒的经验，没有饮酒行为的衡量尺度。有数据表明，喝酒年龄越小，在随后的相当一段时间内，受到酒精危害越大。应帮助青年了解饮酒及酒精的危害，帮助他们对饮酒形成正确认识，以降低酒精对他们及其他人的身心危害。

老年人应不饮酒或少量饮酒，以低度酒为宜。对于许多老年人来说，饮酒给他们带来心理上、社交上的益处比较大，但其身体对酒精的耐受性却随年龄的增加而不断降低。老年人常患有许多疾病，往往会因饮酒而加重病情。过量饮酒是引起老年抑郁症的主要因素之一，还会加速老年痴呆的病情。此外，许多老年人服用的药物都可能与酒精产生相互作用而带来危害。同时，饮酒后老年人摔倒的危险性也逐渐增加。

饮酒时间：根据人体的生物节律特点，体内的各种酶通常在下午活性较高，因此在晚餐时适量饮酒对身体的损伤相对就会较轻。

方式：少量慢饮比较适宜；切忌逞强好胜、饮得过猛过快，切忌边饮酒边吸烟，这会加重对身体的损害。佐餐饮用较好，在饮酒之前最好能够吃些食物或饮酒时有瘦肉、豆类、蛋类、牛奶等富含蛋白质的食物以及新鲜蔬菜同时摄入。胃内的食物，将会直接延缓酒精的吸收，使吸收速度降低，并对胃黏膜起一定的保护作用。空腹饮酒，尤其是大量饮酒，易使胃肠黏膜受到严重损伤。

精神状态：由于在身体条件、精神状况良好时人体对酒精的分解能力相对较强。心情舒畅、愉悦，有值得庆祝之事时，可适当饮用少量或适量的酒；心情烦躁、郁闷、孤独时最好不要饮酒。

性别：女性比男性更易受到酒精的不良影响，同时，女性属于乙醛脱氢酶缺陷型的比男性多，所以女性多不善饮酒，应比男性更少饮酒。

健康状况：患有疾病时应当禁酒或遵医嘱，以避免进一步加重疾病或增加新的疾病。需强调的是，应当定期体检，明确掌握自身健康状态，避免误认为身体健康而饮酒造成的潜在危害。特别是肥胖人群，身体疾病隐患非常大，加之酒精产生热量较高，会进一步促进体重增加，不利于健康，所以肥胖人群应尽量避免饮酒或减少饮酒量。

过敏史：如对酒精过敏，应避免饮酒。

用药情况：服用药物时应当禁酒或遵医嘱。

因此，饮酒要注意下列原则：

承认个体差异是饮酒的首要原则；各种遗传因素、体质特点、健康情况等直接决定一个人的酒精耐受量。针对酒精的负面作用，就大多数人而言，以不饮酒为首选，在必需饮用时，应尽量少饮为安全。

最佳饮酒时机和良好身体状态是饮酒的必要条件；注重营养膳食是饮酒的关键因素；重视饮酒中的禁忌，在不适合饮酒的情况下，绝对禁酒。

今朝放歌须纵酒——酒文化卷

【饮酒禁忌】

(1) 忌饮酒过量

饮酒一定要少量、适量，不能每餐必饮，每饮必酩酊大醉。在聚会场合，不要勉强劝酒，更不能灌酒。饮酒量应各自掌握，适量即可，不要"显威风，逞英豪"。一般认为，每次饮酒，啤酒以半瓶为宜，绝对不能超过一瓶；葡萄酒、绍兴黄酒以100毫升为宜，不能超过200毫升；白酒以25毫升为宜，不能超过50毫升。要是空腹一次饮下50毫升白酒，人便出现"酒意"。

尽量饮用酒度相对较低的葡萄酒、绍兴黄酒和啤酒，少喝或不喝烈性白酒。50%至60%酒精含量的白酒，乙醇含量基本上相当于葡萄酒或绍兴黄酒的4倍，就算喝得少，对胃肠的局部刺激也较强，容易损伤黏膜。而喝葡萄酒、绍兴黄酒和啤酒，还可得到较多的铁质和一些其他的维生素。

(2) 忌空腹饮酒

空腹饮酒是大忌。空腹饮酒容易醉，是由于乙醇迅速被吸收，血液中乙醇浓度很快达一酒醉程度。

空腹饮酒，即使饮酒量不多，对身体也非常有害。胃里没有食物，酒精便会直接刺激胃壁，引起胃炎，重者可能导致吐血，时间久了还会引起溃疡病。因此，要在饮酒前吃些东西，或者慢慢地边吃边喝，而且不能过量，这样可以避免发生急性和慢性酒精中毒。

(3) 忌白酒与汽水同饮

饮白酒时，千万不要同时饮汽水，以免加速乙醇的吸收。

(4) 忌服药前后饮酒

服药前后最好不要饮酒。酒可以加速药物的吸收，使药物发生改变，达不到治疗目的。因此服药前后不要饮酒。医生规定有些药物需要服下，那是例外。

饮用药酒，应请教医生。目前市面上药酒种类很多，必须根据个人体质和健康状况，遵医嘱选用。但是量也不能多，不能像普通酒那样随心所欲的开怀畅饮。药酒最好在饭前饮，使其发挥药效。

（5）忌喷洒农药前饮酒

现在的各种农药对人体都有一定毒性。饮酒后血管扩张，血流加速，皮肤表面血管通透性增高，农药更容易透过皮肤血管进入血液，直接就会引起中毒。接触其他有毒物质的作业人员，工作前后也不能饮酒，否则非常容易吸收更多的有害物质。

（6）忌未成年人饮酒

儿童饮酒常常与父母有关，父母饮酒时，出于宠爱好玩，给孩子尝尝。这样潜移默化，孩子养成了饮酒习惯。未成年人嗜酒，这会严重影响身心健康，不利于智力、体力的正常发育。未成年人自制力差，还会引发一系列的经济问题和社会问题。

（7）妇女忌经常大量饮酒

酒对女子健康的损害比男子严重，因为雌性激素的影响，妇女体内代谢乙醇的能力较低，速度较慢，所以乙醇更容易在体内蓄积，造成不必要的损害。

（8）忌饮酒来保暖

不少人认为"酒能防寒"。实际上，这是一种误解。喝酒以后，由于酒精成分的刺激，皮肤温度会升高，使人产生比较温暖的感觉。但是，对这种温暖感是不能持久的。由于体表的血管越是舒张、松弛，体热的散发就越快，使体温急剧下降，人就产生了强烈的寒冷感觉。喝了酒，反而比不喝酒更易出现寒战，引起受凉或感冒。因此，不宜采用饮酒来保暖的方法。

（9）忌长期以酒代饭

适当少量的饮点酒，能够促进血液循环，有利于消除疲劳。但有些人，常常以酒代饭，这对为体健康是非常有害的。据分析，50 克白酒约含有 627.6 千焦（150千卡）的热量；250 克啤酒约含有 418.4 千焦（100 千卡）以上的热量。因此，如果长期以酒代饭，就会损害人体健康。首先是经常大量饮酒，会引起酒精中毒、肝硬变、动脉硬化，诱发食管癌、胃癌等疾病。其次，饮酒尽管可补充一些热量，但人体所需的许多营养素，如各种维生素、矿物质、蛋白质等，是各种酒类都无法提供的。使机体得不到维持各组织器官生长发育和生理功能所需的各种营养物质，这样就会损害人体健康。

（10）忌划拳饮酒

因为饮酒划拳是边喝、边吃、边高声喧嚷甚至哄堂大笑，这样有可能使食物进入气管或鼻腔，这样就会引起呛咳、打喷嚏或流泪等现象。饮酒划拳输者罚饮酒，饮酒多者头晕目眩、神志不清，更易输酒，结果导致饮酒超量，出现种种醉酒现象。而酒精中有害成分的毒害作用，会损害身体健康。因此，应尽可能避免划拳饮酒。

【饮用葡萄酒的禁忌】

尽管葡萄酒有很多好处，但不要忘了它还是酒，只要有酒精成分多少都会对肝脏造成危害，所以在饮用上更加要有所节制，并且也不是人人都能喝。每日的小酌当养生，固然可以照顾心脏血管，但若是肝功能不太健全，或是有任何急慢性肝炎，这时只要再多一点酒，对这些人来说极有可能是毒药。

在难以推辞的交际应酬中，一定要以酒助兴时，若能以葡萄酒来代替其他的酒类是最好不过的，因为与其他酒类相比，葡萄酒还是对人体比较有益的。要是当做保护心脏、促进体内血液循环的每日小酌，也最好以不超过50毫升，并且最好能在饭后再饮用，千万别空腹饮酒。

对于那些不能喝葡萄酒者，葡萄汁一样可以取代，特别是颜色上还一样的鲜丽。也都同样具有有益身体健康的类黄酮素。所以要靠葡萄养生，无论是葡萄制成的酒类、果汁、葡萄干或是新鲜葡萄，只要能把握连皮和籽一起的营养就非常丰富，不但可以喝出健康还可以吃出美丽。

药酒及滋补酒

药酒的常识

【概述】

人类最初的饮酒行为尽管还不能够称为饮酒养生，但却与养生保健、防病治病有着密切的联系。学者普遍都认为，最初的酒是人类采集的野生水果在剩余的时候，得到适宜条件，自然发酵而成。因为许多野生水果是具有药用价值的，所以最初的酒可以称得上天然的"药酒"，它自然对人体健康有特殊的保护和促进作用。当然，这时人类虽然从饮酒得到了养生的好处，但他们可能并没有充分明确的养生目的。

【药酒之性能】

常见的酒有多种，其性味功效大同小异。一般而论，酒性温而味辛，温者能祛寒、疏导，辛者能发散、疏导，因此酒能疏通经脉、行气和血、蠲痹散结、温阳祛寒，能疏肝解郁、宣情畅意；又因酒为谷物酿造之精华，所以还能补益肠胃。此外，酒能杀虫驱邪、辟恶逐秽。《博物志》有一段相关的记载：王肃、张衡、马均三人冒雾晨行。一人饮酒，一人饮食，一人空腹；空腹者死，饱食者病，饮酒者健。这就能够看出"酒势辟恶，胜于作食之效也"。

酒与药物的结合是饮酒养生的一大进步。酒之于药主要有下列三个方面的作用：

酒能够行药势。古人谓"酒为诸药之长"。酒可以便药力外达于表而上至于颠，使理气行血药物的作用得到非常好的发挥，也能使滋补药物补而不滞。

酒有助于药物有效成分的析出。酒是一种非常好的有机溶媒，大部分水溶性物质及水不能溶解、需用非极性溶媒溶解的某些物质，都能够溶于酒精之中。中药的多种成分都易于溶解于酒精之中。酒精还有良好的通透性，能够非常容易地进入药材组织细胞中，发挥溶解作用，促进置换和扩散，非常有利于提高浸出速度和浸出效果。

酒还有防腐作用。普通药酒都能保存数月甚至数年时间而不变质，这就给饮酒养生者以极大的便利。

【药酒常用制备方法】

药酒的一般制备方法主要有冷浸法、热浸法、渗漉法及酿制法。

（1）冷浸法

将药材首先切碎，炮制后，置瓷坛或其他适宜的容器中，加规定量白酒，密封浸渍，每日搅拌一两次，一周后，每周搅拌1次；共浸渍30天，取上清液，压榨药渣，榨出液与上清液合并，然后加适量糖或蜂蜜，搅拌溶解，密封，静置14日以上，滤清，灌装就行。

（2）热浸法

取药材饮片，用布包裹，吊悬于容器的上部，加白酒至完全浸没包裹之上；加盖，将容器浸入水液中，文火慢慢加热，温浸3至7昼夜，取出，静置过夜，取上清液，药渣压榨，榨出液与上清液合并，加冰糖或蜂蜜溶解静置起码2天以上，滤清，灌装即得。此法称为悬浸法。此法后来改革为隔水加热至沸后，马上取出，倾入缸中，加糖或蜂蜜溶解，封缸密闭，浸渍30天，收取澄清液，与药渣压榨液合并，静置一段时间后，滤清，灌装即得。

（3）渗漉法

将药材碎成粗粉，放在有盖容器内，再加入药材粗粉量60%至70%的浸出溶媒均匀湿润后，密闭，放置15分钟到数小时，使药材充分膨胀后备用。另取脱脂棉一团，用浸出液湿润后，轻轻垫铺在渗漉筒（一种圆柱形或圆锥形漏斗，底部有流出口，以活塞控制液体流出）的底部，接着将已湿润膨胀的药粉分次装入渗漉筒中，每次投入后，均要压平。装完后，用滤纸或纱布将上面全部覆盖。向渗漉筒中缓缓加入溶媒时，应先打开渗漉筒流出口的活塞，排除筒内的剩余空气，待溶液自出口流出时，关闭活塞。继续添加溶媒至高出药粉数厘米，加盖放置24至48小时，使溶媒充分渗透扩散。随即打开活塞，使漉液缓缓流出。如果要提高漉液的浓度，也能够将初次漉液再次用作新药粉的溶媒进行第二次或多次渗漉。收集渗漉液，静置，滤清，灌装就可以了。

（4）酿制法

以药材为酿酒原料，加曲酿造药酒。如《千金翼方》记载的白术酒、枸杞酒等，都是用这样的方法酿造。不过，由于此法制作难度较大，步骤繁复，现在一般家庭较少选用。

【饮药酒注意事项】

（1）饮量适度

这一点是非常重要的。古今关于饮酒害利之所以有较多的争议，问题的关键即在于饮量的多少。少饮有益，多饮有害。宋代邵雍诗这样道："人不善饮酒，唯喜饮之多；人或善饮酒，难喜饮之和。饮多成酩酊，酩酊身遂疴；饮和成醺醄，醺醄颜遂酡。"这里的"和"即是适度。无太过，当然也就无不及。太过伤损身体，不及等于无饮，起不到养生作用。

（2）饮酒时间

人们普遍认为，酒不可夜饮。《本草纲目》有载："人知戒早饮，而不知夜饮更甚。既醉且饱，睡而就枕，热拥伤心伤目。夜气收敛，酒以发之，乱其清明，劳其脾胃，停湿生疮，动火助欲，因而致病者多矣。"由此可见，之所以戒夜饮，主要因为夜气收敛，一方面所饮之酒不能发散，热壅于里，有伤心伤目之弊；另一方面酒本为发散走窜之物，又扰乱夜间人气的收敛和平静，伤人之和。另外，在关于饮酒的节令问题上，也存在两种不同看法。一些人从季节温度一般以高低而论，认为冬季严寒，宜于饮酒，以温阳散寒。

（3）饮酒温度

在这个问题上，有的人主张冷饮，而也有一些人主张温饮。主张冷饮的人认为，酒性本热，要是热饮，其热更甚，易于损胃。如果冷饮，则以冷制热，无过热之害。元代医学家朱震亨这样说：酒"理直冷饮，有三益焉。过于肺入于胃，然后微温，肺先得温中之寒，可以补气；次得寒中之温，可以养胃。冷酒行迟，传化以渐，人不得恣饮也。"但清人徐文弼却坚持提倡温饮，他说酒"最宜温服"，"热饮伤肺"、"冷饮伤脾"。比较折中的观点是酒虽可温饮，但不要热饮。还有冷饮温饮何者适宜，这可随个体情况的不同而有所区别。

(4) 辨证选酒

根据传统的中医理论，饮酒养生较适宜于年老者、气血运行迟缓者、阳气不振者，以及体内有寒气、有痹阻、有淤滞者。这是就单纯的酒来讲的，不是指药酒。药酒随所用药物的不同而具有不同的性能，用补者有补血、滋阴、温阳、益气的差异，用攻者有化痰、燥湿、理气、行血、消积等的区别，因而绝对不可一概用之。体虚者用补酒，血脉不通者则用行气活血通络的药酒；有寒者用酒宜温，而有热者用酒宜清。那些想行药酒养生者最好在医生的指导下进行。

(5) 坚持饮用

不管什么养身方法的实践都要持之以恒，久之乃可受益，饮酒养生亦然。古人认为坚持饮酒才能够使酒气相接。唐代大医学家孙思邈说："凡服药酒，欲得使酒气相接，无得断绝，绝则不得药力。至于量皆以和为度，不可令醉及吐，则大损人也。"当然，孙思邈长年累月、坚持终生地饮用，他可能是指在一段时间里要坚持下去。

【常用药酒】

长生固本酒、养生酒、五精酒、十全大补酒、百益长春酒、大补药酒、状元红酒、参茸酒、仙灵脾酒、枸杞酒、周公百岁酒、何首乌回春酒、五加皮酒、黄精酒、菊花酒、参苓白术酒、茯苓酒、首乌金樱酒、定志酒、养荣酒。

中国古代药酒及滋补酒

【配制酒的种类】

按目前最新的国家饮料酒分类体系，药酒和滋补酒属于配制酒范畴。故先介绍一下配制酒的种类。

配制酒，一般是以发酵酒、蒸馏酒或食用酒精为酒基，适量加入可食用的花、果、动植物或中草药，或以食品添加剂为呈色、呈香及呈味物质，采用浸泡、煮沸、复蒸等不同工艺加工而成的就此改变了其原酒基风格的酒。配制酒分为植物类配制酒、动物类配制酒、动植物配制酒及其他配制酒。

中国的药酒和滋补酒的基本特点是在酿酒过程中或在酒中加入了中草药，因此两者并无本质上的区别，但前者一般以治疗疾病为主，有特定的医疗作用；后者以滋补养生健体为主，有很好的保健强身作用。

从药酒的使用方法上分，一般将药酒分为内服、外用、既可内服又可外用的三大类。

滋补酒用药，讲究配伍，按照其功能，可分为补气、补血、滋阴、补阳和气血双补等类型。

酒与药之密切关系的内在因素还可从下列几点得到发掘。

食药合一：药一般味苦而难以被人们接受，但酒却是普遍受欢迎的食物，酒与药的结合，弥补了药苦味的缺陷，也进而改善了酒的风味，相得益彰。经常服药，人们从心理上难以接受，但将药物配入酒中制成药酒，长期饮用，既强身健体，又享乐其中，却是人生一大快事。

酒为百药之长：《汉书·食货志》中说："酒，百药之长。"这完全能够理解为在众多的药中，酒是效果最好的药，另一方面，酒还可以提高其他药物的效果。酒与药有密不可分的关系，在远古时期，酒就是一种药，古人说"酒以治疾"。古人酿酒目之一就是作药用的，可见在古代酒在医疗中的重要作用。远古的药酒大多

今朝放歌须纵酒——酒文化卷

是酿造成的，药物与酒醪进行混合发酵，在发酵过程中，药物成分不断溶出，才可以充分利用。

【远古时期的药酒及滋补酒】

殷商的酒类，除了"酒"、"醴"之外，还有"鬯"。鬯主要是以黑黍为酿酒原料，加入郁金香草（也是一种中药）酿成的。这是有文字记载的最早药酒。鬯一般常用于祭祀和占卜。鬯还具有驱恶防腐的作用。《周礼》中还有这样的记载："王崩，大肆，以 鬯。"也就是说帝王驾崩之后，用鬯酒洗浴其尸身，可在相当长的时间内保持不腐。

从长沙马王堆三号汉墓中考古出土的一部医方专书，后来被称为《五十二病方》，被认为是公元前3世纪末，秦汉之际的手抄本，其中用到酒的药方不下35个，其中至少有5方可认为是酒剂配方，主要用以治疗蛇伤、疽、疥瘙等疾病。其中有内服药酒，也有供外用的。

《养生方》是马王堆西汉墓中出土的帛书之一，其中共有六种药酒的具体酿造方法，但可惜这些药方文字大都残断，只有"醪利中"较为完整，此方内一共包括了十道工序。

这里值得强调的是，远古时代的药酒大多数是药物是加入到酿酒原料中一块发酵的。而不像是后世常用的浸渍法。其主要原因可能是远古时代的酒保藏不易，浸渍法容易导致酒的酸败。药物成分还没有完全彻底地溶解充分，酒就变质了。采用药物与酿酒原料同时发酵，由于发酵时间较长，药物成分一般可充分溶出。我国医学典籍《黄帝内经》中的《素问·汤液醪醴论》专篇曾经这样指出："自古圣人之作汤液醪醴，以为备耳。"这就说古人之所以酿造醪酒，是专门为药而备用的。

《黄帝内经》中有"左角发酒"，治尸厥，"醪酒"治经络不通，病生不仁。"鸡矢酒"治臌胀。

【汉代至唐代之前的药酒及滋补酒】

采用酒煎煮法和酒浸渍法至少始于汉代。约在汉代成书的《神农本草经》中有如下一段论述："药性有宜丸者，宜散者，宜水煮者，宜酒渍者。"用酒浸渍，这样做一方面可使药材中的一些药用成分的溶解度提高，另外同时随着酒行药势，疗效也可提高。汉代名医张仲景的《金匮要略》一书中，就有多例浸渍法和煎煮法的实例记载。如"鳖甲煎丸方"，以鳖甲等二十多味药为末，取煅灶下灰一斗，清酒一斛五斗，浸灰，候酒尽一半，着鳖甲于中，煮令泛烂如胶漆，绞取汁，内诸药，煎为丸。还有一个实例"红蓝花酒方"，也是用酒煎煮药物后供饮用。《金匮要略》中还记载了一部分有关饮酒忌宜事项，如"龟肉不可合酒果子食之"，"饮白酒，食生韭，令人病增"，"夏月大醉，汗流，不得冷水洗着身及使扇，即成病"。"醉后勿饱食，发寒冷"。这些常用的知识对于保障人们的身体健康起了重要的作用。

南朝齐梁时期的著名本草学家陶弘景，就很好地总结了前人采用冷浸法制备药酒的经验，在《本草集经注》中提出了一套冷浸法制药酒的一些常规："凡渍药酒，皆须细切，生绢袋盛之，乃入酒密封，随寒暑日数，视其浓烈，便可出，不必待至酒尽也。滓可暴燥微捣，更渍饮之，亦可散服。"这段话说明当时已经注意到了药材的粉碎度、浸渍时间及浸渍时的气温对于浸出速度、浸出效果的影响。并重点提出了多次浸渍，以充分浸出药材中的有效成分，从而弥补了冷浸法本身的缺陷，要是药用成分浸出不彻底，药渣本身吸收酒液而造成的浪费。从这段话可看出在那时药酒的冷浸法已达到了比较高的技术水平。

热浸法制药酒的最早记载大约是北魏《齐民要术》中的一例"胡椒酒"，该法把干姜、胡椒末及安石榴汁置入酒中后，"火暖取温"。虽然这还不是制药酒，当作为一种方法在民间流传，故也可能用于药酒的配制。热浸法确实成为后来药酒配制的主要加工方法。

酒不仅用于内服药，其实还用来作为麻醉剂，传说华佗用的"麻沸散"，就是用酒冲服。华佗发现醉汉治伤时，没有什么痛苦感，由此得到启发，从而研制出"麻沸散"。

【唐宋时期的药酒及滋补酒】

唐宋时期，药酒补酒的酿造十分盛行。这一期间的一些医药巨著如《备急千金要方》《外台秘要》《太平圣惠方》《圣济总录》都收录了大量的药酒和补酒的各种配方和制法。如《备急千金要方》卷七设"酒醴"专节，卷十二设"风虚杂补酒，煎"专节；《千金翼方》卷十六设"诸酒"专节；《外台秘要》卷三十一设"古今诸家酒方"专节；宋代《太平圣惠方》官方所设的药酒专节多达六处。除了这些专节外，还有大量的散方见于其他章节中。唐宋时期，由于饮酒风气浓厚，社会上酗酒者也逐渐增多，解酒、戒酒似乎也很有必要，故在这些医学著作中，解酒、戒酒方也应运而生。有人粗略地统计过，在上述四部书中这方面的药方多达一百多例。

唐宋时期的药酒配方中，用药味数较多的复方药酒所占的比重当时已经明显提高，这是当时的显著特点。复方的增多表明药酒制备在当时已经凸显出了整体水平的提高。

唐宋时期，药酒的制法一般有酿造法、冷浸法、热浸法。以前两者为主。《圣济总录》中有多例药酒采用比较先进的隔水加热的"煮出法"。

【元明清时期的药酒和滋补酒】

元明清时期，随着经济、文化的不断进步，医药学有了新的发展。药酒在整理前人经验、创制新配方、发展配制法等方面都取得了全新的成就，使药酒的制备，达到了更高的水平。

在那一时期，我国已积累了大量医学文献，前人的宝贵经验受到了元明清时期医家的普遍重视，因而，在元明清时期，公开出版了不少著作，为整理前人的经验作出了重要的贡献。

《饮膳正要》是我国的第一部营养学专著，共分三卷，天历三年（1330年）出版。

忽思慧为著名的蒙古族营养学家，任宫廷饮膳太医时，将累朝亲侍进用奇珍异馔，汤膏煎造，及诸家本草，名医方术，并将每天所必用谷肉果菜，取其性味补益者，集成一书。

书中关于饮酒避忌的那些内容，是很有道理的，具有重要的价值。书中的一些补酒，虽没有详细记载，但都是非常有效的，在《本草纲目》中则有详细记载。

明代伟大的医学家李时珍写成了闻名中外的名著《本草纲目》，共五十二卷，万历六年（1578 年）成书。该书集明及我国历代药物学、植物学之大成，其中广泛涉及食品学、营养学、化学等学科。该书在收集附方时，广泛收集了大量前人和当代人的药酒配方。卷 25 酒条下，设有"附诸药酒方"的专目，他在著书时本着"辑其简要者，以备参考。药品多者，不能尽录"的原则，辑药酒也高达 69 种。除此之外，《本草纲目》在各药条目的附方中，也往往附有药酒配方，内容非常丰富，据统计《本草纲目》中药酒方共计 200 多种。这些配方绝大多数是便方，具有用药少、简便易行的显著特点。

《遵生八笺》是明代高濂所著的一部养生食疗专著，共十九卷，约成书于万历十九年（1591 年）全书 40 多万字，一共分为八笺，以却病延年为中心，涉及医药气功、饮馔食疗、文学艺术等。其中的《饮馔服食笺》共有三卷，其中收酿造类内容 17 条。酿造类中的碧香酒、地黄酒、羊羔酒等，均为宋代以来的名酒。其中一部分是极有价值的滋补酒。

此外在《遵生八笺》的《灵秘丹药笺》中还有 30 多种药酒的记载。

《随息居饮食谱》是清代王孟英编撰的一部食疗专著，共一卷。咸丰十一年（1861 年）刊行。书中的烧酒条下附有 7 种保健药酒的配方、制法和疗效。这些药酒大多以烧酒为酒基，与明代以前的药酒以黄酒为酒基有显著的区别。以烧酒为酒基，可增加药中有效成分的溶解。这是近现代以来，药酒及滋补酒类制造上的一大特色。

明代的《普济方》、方贤的《奇效良方》、王肯堂的《证治准绳》等著作中辑录了大量前人的实用药酒配方。

明清时期也是药酒新配方不断涌现的重要时期。明代的《扶寿精方》，龚庭贤的《万病回春》《寿世保元》，清代孙伟的《良朋汇集经验神方》，陶承熹的《惠直堂经验方》，项友清的《同寿录》，王孟英的《随息居饮食谱》等都不同程度地记载着不少明清时期出现的新方。这些新方有两个值得注意的特点：

补益性药酒显著增多。明代的《扶寿精方》药酒列载药酒方 9 种，尽管药酒方不多，但集方极精，其中就包括著名"延龄聚宝酒"、史国公药酒等。在《万病回春》和《寿世保元》两书中，记载药酒接近 40 种，补益为主的药酒占有显著地位，像"八珍酒"、扶衰仙凤酒、长生固本酒、延寿酒、延寿瓮头春酒、长春酒、红颜酒等都是配伍相对较好的补益性药酒，有较大的影响。吴、龚二氏辑录的那些药酒方，对于明清时期的补益性药酒的繁荣起了积极的作用。在前面所列的清代书目中，也同时记载着数目可观的补益性酒，其中的归圆菊酒、延寿获嗣酒、参茸酒、养神酒、健步酒等都是非常好的补益性药酒。与明清以前的药酒相比，这一时期完全称得上补益药酒繁荣的时期。

慎用性热燥热之药。唐宋时期的药酒，常用一些温热燥烈的药物，像乌头、附子、肉桂、干姜等。这样的药物要是滥用，往往会伤及阴血。金元时期我国医学界学术争鸣十分活跃，滥用温燥药的风气受到许多著名医家的一致批评。这对明清时期的医学有深刻的影响。故明清的很多药酒配方采用平和的药物以及补甸养阴药物组成，这样就能够适用于不同病情和机体状况，使药酒可以在更广泛的领域中发挥不小的作用。

明清时期还出现了一批方论专书，那些作者着重研究用药组方的规律，结合优秀方剂，从理论上阐述用药道理和配伍规律，比如，明代吴昆的《医方考》，清代汪昂的《医方集解》。这些专著阐述配方时也涉及药酒的相关记载。《医方考》一书中就论述了七种药酒配方的组方用药的道理和主治功效，其中就已经包括虎骨酒、史国公酒、枸杞酒、红花酒、猪膏酒等。这对于促进药酒配方的研究、指导正确使用起到了很好的作用。明清时期的药酒在配制方法上，突出表现在热浸法的普遍使用上。适当程度地提高浸渍温度可使植物性药材组织软化、膨胀、提升浸出过程中的溶解和扩散速度，有利于有效成分的浸出，而且还可以破坏药材中的一些酶类物质，增强药酒的稳定性，所以采用热浸法对于许多药物来说具有更好的浸出的效果，是一种科学方法。（编者注：上述部分观点引自许青峰著《治疗与保健药酒》，中国食品出版社，1988 年版本）

药酒及滋补酒

【解酒、醒酒及戒酒】

醉酒是常常发生的事，怎么使醉酒者尽快恢复过来？如何使人彻底戒酒？在这方面，古人也有很多相关的文字记载。

在唐代的医书《外台秘要》中摘录了许多前人的古方，如："饮酒连日醉不醒方九首。"《肘后》疗饮酒连日醉不醒方（4首），其所用药物有芜菁菜、葛根、葛藤、葛根汁、菊花末、小豆叶、井中倒生草等。据粗略的统计在《太平圣惠方》《世医得效方》《普济方》《医方类聚》等书中有150多种解酒戒酒的药方，其中解酒药方有90%，戒酒药方占10%。元代《居家必用事类全集》中也记载了部分药方。下面简要介绍一下：

（1）解酒

关于解酒方，宋代窦苹的《酒谱》中有如下记载。

"《醴乐志》云：'柘浆折朝醒，言甘蔗汁治酒病也。'"

"《开元遗事》云：'兴庆池南有草数丛，叶紫而茎赤，有醉者摘叶臭之，立醒，故谓之醉醒草，醉酒莫过于烧酒醉人者。轻者伤身败体，重则危及性命。'"

宋代赵希鹄的《调类编》中记载："烧酒醉不醒者急用绿豆粉烫皮切片，将筋撬开口，用冷水送粉皮下喉即安。"

清代王士雄的《随息居饮食谱》载："解酒毒，（大醉不醒），枳子煎浓汁灌；人乳和热黄酒服，外以生熟汤浸其身，则汤化为酒，而人醒矣。""解烧酒毒，芦菔汁，青蔗浆，随灌。绿豆研水灌，或以枳子煎浓汤灌。大醉不醒，急用热豆腐遍体贴之，冷即易，以醒为度。外用井水浸其发，并用故帛浸湿，贴于胸膈，仍细细灌之，至苏为度。""解酒醉：饮酒大醉，冲葛粉食之即解，烧酒醉者，饮糖茶或麻油。糯米炒焦，冲水作茶饮。饥时米即可食。"

元代无名氏《居家必用事类全集》《饮食类》之解醒汤：中酒后服之（东垣李明之方，妙绝。其孙李信之传）。

白茯苓（一钱半）、白豆蔻仁（半两）、木香（半钱）、橘红（一钱半）、莲花青皮（三分）、泽泻（二钱）、神曲（一钱，炒黄）、缩砂仁（半两）、葛花（半两）、猪苓（去黑皮，半钱）、干生姜（二钱）、白术（二钱）、人参（一钱）。均为细末，和匀，每服二钱半，白汤调下，但得微汗，酒疾去矣，不可多食。

（2）戒酒

饮酒过多一定会有害身体，甚至危及性命，戒酒当然也有必要。然而嗜酒如命者，若要让其断酒，可能也不容易。古人却也有妙方。如唐代的《外台秘要》中有断酒方十五首。其中如："《千金》断酒方：酒七升，著瓶中，熟朱砂半两著酒中，急塞瓶口，安猪圈中，任猪啄动，经七日，取尽饮之，永断。""又方：腊月鼠头灰柳花等分，黄昏时酒服一杯。""又方：白猪乳汁一升饮之，永不饮酒。""又方：刮马汗和酒饮之，终身不饮酒。""又方：大虫屎中骨烧灰，和酒与饮。""又方：白狗乳汁，酒服之。""又方：腊月马脑，酒服之。""又方：驴驹衣烧灰，酒服之。"上述这些方法大概是对嗜酒者的一种心理疗法，使嗜酒者饮过这些经过特殊处理加工的酒后，产生对酒的一种厌恶心理。经过这些方法处理的酒，虽有酒味，但酒的口感令人作呕，就这样能够打消饮酒的念头。有些配料如马脑、驴驹衣灰、白狗乳汁，是否真有效益，可能还要加以验证。

（3）饮酒不醉之方

古代书籍中甚至还有一些所谓的"饮酒不醉"之良方。如清代无名氏之《调鼎集》载：

"饮酒欲不醉：饮酒欲不醉者，服硼砂末少许，其饮葛汤，葛丸者效迟。"《千金方》：七夕日采石菖蒲，末服之，饮酒不醉。大醉者，以冷水浸发即解。又：饮酒先服食盐一匕，饮必倍。又：清水漱口，饮虽多不乱；或曰：酒毒自齿入也。

上述药方是否真正奏效，还未验证。当然也不可全信。

用中草药解酒醉，很多人都说有独特的效果。现代医学工作者应用传统医学中的国粹古方——酒仙乐（又名解酒灵），其主要的成分为：人参、天麻、黄连、黄柏、黄芩、葛花、葛根、枳子、元胡、麝香等二十余种中草药综合配伍而成经过加工炮制成为细末粉剂型。可在饮酒前服，亦可在饮酒过程中兼服，还能够在酒后服用。此药为天然动植物或生物制品，经过有关部门检验，对人体一般无害无毒，副作用也未出现。据国外消息，美国官方有关机构对中国传统的解酒药方也正在进行

药酒及滋补酒

各种研究，如果通过各种毒理性实验，则可以推向市场。

中国文化源远流长，酒海中的宝藏也是数不胜数，只要认真加以发掘，还可以继续为人类的物质生活和精神生活作出杰出的贡献。

今朝放歌须纵酒——酒文化卷

名 人 与 酒

刘邦归故里酒酣而歌

【刘邦简介】

汉高祖刘邦（公元前256—前195年），字季（一说原名季），沛郡丰邑中阳里（今江苏丰县）人，汉族。出身平民阶级，秦朝时曾担任泗水亭长，起兵于沛（今江苏沛县），称沛公。秦亡后被封为汉王。后于楚汉战争中打败西楚霸王项羽，成为汉朝（西汉）开国皇帝，庙号为高祖，汉景帝时改为太祖，自汉武帝时期司马迁开始，多以最初的庙号"高祖"称之，谥号为高皇帝，所以史称汉高祖、太祖高皇帝或汉高帝。

【建立西汉】

秦二世元年，天下群雄纷纷起义，反抗秦的残暴统治。陈胜起义时，刘邦在沛县起兵响应，称为沛公。当时辅佐他的有萧何、曹参、樊哙、张良、韩信等文官武将。秦朝在三年内很快被推翻，项羽自立为西楚霸王，刘邦被封为汉王，占有巴蜀、汉中之地。不久，刘邦与项羽展开了长达五年之久的争夺战，公元前202年，项羽兵败，乌江自刎，刘邦建立西汉王朝，登上皇帝之位。

【高祖还乡】

刘邦登基七年后，平息叛乱，衣锦还乡，荣归故里，大摆酒席，宴请父老乡亲，并挑选120名儿童，教他们唱歌。酒酣之际，刘邦唱起了自编的《大风歌》：

大风起兮云飞扬，威加海内兮归故乡，安得猛士兮守四方！

酒宴上，刘邦非常高兴，又唱又跳，手舞足蹈，并感慨伤怀地流下了热泪，对在场的人们说：远游的人，心里每时每刻都在思念着故乡。我虽建都于关中，但日夜思乡，即使百年之后，我的魂魄还是要回来的。因此我把沛县作为汤沐邑，免除全县百姓的徭役，让他们世世代代免除劳役之苦。刘邦的一番话，让乡亲们听了非常高兴，他们跪地高呼万岁，然后天天陪刘邦痛饮美酒。这样一连喝了十多天，在刘邦要返朝时，乡亲们还执意挽留。临别前，全城的人都来送刘邦美酒，刘邦见此景异常感动，便下令就地搭起帐篷，又与大家痛饮了三天后，才与大家辞行。

曹操与"九酝春酒"

【曹操简介】

曹操（155—220 年），字孟德，一名吉利，小字阿瞒，沛国谯郡（今安徽省亳州市）人。东汉末年伟大的军事家、政治家及诗人。

【进献九酝春酒】

东汉建安年间，曹操曾将家乡亳州产的"九酝春酒"专门进献给献帝刘协，并上表说明九酝春酒的制法。曹操在《上九酝酒法奏》中这样说："臣县故令南阳郭芝，有九酝春酒。法用曲二十斤，流水五石，腊月二日渍曲，正月冻解，用好稻米，漉去曲滓，酿……三日一酿，满九斛米止，臣得法，酿之，常善；其上清，滓亦可饮。若以九酝苦难饮，增为十酿，差甘易饮，不病。今谨上献。"

"九酝酒法"是对当时亳州造酒技术精华的提炼，也是亳州的"九酝春酒"曾作为贡品的最早的也是现存的唯一的文字依据。1959 年，亳州古井酒厂（当时名"亳县古井酒厂"）就是据此为今天的"古井贡酒"命名的。这么看来，亳州产好酒的历史，距今至少也有一千八百年。

"曲者酒之骨"。远在先秦时期,我们祖先就已经发明了用曲来酿酒。秦汉以来,我国的造酒技术已有了很高的成就。《礼记·月令》中记载了造酒的六点注意事项:"秫稻必齐,曲蘖必时,湛炽必洁,水泉必香,陶器必良,火齐必得。"它规定造酒用的谷物要成熟,投曲要及时,浸煮时要保持清洁,造酒用的水要好,器皿要用上好品质的陶器,火候要适宜。这把酿酒的关键之处都明确指出来了。

汉代,因为制曲技术的发展,各地已经利用不同的谷物来制曲了,因而酒的品种有所增加。这时既有廉价的"行酒",同时还有少曲多米、"一宿而熟"的"甘酒",有叫作"酤"的白酒,叫作"酾"或"糟下酒"的红酒,还有叫作"醴"的清酒。对于亳州这个名人代出,较早地运用制曲酿酒的技术是可想而知的。再说身为丞相的曹操,对当时天下的情况不会不了解,也不会不加比较地随意地仅出于对故里的偏爱而随便将故乡产的酒献给皇上的。这么看来可以说"九酝春酒"在当时算是行业先锋了。

所谓春酒者,其实指的就是春季酿的酒。《四民月令》称正月所酿酒为"春酒"。"九酝春酒"正好是在"腊月二日清曲,正月冻解,用好稻米渍去曲滓便酿"的"春酒"。何为"九酝"?"九酝"即九"投",分九次将酒饭分别投入曲液中。《齐民要术》分次殿饭下瓮,初投、二投、三投,最多至十投,直至发酵停止酒熟止。先投的发酵醪对于后投的饭必然起着酒母的作用。"九酝春酒"即是用"九汲法"酿造的"春酒"。"三日一酝,满九斛米止",就是每隔三天投一次米,分九次全部投完九斛米。

当时酿酒用的曲有两种——神曲、笨曲。"九酝春酒"所用的曲可能是神曲(现在的小曲),而不是用的笨曲,因为其用曲量(30斤)只有原料米(九斛)的3%。这足以说明当时已利用根霉酿酒了。根霉能在醪中不断地繁殖,能够不断地把淀粉分解成葡萄糖,酵母则把葡萄糖变成酒精。实际上,"九酝酒法"已是近代霉菌深层培养法的雏形之所在。九殿法也类似近代的连续投料的黄酒工艺了。

【提出酿酒改进方法】

曹操的《上九酝酒法奏》不但比较完整地总结了"儿酝春酒"的酿造工艺,

而且还提出了改进的办法，这样酿制的酒味更醇厚浓烈。他自己认为"若以九酝，苦难饮。增为十酿，差甘易饮，不病"。对此，有人解释说："九酝用米九斛，十酝用米十斛，其用曲三十斤，但米有多少耳。"米多米少是由酒曲"杀米"，即曲对于原料米的糖化和酒精发酵的效率最终来决定的。曲多酒苦，米多酒甜。因此，《齐民要术》说用米多少，"须善候曲势：曲势未穷，米犹消化者，便加米，唯多为良"。"味足沸定为熟。气味虽正，沸未息者，曲势未尽，宜更殿之；不段则酒味苦，薄矣"。"九酝"的酒用二十斤曲"杀"九斛米，因曲多米少所以导致"苦难饮"，再多投一斛米，即增一酿，则曲、米之比例正好合适，酒亦"差甘易饮"了。

能不能说，"九酝春酒"就是今天的"古井贡酒"的前身，随着时间的推移，不断地完善、发展的结果呢？从广义上讲是可以这样说的。尽管"九酝春酒"是发酵酒，今天的"古井贡酒"是蒸馏酒，两者之间工艺上有着根本的明显区别，但是我们完全可以说，亳州在一千八百年前或更早的年代就能生产出像"九酝春酒"这样的绝佳好酒，并且给后辈留下了酿制酒的先进技术和传统，对亳州后来酿酒业的发展产生了深远的影响，所以才会在今天出现名牌古井贡酒。

嗜酒如命的皇帝：高洋

【高洋简介】

北齐文宣帝高洋（529—559 年），字子进，南北朝时期北齐开国皇帝，在位 10 年。他是东魏权臣、北齐神武皇帝（追谥，实际尚未即位）高欢次子、北齐文襄皇帝（亦为追谥，实际尚未即位）高澄的同母弟，汉族人。

【韬光养晦】

北齐文宣帝高洋，很有才华，也很有政治头脑。东魏孝静帝的时候，他哥哥大将军高澄把持朝政，一手遮天，很忌讳高洋的才华。高洋为了保护自己，于是装蠢、装笨，所有的人都以为他是个愚蠢的人。

后来高澄被仇人谋杀，他获悉消息，立刻一反常态，镇定自若地指挥手下，擒拿凶犯。原先轻视他的人，看到他会见文武大臣时神态庄严，言辞敏锐，都大惊失色。

高洋办起事来雷厉风行，干净利落。担任宰相后，高洋立即修改了弊政。后来他把东魏孝静帝赶下台，自己做了北齐开国皇帝后，对国事兢兢业业，特别注重使用人才，建立健全各项制度，朝廷内外治理得井然有序。同时，也很注意军事，每次战斗，他都身先士卒，冲锋在前，因此，在他做皇帝之初，政绩卓然，口碑相当好。然而，他太嗜酒如命了。

【嗜酒如命，滥杀无辜】

高洋嗜酒如命到什么程度呢？每天杯不离手，每喝必醉。醉了之后脱光衣服，披着头发，手执利刃到处跑，跑累了，找个地方歇歇；跑困了，找个旮旯倒头便睡。有一次，他母亲娄太后看他这个样子，气得拿着手杖打他，他借着酒劲儿竟然骂道："把你这老家伙嫁给胡人！"把娄太后气得半死。酒醒后，他才发觉自己失言，痛哭流涕求娄太后原谅，自己拿鞭子抽自己五十下，并戒酒一旬。可是时间不长，高洋故态复萌。

有一次，高洋喝醉了，依旧满街跑，恰好碰上一个妇女，他问道："你说当今天子怎么样？"这个妇女根本不认识他，随口答道："当今天子癫癫痴痴，哪有天子的样子！"他听着逆耳，立刻拔刀将这个妇女杀死。高洋有个宠姬，曾经做过妓女。有一次高洋喝多了，越想越气，一气之下把她脑袋割了下来，揣在怀里，又去参加另一场酒宴，喝着喝着，突然，把那个宠姬的脑袋拿出来，用刀子割开，刮骨头的声音，让在座的人不寒而栗。等酒醒了后，放声大哭，又让人埋葬了她的尸体。

还有一次，他手下一个叫崔暹的大臣病故了，他喝得迷迷糊糊的前去吊唁。哭着哭着，他忽然问崔暹的妻子："你思念崔暹吗？"崔暹的妻子答道："思念。"他接着说道："那你为什么不去看他呢？"说完，竟然拿刀把崔暹的妻子砍死，割下她的脑袋扔到了墙外。总之，喝醉后杀人已经成为他的一种乐趣。为了满足他的这一乐

名人与酒

趣，宰相杨愔专门准备了一批死囚，供高洋酒后杀着取乐。这些死囚如果三个月不被杀死，就释放回家。

杨愔之所以这样做，其实也是迫不得已，因为高洋酒醉后，大臣也有掉脑袋的风险。比如说杨愔，他虽然是高洋的宰相、亲信，但也好几次险些被杀掉。有一次，高洋酒醉后，用小刀划开杨愔的小腹，想看看里面有什么，幸亏被大臣崔季舒竭力劝止。他的弟弟高演看他这个样子很担忧，跪在地下劝谏他以至泣不成声。高洋深受触动，把酒杯摔在地下，下令："以后谁再敢进酒，杀之！"他把所有的酒器都摔碎了。可是时间不长，他又旧病复发，而且喝得更甚。

尽管高洋酒后无德，清醒时却非常清醒。在临终前，他传位给儿子高殷，嘱咐弟弟高演："你要想当皇帝，随时可当，只是不要杀你的侄儿。"嗜酒逞狂的高洋，对自己的儿子还有亲情。

"醉吟先生"白居易

【白居易简介】

白居易，唐代著名诗人，字乐天，自号香山居士；贞元进士，历官秘书省校书郎、左拾遗及左赞善大夫、江州司马、杭州刺史、刑部尚书。在文学上积极倡导"新乐府"运动，主张"文章合为时而著，歌诗合为事而作"。

【白居易与酒诗】

白居易一生笔耕不辍，著作颇丰。其中有不少与酒有关的作品，对后世产生了深远影响。《劝酒十四首》是最为著名的劝酒诗，最为有名。此为咏酒组诗，共分为两题，一为《何处难忘酒》，一为《不如来饮酒》，每题各七首，诗的主题表达求闲、求静、求无思虑、求无作为的老庄思想和佛家禅理。此外，他的《劝酒》和《劝酒寄元九》也很著名。

【醉吟先生】

白居易六十七岁时，写下了《醉吟先生传》。文中醉吟先生，即是其本人。他在《醉吟先生传》中说，有个叫醉吟先生的，不知道姓名、籍贯、官职，只知道他做了30年官，退居到洛城。他的住处有池塘、竹竿、舟桥、台榭、乔木等。他爱好喝酒、弹琴、吟诗，与酒徒、诗客、琴侣一起游乐。事实的确如此，白居易游遍了洛阳城内外的寺庙、山丘、泉石。

每遇良辰美景，白居易便邀客来家，先拂酒坛，接着打开诗箧，最后捧出丝竹。于是主客开始喝酒，吟诗，操琴。旁边有家僮奏《霓裳羽衣》，小妓歌《杨柳枝》，真是热闹非凡。直到大家酩酊大醉方休。

有时白居易乘兴到野外游玩，车中放一琴一枕，车两边的竹竿悬两只酒壶，弹琴饮酒，兴尽而归。在苏州当刺史时，因公务繁忙，他经常一个人独酌，用一天的醉酒来解除工作的疲劳。他说："不要轻视一天的酒醉，这是为消除九天的疲劳。如果没有九天的疲劳，怎么能治好州里的人民。如果没有一天的酒醉，怎么能娱乐我的身心。"接下来更多的则是同朋友聚会畅饮。

> 绿蚁新醅酒，红泥小火炉。
>
> 晚来天欲雪，能饮一杯无？
>
> ——《问刘十九》

绿蚁新醅酒，红泥小火炉，是如此温馨，如此吸引人。眼看就要下雪了，且天色已晚，有闲可乘，除了围炉对酒，还有什么更适合于消磨欲雪的黄昏时光呢？所谓"酒逢知己千杯少"、"独酌无相亲"，除了酒之外还要有知己同在，才能使生活更富有情味。白居易向刘十九发问："能饮一杯无？"生活中美好的一幕即将开始。这首诗可以说是邀请朋友前来小饮的劝酒词。给友人备下的酒，当然是可以使对方致醉的，而这首诗的意境却是比酒还要醇浓。

名人与酒

【酒奠诗魂】

白居易喜欢杯中之物，本想在沉醉中忘却世间事，"陶陶然，昏昏然"，但无奈"春去有来日，我老无少时"，恍惚间，"归去来兮头已白"。一代名流，于会昌六年八月十四日，在洛阳城履道坊白氏本家中仙逝，享年 75 岁。子孙遵其遗嘱，将其葬于龙门东山琵琶峰。河南尹卢贞刻《醉吟先生传》于石，立于墓侧。传说四方游客，知白居易平生嗜酒，前来拜墓都用杯酒祭奠，因此墓前方丈宽的土地没有干燥的时候，由此可见，诗人是多么深得后人爱戴。

李 白 与 酒

【李白简介】

李白（701—762 年），祖籍陇西成纪（今甘肃天水附近），字太白，号青莲居士，又号"谪仙人"，盛唐最杰出的诗人，也是我国文学史上继屈原之后又一伟大的浪漫主义诗人。

【酒仙·诗仙】

杜甫有一首诗《饮中八仙歌》，就写了唐代的八个酒仙，李白的形象尤为突出。"李白斗酒诗百篇，长安市上酒家眠。天子呼来不上船，自称臣是酒中仙。"这么看来，酒后的李白豪气纵横，狂放不羁，桀骜不驯，傲视王侯。这首诗中的李白焕发着美的理想光辉，令人仰慕！

据说李白的生活中时刻有酒相伴。在月下、在花间、在舟中、在亭阁、在显达得意之时、在困厄郁闷之际，李白时常都在饮酒，无时不在深醉。"但使主人能醉客，不知何处是他乡"，只要有美酒，只要能畅快痛饮，李白甚至能够"认他乡为故乡"。

在历史上诗与酒往往是一体的。李白既是诗仙，又是酒仙。酒可以麻醉人，也可以释放真！

李白的《将进酒》应该是人生与酒的最好映照。人高兴时要喝酒，"人生得意须尽欢，莫使金樽空对月"；人激愤时就会喝酒，"钟鼓馔玉不足贵，但愿长醉不复醒"；人排遣寂寞时也会喝酒，"古来圣贤皆寂寞，唯有饮者留其名"；人郁闷时要喝酒，"五花马，千金裘，呼儿将出换美酒，与尔同销万古愁"。

实际上诗酒同李白结了不解之缘，李白有一首《襄阳歌》："百年三万六千日，一日须倾三百杯。遥看汉水鸭头绿，恰似葡萄初酦醅。此江若变作春酒，垒曲便筑糟丘台……清风朗月不用一钱买，玉山自倒非人推……"当时醉意朦胧的李白朝四方看，远远看见襄阳城外碧绿的汉水，幻觉中就似乎刚酿好的葡萄酒一样。啊！这汉江若能变作春酒，那么单是用来酿酒的酒曲，便能垒成一座糟丘台了……忘情于清风之中，放浪于明月之下，自己酒醉之后，像玉山一样，倒在风月中，该是何等潇洒畅快！李白醉酒后，飞扬的神采和无拘无束的风度，让人着实领受到了一种精神舒展与解放的乐趣！醉酒后的李白狂态毕现，疏放不羁，常常产生惊天奇想。"铲却君山好，平铺湘水流"。他竟要铲平君山，让湘水浩浩荡荡无阻拦地向前奔流。君山是铲不平的，世路还是那么崎岖难行。李白甚至在醉态之下要"捶碎黄鹤楼"、"倒却鹦鹉洲"。估计当时的李白正是借这种奇思狂想来抒发自己的千古愁、万古愤吧！

【李白与葡萄酒】

"酒仙"李白有"斗酒诗百篇"的名声，非常钟爱葡萄酒。他所作的《宫中行乐词八首》有这样的注解："奉诏作。（唐）明皇坐沉香亭，意有所感，欲得（李）白为乐章。召人，而（李）白已醉。左右以水面，稍解。援笔成文，宛丽精切。"

《宫中行乐词八首》之三：

> 卢橘为秦树，蒲萄出汉宫。
>
> 烟花宜落日，丝管醉春风。
>
> 笛奏龙吟水，萧鸣凤下空。

君王多乐事，还与万方同。

李白在酒醉时曾经奉诏作诗，还忘不了心爱的葡萄，那么，他在寻欢作乐时，更少不了葡萄酒。他在《对酒》中这样写道：

> 蒲萄酒，金叵罗，吴姬十五细马驮。
> 青黛画眉红锦靴，道字不正娇唱歌。
> 玳瑁筵中怀里醉，芙蓉帐底奈君何。

事实上，李白不仅是喜欢葡萄酒，而是迷恋葡萄酒，恨不得人生百年，天天都沉醉在葡萄酒里。《襄阳歌》就是他的葡萄酒醉歌。他在《襄阳歌》中这样写道：

> 鸬鹚杓，鹦鹉杯，
> 百年三万六千日，一日须倾三百杯。
> 遥看汉水鸭头绿，恰似蒲萄初酦醅。
> 此江若变作春酒，垒曲便筑糟丘台。
> 千金骏马换小妾，醉坐雕鞍歌《落梅》。
> 车旁侧挂一壶酒，凤笙龙管行相催。
> ……

当年的李白幻想着将一江汉水都化为葡萄美酒，每天都喝他三百杯，一连喝他一百年，也确实要喝掉一江的葡萄酒。诗中的"酦醅"，实际上指的就是酿酒。从诗中也可看出，当时葡萄酒的酿造已非常普遍。

【举杯邀明月】

李白借酒抒发自己的那份狂放豪情，表明对不合理的社会人生的藐视。"人生达命岂暇愁，且饮美酒上高楼"（《梁园吟》），何等洒脱！李白用酒向世人抒发自己的激烈壮怀、难平孤愤，发泄自己的郁勃不平之气和按捺不住的万千悲慨。"三杯拂剑舞秋月，忽然高咏涕泗涟"（《玉壶吟》），何等悲怆！李白那时借酒展示自己裘马轻狂的青年时代，描述自己恣意行乐的实际生活。"忆昔洛阳董糟丘，为余天津桥南造酒楼。黄金白璧买歌笑，一醉累月轻王侯"，何等痛快！李白借酒向青天发问、对明月相邀，在对宇宙的遐想中探求人生在世的哲理，在醉意朦胧中彰显了自己飘逸浪漫、孤高出尘的形象。"青天有月来几时？我且停杯一问之"，"举杯邀明月，对影成三人"，何等潇洒！李白借酒抛却尘世的所有琐屑和得失，忘情于山水，寄心于明月。"且就洞庭赊月色，将船买酒白云边"，那是何等逍遥！

【举杯消愁愁更愁】

沉迷酒的李白当然与善酿酒者交情甚笃。他有一首《哭宣城善酿纪叟》可以印证："纪叟黄泉里，还应酿老春。夜台无李白，沽酒与何人？"李白痴情地在那一个人想象：黄泉之下的这位酿酒老人会仍操旧业，但生死殊途，夜台没有我李白，你酿好了老春好酒，又将卖给谁呢？尽管这是荒诞痴呆的想法，但却充分说明了李白与纪叟感情深厚，彼此是难得的知音。

在"一杯一杯复一杯"中，在半醉半醒之间，李白笑傲度过自己的一生，但毕竟是"举杯消愁愁更愁"。酒和诗、花和月、山和水，纠结与狂放、失意与孤傲构成了整个李白！

刘禹锡与葡萄酒

【刘禹锡简介】

刘禹锡（772—842 年），字梦得，唐朝彭城人，祖籍洛阳，唐朝文学家，哲学家，自称是汉中山靖王后裔，曾任监察御史，是王叔文政治改革集团的一员。唐代中晚期著名诗人，有"诗豪"之称。

【染指铅粉腻，满喉甘露香】

与白居易同年出生的刘禹锡，以太子宾客、检校礼部尚书致仕，世人称其为刘宾客、刘尚书。刘禹锡诗文兼擅，诗歌能够与白居易齐名，称"刘白"，白居易称他为"诗豪"。刘禹锡喜欢喝酒，又曾任屯田员外郎，他本人对葡萄和葡萄酒的认识就比同时期的其他官员和诗人们更加透彻。他在《和令狐相公谢太原李侍中寄蒲桃》的诗中写道：

> 珍果出西域，移根到北方。
>
> 昔年随汉使，今日寄梁王。
>
> 上相芳缄至，行台绮席张。
>
> 鱼鳞含宿润，马乳带残霜。
>
> 染指铅粉腻，满喉甘露香。
>
> 酝成十日酒，味敌五云浆。
>
> 咀嚼停金盏，称嗟响画堂。
>
> 惭非末至客，不得一枝尝。

当时太原的李侍中遣人送来马乳葡萄，朋友们聚在一起品尝分享。这葡萄是又香又甜，大家不住地停杯称赞：假如拿这葡萄酝酿成美酒，一定会比名酒五云浆更好喝。待到赴宴的最后一位客人到来时，葡萄已经所剩无几了，以至于早到的客人都觉得难为情。

据史料记载刘禹锡生于公元772年，卒于842年。唐太宗贞观十三年（640年）破高昌获马乳葡萄，到刘禹锡写这首诗时，过去一百多年、不足二百年的时间。经过一百多年的发展，引种的葡萄在太原生长得很好。从以上这首诗中，可以想象得出来，当时的葡萄哪怕是按今天的眼光来看，也是上好的葡萄，最后以至于这些高官与名士，没等客人到齐就已将葡萄吃完了。

【自酿葡萄酒】

刘禹锡除了品尝朋友送来的葡萄外，还亲自种葡萄，并用所种的葡萄自己动手酿制葡萄酒。他在《葡萄歌》（一作《蒲桃歌》）中这样写道：

> 野田生葡萄，缠绕一枝高。
>
> 移来碧墀下，张王日日高。
>
> 分岐浩繁缛，修蔓蟠诘曲。
>
> 扬翘向庭柯，意思如有属。
>
> 为之立长槃，布濩当轩绿。
>
> 米液涵其根，理疏看渗德。
>
> 繁葩组绶结，悬实珠矶磊。
>
> 马乳带青霜，龙鳞曙初旭。
>
> 有客汾阴至，临堂瞪双目。
>
> 自言我晋人，种此如种玉。
>
> 酿之成美酒，令人饮不足。
>
> 为君持一斗，往取凉州牧。

刘禹锡在这首诗中描写了他从种植葡萄到收获葡萄的全过程，包括了修剪、搭葡萄架、施肥、灌溉等栽培管理，并且获得葡萄丰收。刘禹锡作为当时政府的高官，能准确地掌握葡萄栽培技术，可见盛唐时期葡萄种植业的发达。此外，这首诗还让我们明白，刘禹种下这棵葡萄，是要拿收获的葡萄酿葡萄酒的。他不光能自己动手酿酒，还对自酿的葡萄酒极自信，告诉汾阴来的朋友：我酿的葡萄酒质量非常好，"令人饮不足"，你如果要跑官的话，我送你一斗葡萄酒，准让你得到凉州刺史这样的职务。可见，自唐初李世民自己动手酿制葡萄酒起，到了盛唐时期，民间酿制葡萄酒已十分的普遍。

名人与酒

王翰与葡萄酒

【王翰简介】

王翰，字子羽，晋阳人，唐代边塞诗人。登进士第，举直言极谏，调昌乐尉。复举超拔群类，召为秘书正字。擢通事舍人、驾部员外。出为汝州长史，改仙州别驾。日与才士豪侠饮乐游畋，坐贬道州司马，卒。其诗题材大多吟咏沙场少年、玲珑女子以及欢歌饮宴等，表达对人生短暂的感叹和及时行乐的旷达情怀。词语似云铺绮丽，霞叠瑰秀；诗音如仙笙瑶瑟，妙不可言。

【葡萄美酒夜光杯】

要说唐朝的葡萄酒诗，最著名的莫过于王翰的《凉州词》了：

> 葡萄美酒夜光杯，欲饮琵琶马上催。
>
> 醉卧沙场君莫笑，古来征战几人回？

当时边塞荒凉艰苦的环境、紧张动荡的军旅生活，使得将士们很难得到欢聚的酒宴。据《十洲记》："周穆王时西胡献夜光常满杯，杯是白玉之精，光明夜照，"那些鲜艳如血的葡萄酒，满注于白玉夜光杯中，色泽艳丽，形象华贵。如此美酒、如此盛宴，将士们都激情飞扬，准备痛饮一番。正在大家"欲饮"未得之际，马上琵琶奏乐，催人出征。此时、此地、此情、此景，琵琶作声，不为助兴，而为催行，谁能不感心头的那份沉重？可是这酒还喝不喝呢？这时，座中有人高喊，男儿从军，以身许国，生死早已置之度外。有酒就赶紧开怀痛饮！说到底醉就醉吧！就是醉卧沙场也没有什么丢脸的，自古以来有几人能从浴血奋战的疆场上平安归来呢？于是，出征将士豪兴逸发，举杯痛饮。明知前途险厄，却还是无所畏惧，勇往直前，表现出高昂的爱国热情。

在现存的众多盛唐边塞诗中，这首《凉州词》最能表达当时那种涵盖一切、睥睨一切的气势，以及充满着必胜信念的盛唐的那种大无畏的精神气度。明朝王世贞称此诗为无瑕之璧，与王昌龄的《出塞》同为唐人七绝的压卷之作。此诗也作为一首千古绝唱，载入中国甚至世界葡萄酒文化史。

苏轼：功名利禄不如一杯酒

【苏轼简介】

苏轼（1037—1101年），汉族，眉州眉山（今四川眉山，北宋时为眉山城）人，祖籍栾城。字子瞻，又字和仲，号"东坡居士"，世称"苏东坡"。北宋著名散文家、书画家、文学家、词人、诗人，是豪放词派的代表。唐宋八大家之一。

【身后名轻，但觉一杯重】

苏轼与酒结下了不解之缘。"身后名轻，但觉一杯重"。在他看来，功名利禄不如一杯酒的分量。苏轼一生经历坎坷，仕途艰难。屡遭贬低，足迹遍及半个中国。年近花甲，还被贬到广东惠州。三年后，又贬去海南。年逾六旬，仍不被朝廷放过。可是，他心胸豁达开阔，能放下一切，不在乎人生的苦难。这与他从酒那里取得胆识、性情有直接关系。"酒醒还醉醉还醒，一笑人间今古"。他在《行香子》词中又写道："浮名浮利，虚苦劳神。""几时归去，作个闲人，对一张琴，一壶酒，一溪云。"

【亲民善饮】

苏轼许多脍炙人口的诗作，都是酒后之作。"明月几时有，把酒问青天"，固然如此；《前赤壁赋》《后赤壁赋》等，他多少借了酒的灵气，流传千古。

苏轼善于给美酒取名。他在惠州，为当地酒取过很多名字：家酿酒叫"万户春"，糯米酒叫"罗浮春"，龙眼酒叫"桂酒"（因龙眼又名桂圆），荔枝酒叫"紫罗衣酒"（荔枝壳为紫红色）……他自己也亲自酿酒，招人同饮。他写道："余家近酿，名之曰'万家春'，盖岭南万户酒也。"这酒是"雪花浮动万家春"，似乎是上面漂有酒粕的糯米酒。他还搜集民间的酒方，埋在罗浮山的一座桥下，说将来有缘者，喝了此酒能够升仙。他推崇惠州酒，写信给家乡四川眉山的陆续忠道士，邀他到惠州同饮同乐，说即使往返跋涉千里也很值得。说饮了此地的酒，不但能强身健体，还能飘飘欲仙，喜欢饮酒的陆道士果真到惠州找他。由此可见，酒的魅力之大。

苏轼与百姓相处得非常融洽，喜欢同村野之人同饮。他写道："杖履所及，鸡犬皆相识""人无贤愚，皆得其欢心。"在他那里，在"酒"的面前，人人平等，没有贵贱之分。

在苏轼住处附近，有个卖酒的老婆子，叫"林婆"，"年丰米贱，林婆之酒可赊"。他和林婆关系很好，经常去赊酒。

苏轼喜欢结交各种各样的人。他在《白鹤峰所遇》一文中写道："邓道士忽叩门，时已三鼓，家人尽寝，月色如霜。其后有伟人，衣桃榔叶，手携斗酒，丰神英发，如吕洞宾者，曰：'子尝真一酒乎？'就坐，各饮数杯，击节高歌……"夜静更深，不速之客竟是陌生的道士。有一次，他下乡时，一位83岁的老翁拦住他，求与同饮，欣欣然。西新桥建成后，"父老喜云集，箪壶无空携，三日饮不散，杀尽西村鸡"。与苏轼同饮者，不但有文人学士，还有村野父老。苏轼与那些"父老"融洽得如鱼得水，没有一点官架子；父老们也不把他当官看，只当同龄兄弟，坦诚相待。

李清照与酒

【李清照简介】

李清照（1084—1156年），南宋人氏，自号易安居士。济南章丘人，婉约派代表词人，中国历史上最著名的女词人。她的诗文感时咏史，与词风迥异。她还擅长书画，兼通音律。现存诗文及词为后人所辑，有《漱玉词》等。

【爱酒的女诗人】

"常记溪亭日暮，沉醉不知归路。兴尽晚回舟，误入藕花深处，争渡，争渡，惊起一滩鸥鹭。"李清照可谓是一世奇女，一个女子，喝得晕乎乎的，连回家的路都找不着了，即使在今天，也不多见。但李清照又是绝非滥酒的泛泛之人，以词中所写，某日黄昏，一个妙人儿，独自驾着小船，一边游湖一边品酒，那该是一幕多么温馨惬意的情景啊。

李清照是中国古代女诗人中的佼佼者，而其爱酒之深，亦可与李白、苏轼等同列。在李清照笔下，酒与她的诗词一样，随着她人生经历的数次跌宕起伏而变化，显得多姿多彩。

早期，李清照的词主要是写少女情怀的浪漫，以及与赵明诚的真心相亲相爱。此时，清照词中的酒，也是一种浪漫、潇洒与祥和的美丽，上述的这首《如梦令》便是例证。另外还有"雪里已知春有意，寒梅点缀琼枝腻……共赏金樽沈绿蚁，莫辞醉，此花不与群花比"。（《渔家傲》）"昨夜雨疏风骤，浓睡不消残酒，试问卷帘人，却道海棠依旧，知否，知否，应是绿肥红瘦。"（《如梦令》）等。

李清照的词被后人吟唱最多的就是那首《声声慢》了。"寻寻觅觅，冷冷清清，凄凄惨惨戚戚，三杯两盏淡酒，怎敌他晚来风急……"靖康之乱中，那些诗人仓皇南渡，国破继之以家之，爱人赵明诚病逝，清照从此流离失所，老来无依。在饱经了人生的炎凉风霜后，李清照已不再是当年闺中抒情的少女，此时的酒，完全都是凄凉之意。另一首同样有名的是《醉花阴》："东篱把酒黄昏后，有暗香盈袖，莫道不消魂，帘卷西风，人比黄花瘦。"其人其情其酒其词一看便知。

另外，李清照还有一部分写离别之情的，如"惜别伤离方寸乱，忘了临行酒盏深和浅，好把间书凭过雁，东莱不似蓬莱远"（《蝶恋花》）；有写浓浓思乡之情的，如"酒阑更喜团茶苦，梦断偏宜瑞脑香。秋已尽，日犹长，仲宣怀远更凄凉"（《鹧鸪天》）；有写自己相思之愁的，如"莫许怀深琥珀浓，未成沉醉意先融"（《浣溪沙》），等等。以上这些词中，女诗人的诗才与酒香同时流光溢彩。

李清照爱酒在女子中实属罕见，而其为人亦刚烈，又可令多少须眉男子生出愧色。一首短短五绝，"生当作人杰，死亦为鬼雄。至今思项羽，不肯过江东"，竟然在后世成了千古绝唱。只是没办法考证，李清照一生为人的刚烈与她之爱酒，有什么内在联系。

元好问与葡萄酒

【元好问简介】

元好问（1190—1257 年）字裕之，号遗山，太原秀容（今山西忻州）人。我国金末元初最有成就的作家和历史学家，文坛盟主，是宋金对峙时期北方文学的主要代表，又是金元之际在文学上承前启后的桥梁，被尊为"北方文雄"、"一代文宗"。其诗、文、词、曲，各体皆工。诗作成就最高，"丧乱诗"尤为有名；其词为金代一朝之冠，可与两宋名家媲美；其散曲虽传世不多，但当时影响很大，有倡导之功。

著有《元遗山先生全集》，词集为《遗山乐府》。辑有《中州集》，保存了大量金代文学作品。

【讲述葡萄酒酿法】

元好问在《蒲桃酒赋》的序中讲述了这样一个故事：

邓州的刘光甫曾告诉我，他家乡山西安邑多葡萄，但大家都不知道酿葡萄酒的方法。后来，他和当时的一位叫许仲祥的朋友一起，摘葡萄果与米一起炊，然后酿酒。酒确实已经酿成了，但古人讲的葡萄酒"甘而不饴、冷而不寒"的风味却没有。贞佑年间（约 1215 年），附近的一户人家躲避强盗后从山里回家，发现竹器上放的葡萄浆果都已干了，盛葡萄的竹器当时恰好放在一只腹大口小的陶罐上，葡萄汁恰好都流进陶罐里。闻闻还有酒香扑鼻而来，拿来饮用，居然是美酒。原来是葡萄自己发酵成酒。多少年来的秘密，今日得以揭开。刘光甫还对我这样说，文人都喜欢写点东西，你现在知道了这件事，不知有什么感想？

我说，世上已好久没有真正醇香的葡萄酒了，我也只是听从西域回来的人说："大石人把葡萄榨成汁，然后封而埋之，不久就可以酿成葡萄酒，而且这酒存放愈久则愈好，有些人家藏有上千斛的葡萄酒。"看来这正好与你刚才讲的情况完全吻合。看来事情不论大小，其隐藏着的规律，早晚都会显露出来，这是必然的。葡萄酒的酿酒法，失传数百年后又重新得到，并与几万里之外的事情遥相呼应，这真是值得作赋纪念，故作《蒲桃酒赋》。从元好问的《蒲桃酒赋》及序就能够看出来：

经过晚唐及五代时期的长期战乱，到了宋朝，真正的葡萄酒酿酒法在中土差不多已失传。除了从西域运来的葡萄酒外，中土自酿的葡萄酒，基本上都是按《北山酒经》上的葡萄与米混合后加曲的"蒲萄酒法"酿制的，且味道也不算太好。而西域葡萄酒经长途贩运，价格自然极高。

成国公朱能醉死

【朱能简介】

朱能生于 1369 年，是永乐皇帝朱棣的家生奴仆，从小就被朱棣训练习武。朱棣作为燕王镇守北平的时候，30 多岁的朱能已经是副千户了。后来，燕王朱棣发动了奉天靖难的战争，朱能忠实地效力。朱棣推翻了侄子建文帝朱允炆，自己当了永乐皇帝，朱能就被封为成国公，担任左军都督府左都督。

【猝死龙州】

1406 年，朱棣任命朱能为统帅，率领 80 万大军去讨伐安南。不幸的是，尚未开战，大帅朱能就猝死在广西龙州，年仅 37 岁。永乐皇帝朱棣非常伤心，下令国葬并且追封朱能为东平王。后来，朱能的儿子朱勇也成为一员虎将。

名人与酒

【白酒夺命】

朱能为什么 37 岁就猝死了呢？因为朱能嗜酒如命，死于酗酒。原来，朱能被封为成国公之前，也爱喝酒，不过他喝的都是米酒；米酒相当于现在的粗制的米酒，这种酒的浓度很淡，饮酒的人可以大碗大碗地喝，喝上几大碗才可能醉倒。因为战事频繁，他怕贻误军机，不敢贪杯。但是他当了成国公之后，阿谀逢迎、拍马屁的人太多了，就有人送给他白酒。到了明朝初期，蒸馏酒才问世，这才把浓度很淡的米酒，通过蒸馏的方法制成浓度很高，可以达到 65 度的白酒。从此，这种蒸馏造酒的技术，才流传到世界各地。当时白酒刚刚出现，由于数量很少，因此价格是很昂贵的，一般酒徒是喝不起的。倘若谁得到白酒，那么谁就欣喜若狂，而且要一醉方休。朱能是高贵的成国公，于是许多人把白酒当成贵重的礼物送给他，他也就每天一醉方休。

由于每日狂饮白酒，朱能的肝脏严重受损。1406 年，当他接受朱棣的率军出发的命令之后，大军开拔，百官送行，他是一醉方休。他率领 80 万大军，从南京出发后，所过之处，地方官接送，又是投其所好，送给他各种白酒，他又是每天一醉方休。就这样，朱能统率大军还没有走到安南，就在酒醉中死去。

曹雪芹与酒

【曹雪芹简介】

曹雪芹（约 1715—约 1763 年），伟大的文学家，诗人。满洲正白旗包衣，字梦阮，雪芹是其号，又号芹圃、芹溪。祖籍江西南昌县武阳，先世原是汉人，后为满洲正白旗"包衣"人，是为旗人。著有长篇小说《红楼梦》。

【佩刀质酒】

乾隆二十七年（1762 年）秋末，曹雪芹从山村来到北京城访友。他的朋友敦敏就住在槐园。曹雪芹夜里没有睡好，早早就起了床。此时，天刚放亮，凄风苦雨，寒气逼人。曹雪芹衣裳单薄，腹内饥饿，竟冷得瑟瑟发抖。嗜酒如命的他，此时只渴望喝一斤热酒。但时间尚早，主人还未起床，童仆尚眠，哪里来的热酒？正在苦闷徘徊的时候，忽然有个披衣戴笠的人走过来。曹雪芹一看，竟是挚友敦诚！敦诚是来找哥哥敦敏的。不想在这里意外遇见了曹雪芹，两人都非常高兴。为了不打搅主人，他们于是就到附近一家小酒店，沽酒对饮。几杯热酒下肚，曹雪芹浑身发热，精神焕发，于是就滔滔不绝，高谈阔论起来。两位好酒之人，也不在乎小店的酒质了，只是一杯接一杯地喝个痛快。喝够了，两人一摸口袋，囊空如洗。于是敦诚解下佩刀说："此刀虽锋利异常，可是把它变卖了，卖不了多少钱；拿它去杀敌，又轮不上咱们，还不如将它作抵押，多换几杯酒喝。"

雪芹听了，大声说："很好！痛快！"于是乘着酒兴，口占长歌一首。可惜这首诗没有流传下来，现在我们看到的只有敦诚的和诗《佩刀质酒歌》（《四松堂集》）。

【食粥赊酒】

曹雪芹一直很清贫，在山村中，过着饥寒交迫的生活，他以卖画为生，卖画的钱，除了维持"举家食粥"以外，就去买酒喝。没有钱时，就向人乞讨酒钱。此外，他常到酒店里赊账。赊了酒回家，一个人喝个痛快。过段时间，等卖画有了钱，再到酒店还债。据说，在卧佛寺东南海峪村的关圣庙前，有一爿小酒店，曹雪芹时常到那里款斟慢饮，论古谈今。

傅抱石与酒

【傅抱石简介】

傅抱石（1904—1965年），原名长生、瑞麟，号抱石斋主人，江西南昌人。我国现代著名国画家、美术史研究和绘画理论家。

【往往醉后有佳作】

傅抱石，刻有一枚闲章曰"往往醉后"。披露自己的大多数画作都是在酒后完成的，往往是在醉后，灵感顿发，浓彩重抹，洋洋洒洒，一气呵成。这说明，酒与傅抱石的画作有着直接的关系。

每当傅抱石作画时，身边必备一壶美酒。他一手执笔，一手执壶，一边作画，一边饮酒。火热的酒从喉管滑入胃中，一腔豪情立刻升腾，驱使他挥舞画笔，人笔合一，肆意勾勒，似有神助。

【向周总理要酒】

1958 年至 1959 年间，周恩来总理请傅抱石和著名画家关山月，为人民大会堂绘制毛泽东诗意巨幅山水画《江山如此多娇》。当时，国家正值困难时期，物资供应紧张。傅抱石和关山月都喜欢饮酒，在作画时没有美酒，就感到缺乏灵感，提不起精神。于是，傅抱石就抱着试试看的心理给周总理写信，倾诉无酒之苦，请求总理能批一点酒喝。周总理看罢信，不禁为傅抱石的直率而笑了。他非常理解艺术家的苦衷，于是爽快地吩咐工作人员，对傅抱石和关山月供应茅台酒，管够喝，直到完成画作。两位画家喝到茅台酒，美酒润笔，真情动心，灵感迸发，不久便高质量地完成了气势磅礴的巨幅山水画《江山如此多娇》。这幅山水画受到毛泽东主席的赞许，认为较好地体现了他诗句的意境。

傅抱石在 40 多年的创作生涯中，共留下 3000 多幅作品，此外还有《傅抱石画集》《中国绘画理论》《中国绘画研究》等专著传世。在他去世后，无论是他传神精妙的人物画，还是酒醉泼墨的山水画，都是价值连城的艺术瑰宝。

古龙与酒

【古龙简介】

古龙，原名熊耀华，著名武侠小说家。他在 1969 年创作了一部先有剧本后有小说的武林奇书《萧十一郎》，赢得读者的广泛好评。古龙初步"武坛"实为生活所迫，随着景况愈好，小说意境开始变得深沉幽远，奇险兼备，成为新派泰斗。古龙与金庸、梁羽生并称为中国武侠小说三大宗师。

1985 年 9 月 21 日，武侠小说家古龙病逝。他一生豪气干云，嗜酒如命，47 岁时死于肝硬化引发的食道破裂。出殡那天，友人在棺木中为他放了 48 瓶 XO 陪葬，挽联上写：小李飞刀成绝响，人间不见楚留香。

【古龙论饮酒】

● 酒的好坏，并不在它的本身，而在于你是以什么心情喝下它。一个人若是满怀痛苦，纵然是天下无双的美酒，喝到他嘴里也是苦的。

● 一个男人若要请人喝喜酒，那就表示他一辈子都得慢慢来付这笔账。

● 酒之一物，真奇妙，你越不想喝醉的时候，醉得越快，到了想醉的时候，反而醉不了。

● 生死事小，喝酒事大。

● 人生每多不平事，但愿长醉不复醒，我好恨呀，好恨！

● 一个人战胜了之后，有时也会忽然变得像空酒杯一样。杯中的酒已完了，一个人战胜之后，心里那种斗志和欲望，也会像杯中的酒一样，突然变空了。

● 酒是种壳子，就像是蜗牛背上的壳子，可以让你逃避进去。那么就算有别人要一脚踩下来，你也看不见了。

● 醉话往往是真话，只可惜世人偏偏不喜欢听真话。

● 不喝酒之后，别的倒也没什么，只不过觉得日子变得长了些，朋友好像变得少了些。

● 这个世界上只有一种珍贵的液体，这种液体就是酒。只有酒才能使人忘记一些不该去想的事。而人最大的悲哀，就是要去想一些他们不该去想的事。除了"死"之外，只有酒才能让人忘记这些事。

● 一个人如果能把他的感触和他的朋友们共享，纵然无酒，也是愉快的。

● 天若不爱酒，酒星不在天，地若不爱酒，地应无酒泉。天地既爱酒，爱酒不

名人与酒

愧天。

【古龙斗酒】

古龙在年轻时，就喜欢饮酒，每次拿到稿酬，都立刻呼朋引伴去饮酒作乐。他的酒名，和他的作品一样著名。有一次，他离开台北，到桃园地方的旅馆去饮酒寻乐。桃园上的地方黑势力，听说他到了桃园，便前往旅馆找他喝酒挑战，因为黑道中人，认为他们的酒量才是天下无敌。

那时的桃园旅馆，还保有日本遗风，房间内不设浴缸，而有一个正方形的砖制水池，注满水之后，用勺子舀水往身上倒。那个黑道老大带着几个小兄弟来到旅馆，傲慢地对古龙说："听说你酒量不错，我们今天就比试一下，如果喝得赢我，你和朋友在桃园的花费全由我付，以后无论何时，到桃园都是我付账。"

古龙二话不说，叫来了两打绍兴酒，全倒在水池内，然后用勺子舀了满满一勺，一张口，咕噜咕噜地猛往肚里灌。那黑道老大看这架势，情况不妙，于是，一抱拳说："佩服！"然后就扬长而去，别说以后，就连当天的绍兴酒钱都没付。

【死于肝病】

古龙的《流星蝴蝶剑》拍成电影收了个满堂红，之后，古龙小说改编电影成了流行。古龙就改喝白兰地了。喝的方式，是三分之一杯酒，加上三分之二的水，一饮而尽。每天最少喝一瓶。这样喝法，终于喝出了肝病。医生告诫他说，不能再喝了。但他故意曲解医生的话，说医生叫他不要喝之前，问他平常喝什么酒，他答说白兰地。所以他不能再喝的，是白兰地，可以喝别的酒。

古龙最后的时光，是在北投酒店度过的。据说他前往台北近郊的北投酒店之后，把北投的陪酒女郎全都叫去喝一杯，直到喝到自己昏迷不醒，送到医院不久，就离开人世。

其他酒文化

酒 的 命 名

【以地命名】

中国自古地大物博，幅员辽阔，各地区都酿有佳醪美酒，以地名酒，古已有之。如春秋时期有吴酒（吴酒一杯春竹叶）、鲁酒（鲁酒围邯郸），汉代有关中酒（劝君更进一杯酒，西出阳关无故人），南北朝有新丰酒（新丰美酒斗十千），唐代有兰陵美酒（兰陵美酒郁金香）。当代有北京特曲、青岛啤酒、燕京啤酒、即墨老酒、双沟大曲、凤城老窖、习水大曲、浏阳河等。

【以人命名】

中国酒名自古以来就考虑到了名人效应，最初以善酿者的名字命名，后来发展到历朝历代的帝王将相、才子佳人、文人墨客，这是名人文化与酒文化结合的一种特殊文化现象。这种以人名为酒名的命名，最早起源于汉末曹操所吟的"何以解忧，唯有杜康"的千古绝句。于是，从杜康酒、曹参酒、二娘子酒、史国公酒、卧龙酒、文君酒一直到孔府家酒、张弓酒、太白酒、刘伶醉、贵妃酒、昭君酒、诸葛亮酒，一个个相继出现，为中国的酿酒业平添了浓郁的人文色彩。

【以材命名】

以材命名即以酒的原料命名，这是一种最原始的命名方法。有植物酒、动物酒、药材酒。如植物酒有秫酒、糯米酒、稷米酒、乌米酒、麦酒、高粱酒，其中五粮液酒就是由高粱、糯米、大米、玉米、小麦五种粮食组合而成的酒。还有果酒，包括葡萄酒、梨酒、杏酒、蜜橘酒、荔枝酒、梅酒、樱桃酒等。花酒有葡花酒、玫瑰酒、蔷薇酒、桂花酒等。动物酒有骨酒、蛇酒、龟肉酒、羊骨酒等。药材酒有长白山人参酒、云南蛇酒、雄蚕蛾大补酒、人参果珍品曲酒、东龙黄金酒、阿胶酒、椰岛鹿龟酒、五加皮酒、炮天红酒等。

【以曲命名】

中国早在三千多年前就用曲酿酒了。因此，以曲名酒，自古至今，千古不衰。晋代和南北朝时期有神曲酒、笨曲桑落酒；宋代有面曲酒、绿豆曲酒、红曲酒、香药曲酒、姜曲酒；明清时期有大曲酒、小曲酒；现代有特曲、大曲、头曲、小曲、六曲、双曲、陈曲、麦曲酒等。

【以艺命名】

中国几千年的酿酒历史，工艺堪称绝对的精湛，以特殊工艺命名的酒，备受酒民青睐。先秦时期有一夜成酒的称为酤或酢，滤过称为醑，酿酒连酿三次的称为酎；汉代有用九投法酿成的酒，称九酝春；唐代有干和酒；宋代有煮酒、火迫酒、曝酒；明清两代有苏州三白酒、北京二锅头酒；当代有四川的老窖酒、绍兴加饭酒、江苏沉缸酒等。

【以色命名】

中国现有的众多酒品，所采用的原料、工艺不尽一样，其色泽也各不相同，五光十色，以色名酒，斑斓多彩，不胜枚举。秦代有黄流；唐代有紫酒、白酒、珍珠红、荔枝绿、红酒、重碧、鹅黄、黄金液；宋代有红友、绿酒、黄封、鸭绿、莲花白；明清时期有黄酒、金酒、碧酒、黄娇、状元红、梨花白、赤葡萄酒；当代有元红酒、黄啤酒、黑啤酒、桃红葡萄酒、人参红补酒、竹叶青等。以清浊命名的酒，清酒有清酉央、清酤、清若空、清醪、醇酒等，浊酒有浊醪、醪酒等。除了直接以人眼能见的酒色名酒以外，还有以人眼见不到的物色名酒的，如金色有金波、金泉、银色有银光、银液，玉色有玉酝、玉浆、玉醅、玉泉等。

【以春命名】

中国名酒以春命名的随口道来，而且酒名高雅别致，这是一种十分有趣的酒文化现象。自古以来，所有那些秋冬之际酿酒，到来年春季酿成的，称为春酒。相传饮用此酒，可延年益寿。以春名酒，唐宋时期更加突出。宋代大文豪苏东坡曰："唐人名酒多以春。"唐代以竹叶春、梨花春、金陵春、曲米春、抛青春、松醪春、射洪春、土窑春、石冻春、庆云春等；宋代有洞庭春、罗浮春、冰堂春、雅成春、千日春、锦江春、思堂春、翁头春、万里春、蓬莱春；明代有玉圃春、石凉春、葡萄春；清代有玉带春、翁底春；现代有剑南春、燕南春、芦台春、玉泉春、浭阳春、鹿泉春、嫩江春、景阳春、岭南春、陇南春、芦笛春、梦龙春、盛唐春、五粮春等。

【以泉命名】

"水是酒之血"，名酒就需要佳泉。除酒精外，水是酒最主要的成分。水质量的好坏，直接影响酒质量的好坏。因此，用佳泉命酒，用水命酒，就此充分显示了酒的超凡脱俗，也起到了"泉香而酒洌"的良好作用。这种风气盛行于宋代，也盛行于现代。先秦时期有金波、楚沥、黄流、椒浆；汉代有飘玉酒、流霞；南北朝有漂醪、汾清；唐代有郎官清、翠涛、黄金液、花上露；宋代有香泉、瑶泉、琼浆、玉液、金泉、白云泉、珍珠泉；明清时期有乡林秋露、绍兴苦露、银光露、蔷薇露、茵陈露；当代有醉流霞、龙泉酒、龙潭大曲酒、玉泉酒、趵突泉、九龙液、一滴香等。

【以景命名】

借用名胜古迹，使酒文化与旅游巧妙地融为一体。这类酒有三游酒、黄鹤楼大曲、八达岭特曲、湘山酒、卢沟桥大曲、杏花村、少林啤酒、丛台酒、上凌塔酒、高炉大曲、长城干红、景阳冈酒等。

【以神命名】

将中国历史上的酒神酒仙含蓄地融入酒名，使酒更具传奇色彩。如上海的神仙大曲、湖南的酒鬼酒等。

【以火命名】

历史上的李时珍把蒸馏工艺酿成的酒冠名为"烧"，李肇在《国史补》中记载"剑南之烧春"，白居易曾经写下了"烧酒初闻琥珀香"的诗句，雍陶也在诗中提到"自到成都烧酒熟"。烧酒与火不可分。因此，以火名酒，十足地反映了烧酒的酒精，可区分烈性与非烈性酒之不同，如火酒、火春、烧春等。今有广东玉冰烧、长乐烧等。

【以味命名】

俗话说："酒中有深味。"酒味有厚薄浓淡，酸甜甘辣。品味，是评酒的一道关键程序。以味命酒，这样很好地反映了酒地质地品味。以酒的味道命名的酒有甜酒、酸酒、苦酒、辣酒、冽酒等。

【以香命名】

常言道，酒香不怕巷子深。香，是中国饮食文化四大重要因素之一，也是酒的重要特征之一。酒的香型有很多种，如浓香、淡香、暗香、微香、幽香等数十种。当年的李清照"有暗香盈袖"就是写酒的香型。中国目前公布的白酒有五大香型：酱香型、浓香型、清香型、米香型和其他香型。现在市面上以香命名的酒有流香、曲香、十里香、透瓶香、桂子香、沧州香、奶蜜香、宣赐碧香等。

【以度命名】

以酒的浓度命酒，有厚酒、浓酒、重酒、薄酒、淡酒等。

【以玉命名】

中国古代视玉为世间珍宝，以玉命酒成为中国古代的一大特征。先秦时期有缥玉酒、玉馈酒；隋代有玉薤酒。据古书相关的文字记载，此酒是隋炀帝酿制的酒，是仿学西胡人的酒品配置成的。唐代有玉浮梁、玉练槌、玉蚁；宋代有玉沥、玉醅、碎玉、玉友等。

【以花命名】

以植物的花浸泡制成的酒，文献资料中有更多的相关记载。冯贽在《云仙杂记》中就有"房寿捣莲花制碧芳酒"之说。苏鄂在《杜阳杂编》中就这样记载有"桃花酒、桂花酒"等酒名。其他书籍还记载有相关的榴花酒、椒花酒、松花酒、藤花酒、花上露。用花酿成的最有名的酒要数唐宪宗采风李花酿成的"李花酒"，在后世的《酒小史》《酒颠》《胜饮篇》等文献中，均有相关的记载。

酒 名 释 解

【二锅头】

二锅头酒清香纯正、绵甜爽净，是一种非常大众型的白酒。你知道它的得名缘由吗？

"二"是第二的意思。二锅头酒是我国酿造史上第一个以酿酒工艺命名的普通白酒。在蒸酒过程中掐头、去尾、保留中段，所以叫作"二锅头"。"掐头"指在蒸馏时，先将从蒸锅流出的酒去掉一部分，因为这部分所含的低沸点物质乙醛、丙烯等使酒暴辣，刺激感非常强；"去尾"就是为了防止过多的高脂肪酸等高沸点的物质一并流入酒中，去掉一部分最后流出的酒。

【花雕】

花雕酒是著名的黄酒品牌，有人说标准的说法应该叫"雕花酒"，这又是为什么呢？

花雕酒又称"女儿红"、"状元红"。早在中国的宋代，绍兴家家会酿酒。每当一户人家生了小孩，满月那天就选酒数坛，请人在酒坛上专门刻字彩绘（通常会雕上各种花卉虫鸟、民间故事、戏剧人物、山水亭榭等），以示吉祥，然后泥封窖藏。待孩子长大出嫁、娶亲，便将酒取出用以款待宾客。因酒坛外雕绘有各种民族风格的彩图，所以称其为"花雕酒"。生女儿的一般美其名曰"女儿红"，生儿子的则喜称为"状元红"。

【绍兴加饭酒】

绍兴加饭酒是指一种黄酒，可是"加饭"二字的准确含义是什么呢？

加饭酒是绍兴酒的典型代表，是因为在生产时改变了配料的比例，增加了糯米或糯米饭的投入量而得名。

【剑南春】

剑南春的"剑南"是什么意思？

剑南春酒原本产于四川绵竹，而绵竹在唐代属于剑南道（所谓"剑南"，就是剑门关之南）。剑南春酒可谓是历史悠久，脱胎于唐代的"剑南烧春"，以地命名。

【五粮液】

五粮液中的"五粮"是指哪五种酿酒的粮食？

"五粮液酒"是浓香型白酒的优秀代表，以高粱、大米、糯米、小麦和玉米五种粮食为原料，经陈年老窖发酵，精心勾兑最终制成。

【全兴大曲】

四川名酒全兴大曲中的"全兴"是指酒的产地吗？

当然不是。全兴大曲源远流长。乾隆年间，有位王姓酿酒师在成都东门外大佛寺侧，开办"福升全"（谐音"佛身全"以求大佛保佑）酒坊，那是专门取用著名

今朝放歌须纵酒——酒文化卷

的薛涛井的井水酿酒。道光年间，福升全酒坊在城内建立新的作坊，以"福升全"的"全"字为首字，取名叫"全兴成"，酿出的酒也叫作"全兴酒"。

【古井贡酒】

安徽的古井贡酒，名称中的"古井"二字是实指还是虚指？

当然是实指。古井贡酒产于亳州市古井镇（原亳县减店集）。因此地有一口古井（系三国遗迹），水质清澈透明，对人体有益的矿物质含量非常丰富。当地人用此井水酿酒，得名"古井酒"。曹操煮酒论英雄，当年用的就是古井酒。到了明代万历年间，此酒为进贡宫廷之酒，所以叫作"古井贡酒"。

【郎酒】

郎酒的"郎"是什么意思？

"郎酒"之"郎"系泉名。郎酒产于四川古蔺县二郎滩镇，当地是丘陵地带，用以酿酒的水取自高山深谷中的一处清泉——郎泉，郎酒因此而得名。

【西凤酒】

陕西名酒西凤酒是怎么得名的？

西凤酒原产于陕西省的凤翔、宝鸡、岐山、眉县一带，而其中以凤翔城西柳林镇所产最出名。自唐朝以来，凤翔始终是西府台所在地，故人们称之为"西府凤翔"。西凤酒即由它的产地而得名。

【生啤】

有一种啤酒叫"生啤酒"（鲜啤），"生"字是与"熟"字相对而言的吗？是的。熟啤酒是经巴氏灭菌或瞬时高温灭菌，为的是延长保质期；而生啤酒则是通过物理方法去菌——微孔膜过滤除菌达到保质要求，因为没有受高温损伤，这样就保持了啤酒的生鲜口味。

其他酒文化

酒 的 度 数

【概述】

中国的酿酒技术和西方完全不同，中国酒绝大多数是以农作物原料酿造的，洋酒多是以葡萄等水果酿造的。大约在公元前5000到公元前3000年的时候，中国就已经出现了谷物酿酒，古人应该是用蘖酿的酒，蘖就是发芽的谷粒，酿出的是黄酒，可能才几度。后来到了宋代，人们逐渐掌握了用酒曲酿酒的工艺，开始大量酒曲造酒，酒的度数又进一步提高了，可以达到十多度。到元朝，因为已经广泛采用蒸馏技术，酒的度数达到空前突破。

【酒的度数变化】

实际上，用蘖酿出的酒被称为"醴"，是甜酒，酒精度很低，所以古人才说"小人之交甘若醴"，而用曲酿造出来的才是所谓的真正的酒，酒精要重一些，酒的味道因为制作工艺的不同而多少会有所不同。但是醴和那时的酒都是黄酒。

早在南北朝时，制酒曲的工艺日益完善，《齐民要术》上记载了很多种制曲的方式，这些方式现在有很多还用在造高粱酒里。前面说到曲酿酒只能得到度数很低的酒，古人曾经想用酒代水再酿酒以希望得到更高的浓度，可是做不到，因为酒精是酵母菌糖代谢的产物，对酵母菌的发酵有一定抑制作用，当酒精成分已经达到10%左右时，酵母菌就停止繁殖，发酵过程也就随之放慢。就算是耐酒精能力很强的酵母菌，耐酒精度也不会超过18%，所以就是以酒代水二次发酵，也没法得到度数更高的酒了。

北宋时期，辽国、金国等进驻中原以后，才有蒸馏酒的首创。通过蒸馏提高酒的度数，蒸馏酒是元朝人的杰作。后来清朝入关，由于东北天气酷寒，再次兴起高度蒸馏酒热潮，类似烧刀子酒。由于他们世代祖居北国的草原，气候严寒，环境恶劣，必须要喝高浓度的酒才能很好地保暖。

元朝建立了超级大的欧亚版图以及完全统治中土后，将蒸馏酒放在了所有酒类之上，其目的是为了突出他们蒙古人自身的文化。尽管明朝时又兴起了发酵酒，使得华夏传统的酿酒工艺得到发扬，但后来清朝入关后，对高浓度和极度抗寒的蒸馏酒情有独钟，因此入口辛辣、浑身发热的蒸馏酒逐渐就替代了香醇浓郁、后劲很足的发酵酒，成为了主流，直到现在。

【现代酒的度数】

现代酒的度数定义是指酒中纯乙醇所含的容量百分比。但其中的容量是随温度高低有所增减的，我国现行的规定是酒的度数在温度20℃时检测。现行标准白酒通行度数一般有28%、33%、35%、38%、39%、40%、43%、45%、48%、50%、52%、53%、56%、60%、68%，据说现在最高白酒可以达到70%，但它已超出普通白酒定义范围。

2003年，一种号称是中国酒精度最高的白酒"霸王醉"正式上市。"霸王醉"白酒产于湖北省谷城县石花镇，酒精度可以高达70%。他们将具有二十年以上窖藏的特级酒不加任何勾兑，进行原汁灌装，酒精度高达70%，生产出中国、也是世界独一无二的"石花霸王醉"。

我国的白酒过去曾经有酒精度75%的，现在国家规定一般不能超过60%，市面上最多的酒是50%左右的。

【酒的度数确定】

经过发酵后，酒通常是十几度，十几度的酒经过蒸馏，前期出来的酒可达80%（称酒头）。实际上就是要去掉蒸馏两头，取中间部分，酒精度一般可达50%。真正成品酒度数是要经过不同批次、度数酒互相勾兑确定的。由于低度酒不易保存，成品低度酒是高度酒通过降度处理（在酿酒工艺中称"加浆"）得来的，不是人们常说的简单加水那么轻易勾兑。我国白酒的特点是甘洌芳香，酒度较高。一旦降度，就会出现下列的这些问题：一是和原酒的风味、风格有显著的变化，二是降度后出现浑浊（白浊）乃至沉淀，三是口味不调和、易出现水味。所以，低度白酒的生产要求保持原酒风格，又不能出现浑浊现象，因为要保证低度白酒"低而不淡"、"低而不杂"、"低而不浊"的质量，并具有鲜明的典型性。各酒厂生产低度白酒的过程基本是一致的。低度白酒生产通常都要经过选择酒基、加水降度、处理浑浊、调香调味、静置储存等一系列过程才能生产出优质的低度白酒。低度白酒生产中的勾兑工作比高度酒勾兑难度要大一些，有的名优低度白酒要经过数次勾调，要保持低度白酒低而不淡、绵柔、后味净甜。而处理降度后的浑浊，其手段更是多种多样，但要把出现浑浊的物质适当除去，又不至于使其他香味物质也被同时除去，难度也非常大。目前国内处理方式很多，总的概括起来有吸附法、冷冻法和蒸馏法等。

另外，如果单从理论上讲，蒸馏的酒精最高可达95%，但此为白酒的原酒，因其超过规定酒精度含量，所以应该做降度调酒处理后方可销售。

历史上的李白、武松为什么都那么能喝酒？

"李白斗酒诗百篇，长安市上酒家眠"。

这明显地夸张了点。根据古代的容量标准来算，1斗约12斤，12斤白酒足以让人酒精中毒，那李白为什么喝完斗酒，还能诗百篇呢？他喝的究竟是什么酒呢？在唐朝，现代意义上的白酒还没真正出现。那时的酒在酿制方法和口感上就像现在的黄酒，酒精度也就不超过10%。以现在酒精度52%白酒折算，斗酒也就是不到2斤白酒。而且黄酒对肠胃的刺激程度与白酒差别很大。

武松打虎的故事已经家喻户晓。武松上景阳冈前，在山脚的小饭馆里吃饭时，他一气喝了十八碗酒，带着醉意连夜上山，勇敢地打死了一只老虎。其实，那个年代的人们所喝的酒应该属于今天称为"醪糟"之类的甜酒，充其量也就相当于现在的几度，否则，智取生辰纲时，英雄们怎能拿它解渴呢？要是按每碗盛三两酒精度10%的酒计算，武松的酒量大概是今天酒精度50%的白酒一斤多点。那么店家打出"三碗不过冈"，那只不过是个酒幌子。

现在，我们可能就知道了为什么古人都可以大碗喝酒。看来，古时候酒仙、英雄的酒量与现代人差不多，而且那时酒的口味比现在的酒还要更加柔和一些。

随着现代人健康意识的逐渐加强，不仅酒的香型也越来越适合人们的口味，而

今朝放歌须纵酒——酒文化卷

且酒也呈低度化发展趋势，这就是正所谓酒的度数低久必高，高久必低。

【啤酒的度数】

啤酒的度数却并不是表示乙醇的含量，而是表示啤酒生产原料，也就是麦芽汁的实际浓度，以酒精度 12% 的啤酒为例，是麦芽汁发酵前浸出物的浓度为 12%（重量比）。麦芽汁中的浸出物是多种成分的混合物，其中以麦芽糖为主。

啤酒的酒精是由麦芽糖转化而来的，这么看来，酒精度低于 12 度。如常见的浅色啤酒，酒精含量为 3.3% 至 3.8%；浓色啤酒酒精含量为 4% 至 5%。

宜 酒 时 节

【概述】

宜酒时节是指人们在传统习俗长久影响下，公认为适宜饮酒的良辰美景，清代郎廷极在《胜饮篇》中对此作了记载。

【颂椒】元旦饮椒柏酒，屠苏酒。

【人日】时在农历正月初七，专找朋友一起共饮。今已扩大为初三到初七。

【灯宴】时在农历正月十三日为上灯宴，十八日为落灯宴，此数日间家家多有宴饮。

【探春宴】春时，人们把种的各种花摆在自家的院子里，边喝酒边赏花，然后为花儿们评奖。

【花朝】时在农历二月十五日，吃酒看花。

【踏青】寒食前后，春游乐事，在郊外踩踩青草嗅花香。

【社日】旧时祭祀土神的传统节日，时分别在立春、立秋后的第五个戊日。唐五驾《社日》诗中写道"桑拓影斜春社散，家家扶得醉人归"。

【宴幄】春游碰到下雨怎么办？不忙跑，古人早有准备，撑起油布幕，照样吃喝。

其他酒文化

【访花】赏名贵花卉，常饮之。

【庭花盛开】宴饮园庭花间。

【修禊】三月第一个巳日，出游临绿波、藉碧草、觅芒物、听嘤鸣娱情觞咏之中。

【听黄鹂声】春日携酒听鸟鸣。

【送春】怅望送春杯。

【新绿】树浓绿，蝶舞樽前映嫩黄。

【泛蒲】端午饮菖蒲酒。

【观音渡】端午观龙舟，水嬉之乐携酒饮之。

【避暑会】暑伏，林亭中酣饮。

【竹筱饮】夏月暑饮竹林中。

【喜雨】暑天毒热，一雨生凉，昼以酒贺。

【巧夕】农历七月初七，女饮。

【迎秋宴】夏末宴饮迎秋。

【新涨】堤边观潮水，饮之乐。

【中秋】团圆节设酌以饮。

【登高】重阳不放杯。

【红叶】月叶粲如花，流连觞似舟。

【好月】不拘何时，醉向月中。

【暖寒会】冬寒会友饮酒。

【守岁】除夕饮宴迎新春。

酒类标签的基本内容与要求

【概述】

酒的标签应符合国家《饮料酒标签标准》GB 10344—1989 的要求。现行的标签标准的作用之一是引导消费和指导消费。因此消费者应了解饮料酒标签的基本内容与要求。标准规定各种酒的标签所要注明的内容如下所列。

【瓶装白酒】

酒名、配料表、酒精度、净容量、厂名、厂址、批号、商标、生产日期、标准代号、质量等级。

【瓶装啤酒】

酒名、配料表、酒精度、原麦汁浓度、净容量、厂名、厂址、批号、商标、生产日期、保质期、标准代号、质量等级。

【瓶装葡萄酒及果酒】

酒名、配料表、酒精度、原果汁含量、糖度、净容量、厂名、厂址、批号、商标、生产日期、保质期、标准代号。

【瓶装黄酒】

酒名、配料表、酒精度、糖度、净容量、厂名、厂址、批号、商标、生产日期、保质期、标准代号。

【露酒】

露酒除酒名、酒精度、糖度、净容量、厂名、厂址、批号、商标、生产日期、保质期、标准代号外，还必须标明使用的酒基、浸泡（或添加）物。所用中草药必须执行国家有关管理条例的规定，并标出主要中草药的名称，酒中所使用的食品添加剂按类别名称列出。

其他酒文化

各种酒类的常识

【各种酒的化学知识】

酒类是多种化学成分的混合物，酒精是它的主要成分，除此以外，还有水和众多的化学物质。这些化学物质可分为酸、酯、醛、醇等类型。决定酒的质量的成分常常含量很低，但种类却非常多。这些成分含量的配比极其重要。

饮料酒中一般都含有酒精，酒精的学名是乙醇，分子式：CH_3—CH_2—OH，分子量为46。

葡萄糖转化成乙醇的化学反应式：

$$C_6H_{12}O_6 \rightarrow 2CH_3CH_2OH + 2CO_2$$

酒精不用经过消化系统而可被肠胃直接吸收。酒进入肠胃后，进入血管，饮酒后几分钟，迅速扩散到人体的各个部位。酒首先被血液带到肝脏，在肝脏过滤后，到达心脏，再到肺，从肺又返回到心脏，然后通过主动脉到静脉，再到达大脑和高级神经中枢。酒精对大脑和神经中枢的影响是最大的。

人体本身也能自行合成少量的酒精，正常人的血液中含有0.003％的酒精。血液中酒精浓度的致死剂量是0.7％。

【大曲与二曲的区分】

大曲酒一般是指用大曲为糖化发酵剂酿制的酒。大曲酒的曲呈砖块状，是选用小麦、大麦、豌豆等原料，经粉碎、加水搅拌、压制等一系列工序而成。然后在室温45至70℃经过25至40天自然培养或加入曲母培养，使微生物相互接种最终制成。但是因其体积大、呈大砖状，故得名"大曲"。大曲酒有：茅台、汾酒、泸州老窖、西凤、杜康等。

二曲酒（或称小曲酒）一般是指用小曲为糖化发酵剂酿制的酒。

小曲酒的曲呈小方块状，通常是选用大米为原料，加入少量的辣蓼草粉末，在室温 25 至 30℃经 7 至 15 天菌种培养制成。因其体积较小，所以得名"小曲"。小曲酒有桂林三花、浏阳河、广东米酒等。

此外还有麸曲酒——是指用麸曲和酒母为糖化发酵剂酿制的酒。麸曲呈松散状，用麸皮制作，所以叫作麸曲。如凌川白酒、六曲香等。

【酱香酒的品尝】

第一步：初识酱香

首先打开瓶盖后，细腻的酱香味瞬间散发出来，滴酒于手心，来回几下，闻之，香气不呛鼻，感觉醇正，绵绵悠长。

第二步：观色荡香

将酒倒入杯中，肉眼可见酒色微黄剔透，轻荡之，酒浆挂杯不散，香气扑鼻，与空气充分接触后，饮之其味醇和丰满，其香一般细腻悠长。

第三步：品味识香

呷：轻呷一小口，然后吸气，让酒浆均匀分布在口腔里，顿感舌尖甜酸，舌侧微涩，舌根微苦，缓缓咽下，喉咙、食管瞬间感觉柔和、润滑。

咂：饮后轻咂嘴，发出咂嗒之声，舌根生津，更会回味无穷。

吸：迅速吸气，香气由内入鼻，满口生香。

第四步：空杯留香

酒后空杯，香气续留于杯中，当然是时间越长，酱香越好。

【干酒和甜酒】

葡萄酒和黄酒，一般可以分为干型酒和甜型酒，在酿酒业中，用"干"（dry）表示酒中含糖量低，糖分大部分都先后转化成了酒精。还有一种"半干酒"，所含的糖分比"干"酒较高些。甜，这就可以说明酒中含糖分高，酒中的糖分没有全部转化成酒精。还有半甜酒、浓甜酒。

【黄酒的饮法】

黄酒的饮法，一般可带糟食用，也可仅饮酒汁。后者较为普遍。

传统的饮法，是温饮，将盛酒器放入热水中烫热，或隔火加温。温饮的主要特点是酒香浓郁，酒味柔和。但加热时间不宜过久，否则酒精都挥发掉了，反而淡而无味。通常在冬天，盛行温饮。

还有一种方法是在常温下饮用。在香港和日本，比较流行加冰后饮用。即在玻璃杯中加入一些冰块，注入少量的黄酒，最后加水稀释才可饮用。有的也可放一片柠檬入杯内。

饮酒时，配以不同的菜，则更可领略黄酒的独特风味，以绍兴酒为例：

干型的元红酒，宜配蔬菜类、海蜇皮等冷盘；

半干型的加饭酒，宜配肉类、大闸蟹；

半甜型的善酿酒，宜配鸡鸭类；

甜型的香雪酒，宜配甜菜类。

【喝酒为什么要碰杯】

喝酒为什么要碰杯？现在有两种说法。一种说法是古希腊人创造的。传说古希腊人注意到这样一个不争的事实，在举杯饮酒之时，人的五官都可以分享到酒的乐趣：鼻子能嗅到酒的香味，眼睛能看到酒的颜色，舌头能够尝出酒味，而只有耳朵被排除在这一享受之外。怎么办呢？希腊人想出一个不错的办法，在喝酒之前，互相碰一下杯子，杯子发出的清脆的响声传到耳朵中。这样，耳朵就和其他器官一样，也能享受到喝酒的更多乐趣了。

另一种说法是，喝酒碰杯起源于古罗马。古代的罗马崇尚武功，一般会开展"角力"竞技。竞技前选手们习惯于先行饮酒，以示相互勉励之意。由于酒是事先准备的，为了防止图谋不轨的人在给对方喝的酒中放毒药，人们想出一种防范的方法，即在角力前，双方各将自己的酒向对方的酒杯中倾注一些。以后，这样碰杯就逐渐发展成为一种礼仪。

【明明白白喝白酒】

第一招：眼观。将酒瓶慢慢倒置过来，对着阳光或灯光仔细观察瓶的底部，如有下沉物或悬浮物，这就说明酒中含有较多杂质。

第二招：鼻闻。白酒的香气一般可分为溢香、喷香、留香三种：溢香是指当鼻腔靠近酒杯口时，很容易闻到白酒的香气，普通白酒都应有溢香；喷香是指当酒液进入口腔后，香气即充满口腔，优质酒和名酒均应有喷香；留香是指酒咽下后，口腔中一段时间内还留有香气，优质酒和名酒均应有这种留香。白酒中一般不应有焦煳味、腐臭味、泥味、糖味、糟味等异味。

第三招：口尝。白酒的滋味要醇正，无明显的刺激性，各味应协调。优质酒和名酒还要求滋味醇厚、浓郁、绵柔、回甜，入口有比较舒适的感觉，回味悠长等。

第四招：手搓。取一滴白酒放在手心里，然后合掌使两手心接触用力摩擦几下，如酒生热后发出的气味清香，则为优质酒；如气味发甜，则为中档；气味苦臭，则一定是劣质酒。

第五招：试验。将一滴食用油滴入酒中，要是油不规则地扩散，下沉速度变化明显，则为劣质酒，反之则酒质还不错。

【啤酒的饮用知识】

啤酒大家应该都很熟悉，可是关于啤酒的饮用知识，真正了解的人有多少呢？下面就为您简单介绍相关知识。

温度适宜。最佳温度在 10 至 15℃之间。

讲究器皿。专用的啤酒杯能够保持二氧化碳的持久。啤酒杯一种是有把儿的玻璃或陶瓷杯，一种是郁金香型的带脚杯。

忌油腻。各种油类是啤酒的天生大敌，啤酒杯必须清洁无油腻，否则影响啤酒的泡沫和口感；正吃得满嘴流油时，最好能够擦一下嘴再饮啤酒。

大口饮用。喝啤酒的口小，酒液进入口腔立即升温，使苦味加重；大口地将泡沫一起喝，减少啤酒与空气的接触，这是为了避免氧化，口味柔和。

饮用啤酒忌大汗后饮用、与烈酒同饮、与汽水混饮、吃烟熏和海鲜食品配饮、空腹大量饮冰镇啤酒；浑浊变质、变色、冷冻啤酒都不可饮。

长期大量饮用啤酒会间接生出各种"啤酒病"，如心脏肥大和心肌病（啤酒心)、肥胖、致癌剂积累、血铅浓度增高等。德国一家大型啤酒厂曾有一条明确的厂规，允许本厂工人每天免费饮用 5 磅（5540 毫升）啤酒，但经过 5 年时间的不断调整，该厂工人患癌症的人数比其他食品厂多两倍。澳大利亚的学者研究发现，每天饮用 10 听以上啤酒者易患直肠癌。每日饮啤酒超过 1.5 升，血铅浓度增高会引起人们铅中毒，对健康危害很大。经常饮用啤酒的人，应尽量多食熟菜和水果，少吃烟熏食品。

【白酒越陈越香的科学道理】

俗话说"酒越陈越香"，这是有一定的科学道理的。一般情况下，新酒刺激性大，气味不正，往往带有邪杂味和新酒味，经过一定时期的储存，酒体会自然地变得绵软、香味突出，较新酒醇香、柔和，这种现象叫作白酒的老熟。白酒在老熟过程中的各种变化，大体分为物理变化和化学变化两个方面。

物理变化主要是酒分子重新排列和挥发过程。要是白酒中自由度大的酒精分子越多，刺激性越大。随着储存世间的延长，酒精与水分子间逐渐构成大的分子缔合群，酒精分子受到束缚，活性减少，在味觉上就给人们以比较柔和的感觉。在储存过程中，一些低沸点的不溶性的气体或液体，如硫化氧、丙烯醛及其他低沸点的醛类、酯类能够自然挥发。经过一段时间的储存，使杂味物质自然溢出，老熟的酒就可以大大减轻刺鼻辣眼感并增加香味。但是也并非无限期地能够延长储存期，有些类型的酒（如清香型）储存时间过长，反而会降低香味。

白酒在自然老熟中的化学变化，其主要是氧化、还原、酯化等综合变化。白酒中所含的酯类物质是酒中主要香味成分之一。酯的形成，一般主要是在发酵过程中微生物的作用下产生的，但是在储存过程中也能够通过缓慢的酯化反应而形成。储存过程中，一部分酒精被氧化而成为乙醛，乙醛进一步氧化生成醋酸，醋酸进一步与酒精作用生成醋酸乙酯和高级酯。其中的一部分醛与酒精作用生成缩醛类，这样就能够使酒体减少辛辣味。增加香味，赋予酒体芳香、柔和、软绵和协调之感。

【白酒收藏常识】

在国外的名酒保存百年以上的并不少见，中国的名酒收藏何时能见彩虹？酒曲酿酒是中国酿酒的精华所在，这项发明使中国历史上产生了无数的名酒佳酿，令无数英雄为之"折腰"。老酒作为能喝的古董，正越来越被"食不厌精"的老饕和"贪杯"者们不断地发掘和消耗。剩下的，价值只会越来越高，这也是老酒收藏的独有特色。但和同年代的洋酒相比，中国老酒的价位只是零头罢了。

（1）老酒的价值

首先是饮用价值。人尽皆知，中国白酒通常没有保质期。酒在存放过程中，会产生多种酯类物质，就是人们经常说的"醇化"过程。各种酯类会产生各种特殊的香气，但这种醇化是非常缓慢的，所以，白酒一般是存放时间越久越好。其中以纯粮酿造的高度白酒最适宜久藏，低度酒和"勾兑"酒就不容易久藏。

其次是怀旧。酒液、酒瓶、酒标、酒包装，甚至岁月刻在酒瓶上的那些印记，无不映射着那个时代的特征和烙印，给经历了那个时代的人一种浓重的怀旧气息。即使没有经过那个年代，也能真正感受那份厚重的力量。

总之，鉴藏老酒是很"文化"的一件事情，喝也文化，藏也文化。

自 1952 年起到 1989 年止，国家共组织了 5 次全国范围的评酒会，这样就先后评选出了 17 种国家名白酒，其中涵盖了我们常见的"四大名酒"、"八大名酒"、"十七大名酒"。分别是：茅台酒、汾酒、泸州老窖、五粮液、董酒、西凤酒、洋河大曲、双沟大曲、郎酒、剑南春、全兴大曲、古井贡酒、宋河粮液、特制黄鹤楼、武陵酒、宝丰酒、沱牌曲酒。这些国家级的名酒，历史悠长，质量始终稳定可靠，处在老酒收藏的第一线。此外，一些当年获二等奖的国家优质酒以及"省优"、"部优"、全国各地的地方名酒，也能够入藏。

从年代上划分，一般情况下，新中国成立后到 20 世纪 90 年代以前的老酒最具收藏价值。那时期，正值当时的计划经济时期，各酒厂并非以经济效益为主，甚至在生产上不考虑产量、不计成本，就这样成就了好酒。20 世纪 90 年代中后期，全国的酒厂纷纷改制，部分酒厂盲目抓产量、讲效益，结果导致了酒质的下降，再加上一段时期"勾兑酒"横行（传统酿酒耗粮巨大，成本很高），有的传统名酒厂也跟风而上，产品质量自然不那么令人放心。

当然，现在的白酒也有很多恢复传统工艺酿造的佳品，其包装更是美轮美奂，入藏这样的好酒若干年后不也就成了古董老酒吗？

不得不说的包装要想使老酒长期完好地保存下来，其实需要很多方面的因素。比如酒精度数、储存环境，温度、湿度、运输、包装等。其中包装是长期保存的关键所在。

民国以前，中国的酒厂多为私营的作坊式，酒的容器基本上是陶制的酒坛，由于产量不大，销售以散酒为主，很多都供应本地市场。成品酒以陶罐、陶瓶为主，也有瓷瓶，玻璃瓶的则很少。陶瓶、陶罐储存酒时间长了一定会有渗漏，很难长期保存，加之我国地大、交通不便，异地存酒是非常困难的。所以至今保存 100 年以上或者 60 年以上的陈年酒绝大多数是散装酒，大多都是来自酒厂的酒窖。

1949 年新中国成立以后，国家对酒类产品实行专卖的政策，成立了中国专卖事业总公司，各地建有分公司，统一进行管理私营、公私合营、国营的各类酒厂的销售。1953 年国家第一个五年计划明确规定：酒精和国家名酒为计划供应的商品，由总公司掌握，统一分配。既然要"统一分配"，就需要"统一包装"，玻璃瓶便在这样的历史背景下应运而生。就算到了现在，分装酒类的容器性价比最好的也还是玻璃瓶，世界上大多名酒至今沿用最广泛的也是玻璃瓶。名酒中目前可查到的汾酒玻璃瓶使用得最早，泸州老窖也很早就采用了玻璃瓶，茅台一直沿用当地产的上过釉的土陶瓷瓶，1966 年以后才开始使用乳白玻璃瓶至今。

为满足人民大众的实际需要和国家财政税收、出口创汇的需要，"统一管理"、"统一生产"、"统一包装"、"统一分配"出来的新中国酒业，令中国古老的酿酒技术绽放了光彩，成就了后来的"八大名酒"、"十七大名酒"，也为我们今天的国酒收藏奠定了坚实的基础。

（2）酒瓶封口

就算采用了玻璃瓶装酒，解决了瓶体的渗漏问题，大多数瓶装酒依然没能保存下来。

那年头的瓶装酒，经常遇到放在家里没几年，酒就"不翼而飞"的意外情况，主要原因就是封口不过关。那时候瓶装酒的封口，通常是油纸、软木塞外封塑料包皮（赛璐珞皮），或者铁盖，或铁盖外包塑料皮。后来，还出现了使用螺旋塑料盖、螺旋金属盖或塑料盖再包皮封口。

这些封口方式以及封口制作工艺，就算是在特意保存的情况下也不能保证瓶装酒不发生挥发、渗漏等现象，也就难以使多数瓶装酒长期保存。但还是有较多数量瓶装酒完好地保存至今，有些甚至能够做到"一滴未洒"。灌装时"碰巧"瓶口和封口咬合得很"准确"，又"碰巧"遇到了合适的保存环境，一瓶酒被完美保存下来是极有可能的。但是，与其当年的销售量相比，与多年的消耗量相比，加之经过了一段动荡的时期，被完整保存下来的老酒几乎是"百里存一"甚至"千中存一"。因此，白酒收藏，酒满品好的才有最高收藏价值。

（3）鉴定老酒

制造贩卖假酒始终是危害企业利益，甚至公民健康安全的大事，这也给收藏老酒带来了麻烦。

要想鉴定老酒的真伪，开瓶品尝，甚至化验成分自然可以得出结论。这样一来，一瓶酒的收藏价值也就失去了。不开瓶，辨真伪，是鉴定收藏老酒必须具备的功夫。

鉴定老酒需要的是丰富的经验，要对各种酒的商标史、包装史了如指掌。

以茅台酒为例，要清楚从 1950 年起，几十年来共使用了多少种商标，哪些用于出口，哪些用于内销，用的是什么材质的纸张、什么油墨印刷的；要了解这些商标分别使用于哪些具体年份；再细一些，不同的年份，茅台酒的商标的图案、尺寸都是完全不同的，哪怕是微小的不同也需要熟练掌握。在包装上，前后共使用过多少种瓶子，瓶子的大小尺寸和材质也有不同；还有酒标和背贴，不同年份上的文字、尺寸也不尽相同。更重要的是瓶口，如果是旧瓶装新酒，瓶盖就是鉴定真伪的关键。

在所有的名酒中，茅台酒厂对它的瓶盖最下功夫。20 世纪 50 年代的茅台酒封口距比较特殊，一般使用的是软木塞，外包猪膀胱（猪尿泡）封口。20 世纪 60 年代后，采用的是塑料塞外拧塑料盖或金属盖，外面再用塑封的方法，其间的一些年份还使用了飘带。这些塑料盖以及塑封皮子在不同的年代颜色也有不同，大小高矮也不尽相同。

还有外包装，有的时期有盒，有的时期无盒，有的时期只是用一层绵纸包装。

再有就是日期，有的年份没有在瓶体上标注日期，而不同的年份打在酒标上的日期的写法或阿拉伯数字，或中文数字也有不同。后来，茅台酒瓶口采用了意大利进口的先进技术，瓶口采用了喷码的技术显示具体的生产日期。

了解了这些基本知识后，还要尽可能地熟悉长期以来茅台酒本身的防伪技术，如此，见到一瓶老茅台，不用开瓶，一般就能基本判断出真伪了。由此推开，对全国多数名酒了解到这种程度后，这样就自然成为"鉴定专家"了。